3ds Max 2014 动画制作

主编 章远

北京希望电子出版社
Beijing Hope Electronic Press
www.bhp.com.cn

内 容 简 介

本书全面介绍了使用3ds Max 2014进行三维动画制作的各个方面。全书由11个模块组成,内容包括3ds Max 2014对象的基本操作与编辑、二维图形的创建与编辑、三维模型的构建、三维编辑修改器、创建复合物体、多边形建模、材质与贴图、灯光与摄影机、特效与渲染、动画制作技术、粒子系统与空间扭曲。每个模块都围绕特定的主题展开,从基础理论到实践操作,循序渐进地引导读者学习3ds Max 的基本操作和高级技巧。

本书适合作为三维动画制作相关课程的教材,也可作为社会各类3ds Max 培训班的参考用书。

图书在版编目（CIP）数据

3ds Max 2014 动画制作 / 章远主编. -- 北京：

北京希望电子出版社，2025.1. -- ISBN 978-7-83002

-914-2

Ⅰ. TP391.414

中国国家版本馆 CIP 数据核字第 2025LK4742 号

出版：北京希望电子出版社	封面：袁 野
地址：北京市海淀区中关村大街 22 号	编辑：王小彤
中科大厦 A 座 10 层	校对：全 卫
邮编：100190	开本：787 mm×1 092 mm　1/16
网址：www.bhp.com.cn	印张：17
电话：010-82620818（总机）转发行部	字数：400 千字
010-82626237（邮购）	印刷：北京昌联印刷有限公司
经销：各地新华书店	版次：2025 年 5 月 1 版 1 次印刷

定价：59.80 元

前　言

　　随着计算机技术的应用领域不断拓展，三维动画技术已在各行各业得到广泛应用，与此同时，动画制作软件也层出不穷。3ds Max 无疑是这些动画制作软件中的佼佼者。使用 3ds Max 可以完成多种工作，包括影视制作、动画广告制作、建筑效果图设计、室内效果图制作、模拟产品造型设计和工艺设计等。

　　3ds Max 的材质编辑、环境控制、动画设计、渲染输出和后期制作等功能日趋完善。通过科学的功能和人性化的界面设计，使各功能模块协调统一，显著提升了三维动画制作的工作效率与用户体验。

　　本书由 11 个模块组成，循序渐进地介绍了 3ds Max 2014 的基本操作和功能，详细讲解了 3ds Max 2014 的材质、灯光、动画及特效等内容，具体包括如下内容。

　　模块 1 主要介绍 3ds Max 的现状和发展前景，以及对象的基本操作与编辑，让学生熟悉工作界面布局和常用命令的使用方法，为熟练操作软件打下基础。

　　模块 2 介绍二维图形的创建与编辑方法。

　　模块 3 介绍三维模型的构建。三维建模是动画设计的基础，三维模型主要包括长方体、球体等标准基本体，以及异面体、切角长方体等扩展基本体。

　　模块 4 介绍三维编辑修改器。利用三维编辑修改器可实现对已创建模型的加工。

　　模块 5 通过对"布尔""放样"等核心建模方法的介绍来讲解复合物体的创建。

　　模块 6 主要介绍多边形建模、面片建模和 NURBS 建模三种高级建模方法。

　　模块 7 介绍材质与贴图。主要讲解材质编辑器、材质贴图的设置，使读者充分认识材质与贴图的联系以及重要性，包括材质编辑器、常用材质和常用贴图等功能。

　　模块 8 除了对灯光的类型以及灯光的参数进行讲解外还介绍了摄影机。摄影机好比人的眼睛，创建场景对象、布置灯光、调整材质所创作的效果图都要通过"这双眼睛"来观察。通过对摄影机的调整可以决定视图中建筑物的位置和尺寸，影响到场景对象的数量及创建方法。

　　模块 9 介绍特效与渲染。在 3ds Max 中最终都要通过渲染的手段来显示最后的效果，在渲染过程中还可以使用各种特殊效果，增加真实感、透视感和运动感。此外，系统支持将创建的各种场景输出为多种通用文件格式，包括静态图像文件和动画文件等。本模块讲解如何对场景进行渲染，如何设置渲染的参数，以及如

3ds Max 2014动画制作

前言

何选用常用的文件格式。

　　模块10介绍动画制作技术。主要介绍基本的动画制作技术，包括创建基本动画、常用动画控制器和轨迹视图的使用等内容。

　　模块11介绍粒子系统与空间扭曲。通过3ds Max 2014中的粒子系统和空间扭曲工具可以实现影视特效中更为壮观的爆炸、烟雾以及数以万计的物体运动，使原本就场景逼真、角色动作复杂的三维动画更加精彩。

　　本书内容翔实，结构清晰，功能讲解详细，实例分析透彻，适合3ds Max的初级用户了解与学习，也可作为各类高等院校相关专业以及社会培训班的教材。由于编者水平有限，书中存在的不当之处恳请广大读者批评指正。

编者
2025年1月

目 录

模块1　3ds Max 2014对象的基本操作与编辑

1.1　三维动画制作的现状 1
1.2　三维动画制作的发展前景 2
1.3　认识 3ds Max 2014 工作界面 3
1.4　自定义工作界面 8
1.5　文件的基本操作 9
1.6　场景中物体的创建 11
1.7　对象的选择 12
1.8　对象的变换 14
1.9　对象的复制 15
1.10　捕捉工具的使用和设置 16
1.11　坐标系统 18
1.12　控制、调整视图 19
1.13　使用组 21
1.14　阵列工具的使用 22
1.15　对齐工具的使用 22
1.16　对象的链接 23
1.17　设置对象的属性 24
1.18　渲染场景 26
1.19　上机实训——制作果篮 27
1.20　思考与练习 30

模块2　二维图形的创建与编辑

2.1　二维建模 31
2.2　创建二维图形 32
2.3　创建二维复合图形 40
2.4　"可编辑样条线"功能 40
2.5　父物体层级 44
2.6　由二维对象生成三维对象 47
2.7　上机实训 50
2.8　思考与练习 64

模块3　三维模型的构建

3.1　认识三维模型 65
3.2　几何体创建时的调整 65
3.3　创建标准基本体 67
3.4　创建扩展基本体 70
3.5　建筑模型的构建 75
3.6　创建 AEC 扩展 81

3.7 创建楼梯 84
3.8 上机实训 86
3.9 思考与练习 96

模块4 三维编辑修改器

4.1 "修改"命令面板 97
4.2 编辑修改器的使用 99
4.3 上机实训 104
4.4 思考与练习 115

模块5 创建复合物体

5.1 复合物体创建工具 116
5.2 布尔运算的类型 116
5.3 制作布尔运算动画 119
5.4 散布工具 120
5.5 放样 121
5.6 放样变形 127
5.7 上机实训——液晶显示器 133
5.8 思考与练习 138

模块6 多边形建模

6.1 了解多边形建模 139
6.2 "编辑网格"修改器 140
6.3 "编辑多边形"修改器 143
6.4 上机实训——盘子中的鸡蛋 148
6.5 思考与练习 154

模块7 材质与贴图

7.1 材质编辑器与材质/贴图浏览器 155
7.2 标准材质 160
7.3 复合材质 164
7.4 贴图的类型 169
7.5 上机实训 174
7.6 思考与练习 180

模块8 灯光与摄影机

8.1 照明的基础知识 181
8.2 灯光类型 182
8.3 灯光的共同参数卷展栏 188
8.4 光度学灯光 193

8.5	摄影机 195	8.7	思考与练习 202
8.6	上机实训 200		

模块9　特效与渲染

9.1	环境特效 203	9.6	渲染 210
9.2	火焰效果 204	9.7	渲染特效 213
9.3	雾效果 206	9.8	上机实训 215
9.4	体积雾效果 208	9.9	思考与练习 219
9.5	体积光效果 209		

模块10　动画制作技术

10.1	动画的概念和方法 220	10.4	动画控制器 228
10.2	帧与时间的概念 220	10.5	上机实训——火焰拖尾 235
10.3	"运动"命令面板与动画控制区 221	10.6	思考与练习 243

模块11　粒子系统与空间扭曲

11.1	粒子系统 244	11.4	上机实训 255
11.2	不同的粒子系统类型 244	11.5	思考与练习 263
11.3	空间扭曲 248		

参考文献

模块 1 3ds Max 2014 对象的基本操作与编辑

本模块主要介绍 3ds Max 2014 的工作界面、对象的基本操作与编辑，熟悉工具栏和常用命令的使用方法，为以后深入学习 3ds Max 2014 打下坚实的基础。

1.1 三维动画制作的现状

1.1.1 技术快速进步

三维动画技术的起源可以追溯到 20 世纪 70 年代，最初主要用于科学计算和工程设计领域。随着计算机硬件性能的显著提升、软件技术的不断创新以及现代图形编程技术的飞速发展，三维动画逐渐从专业领域走向大众视野，并成为电影工业中不可或缺的一部分。1995 年，皮克斯动画工作室推出的《玩具总动员》是世界上第一部完全由计算机生成的三维动画电影，标志着三维动画正式进入了一个全新的时代。

在硬件方面，高性能计算机和图形处理器（GPU）的普及极大地推动了三维动画技术的发展。GPU 的并行计算能力显著提高了渲染速度和质量，使复杂场景和高质量画面的生成成为可能。此外，存储设备的容量和读/写速度的提升也为大规模三维数据的处理提供了有力支持。

在软件方面，三维动画制作工具如 3ds Max、Maya、Blender 等不断更新迭代，功能日益强大，操作更加便捷。这些软件不仅提供了丰富的建模、动画、渲染工具，还支持插件扩展，使制作者能够更加灵活地实现创意。特别是近年来，实时渲染技术的突破性进展，使三维动画的制作周期大幅缩短。Unreal Engine、Unity 等游戏引擎的实时渲染技术不仅应用于游戏开发，还被广泛应用于影视、广告等领域，极大地提升了制作效率。

此外，现代图形编程技术中的关键突破，如"光线追踪""全局光照"等，使三维动画的画面质量达到了前所未有的高度。这些技术的应用使光影效果更加真实，材质表现更加细腻，进一步提升了观者的视觉体验。

1.1.2 应用领域扩展

随着技术的进步，三维动画的应用领域不断扩展，几乎渗透到了各个行业。

三维动画在电影和电视制作中的应用最为广泛。从《长安三万里》中的宏大历史场景，到《哪吒之魔童降世》中的奇幻特效，三维动画技术为影视作品提供了无限的可能性。它不仅能够创造出逼真的虚拟世界，还可以实现传统拍摄手段难以达成的视觉效果。

三维动画是游戏开发的核心技术之一。现代游戏中的角色、场景、特效等几乎都依赖于三维建模和动画制作技术。例如，《黑神话：悟空》和《最后生还者》等游戏中的高质量画面和流畅动画，很大程度上得益于先进的三维动画技术。三维动画不仅提升了游戏的视觉效果，还增强了玩家的沉浸感。

在广告和营销领域，三维动画的应用也越来越普遍。通过三维动画，广告可以更加生动地展示产品特点，吸引消费者的注意。例如，汽车广告中的虚拟驾驶场景、电子产品广告中的内部结构展示等，都通过三维动画技术实现了直观、生动的表达。三维动画广告具有很高的吸引力，已经成为品牌推广和产品展示的重要手段。

在教育领域，三维动画技术被广泛应用于模拟实验创建、历史场景重现等教学资源。通过三维动画，学生可以直观地观察复杂的科学现象、机械运作过程或还原历史事件场景，这种可视化的方式有助于学生更好地理解和记忆知识点，提升教学效果。例如，医学教育中的解剖学三维模型、工程教育中的机械原理动画等，都是三维动画在教育中的典型应用。

在医疗领域，三维动画技术也发挥着重要作用。通过三维动画，医生和研究人员可以直观地分析疾病的病理机制，帮助他们制定更有效的治疗方案。此外，三维动画还可以用于模拟手术过程，帮助医生在术前进行规划和演练，从而提升手术的安全性和成功率。例如，心脏手术的三维模拟动画可以帮助医生更好地了解患者的心脏结构，减少手术风险。

在建筑领域，三维动画技术的应用使建筑可视化成为可能。通过三维动画，建筑师可以在设计阶段直观地呈现建筑的外观、内部结构和周边环境，这极大地提升了建筑设计和施工的效率和质量。此外，三维动画还广泛应用于项目展示、施工管理和营销宣传，帮助建筑方更好地与客户沟通，提升项目的市场竞争力。

1.2　三维动画制作的发展前景

技术的持续创新为三维动画制作带来了前所未有的机遇。从人工智能（AI）与机器学习技术的应用，到虚拟现实（VR）、增强现实（AR）和5G等新兴技术的融合，三维动画制作的效率、质量和范围都得到了显著提升。三维动画制作技术的持续创新，使得三维动画在越来越多的领域中发挥着越来越重要的作用，同时也推动了动画行业保持快速发展的强劲态势。

1.2.1　AI 与机器学习

AI 技术已经开始应用于动画电影的创作和制作，极大地提高了三维动画制作的效率和质量。例如，AI 可以生成逼真的角色动画，减少手动调整的工作量；通过深度学习算法，AI 可以更精确地捕捉和还原演员的面部表情和动作，提升动画的真实感；AI 还可以自动生成部分场景和道具，完成自动化建模，减少手动建模的工作量。这些技术的应用不仅降低了制作成本，还缩短了制作周期。

1.2.2　虚拟现实与增强现实

随着虚拟现实和增强现实技术的发展，三维动画制作软件开始在虚拟现实和增强现实领域得到广泛应用。VR 技术为三维动画提供了新的展示平台，用户可以沉浸在虚拟环境中，从而增强了互动性和体验感。例如，VR 电影和 VR 游戏中的三维动画场景让观众仿佛置身于虚拟世界中。AR 技术则可以将三维动画叠加到现实世界中，提供实时的交互体验。例如，AR 广告和 AR 教育应用中的三维动画可以为用户提供更加直观的信息展示。未来，VR 和 AR 技术将会为三维动画带来更多新的应用场景。

1.2.3　5G 与网络技术

5G 网络的高带宽和低延迟特性，使大规模三维动画数据可以实现高速传输，支持远程协作和实时渲染。例如，分布在不同地区的动画制作团队可以通过 5G 网络实时共享和编辑三维动画数据，极大地提高了协作效率。同时，5G 技术也推动了高质量三维动画内容的流媒体服务发展，用户可以随时随地享受高质量的动画内容。例如，基于 5G 网络的云游戏平台可以让玩家在移动设备上流畅体验高质量的三维动画游戏。

随着技术的持续创新和应用领域的不断扩展，三维动画制作将在更多方面发挥更为重要的作用。从影视、游戏到教育、医疗，三维动画的应用领域将越来越广泛。未来，三维动画不仅会创造出更加丰富和多样化的内容，还将推动各行业的数字化转型及创新发展。

1.3 认识 3ds Max 2014 工作界面

只有熟悉了 3ds Max 2014 的界面布局后，才能熟练地进行操作，提高工作效率。本节主要介绍 3ds Max 2014 的操作界面，以便更进一步地学习和掌握 3ds Max 2014。3ds Max 2014 的操作界面如图 1.1 所示。

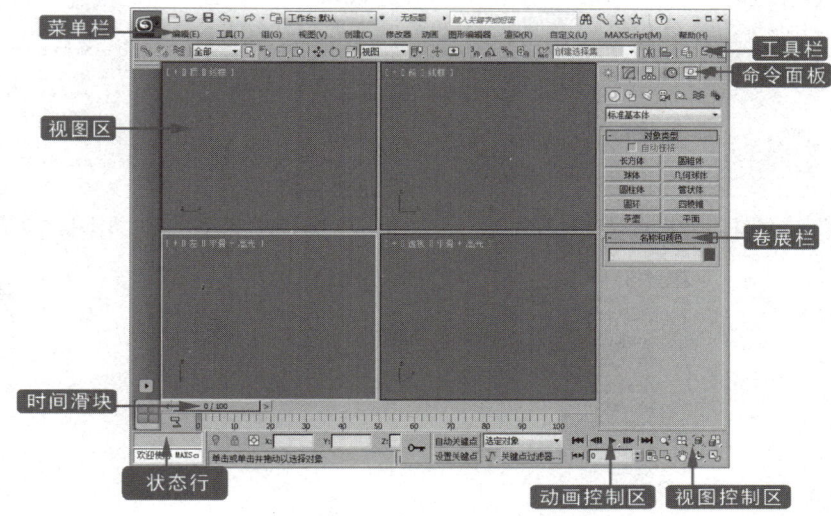

图 1.1 3ds Max 2014 操作界面

1.3.1 菜单栏

在 3ds Max 2014 的菜单栏中，包括"应用程序"按钮以及"编辑""工具""组""视图""创建""修改器""动画""图形编辑器""渲染""自定义""MAXScript""帮助"12 个菜单。

- "应用程序"按钮⑤：单击"应用程序"按钮可以打开"应用程序"菜单，其中包含各种文件命令，如"新建""重置""打开""保存""导入""导出""参考""属性"等，如图 1.2 所示。
- "编辑"菜单：包含一些基本命令，如"暂存""全选""变换工具框""选择类似对象""选择区域""管理选择集""对象属性"等，如图 1.3 所示。当在场景中没有选择任何对象时，"对象属性"命令呈灰色不可用状态。
- "工具"菜单：包括对对象进行调整的命令，如"打开容器资源管理器""显示浮动框""管理场景状态""镜像""阵列"等，如图 1.4 所示。
- "组"菜单：包括"成组""解组""打开""关闭""附加""分离""炸开""集合"命令，主要对场景中的对象进行管理，如图 1.5 所示。
- "视图"菜单：包括"视口配置""视口照明和阴影""视口背景"等命令，用于控制视图以及对象的显示情况，如图 1.6 所示。
- "创建"菜单：包括"标准基本体""扩展基本体""AEC 对象"等命令，如图 1.7 所示。该菜单中的命令在"创建"命令面板中也能找到,为了方便,用户可以在命令面板中进行操作。

- "修改器"菜单:包括"选择""面片/样条线编辑""转化""动画""UV 坐标""自由形式变形器"等命令,如图1.8所示。该菜单中提供了与"修改"命令面板中相同的修改器。

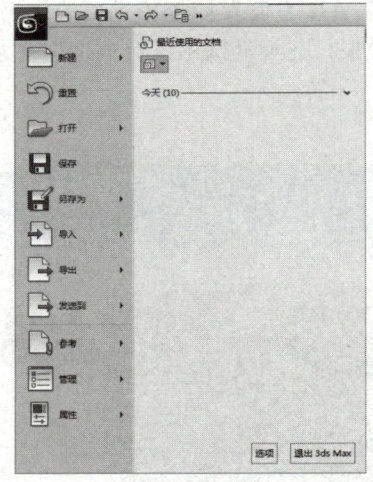
图1.2 "应用程序"菜单

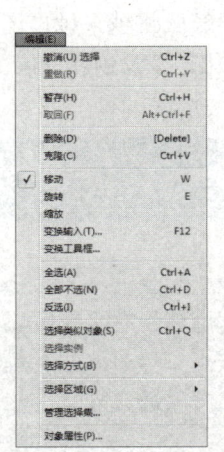
图1.3 "编辑"菜单

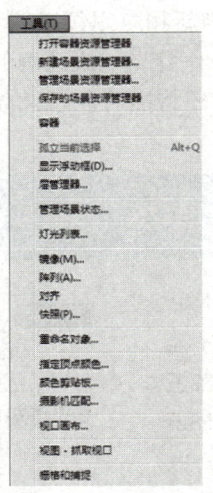
图1.4 "工具"菜单

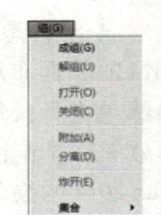
图1.5 "组"菜单

图1.6 "视图"菜单

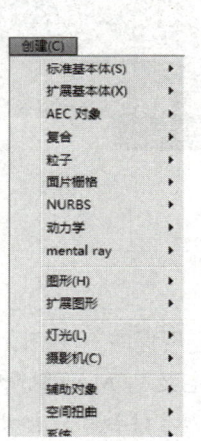
图1.7 "创建"菜单

图1.8 "修改器"菜单

- "动画"菜单:包括"IK 解算器""参数编辑器""反应管理器""设为蒙皮姿势""Autodesk 动画存储"等命令,用于控制场景元素的动画创建,可以使用户快速便捷地进行工作,如图1.9所示。
- "图形编辑器"菜单:包括"新建轨迹视图""新建图解视图""粒子视图""运动混合器"等命令,如图1.10所示。通过图形编辑器制作动画时,可以对运动轨迹进行预览,对运动方式进行编辑,还可以对粒子的创建进行调整。
- "渲染"菜单:包括"状态集""曝光控制""环境""材质编辑器""光能传递""全景导出器"等命令,用于环境效果设置、灯光效果控制以及视频合成等,如图1.11所示。

| 模块1 | 3ds Max 2014对象的基本操作与编辑

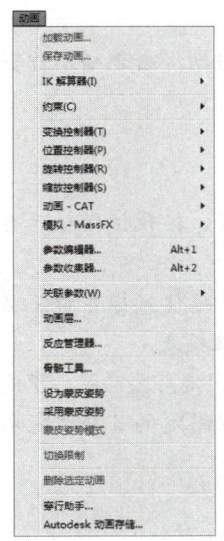
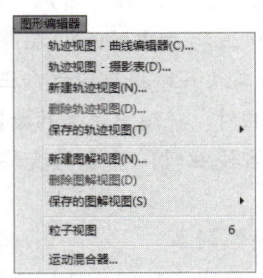
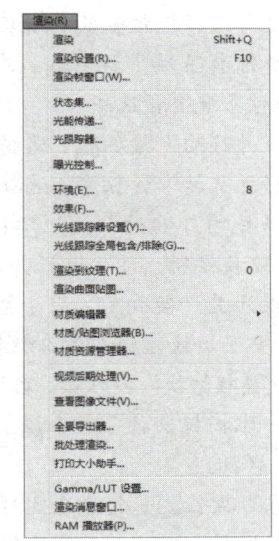

图1.9 "动画"菜单　　图1.10 "图形编辑器"菜单　　图1.11 "渲染"菜单

- "自定义"菜单：包括"自定义用户界面""加载自定义用户界面方案""配置用户路径""插件管理器""首选项"等命令，可以对界面布局、单位等内容进行设置，以使用户能够依照自己的喜好进行调整，如图1.12所示。
- "MAXScript"菜单：包括"新建脚本""打开脚本""MAXScript编辑器""调试器对话框"等命令，为用户提供了设置脚本的命令，用户可以将自己编写的脚本应用到场景中，如图1.13所示。
- "帮助"菜单：包括"基本技能影片""附加帮助""键盘快捷键映射""报告问题""关于3ds Max"等命令，提供用户所需要的使用参考以及软件的版本信息，如图1.14所示。

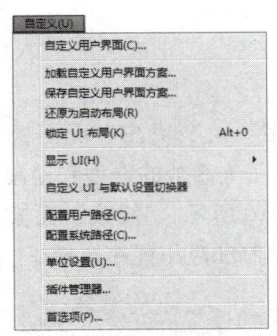
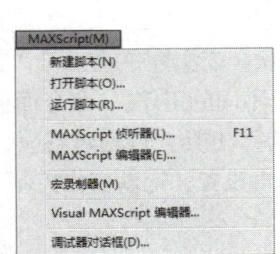
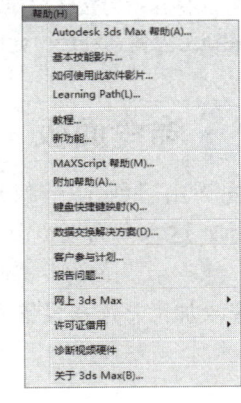

图1.12 "自定义"菜单　　图1.13 "MAXScript"菜单　　图1.14 "帮助"菜单

1.3.2 工具栏

工具栏位于菜单栏的下方，其中包括"选择并链接""断开当前选择链接"等按钮。下面介绍工具栏中常用按钮的功能。

- "选择并链接"按钮：单击该按钮后，可以在对象之间进行链接，从而定义它们之间的层次关系。
- "取消链接选择"按钮：取消应用于对象之间的链接。
- "绑定到空间扭曲"按钮：将对象绑定到空间扭曲对象上。
- "选择对象"按钮：用于在场景中选择对象。

5

- "按名称选择"按钮：按名称选择场景中的对象。
- "矩形选择区域"按钮：在场景中单击并按住鼠标左键进行拖动，出现矩形虚线框，虚线框中的对象就会被选中。
- "选择并移动"按钮：选择一个对象并进行位置变换。
- "选择并旋转"按钮：选择一个对象并进行旋转变换。
- "选择并均匀缩放"按钮：选择一个对象并进行均匀缩放变换。按住该按钮后会弹出其他选择并缩放按钮，即"选择并非均匀缩放""选择并挤压"按钮。
- "捕捉开关"按钮：用于捕捉网格或场景中的点。在此按钮上按住鼠标左键不放，在弹出的菜单中可切换选择二维捕捉模式、二点五维捕捉模式和三维捕捉模式。
- "角度捕捉切换"按钮：启用该按钮时，视图中对象的旋转将以固定角度完成，预设角度为5°。
- "百分比捕捉切换"按钮：启用该按钮时，对象的变换比例以固定的百分比完成，预设百分比为10%。
- "镜像"按钮：创建选定对象的镜像副本。
- "对齐"按钮：单击此按钮可将当前选择对象与目标选择对象进行对齐。
- "材质编辑器"按钮：单击此按钮可打开材质编辑器窗口，通过该窗口可将材质应用到单个对象或选择集，一个场景可以包含多种不同的材质。
- "渲染设置"按钮：单击此按钮可打开渲染设置窗口，在该窗口中可对渲染输出、渲染器等进行设置。
- "渲染产品"按钮：可以对当前的视口进行快速渲染。

> **提示**
>
> 在1 024×768的显示器分辨率下，工具栏中的按钮不能全部显示，将鼠标指针移至工具栏上，按住鼠标左键拖动可以将其余的按钮显示出来。工具按钮的图标非常形象，用户在使用过几次后就能够记住。将鼠标指针在工具按钮上停留几秒后，会出现当前按钮的文字提示，有助于用户了解该按钮的含义与用途。

1.3.3 命令面板

命令面板由"创建""修改""层次""运动""显示""实用程序"六个用户界面面板构成，如图1.15所示。这六个面板可以分别完成不同的工作。"命令面板"包含了大多数的造型和动画命令，选择"创建"→"几何体"→"茶壶"工具，可创建茶壶，如图1.16所示。"修改"面板下的参数用于对象修改加工、连接设置和反向运动设置、运动变化控制、显示控制和应用程序选择等。

图1.15 命令面板

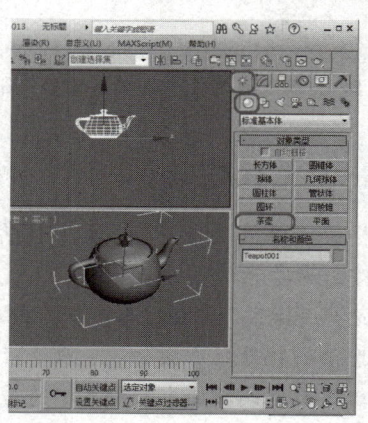

图1.16 创建茶壶

1.3.4 视图区

视图区在 3ds Max 2014 中是进行模型创建的主要工作区域。视图区默认情况下分为顶视图、前视图、左视图和透视视图四个视图，通过这四个不同的视图，用户可以从不同角度观察创建的各种造型。另外，3ds Max 2014 还提供了其他几种视图显示模式。在视图名称旁的"线框"字样上单击，在弹出的快捷菜单中显示的就是可供选择的几种视图显示模式，如图 1.17 所示。

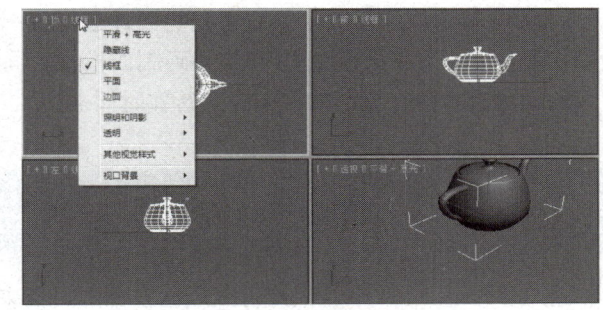

图 1.17　视图显示模式

1.3.5 状态行

位于视图区左下方和动画控制区左侧的是状态行，可分为当前状态行、提示信息行和当前坐标等几部分，显示当前状态及选择锁定方式，如图 1.18 所示。

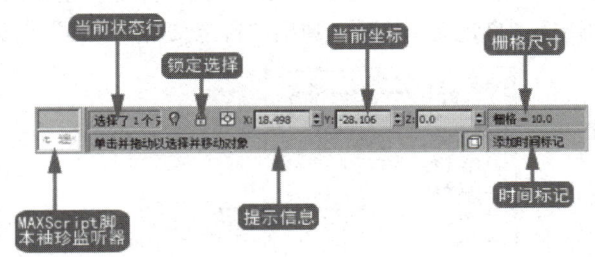

图 1.18　状态行

- "当前状态行"：显示当前选择对象的数目和类型。如果是同一类型的对象，它可以显示出对象的类别，显示"选择了 1 个对象"表示当前有 1 个物体被选择。
- "提示信息"：针对当前选择对象的工具和程序，提示下一步的操作。
- "当前坐标"：显示的是当前鼠标指针所在的世界坐标值或变换操作时的数值。当鼠标指针不操作物体，只在视图上移动时，它会限制当前的世界坐标值；如果使用了变换工具，还可以直接在坐标对话框中调节或输入坐标值，对物体进行变换。
- "锁定选择"：如果打开它，将会对当前选择集进行锁定，这样切换视图或调整工具，都不会改变当前操作物体。
- "栅格尺寸"：显示当前栅格中一个方格的边长尺寸，它的值会随视图显示的缩放而变化。
- "时间标记"：能够通过文字符号指定特定的帧标记，跳到目标帧处。时间标记不能随着关键帧的变化而变化，它只是一种便于命名和操作动画事件的快捷方式，所以当关键帧发生变化时，时间标记也需要进行相应的更新。

1.3.6 视图控制区

位于视图区右下角的是视图控制区，其中的控制按钮可以控制视图区各个视图的显示状态，如视图的缩放、平移视图、环绕子对象等。

> **提示**
>
> 在视图控制区中，按钮的右下角若有一个小三角形，表示该按钮下隐藏了其他的工具选项，按住该按钮不放，就会弹出隐藏的其他工具按钮，单击相应按钮即可使用。

1.3.7 动画控制区

动画控制区位于视图区的右下角，另外包括视图区下的时间滑块，它们用于动画时间的控制。在动画控制区中，用户不但可以开启动画制作模式，同时还可以随时对当前动画添加关键点，而且制作完成的动画也可以在激活的视图中进行实时播放。

1.4 自定义工作界面

在 3ds Max 2014 中，用户可以根据自身的习惯来更改工作界面，例如更改工具栏显示内容、快捷键和界面颜色等。

1.4.1 设置工具栏

在工具栏的空白处单击鼠标右键，弹出自定义快捷菜单，如图 1.19 所示。在弹出的自定义快捷菜单中选择"自定义"选项，弹出"自定义用户界面"对话框，可以对各类工具栏进行设置，如图 1.20 所示。

图 1.19　自定义快捷菜单

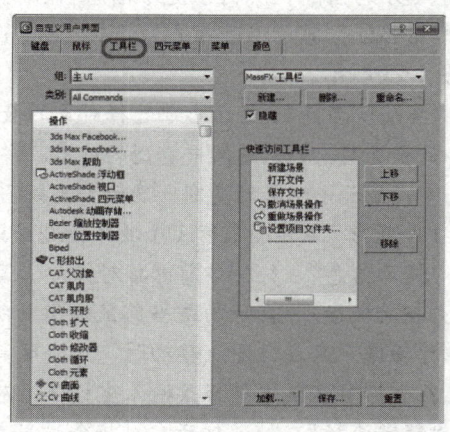

图 1.20　"自定义用户界面"对话框

1.4.2 设置快捷键

在"自定义用户界面"中，选择"键盘"选项卡，在左边的列表中选择要设置快捷键的命令，然后在右边的"热键"框中输入快捷键字母，如图 1.21 所示。单击"指定"按钮，设置成功。

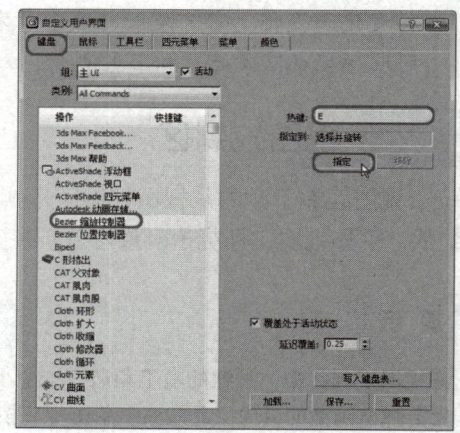

图 1.21　"自定义用户界面"对话框

1.4.3 自定义用户界面方案

选择菜单栏中的"自定义"→"加载自定义用户界面方案"命令,弹出"加载自定义用户界面方案"对话框,在弹出的对话框中提供了五种界面,可以根据自己的喜好进行设置,如图1.22所示。

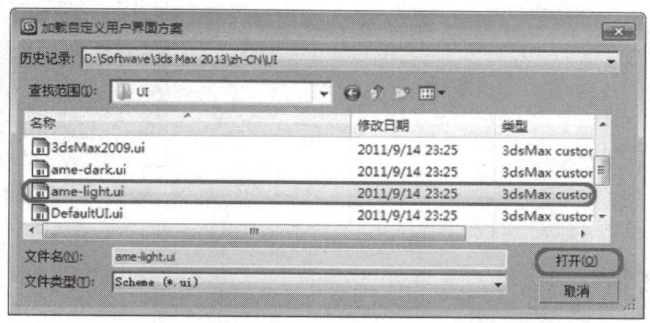

图1.22 "加载自定义用户界面方案"对话框

1.5 文件的基本操作

作为3ds Max 2014的初级用户,在没有正式掌握软件之前,学习文件的基本操作是非常必要的。下面介绍3ds Max 2014文件的基本操作方法。

1.5.1 建立新文件

步骤01 选择"应用程序" → "新建" → "新建全部"命令,或按Ctrl+N组合键,如图1.23所示。

步骤02 执行该命令后,即可新建一个空白场景,效果如图1.24所示。

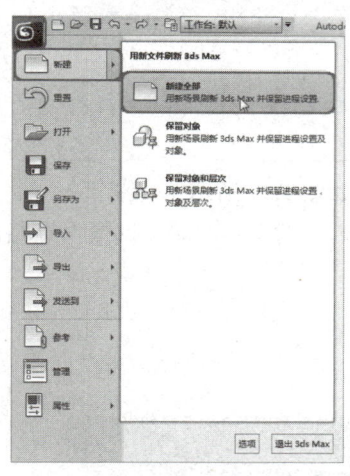

图1.23 选择"新建全部"命令

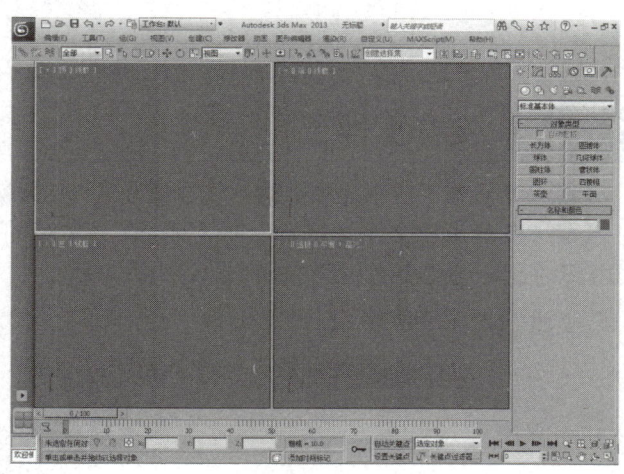

图1.24 新建的空白场景

1.5.2 重置场景

步骤01 选择"应用程序" → "重置"命令,如图1.25所示。

步骤02 弹出"3ds Max"对话框,如图1.26所示。单击"是"按钮,即可完成重置操作。

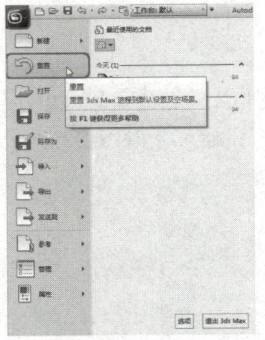
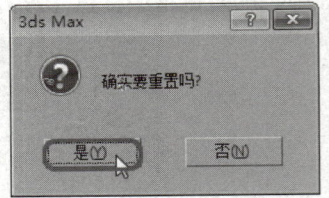

图 1.25 选择"重置"命令　　　　　　　　图 1.26 "3ds Max"对话框

1.5.3 打开文件

步骤 01 选择"应用程序" → "打开" → "打开"命令，或按 Ctrl+O 组合键，如图 1.27 所示。

步骤 02 弹出"打开文件"对话框，如图 1.28 所示。选择要打开的文件，单击"打开"按钮，打开选择的文件。

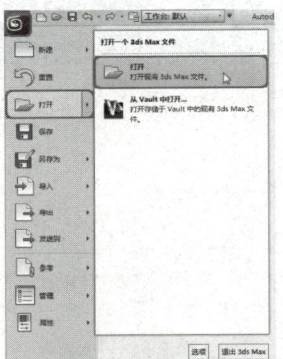
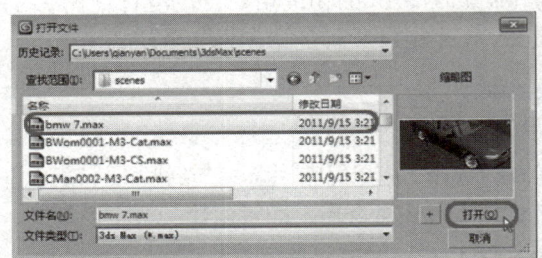

图 1.27 执行"打开"命令　　　　　　　　图 1.28 "打开文件"对话框

1.5.4 保存文件

步骤 01 选择"应用程序" → "另存为" → "另存为"命令，如图 1.29 所示。

步骤 02 弹出"文件另存为"对话框，在"文件名"文本框中输入"2.2.4.max"，选择保存路径，如图 1.30 所示。单击"保存"按钮。

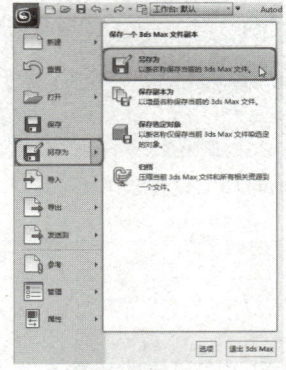
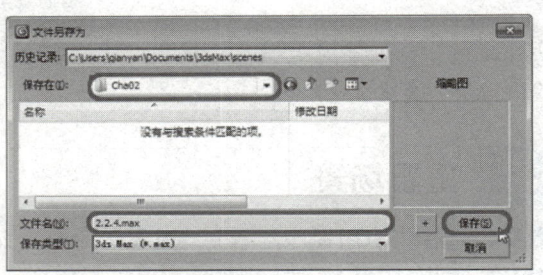

图 1.29 执行"另存为"命令　　　　　　　图 1.30 "文件另存为"对话框

1.5.5 合并文件

步骤 01 选择"应用程序" → "导入" → "合并"命令，如图 1.31 所示。
步骤 02 弹出"合并文件"对话框，选择要合并的场景文件，单击"打开"按钮，如图 1.32 所示。
步骤 03 弹出"合并"对话框，选择要合并的对象，单击"确定"按钮，如图 1.33 所示。完成合并。

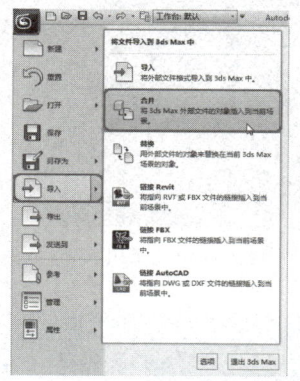
图 1.31 执行"合并"命令

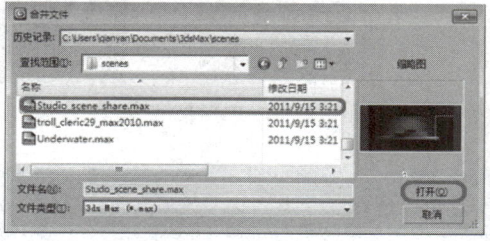
图 1.32 "合并文件"对话框

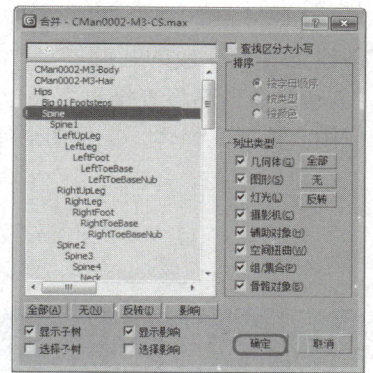
图 1.33 "合并"对话框

1.5.6 支持导入和导出的文件格式

在 3ds Max 2014 中，可以导入的格式包括 3DS、AI、APE、ASM、CGR、DAE、DEM、DWG、FLT、HTR、IGE、IPT、JT、DLV、OBJ、PRT、SAT、SKP、SHP、SLDPRT、STL、STP 和 WRL 等。

在 3ds Max 2014 中，可以导出的格式包括 FBX、3DS、AI、ASE、DAE、DWF、DWG、DXF、FLT、HTR、IGS、SAT、STL、W3D、WIRE 和 WRL 等。

1.6 场景中物体的创建

在 3ds Max 2014 中，有多种创建简单三维物体的方式，下面创建一个"半径"为 50 的圆柱体对象，具体步骤如下。

步骤 01 选择"创建" → "几何体" → "圆柱体"命令，如图 1.34 所示。
步骤 02 在顶视图中按住鼠标左键并拖动，将其拖动到合适位置后释放鼠标，完成圆柱体的绘制，如图 1.35 所示。

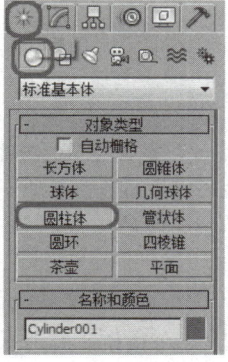
图 1.34 创建圆柱体

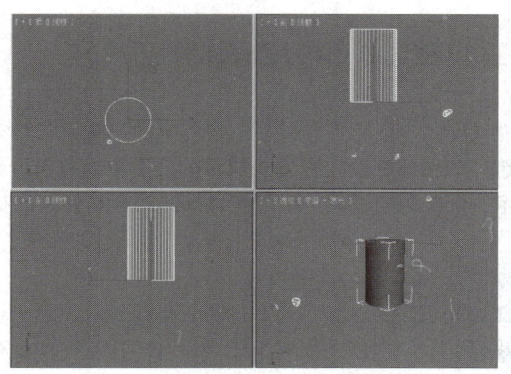
图 1.35 绘制完成的圆柱体

步骤 03 切换到"修改"命令面板中,在"参数"卷展栏中将"半径"设置为"50.0","高度"设置为"80.0",如图1.36所示。设置完成的效果如图1.37所示。

3ds Max 2014提供了多种三维模型创建工具。一般的基础模型,可以通过"创建"命令面板直接建立,包括标准几何体、扩展几何体、二维图形等。

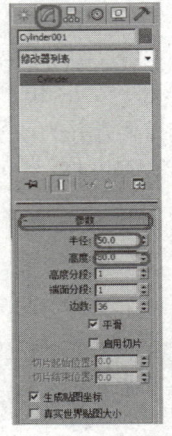
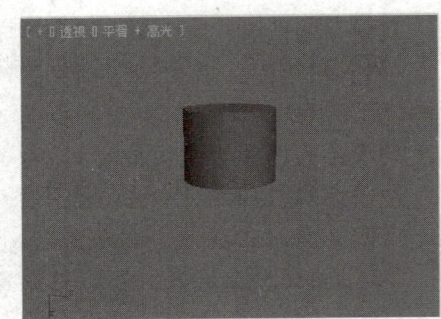

图1.36 设置参数　　　　图1.37 调整后的效果图

1.7 对象的选择

选择对象可以说是最基本的操作。如果想对场景中的对象进行操作、编辑,首先要选择该对象。3ds Max 2014中提供了多种供用户选择的方式。

1.7.1 单击选择

步骤 01 在任意视图中创建一个球体,再创建一个圆环,如图1.38所示。

步骤 02 单击工具栏中的"选择对象"按钮,将鼠标指针移到球体上,当鼠标指针变为十字形后单击鼠标左键,球体就会被选中,如图1.39所示。

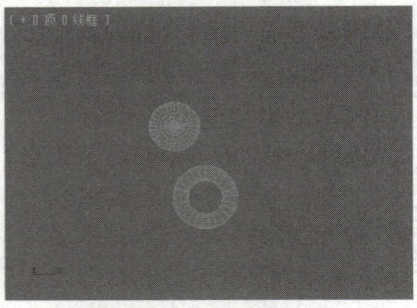
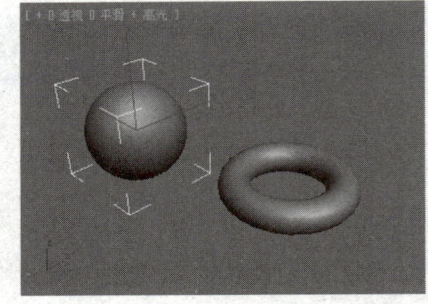

图1.38 创建球体和圆环　　　　图1.39 选择对象

按住Ctrl键单击可同时选择视图中的圆环。

> **提示**
> 被选中的物体在以线框方式显示的视图中以白色框架显示;在以"平滑+高光"模式显示的视图中,物体周围显示一个白色的框架,不管被选择的对象是什么形状,这种白色的框架都以长方体的形式出现。

1.7.2 按名称选择

步骤 01 在工具栏中单击"按名称选择"按钮,弹出"从场景选择"对话框,按住Ctrl键选择两个创建的对象,如图1.40所示。

步骤02 单击"确定"按钮,这时可以看到视图中的"球体""圆环"对象已被选中,如图1.41所示。

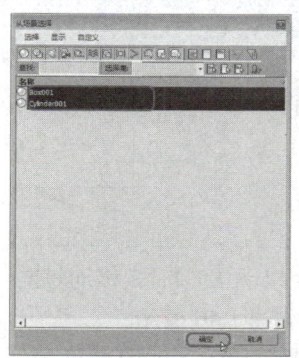

图1.40 "从场景选择"对话框

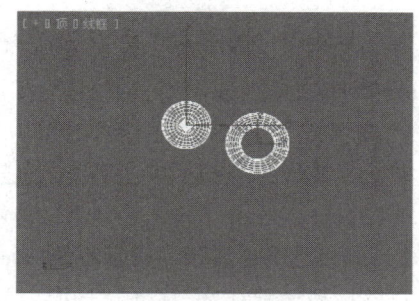

图1.41 "球体""圆环"对象已被选中

1.7.3 选择工具

单选工具只包括"选择对象"工具 。

组合选择工具包括"选择并移动" 、"选择并旋转" 、"选择并均匀缩放" 、"选择并链接" 和"断开当前选择链接" 等。

区域选择方式有五种,包括"矩形选择区域" 、"圆形选择区域" 、"围栏选择区域" (手绘多边形围出选择区域,单击鼠标左键,连续拉出直线,围成多边形区域,然后在末端双击鼠标左键,完成区域选择,如图1.42所示)、"套索选择区域" (自由手绘圈出选择区域,直接按住鼠标左键拖动绘制区域,如图1.43所示)、"绘制选择区域" 。

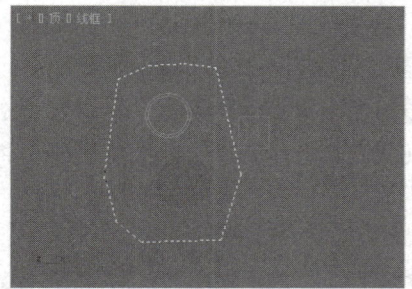

图1.42 围栏选择区域

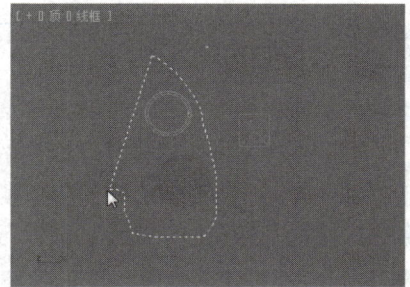

图1.43 套索选择区域

范围选择方式有两种:"窗口范围选择""交叉范围选择"。若"交叉范围选择"按钮 处于启用状态,则选择对象时,只要有部分被框选,整个物体就会被全部选中,如图1.44所示。若"窗口范围选择"按钮 处于启用状态,则选择对象时,只有完全被包含在虚线框内的物体才会被选择,部分在虚线框内的物体将不会被选择,如图1.45所示。

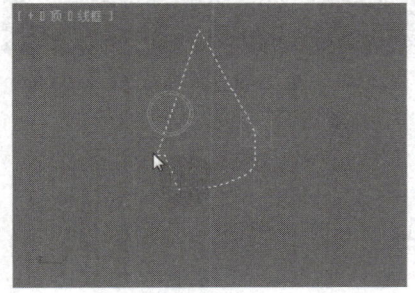

图1.44 交叉范围选择

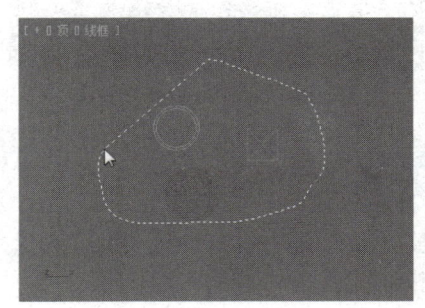

图1.45 窗口范围选择

1.8 对象的变换

对象的变换主要使用"选择并移动""选择并旋转""选择并均匀缩放"等工具实现。下面对对象的变换操作进行详细的介绍。

1.8.1 对象的移动

步骤 01 选择对象，单击"选择并移动"按钮，对象上会出现 X、Y、Z 移动轴向，当鼠标指针移动到 X 轴上，X 轴将呈黄色显示，表示可沿该轴向进行移动，如图 1.46 所示。

步骤 02 将鼠标指针放在 X、Y 轴之间时，X、Y 轴同时呈黄色显示，如图 1.47 所示。拖动鼠标，该对象将沿着 X、Y 轴进行移动。

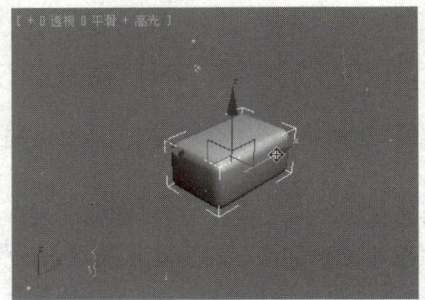
图 1.46 沿 X 轴移动

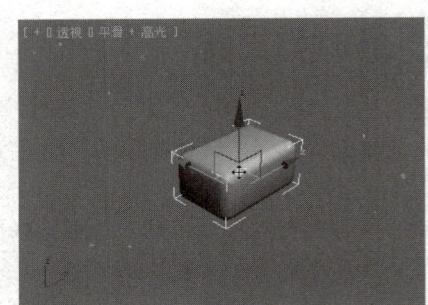
图 1.47 双方向轴移动

1.8.2 对象的旋转

步骤 01 选择对象，单击"选择并旋转"按钮，对象上会出现分别代表 X、Y、Z 这三个旋转方向的圆，红色的圆以 X 轴为旋转轴，绿色的圆以 Y 轴为旋转轴，蓝色的圆以 Z 轴为旋转轴，将鼠标指针移动到 X 轴的圆上，使该轴的圆呈黄色显示，如图 1.48 所示。

步骤 02 按住鼠标左键，拖曳该圆即可沿相应的轴旋转对象，如图 1.49 所示。

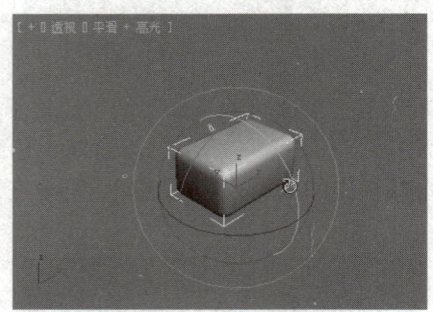
图 1.48 旋转轴呈黄色显示

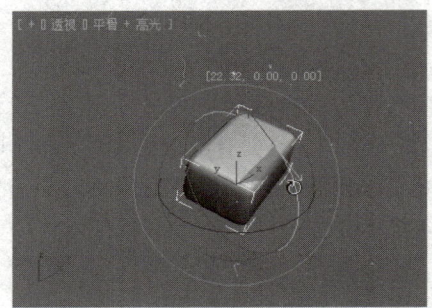
图 1.49 旋转对象

1.8.3 对象的缩放

缩放对象可使用的工具有三种："选择并均匀缩放""选择并非均匀缩放""选择并挤压"。其功能分别介绍如下。

- "选择并均匀缩放"：可以沿三个轴同时以相同比例缩放对象，从而能够保持原始对象的比例。

- "选择并非均匀缩放"：可以保持两个轴的比例不变而只沿另一个轴放大或缩小对象，如图 1.50 所示。
- "选择并挤压"：可以在保持对象体积不变的情况下对其进行放大或缩小，如图 1.51 所示。

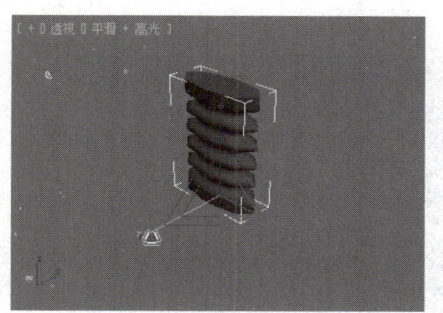 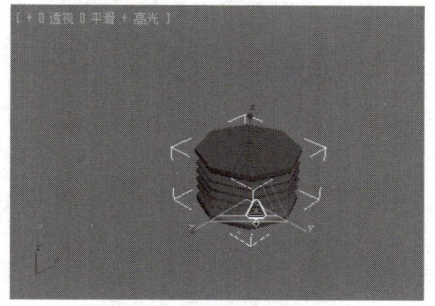

图 1.50　选择并非均匀缩放　　　　　　　　图 1.51　选择并挤压

> **提示**
> 除上述变换对象的方法外，还可以在视图区中的对象上单击鼠标右键，在弹出的快捷菜单中选择相应的命令对对象进行变换。

1.9　对象的复制

当需要将对象复制出一个或多个副本，且还要与原始对象有相同的属性和参数时，可以使用镜像、克隆和阵列等工具。

1.9.1　克隆对象

步骤 01　单击"选择对象"按钮，选择要复制的对象，单击鼠标右键，在弹出的快捷菜单中选择"克隆"命令，如图 1.52 所示。

步骤 02　弹出"克隆选项"对话框，选择"复制"单选按钮，在"名称"文本框中输入"02"，如图 1.53 所示。

步骤 03　单击"确定"按钮，单击"选择并移动"按钮，移动对象，效果如图 1.54 所示。

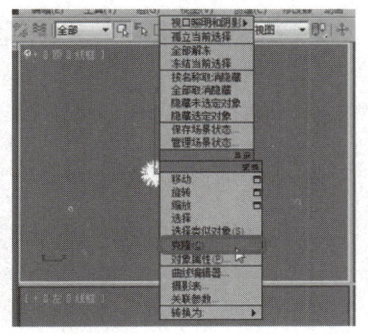 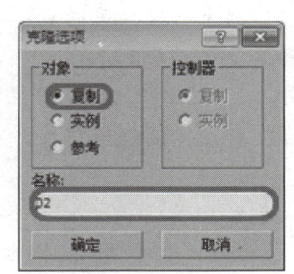 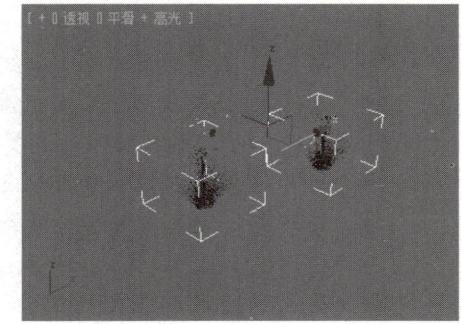

图 1.52　选择"克隆"命令　　　图 1.53　"克隆选项"对话框　　　图 1.54　克隆效果

1.9.2　镜像对象

步骤 01　选择要进行镜像复制的对象，单击"镜像"按钮，弹出"镜像：世界坐标"对话框，在"镜像轴"选项组中指定镜像轴，在"偏移"文本框中输入"120.0"，在"克隆当前选择"选项组中选择"复制"单选按钮，如图 1.55 所示。

步骤 02 设置好参数后单击"确定"按钮，效果如图 1.56 所示。

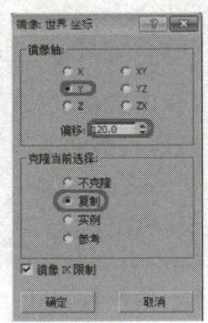

图 1.55 "镜像：世界坐标"对话框

图 1.56 镜像效果

1.10 捕捉工具的使用和设置

在 3ds Max 2014 中，捕捉工具是根据栅格和物体的特点来放置光标的，使用捕捉可以精确地将光标放置到用户想要放置的地方。

1.10.1 捕捉与栅格设置

在工具栏中的"捕捉开关"按钮 上单击鼠标右键，弹出"栅格和捕捉设置"对话框，如图 1.57 所示。

在"捕捉""选项""主栅格""用户栅格"选项卡中，可以对捕捉与栅格进行设置。

- 捕捉

捕捉可分为"Standard""Body Snaps""NURBS"等类型，下面对其中最常用的两种捕捉类型进行说明。

(1)"Standard"类型

- "栅格点"：捕捉物体栅格的顶点。
- "轴心"：捕捉物体的轴心。
- "垂足"：在视图区中绘制曲线时，捕捉上一次垂足的点。
- "顶点"：捕捉网络物体或可编辑网络物体的顶点。
- "边/线段"：捕捉物体的边或线段。
- "面"：捕捉在视图区中所需面的点，背面无法进行捕捉。
- "栅格线"：捕捉栅格线上的点。
- "边界框"：捕捉物体边界框上的八个角。
- "切点"：捕捉样条线上相切的点。
- "端点"：捕捉物体边界的端点。
- "中点"：捕捉物体边界的中点。
- "中心面"：捕捉选定面的几何中心。

(2)"NURBS"类型

- "CV"：捕捉 NURBS 曲线或曲面的 CV 次物体，如图 1.58 所示。

| 模块1 | 3ds Max 2014对象的基本操作与编辑

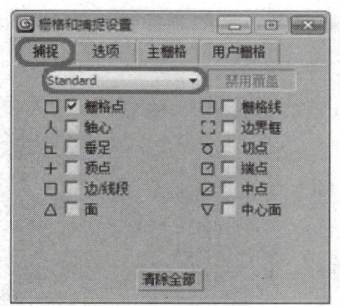 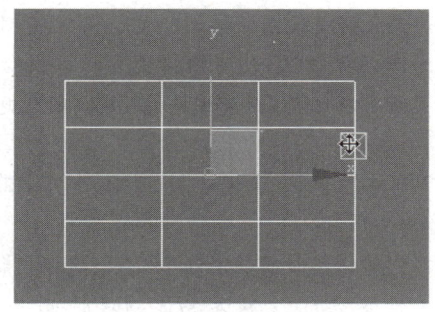

图 1.57 "栅格和捕捉设置"对话框　　　　图 1.58 捕捉曲面的 CV 次物体

- ◆ "曲线中心"：捕捉 NURBS 曲线中心点。
- ◆ "曲线切线"：捕捉与 NURBS 曲线相切的切点。
- ◆ "曲线端点"：捕捉 NURBS 曲线的端点。
- ◆ "曲面法线"：捕捉 NURBS 曲面的法线点。
- ◆ "点"：捕捉 NURBS 次物体的点。
- ◆ "曲线法线"：捕捉 NURBS 曲线的法线点。
- ◆ "曲线边"：捕捉 NURBS 曲线的边。
- ◆ "曲面中心"：捕捉 NURBS 曲面的中心点。
- ◆ "曲面边"：捕捉 NURBS 曲面的边。

● 选项

"选项"选项卡用于设置捕捉的大小、角度和百分比等项目，如图 1.59 所示。

- ◆ "显示"：控制在捕捉时是否显示指示光标。
- ◆ "大小"：设置捕捉光标的像素大小。
- ◆ "捕捉半径"：设置捕捉光标的捕捉范围。
- ◆ "角度"：设置旋转时递增的角度。
- ◆ "百分比"：设置缩放递增的百分比例。
- ◆ "使用轴约束"：将选择的物体沿着指定的坐标轴向移动。

● 主栅格

用于控制主栅格的特性，如图 1.60 所示。

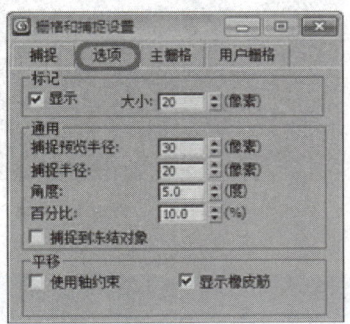 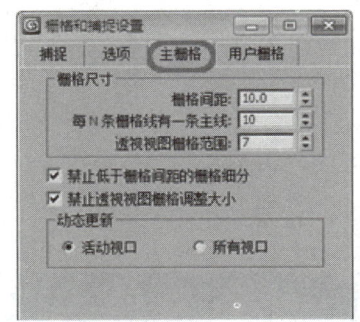

图 1.59 "选项"选项卡　　　　图 1.60 "主栅格"选项卡

- ◆ "栅格间距"：设置主栅格两根线之间的距离。
- ◆ "每 N 条栅格线有一条主线"：设置每两根粗线之间有多少根细线格。
- ◆ "透视视图栅格范围"：设置透视视图中粗线格中所包含的细线格数量。
- ◆ "禁止低于栅格间距的栅格细分"：设置对视图放大或缩小时栅格是否自动细分。

- "禁止透视视图栅格调整大小"：设置对视图放大或缩小时栅格是否会根据透视视图的变化而变化。
- "活动视口"：改变栅格设置时，仅对激活的视图进行更新。
- "所有视口"：改变栅格设置时，所有视图都会更新栅格显示。
- 用户栅格

"用户栅格"选项卡用于控制用户创建的辅助栅格对象，如图 1.61 所示。

- "创建栅格时将其激活"：在创建栅格物体的同时将其激活。
- "世界空间"：设定物体创建时自动与世界空间坐标系统对齐。
- "对象空间"：设定物体创建时自动与物体空间坐标系统对齐。

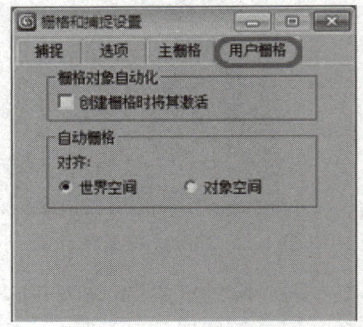

图 1.61 "用户栅格"选项卡

1.10.2 空间捕捉

"空间捕捉"包括"2D""2.5D""3D"三种类型。使用空间捕捉可以精确创建和移动对象。使用"2D"或"2.5D"只能捕捉到直接位于绘图平面上的节点和边。当用空间捕捉移动对象时，被移动的对象是移动到当前栅格上还是相对于初始位置按捕捉增量移动，就由捕捉的方式来决定了。

1.10.3 角度捕捉

角度捕捉用于精确地旋转物体和视图。可以在"栅格和捕捉设置"对话框中进行设置，其中，"选项"选项卡的"角度"参数用于设置旋转时递增的角度，一般在视图中旋转物体的角度数为 30、45、60、90、180 度等整数。角度捕捉为精确旋转物体提供了方便。

1.10.4 百分比捕捉

百分比捕捉，一般以系统默认的 10% 的比例进行变化，如图 1.62 所示。也可以通过设置"栅格和捕捉设置"对话框中"选项"选项卡下的"百分比"参数，进行百分比捕捉设置。

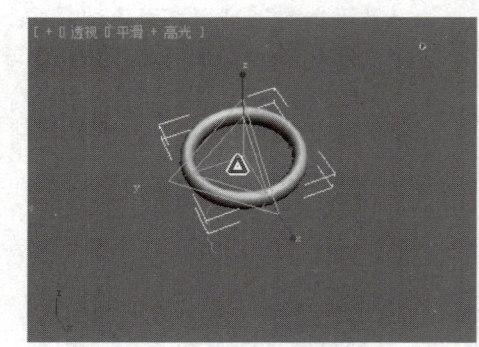

图 1.62 百分比捕捉

1.11 坐标系统

坐标系统（如图 1.63 所示）能够使对象在视图区中进行"移动""旋转""缩放"等调整，本节主要介绍各个坐标系统的功能。

- "视图"坐标系统：使用最普遍的默认系统，"视图"坐标系统是"世界"坐标系统和"屏幕"坐标系统的结合。

- "屏幕"坐标系统：在所有视图中，X 轴为水平方向，Y 轴为垂直方向，Z 轴为景深方向，它把计算机屏幕作为 X、Y 轴向，向计算机屏幕内部延伸的方向作为 Z 轴向。
- "世界"坐标系统：从前方看，X 轴为水平方向，Z 轴为垂直方向，Y 轴为景深方向。这个坐标方向轴在任何视图中都固定不变，以它为坐标系统，可以使用户在任何视图中都有相同的操作效果。
- "父对象"坐标系统：使用选择物体的父物体的自身坐标系统，可以使子物体保持与父物体之间的依附关系，在父物体所在的轴向上发生改变。
- "局部"坐标系统：使用物体自身的坐标轴作为坐标系统。
- "万向"坐标系统：它可以使 XYZ 轨迹与轴的方向形成一一对应的关系。它的每一次旋转都会影响其他坐标轴的旋转。
- "栅格"坐标系统：以栅格物体的自身坐标轴作为坐标系统，栅格物体主要用来辅助制作。
- "工作"坐标系统：用户自定义的一个临时坐标系，它允许用户在特定的任务或视图中使用一个不同于默认的世界坐标系、视图坐标系或对象坐标系的参考框架。
- "拾取"坐标系统：可以选择屏幕中的任意一个对象，以它自身的坐标系统作为当前坐标系统。

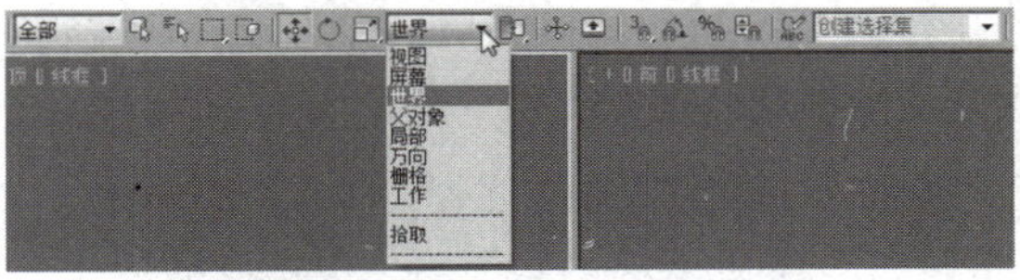

图 1.63　坐标系统

1.12　控制、调整视图

当用户想对视图区中操作的对象全面预览的时候，可以利用视图控制区中的图形按钮对视图进行调整、控制，如图 1.64 所示。下面介绍视图的控制和调整。

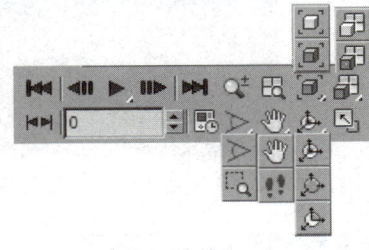

图 1.64　视图控制区

1.12.1　视图控制工具

- "缩放"按钮：在任意视图区中，可拉近或推远视景。
- "缩放所有视图"按钮：在任意视图中拖动，其他视图也会随之缩放显示。
- "最大化显示选定对象"按钮：将所有物体以最大化的方式显示在当前激活视图中。
- "所有视图最大化显示选定对象"按钮：将选择的物体以最大化的方式显示在所有视图中。
- "视野"按钮：单击该按钮后，可在视图区中按住鼠标左键向上或向下拖动进行放大或缩小。
- "平移视图"按钮：按住鼠标左键拖动，可以对视图区中的物体进行平移观察。
- "环绕"按钮：单击该按钮后，可在当前视图中对物体进行旋转。
- "最大化视口切换"按钮：将当前激活视图切换为全屏显示。

1.12.2　视图的布局转换

步骤 01　在菜单栏中单击"视图"按钮，在弹出的下拉菜单中选择"视口配置"选项，如图 1.65 所示。

步骤02 执行该操作后，弹出"视口配置"对话框，选择"布局"选项卡，用户可以根据需要在该选项卡中选择视图类型，如图1.66所示。

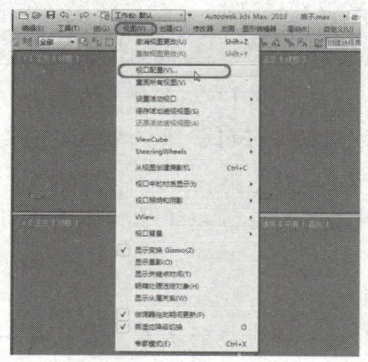
图 1.65 选择"视口配置"选项

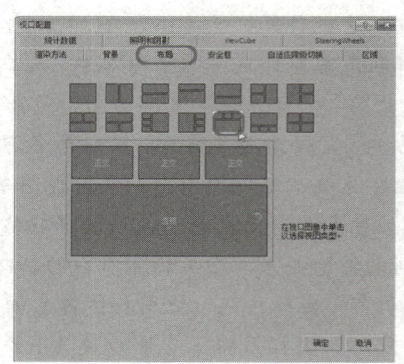
图 1.66 "视口配置"对话框

步骤03 选择完成后，单击"确定"按钮，即可改变视图类型，如图1.67所示。

步骤04 在视图区左下角单击"创建新的视口布局选项卡"按钮，在弹出的列表中可以选择不同的视图显示方式，如图1.68所示。

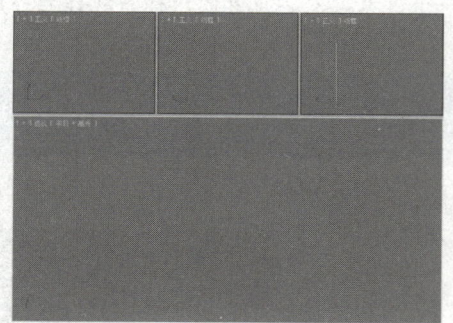
图 1.67 改变视图类型

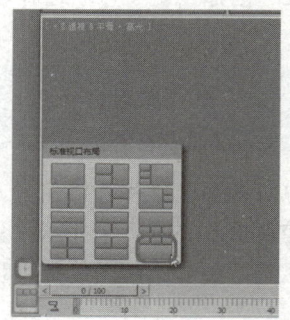
图 1.68 单击"创建新的视口布局选项卡"按钮

1.12.3 视图显示模式的控制

在系统默认设置下，视图区的显示模式为"顶""前""左"三个正交视图（它们采用"线框"显示模式）和一个透视视图（它的显示模式是"平滑+高光"），如图1.69所示。

"平滑+高光"模式的显示效果逼真，但刷新速度慢，而"线框"模式的刷新速度比较快，能够显著提高计算机的处理速度。当处理大型、复杂的效果图时，应使用"线框"模式，如图1.70所示。当需要观看效果时，可以选择"平滑+高光"模式。

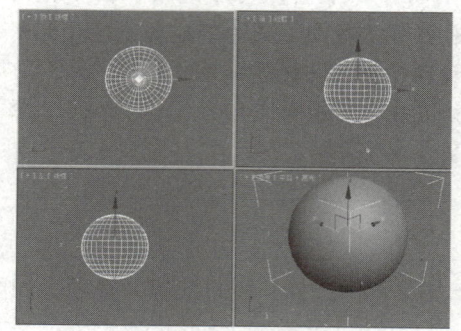
图 1.69 视图区默认显示模式

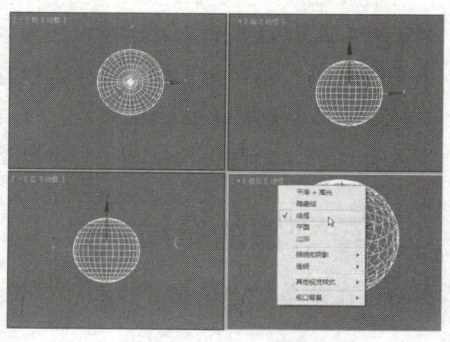
图 1.70 "线框"模式

1.13 使用组

组是由多个对象组成的集合，成组之后，单击组内任何一个对象，整个组就会被选择，如果想单独对组内对象进行操作，必须先将组暂时打开。组可以使用户同时对多个对象进行同样的操作。

1.13.1 组的建立

步骤 01 在视图区中选择两个或两个以上的对象，选择菜单栏中的"组"→"成组"命令，如图 1.71 所示。

步骤 02 弹出"组"对话框，在该对话框中输入组名，如图 1.72 所示。

步骤 03 输入完成后，单击"确定"按钮，即可使选中对象成组，如图 1.73 所示。

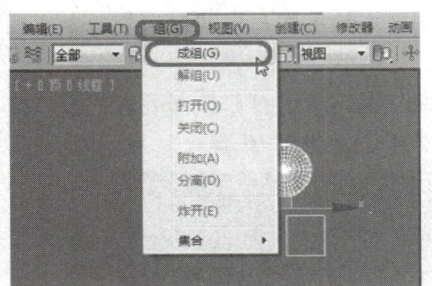
图 1.71 选择"成组"命令

图 1.72 "组"对话框

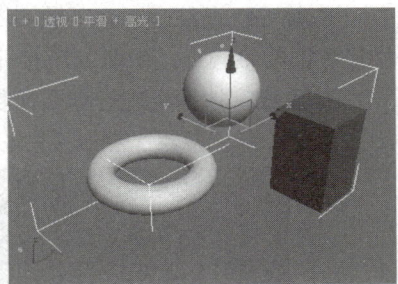
图 1.73 创建后的效果

1.13.2 打开组

步骤 01 选择组，选择菜单栏中的"组"→"打开"命令，群组的外框将变为粉红色，如图 1.74 所示。

步骤 02 选择组内的物体进行单独操作，修改完成后执行"组"→"关闭"命令，如图 1.75 所示，即可将该组关闭。

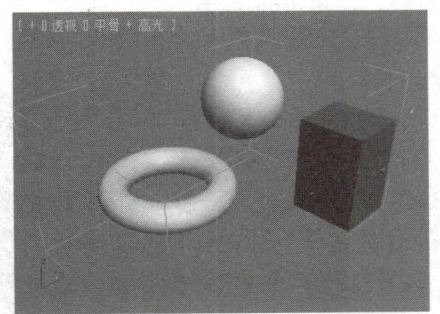
图 1.74 外框变为粉红色

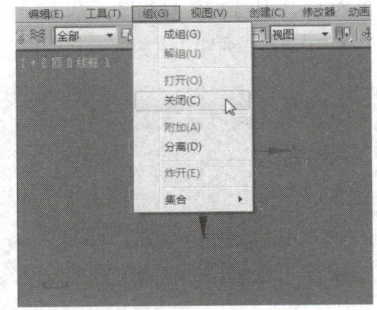
图 1.75 选择"关闭"命令

1.13.3 解组

在视图区中选择一个组，然后选择"组"→"解组"命令，可将当前选择的组打散。执行解组操作后，"关闭"命令将不可用。

1.13.4 附加组

在视图区中选择要加入组的对象，执行"组"→"附加"命令，单击要附加到的群组，即可把新的对象加入群组中。

1.13.5 炸开组

选择视图区中的群组,选择"组"→"炸开"命令,可将所选择组的所有层级一同打散,不再包含任何的组。

1.14 阵列工具的使用

阵列工具能够控制二维、三维的阵列复制,而且阵列工具可以大量、有序地复制对象。本节介绍阵列工具的使用方法。

步骤01 选择"创建" → "图形" → "圆"命令,在视图区中绘制圆,在"层次"命令面板中设置圆的轴心点,如图1.76所示。

步骤02 选择要进行阵列复制的对象"圆",在命令面板中选择"修改"→"修改器列表"→"挤出"命令,在"参数"卷展栏中的"数量"文本框中输入"2.3",效果如图1.77所示。

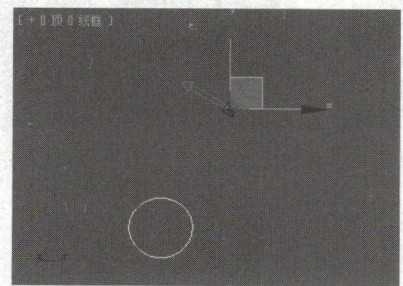
图1.76 绘制圆并调整轴心点

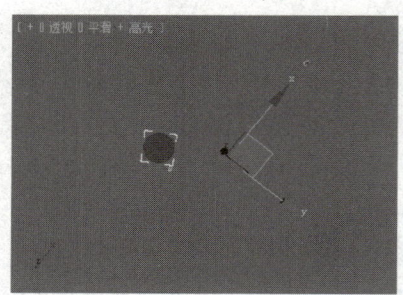
图1.77 挤出后的效果

步骤03 在菜单栏中选择"工具"→"阵列"命令,弹出"阵列"对话框,在"增量"下将"旋转"的Z轴设置为"30.0",在1D的"数量"文本框中输入"12",如图1.78所示。

步骤04 单击"确定"按钮,即可完成阵列,如图1.79所示。

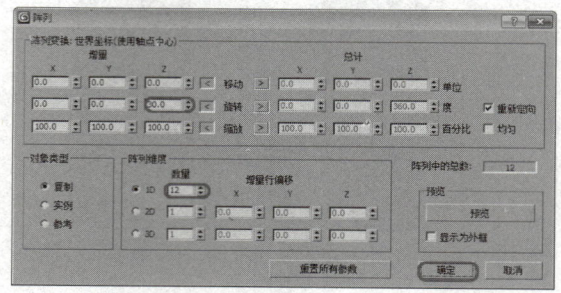
图1.78 在"阵列"对话框中设置参数

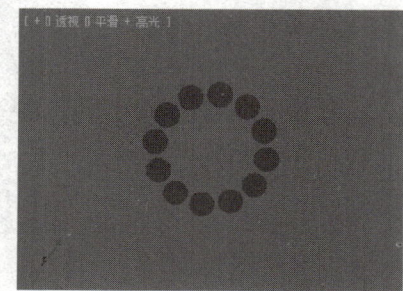
图1.79 完成阵列

1.15 对齐工具的使用

对齐工具是通过移动操作使物体自动与其他对象对齐,它在物体之间并没有建立什么特殊的关系。在顶视图中创建一个长方体和一个球体,选择球体,在工具栏中单击"对齐"按钮,然后在顶视图中选择长方体对象，弹出"对齐当前选择"对话框，设置参数如图 1.80 所示。完成后单击"确定"按钮，此时球体在长方体的轴点位置。

"对齐当前选择"对话框中的主要选项介绍如下。

- "对齐位置"：根据当前的坐标系来确定对齐的方式。
  ◆ "X 位置""Y 位置""Z 位置"：根据指定的位置对齐依据的轴向，可以设置单方向对齐，也可以设置多方向对齐。
- "当前对象/目标对象"：设置当前对象与目标对象的位置。
  ◆ "最小"：以对象表面最靠近另一对象选择点的方式进行对齐。
  ◆ "中心"：以对象的中心点与另一对象的选择点进行对齐。
  ◆ "轴点"：以对象的轴心点与另一对象的选择点进行对齐。
  ◆ "最大"：以对象表面最远离另一对象选择点的方式进行对齐。
- "对齐方向"：按照指定的方向对齐依据的轴向，方向的对齐是根据对象自身坐标系完成的。
- "匹配比例"：对目标对象进行缩放修改，将目标对象的缩放比例沿指定的坐标轴向施加到当前对象上。

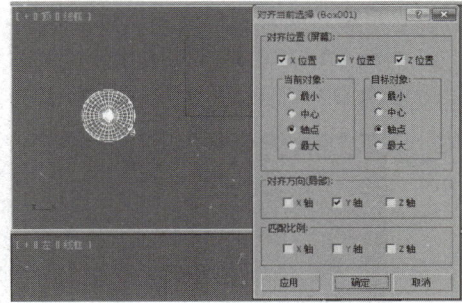

图 1.80　参数设置

1.16　对象的链接

1.16.1　链接对象

链接对象就是将两个对象按照父子关系链接起来，定义层次关系。"选择并链接"按钮 的功能是把子体链接到父体。一个父体能有许多子体，但一个子体只能有一个父体。

步骤 01　在顶视图中，分别创建一个圆锥体和一个球体，如图 1.81 所示。

步骤 02　选择创建的球体，在工具栏中单击"选择并链接"按钮 ，在球体上按住鼠标左键并拖动到圆锥体上，如图 1.82 所示。

步骤 03　拖到合适位置后释放鼠标左键，父体对象将会以白色外框的形式闪烁，表示链接被建立。此时移动球体，圆锥将会跟随球体一起移动，如图 1.83 所示。

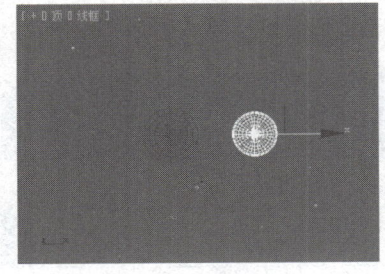
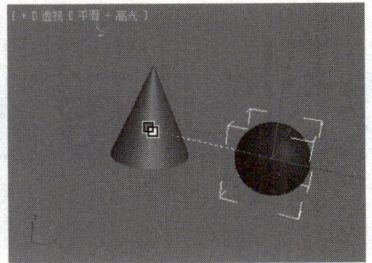
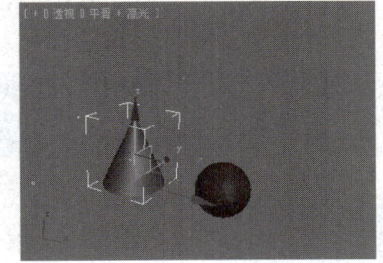

图 1.81　创建物体　　　　图 1.82　拖动建立链接　　　　图 1.83　被链接物体跟随移动

1.16.2　解除链接对象

单击"断开当前选择链接"按钮 即可解除链接关系。用鼠标双击一个对象，可以选择它的全部层级，单击"断开当前选择链接"按钮，即可断开所有层级。

步骤 01 在透视视图中选择链接的对象，如图 1.84 所示。

步骤 02 在工具栏中单击"断开当前选择链接"按钮，就可以解除链接，如图 1.85 所示。

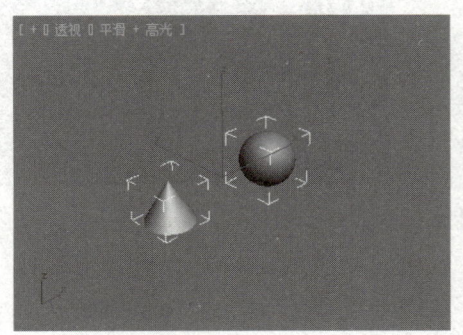
图 1.84　选择链接的对象

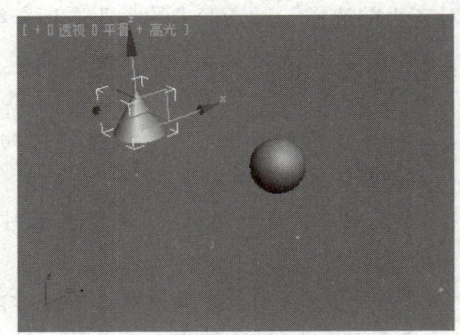
图 1.85　解除链接

1.16.3　查看链接的层次关系

在链接层级建立后，可以在场景的许多地方得到链接的信息，例如，单击"按名称选择"按钮就可以显示出所有对象的层级列表。

在命令面板中，选择"显示"→"链接显示"→"显示链接"复选框命令即可查看链接的层次关系，如图 1.86 所示。

- "显示链接"：选择该选项，对象的轴心处会产生一个钻石模样的标记，然后用线链接这些标记。
- "链接替换对象"：选择该选项只显示链接结构，如图 1.87 所示。

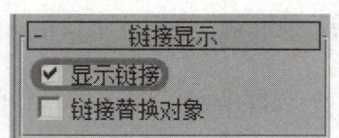
图 1.86　选择"显示链接"复选框

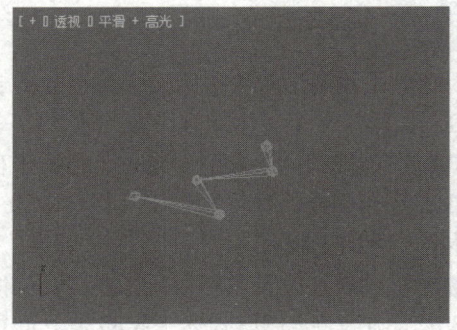
图 1.87　链接结构

1.17　设置对象的属性

1.17.1　打开"对象属性"

在 3ds Max 中，有很多特殊的操作都需要设置对象的属性。要设置对象的属性可以选择菜单栏中的"编辑"→"对象属性"命令，如图 1.88 所示，在弹出的"对象属性"对话框中对参数进行设置。还可以选择需要设置的对象，然后单击鼠标右键，在弹出的快捷菜单中选择"对象属性"命令，如图 1.89 所示。

| **模块1** | 3ds Max 2014对象的基本操作与编辑

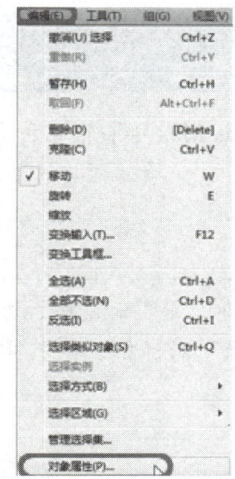
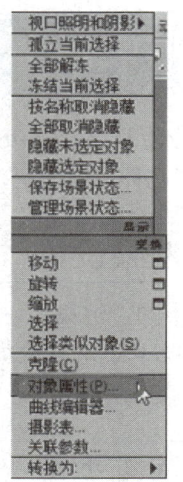

图 1.88　选择"对象属性"命令　　　　　图 1.89　右击选择"对象属性"命令

1.17.2　查看对象的基本信息

在"对象属性"对话框中，包括对象的名称、颜色、坐标值以及顶点和面的数量、对象分配的材质等。

在该对话框中，有一些信息只能够对特定的对象显示，如"顶点""面数"只对二维样条线显示，如图 1.90 所示。

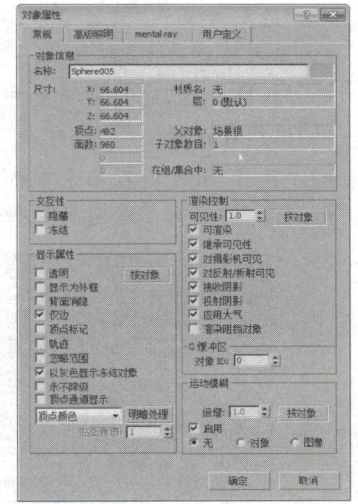

图 1.90　"对象属性"对话框

1.17.3　设置对象的渲染属性

在"对象属性"对话框中，"渲染控制"选项组中的复选框是用于对象渲染控制的。在该对话框中，取消选中"接收阴影"复选框，可以使对象不接收其他对象的投影。

"渲染控制"组中的选项只在优化场景渲染速度时才能用到，在工作状态下一般保持默认设置即可。

1.17.4　设置对象的交互性

"交互性"选项组中的选项对刷新速度很有帮助，其主要用于对象在工作视图中的显示控制。

- "隐藏"复选框：不可以在视图中显示，将对象隐藏，使其不能操作。
- "冻结"复选框：可以在视图中显示，但不能对其进行任何操作。

25

1.18 渲染场景

渲染场景可分为两部分：初始化渲染和控制渲染内容。在 3ds Max 中有很多种方法进行初始化渲染工作，还提供了几种渲染类型，可以精确控制渲染的内容。

1.18.1 渲染设置

选择菜单栏中的"渲染"→"渲染设置"命令，弹出"渲染设置"对话框，如图 1.91 所示。用户还可以在工具栏中单击"渲染设置"按钮 打开"渲染设置"对话框，在其中进行渲染参数的设置。

1.18.2 渲染类型

在"要渲染的区域"选项组中，可以控制场景中被渲染的内容类型，共包括"视图""选定对象""区域""裁剪""放大"五种，如图 1.92 所示。

- "视图"：只渲染当前激活视图中的内容。
- "选定对象"：只渲染在场景中被选择的对象，但不适用于包含反射材质或有阴影投影的对象，因为只有被选择的对象才会被渲染。
- "区域"：只能渲染场景中的一部分，处于渲染区内的对象在另一个对象的表面投影或者被反射仍能被计算。
- "裁剪"：可以在场景中裁剪一块区域，对其进行渲染。
- "放大"：渲染视图的一个特定区域，将其放大到正常渲染的尺寸。

图 1.91 "渲染设置"对话框

图 1.92 被渲染的内容类型

提示

如果要渲染产品，用户可以通过单击"渲染产品"按钮 ，或按 F9 键进行渲染。

1.19 上机实训——制作果篮

下面介绍如何制作果篮,本案例主要通过对线进行阵列来制作果篮效果,具体操作步骤如下。

步骤01 选择"创建"→"几何体"→"扩展基本体"→"切角圆柱体"命令,在顶视图中创建切角圆柱体;在"参数"卷展栏中设置"半径"为"110.0"、"高度"为"18.0"、圆角为"2.5",设置"高度分段"为"1"、"圆角分段"为"3"、"边数"为"30"、"端面分段"为"1",如图1.93所示。

步骤02 选择"创建"→"图形"→"圆"命令,在顶视图中创建圆,在"参数"卷展栏中设置半径为"160",如图1.94所示。

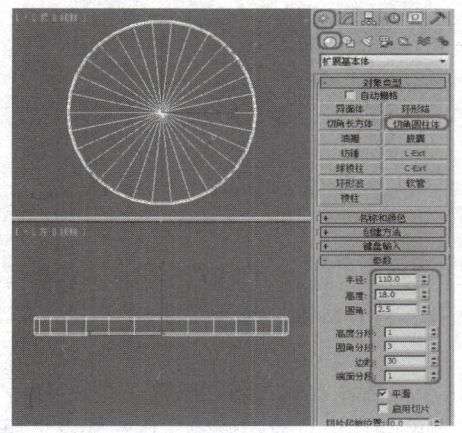
图1.93 在顶视图中创建切角圆柱体

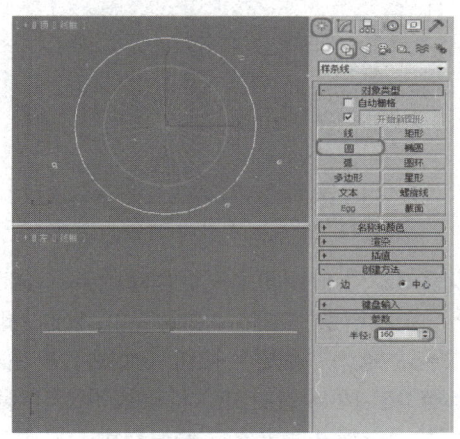
图1.94 在顶视图中创建圆

步骤03 切换至"修改"命令面板,在修改器列表中选择"编辑样条线"修改器,将当前选择集定义为"样条线";在顶视图中选择圆,在"几何体"卷展栏中设置"轮廓"为"28",如图1.95所示。

步骤04 关闭当前选择集,在修改器列表中选择"倒角"修改器,在"倒角值"卷展栏中设置"级别1"的"高度"为"17.0"、"轮廓"为"2.0";勾选"级别2"复选框,设置"高度"为"3.02";勾选"级别3"复选框,设置"高度"为"2.0"、"轮廓"为"-2.0",在场景中调整模型的位置,如图1.96所示。

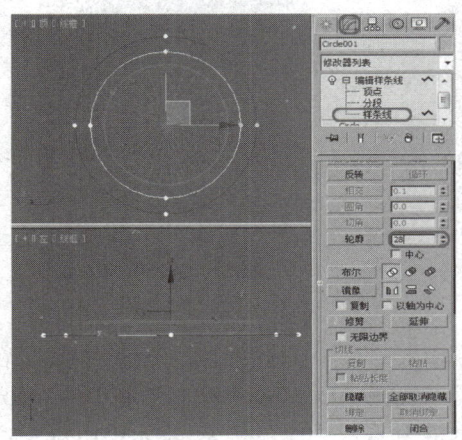
图1.95 设置轮廓

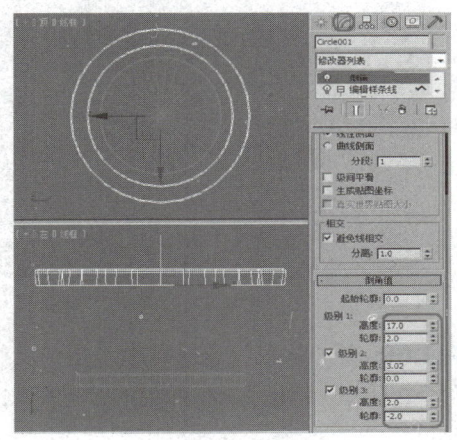
图1.96 设置倒角参数

步骤05 选择"创建"→"图形"→"弧"命令,在前视图中创建弧;在"渲染"卷展栏中勾选"在渲染中启用""在视口中启用"复选框,设置"厚度"为"9.0";在透视视图中调整弧的位置,如图1.97所示。

步骤06 切换至"层次"命令面板,单击"轴"按钮,在"调整轴"卷展栏中单击"仅影响轴"按钮;在工具栏中单击"对齐"按钮,在左视图中选择切角圆柱体对象,弹出"对齐当前选择"对话框;在弹出的对话框中分别勾选"X位置""Y位置""Z位置"复选框,选择"当前对象"选项组中和"目标对象"选项组中的"轴点"单选按钮,如图1.98所示。单击"确定"按钮。

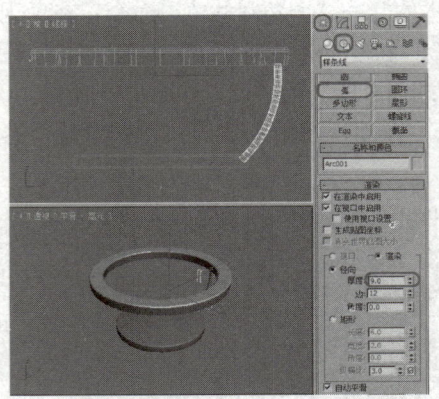

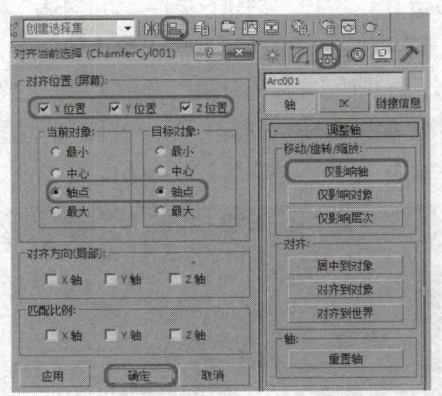

图 1.97 设置弧参数并调整其位置　　　　　图 1.98 调整轴位置

步骤07 在顶视图中选择创建的弧,然后选择菜单栏中的"工具"→"阵列"命令,弹出"阵列"对话框,在"增量"下将"旋转"的 Z 轴设置为"15.0",在"阵列维度"选项组中的"1D"文本框中输入"24",单击"确定"按钮,如图1.99所示。

步骤08 按 M 键打开"材质编辑器"对话框,选择一个材质样本球,将明暗器类型设置为"(M)金属";在"金属基本参数"卷展栏中,单击"环境光"左侧的 C 按钮,取消锁定环境光和漫反射颜色,将"环境光"右侧的色块设置为"黑色",将"漫反射"右侧的色块设置为"白色";在"反射高光"选项组中,设置"高光级别"为"100",设置"光泽度"为"86",如图1.100所示。

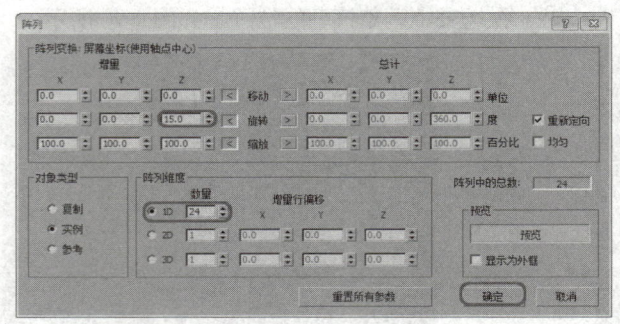

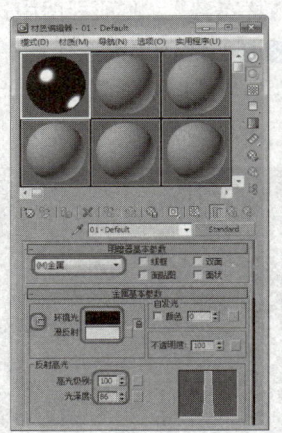

图 1.99 "阵列"对话框　　　　　图 1.100 设置贴图参数

步骤09 在"贴图"卷展栏中,在"反射"文本框中输入"70",单击右侧的 None 按钮;在弹出的对话框中双击"位图",在弹出的"选择位图图像文件"对话框中选择本书配套资源中的 Map\ 不锈钢材质 .jpg;在"坐标"卷展栏中"瓷砖"下的"U"文本框中输入"0.4"、"V"文本框中输入"0.1",如图1.101所示。

步骤10 再次选择一个新的材质样本球,在"Blinn 基本参数"卷展栏中,在"颜色"文本框中输入"20",在"反射高光"选项组中设置"高光级别"为"42"、"光泽度"为"62"、"柔化"为 0.1,如图1.102所示。

| 模块1 | 3ds Max 2014对象的基本操作与编辑

步骤 11 在"贴图"卷展栏中单击"漫反射颜色"右侧的 None 按钮，在弹出的对话框中双击"位图"，在弹出的"选择位图图像文件"对话框中选择本书配套资源中的 Map\009.jpg；在"坐标"卷展栏中勾选"使用真实世界比例"复选框，在"大小"下的"宽度"文本框中输入"48.0"、"高度"文本框中输入"48.0"，如图 1.103 所示。

步骤 12 选择前视图中的所有弧，单击材质编辑器中的"将材质指定给选定对象"按钮和"在视口中显示标准贴图"按钮，如图 1.104 所示。

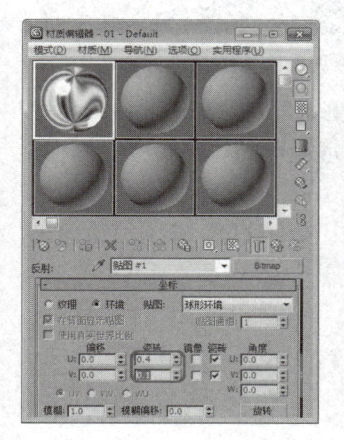

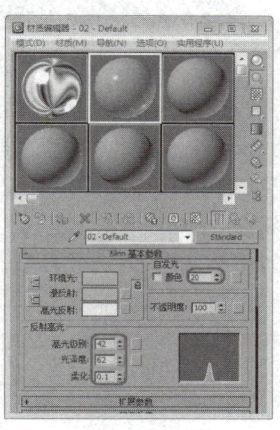

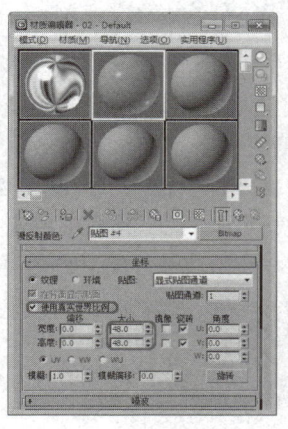

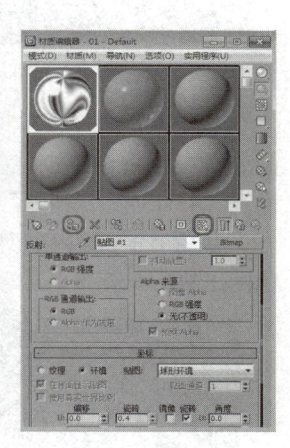

图 1.101 添加不锈钢材质　　图 1.102 设置新样本球　　图 1.103 修改材质球参数　　图 1.104 为弧指定材质

步骤 13 选择第二个样本材质球，选择前视图中的其他对象，单击材质编辑器中的"将材质指定给选定对象"按钮和"在视口中显示标准贴图"按钮，如图 1.105 所示。关闭"材质编辑器"对话框。

步骤 14 选择"创建"→"几何体"→"标准基本体"→"平面"命令，在顶视图中创建一个平面，如图 1.106 所示。

图 1.105 将材质指定给其他对象　　　　图 1.106 创建平面

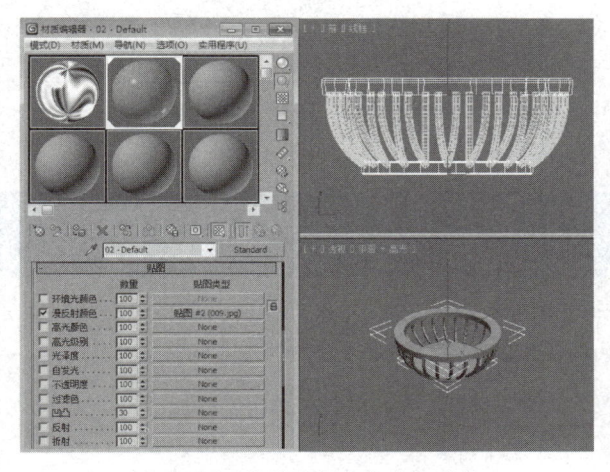

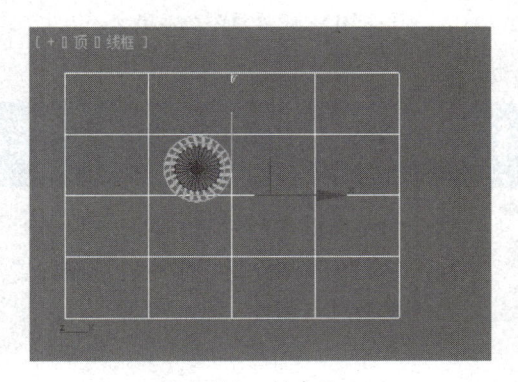

步骤 15 选择"创建"→"灯光"→"标准"→"天光"命令，在顶视图中创建天光，将其调整到合适位置，如图 1.107 所示。

步骤 16 选择"创建"→"灯光"→"标准"→"泛光"命令，在顶视图中创建泛光灯，将其调整到合适位置。切换至"修改"命令面板，在"强度/颜色/衰减"卷展栏中的"倍增"文本框中输入"0.2"，如图 1.108 所示。

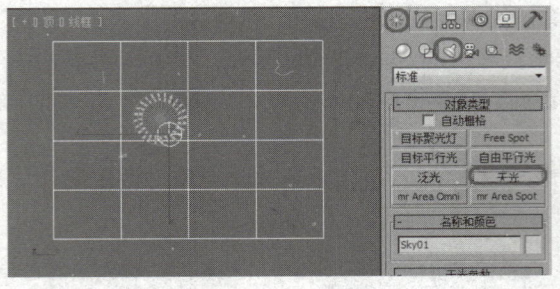

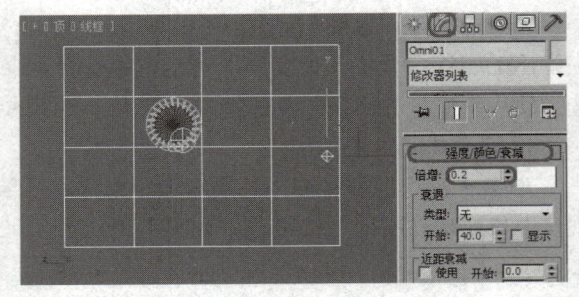

图 1.107 创建天光　　　　　　　　　图 1.108 调整泛光参数

步骤 17　按 C 键，将透视视图转换为摄影机视图，选择"创建"→"摄影机"→"标准"→"目标"命令，在顶视图中创建摄影机。切换至"修改"命令面板，在"参数"卷展栏中的"镜头"文本框中输入"43.456"、"视野"文本框中输入"45.0"，如图 1.109 所示。

步骤 18　选择摄影机视图，在工具栏中单击"渲染产品"按钮，弹出渲染窗口，查看渲染效果，如图 1.110 所示。

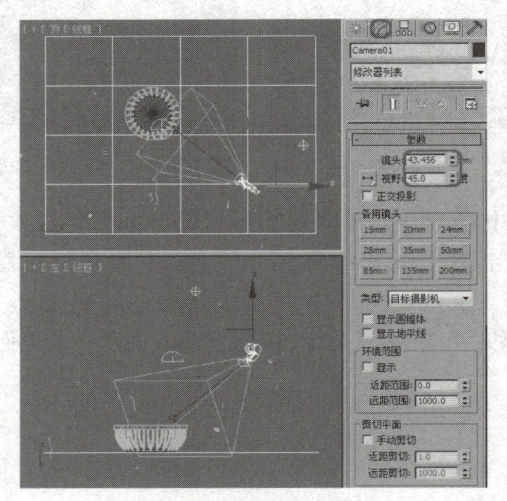

图 1.109 设置摄影机参数　　　　　　　图 1.110 查看效果

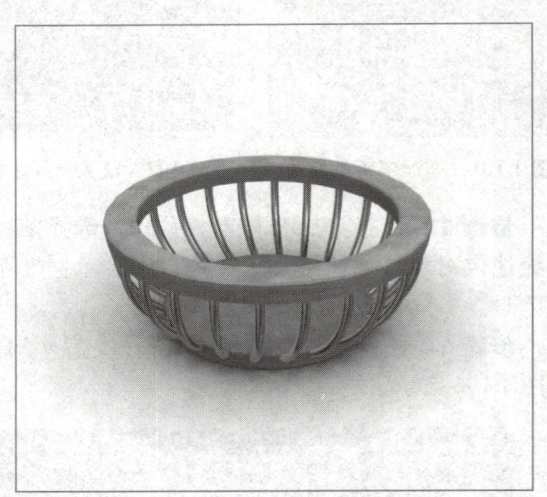

1.20　思考与练习

1. 文件的保存有几种方法？有什么区别？
2. 3ds Max 2014 中提供了多少种视图配置方案？
3. 如何查看对象属性？

模块 2 二维图形的创建与编辑

二维图形是指由一条或多条样条线构成的平面图形，或由两个及两个以上节点构成的线/段所组成的组合体。二维图形建模是三维造型的重要基础，本模块将介绍二维图形的创建与编辑方法。

2.1 二维建模

二维建模是三维建模的基础。二维图形在制作过程中的用途如下。

- 平面和线条物体：对于封闭的图形，通过添加网格物体编辑修改器，可以将其转换为无厚度的薄片物体。这种物体通常用于模拟地面、文字图案、广告牌等，并且可以通过编辑其顶点和面来创建复杂的曲面造型。设置相应的参数后，这些图形也可以被渲染。此外，如果需要生成带厚度的三维实体，可以使用"挤出"修改器。例如，以矩形作为截面，添加"挤出"修改器并设置挤出距离，可以生成带厚度的实体效果，如图2.1所示。

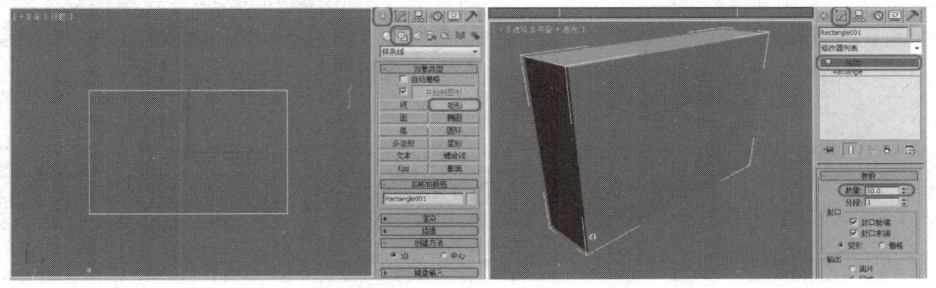

图 2.1 将矩形挤出厚度

- 可通过"挤出""倒角""车削"等修改器加工成型的截面图形：平面图形可以通过添加"挤出"修改器增加厚度，生成三维实体，如图2.2所示；通过添加"倒角"修改器，可以制作出带倒角的立体模型；通过添加"车削"修改器，可以将一条二维曲线绕某个轴旋转，生成三维模型，如图2.3所示。

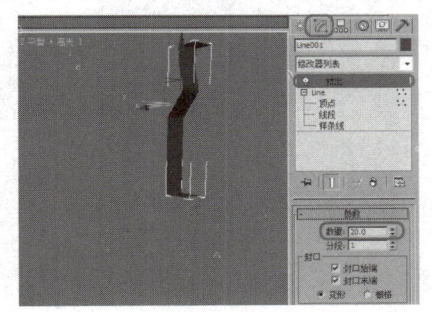

图 2.2 "挤出"修改器效果　　　　图 2.3 "车削"修改器效果

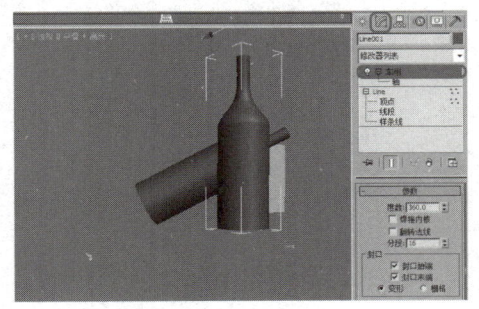

- 放样物体使用的曲线：在放样过程中，使用的曲线既可以作为路径，也可以作为截面图形来创建复杂的三维模型，如图2.4所示。完成放样后的造型如图2.5所示。
- 运动的路径：图形可以作为物体的运动路径，使物体沿着它进行运动。创建出运动轨迹的图形后（如图2.6所示），选择要沿路径运动的对象，选择菜单栏中的"动画"→"约束"→"路径约束"命令，此时会从对象上引出一条虚线到鼠标指针，然后移动鼠标指针至创建的运动轨迹图形上并单击，即可将对象绑定在运动轨迹图形上，如图2.7所示。

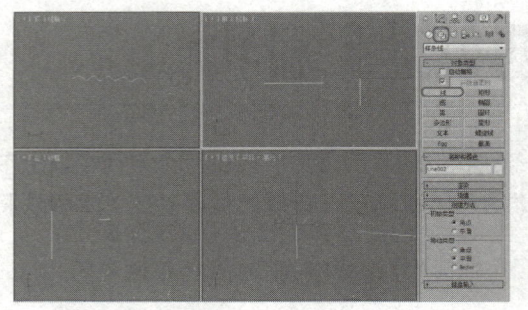

图 2.4　曲线路径

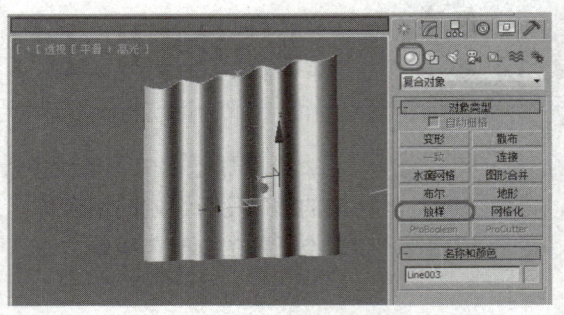

图 2.5　放样后的造型

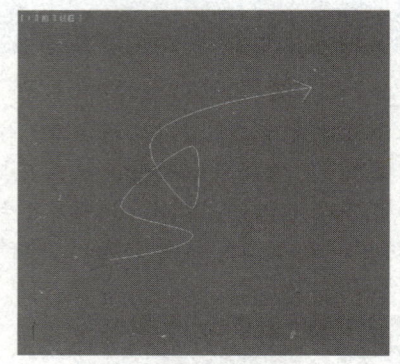

图 2.6　星形物体的运动路径

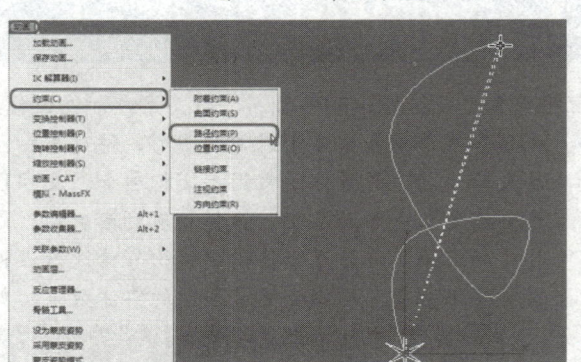

图 2.7　将星形绑定在路径上

2.2　创建二维图形

二维图形的创建是通过"创建"　→　"图形"　面板下的选项实现的，如图 2.8 所示。大多数的二维图形都有通用的参数设置，如图 2.9 所示。

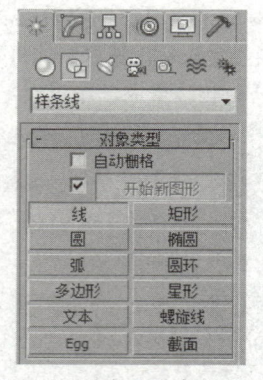

图 2.8　创建图形命令面板

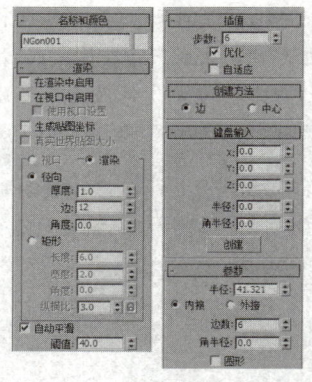

图 2.9　通用的参数设置

各项通用参数功能的说明如下。

- "渲染"：用于设置二维图形的可渲染属性。
  - "在渲染中启用"：选中此复选框，可以在最终渲染图像中应用所设置的厚度值，使得曲线或样条线以指定的厚度呈现。
  - "在视口中启用"：选中此复选框，可以使设置的二维图形以 3D 网格的形式显示在视口（特别是透视视口）中。
  - "生成贴图坐标"：对二维图形指定贴图坐标。

- "视口"：基于视图中的显示来调节参数（当选中"在视口中启用""使用视口设置"两个复选框时，此选项便可以选中）。
- "渲染"：基于渲染器来调节参数，当选中"渲染"单选按钮时，可以根据"厚度"的参数值渲染图形。
- "厚度"：用于设置二维图形渲染时的粗细大小。
- "边"：用于设置可渲染的二维图形的边数。
- "角度"：用于调节横截面的旋转角度。
- "插值"卷展栏：用于设置二维图形的光滑程度。
  - "步数"：设置两顶点之间有多少个直线片段构成二维图形，步数值越高，二维图形光滑度就越高。
  - "优化"：勾选此复选框时，可自动检查二维图形上多余的"步数"片段。
  - "自适应"：自动设置"步数"的值，以产生光滑的二维图形。对直线"步数"值设置为 0。
- "键盘输入"卷展栏：使用键盘方式建立，只要输入所需的坐标值、角度值以及参数值即可，不同的工具会有不同的参数输入方式。除"文本""截面""星形"工具外，像"螺旋线""圆环"等工具都有一个"创建方法"卷展栏，该卷展栏中的参数需要在创建对象之前设置，这些参数一般用于确定创建对象的起点。

2.2.1 创建线

使用"线"工具可以绘制任意形状的闭合或开放型曲线，还有直线。

"创建方法"卷展栏中各项功能说明如下。

- "初始类型"：定义初始绘制曲线时的类型，包括"角点""平滑"两种，可以绘制直线和平滑的曲线。
- "拖动类型"：定义在拖动鼠标时生成的曲线类型，包括"角点""平滑""Bezier"三种。"Bezier"是最理想的曲度调节方式，它可以通过两个滑杆来调节曲线的弯度。"平滑"可以自动调节曲线的弯度。

创建线的具体操作步骤如下。

步骤 01 选择"创建" → "图形" → "线"命令，在前视图中单击鼠标，确定线的第一个节点。

步骤 02 逐步单击鼠标，指定线的各个端点，当鼠标指针移至想要结束的端点时，单击鼠标右键结束线的创建。

如果想要对创建的线进行编辑，可以在"修改"命令面板中定义选择集，然后对选择集中的顶点进行调整，如图 2.10 所示。

在命令面板中，用户可以根据需要，在"创建方法"卷展栏中设置线的类型，"创建方法"卷展栏如图 2.11 所示。

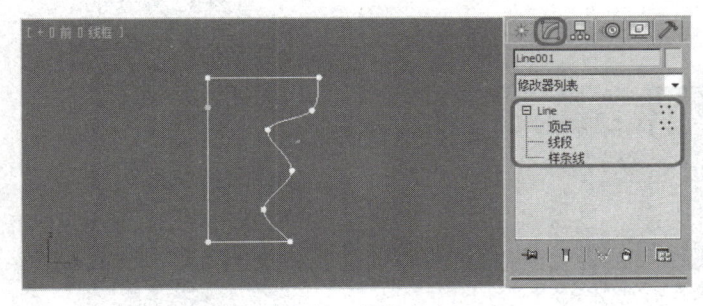

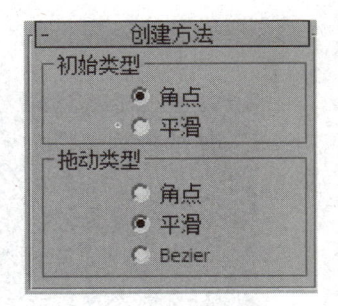

图 2.10　调整顶点　　　　　　　　　　　图 2.11　"创建方法"卷展栏

> **提示**
>
> "创建方法"卷展栏中的参数需要在创建对象之前进行设置。

> **提示**
>
> 在绘制线条时,若线条的终点与起点重合,系统将提示是否闭合样条线,单击"是"按钮,即可创建一个完全封闭的图形;如果单击"否"按钮,则可继续创建线条。
>
> 在创建线条时,按住 Shift 键并拖动鼠标,可以创建一条直线。

2.2.2 创建圆

在 3ds Max 中,用户可以使用"圆"工具创建圆形。

创建圆的具体操作步骤如下。

步骤 01 选择"创建"→"图形"→"圆"命令,在视图中按住鼠标左键并拖动,释放鼠标左键后,即可创建一个圆形,如图 2.12 所示。

步骤 02 在"参数"卷展栏中只有一个"半径"参数可以设置,该参数用于设置圆形的半径,在该文本框中输入"150.0",如图 2.13 所示。

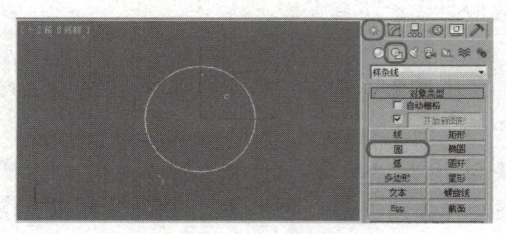

图 2.12 创建的圆

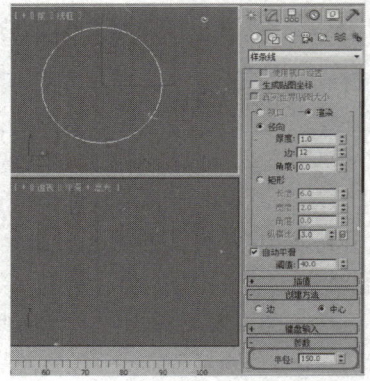

图 2.13 设置"半径"参数

2.2.3 创建弧

用户可以使用"弧"工具创建弧形、扇形。

创建弧的具体操作步骤如下。

步骤 01 选择"创建"→"图形"→"弧"命令,在视图中按住鼠标左键并拖动,出现一条直线段。

步骤 02 释放鼠标左键后,将鼠标指针移动至合适的位置后单击便可确定弧的半径,效果如图 2.14 所示。完成弧的创建后,可以在命令面板中进行参数修改,如图 2.15 所示。

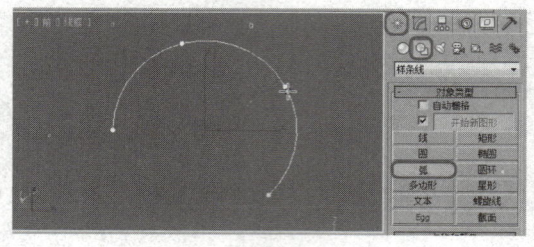

图 2.14 弧的创建

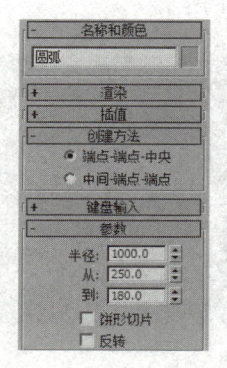

图 2.15 设置弧的参数

"弧"工具对应的各项参数的功能如下。
- "创建方法"卷展栏
  - ◆ "端点-端点-中央":按住鼠标左键拖出一条直线,以直线的两个端点作为弧的两个端点,然后移动鼠标指针,确定弧的半径。
  - ◆ "中间-端点-端点":按住鼠标左键拖出一条直线,作为弧的半径,移动鼠标指针,确定弧长。这种方法一般适用于扇形的创建。
- "参数"卷展栏
  - ◆ "半径":设置弧半径的大小。
  - ◆ "从":设置弧的起点角度。
  - ◆ "到":设置弧的终点角度。
  - ◆ "饼形切片":勾选此复选框,可以创建封闭的扇形。
  - ◆ "反转":将弧线方向反转。

2.2.4 创建多边形

"多边形"工具可以制作任意边数的正多边形,还可以生成圆角多边形,如图2.16所示。
"多边形"工具对应的各参数的功能如下。
- "创建方法"卷展栏
  - ◆ "边":在视图中单击鼠标左键,定义多边形的第一个角点,然后拖动鼠标定义其对角线角点。
  - ◆ "中心":在视图中单击鼠标左键,确定多边形的中心点,然后拖动鼠标定义半径或角点。
- "参数"卷展栏
  - ◆ "半径":设置多边形的半径大小。
  - ◆ "内接":以内切圆半径作为多边形的半径。
  - ◆ "外接":以外切圆半径作为多边形的半径。
  - ◆ "边数":设置多边形的边数。
  - ◆ "角半径":一般用于制作圆角的多边形,设置圆角半径的大小。
  - ◆ "圆形":勾选该复选框,设置多边形为圆形。

创建多边形的具体步骤如下。

步骤01 选择"创建"→"图形"→"多边形"命令,然后在视图中按住鼠标左键并拖动至合适位置,释放鼠标左键。

步骤02 在"参数"卷展栏中可以对创建的多边形进行设置、修改,其"参数"卷展栏如图2.17所示。

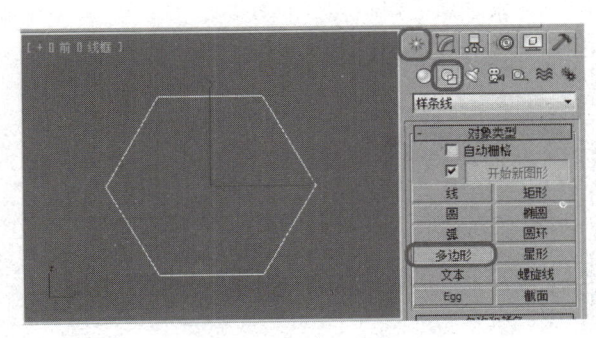

图2.16 创建的多边形

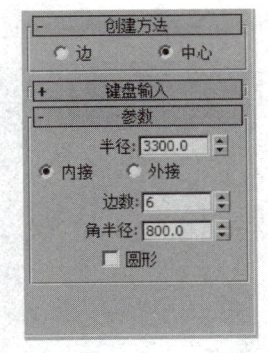

图2.17 "参数"卷展栏

2.2.5 创建文本

使用"文本"工具，在视图中单击可以直接生成文本图形，在 Windows 平台下可以直接生成各种字体的中文字形。文本的内容、字体的大小、文字间距等都可以进行调整。在完成动画制作后，仍可以修改文本的内容。

"参数"卷展栏中各参数的功能如下。

- "字间距"：设置文字之间的间隔距离。
- "行间距"：设置文字行与行之间的距离。
- "文本"：输入新的文本文字。
- "更新"：用于确定设置、修改参数后，视图是否立刻进行更新显示。当需要处理大量的文字时，可以勾选"手动更新"复选框，由用户自行更新视图显示。

创建文本的具体步骤如下。

步骤01 选择"创建" → "图形" → "文本"命令，在"参数"卷展栏的"文本"文本框中输入"江南水都"，在视图中单击鼠标左键即可创建文本图形，如图 2.18 所示。

步骤02 在"参数"卷展栏中，可以对文本的字体、字号、字间距，以及文本的内容进行修改。文本的"参数"卷展栏如图 2.19 所示。

图 2.18 创建的文本图形　　　　图 2.19 文本"参数"卷展栏

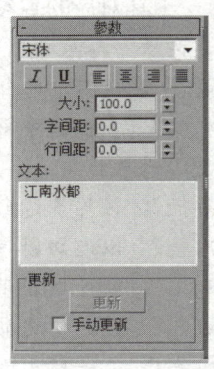

2.2.6 创建矩形

"矩形"工具可用来创建矩形，此工具的应用比较广泛。

创建矩形的方法很简单，选择"创建" → "图形" → "矩形"命令，在视图中按住鼠标左键并拖动即可创建矩形，如图 2.20 所示。

矩形的"参数"卷展栏中提供了三个常用的参数设置，如图 2.21 所示。

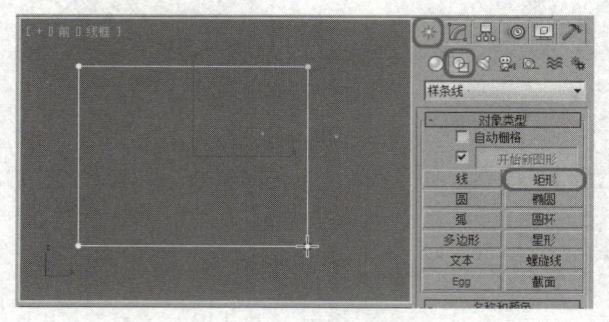

图 2.20 创建的矩形　　　　图 2.21 "参数"卷展栏

"参数"卷展栏中各参数的功能如下。
- "长度":设置矩形的长度值。
- "宽度":设置矩形的宽度值。
- "角半径":设置矩形四个角的圆角大小。

2.2.7 创建椭圆

用户可以利用"椭圆"工具绘制椭圆,如图2.22所示。

"椭圆"的创建方法和"圆"的创建方法基本相同,不同之处在于,"椭圆"工具使用"长度""宽度"两个参数来控制椭圆的大小和形状,其"参数"卷展栏如图2.23所示。

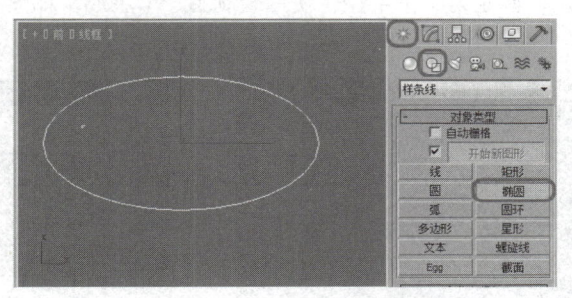

图2.22 创建的椭圆　　　　图2.23 "参数"卷展栏

2.2.8 创建圆环

用户可以利用"圆环"工具来绘制同心圆环。

创建圆环的具体步骤如下。

步骤01 选择"创建"→"图形"→"圆环"命令,在视图中按住鼠标左键并拖动,绘制一个圆形。

步骤02 松开鼠标左键并移动鼠标指针,确定另一个圆形的位置后单击,完成圆环的绘制,如图2.24所示。

圆环的"参数"卷展栏中有两个半径参数,即"半径1"和"半径2",如图2.25所示。这两个参数用于对构成圆环的两个圆的半径进行设置。

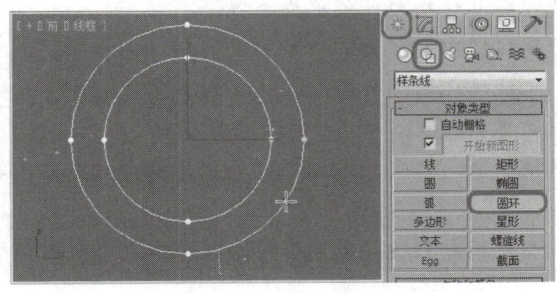

图2.24 创建的圆环　　　　图2.25 "参数"卷展栏

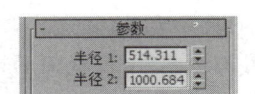

2.2.9 创建星形

"星形"工具可用于创建多角星形,还可以通过更改其参数来扭曲尖角的方向,从而产生倒刺状锯齿,如图2.26所示。

"参数"卷展栏内各参数的功能如下。

- "半径1"：用于设置星形的内径。
- "半径2"：用于设置星形的外径。
- "点"：用于设置星形尖角的数目。
- "扭曲"：用于设置尖角的扭曲度。
- "圆角半径1"：用于设置尖角的内倒角圆半径。
- "圆角半径2"：用于设置尖角的外倒角圆半径。

创建星形的具体操作步骤如下。

步骤01 选择"创建"→"图形"→"星形"命令，在视图中按住鼠标左键并拖动至合适位置，然后释放鼠标左键，确定第一个半径。

步骤02 移动鼠标指针至合适位置后单击，确定第二个半径，便可绘制出一个星形，如图2.27所示。星形的"参数"卷展栏如图2.28所示。

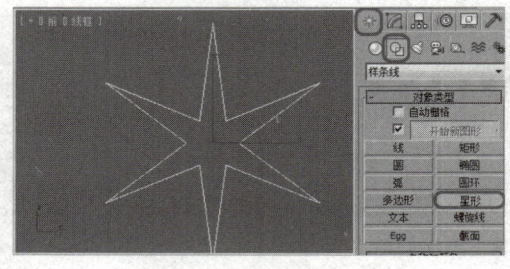

图2.26 倒刺状锯齿　　　图2.27 创建的星形　　　图2.28 "参数"卷展栏

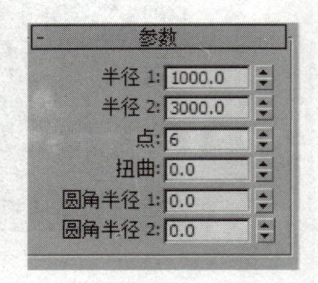

2.2.10 创建截面

"截面"工具可以通过截取三维造型的截面，从而获得二维图形，如图2.29所示。

使用"截面"工具可以创建一个平面并对其进行移动、旋转、缩放，当所创建的平面穿过一个三维造型时，便会显示出被截获的造型截面。在"截面参数"卷展栏中单击"创建图形"按钮，可以将这个截面制作成一个新的样条线。

"截面参数"卷展栏中各参数的功能如下。

- "创建图形"：单击"创建图形"按钮，会弹出"命名截面图形"对话框，为创建的截面图形重新命名，然后单击"确定"按钮，便可将其转换为可编辑样条线。
- "移动截面时"：在移动截面的同时更新视图中的截面。
- "选择截面时"：只有在选择截面后，才能对视图进行更新。
- "手动"：单击"更新截面"按钮，手动更新视图。
- "无限"：截面所在的平面可以无界限地扩展，只要经过截图的物体，都会被截取，与视图中截面的大小无关。
- "截面边界"：以截面的边界为界限，凡是接触到边界的图形都会被截取，未接触到边界的图形则不会被截取。
- "禁用"：勾选此复选框，将会关闭截面截取功能。

创建截面的具体步骤如下。

步骤01 选择"创建"→"几何体"→"茶壶"命令，在前视图中创建一个茶壶模型，如图2.30所示。

步骤02 选择"创建"→"图形"→"截面"命令，在前视图中按住鼠标左键并拖动，创建一个平面，如图2.31所示。

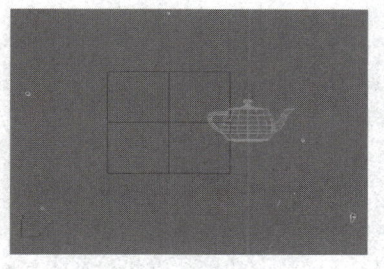

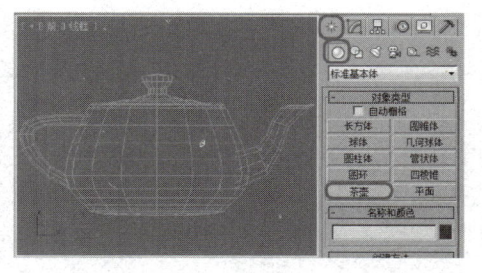

图 2.29 创建的截面　　　　　　　　　图 2.30 创建的三维物体

步骤 03 在"截面参数"卷展栏中单击"创建图形"按钮，在弹出的"命名截面图形"对话框中为创建的截面图形重命名，单击"确定"按钮，将截面转换成可编辑样条线，如图 2.32 所示。"截面参数"卷展栏如图 2.33 所示。

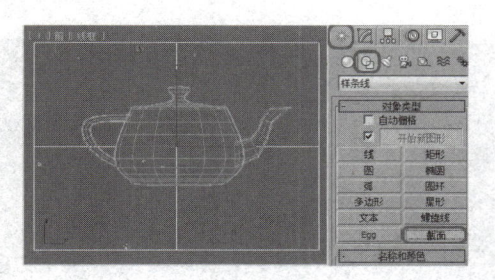

图 2.31 创建的平面　　　　图 2.32 "命名截面图形"对话框　　　　图 2.33 "截面参数"卷展栏

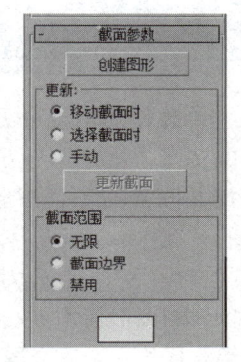

2.2.11 创建螺旋线

螺旋线属于一种比较特殊的样条线，常用于制作弹簧、线轴等造型，还可作为运动路径使用。

选择"创建" → "图形" → "螺旋线"命令，弹出相应的"参数"卷展栏，如图 2.34 所示，这些参数一般都是在绘制螺旋线之前设置的。

"参数"卷展栏中各参数的功能如下。

- "半径 1"：设置螺旋线的内半径。
- "半径 2"：设置螺旋线的外半径。
- "高度"：设置螺旋线的高度。当高度值为 0 时，所创建的是一个平面的螺旋线。
- "圈数"：设置螺旋线旋转的圈数。
- "偏移"：设置螺旋线在高度方向上的圈数偏移强度。
- "顺时针"：设置螺旋线的旋转方向为顺时针。
- "逆时针"：设置螺旋线的旋转方向为逆时针。

创建螺旋线的具体步骤如下。

步骤 01 选择"创建" → "图形" → "螺旋线"命令，如图 2.35 所示。在顶视图中按住鼠标左键并拖动至合适位置，然后释放鼠标左键，确定螺旋线的起始点及起始半径。

步骤 02 沿垂直方向移动鼠标指针至所需位置后单击，确定螺旋线的高度。

步骤 03 继续移动鼠标指针至合适位置后单击，确定结束半径，完成螺旋线的创建。创建完成的螺旋线效果如图 2.36 所示。

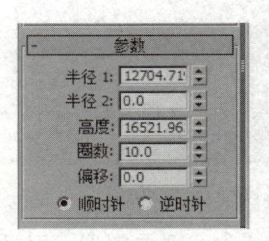

图 2.34 "参数"卷展栏 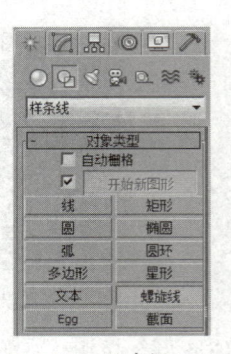　　图 2.35 创建螺旋线 　　图 2.36 创建完成的螺旋线效果

2.3　创建二维复合图形

单独使用前面介绍的工具每次只能制作一个独立的图形，如圆形、星形等。当用户需要创建一个连接并嵌套的复合图形时，需要先在"创建" → "图形" 命令面板中，将"对象类型"卷展栏中的"开始新图形"复选框取消勾选。之后继续创建图形时，所创建的图形便不再是独立的图形，而是与之前的图形组合成的一个复合图形。这些图形作为一个整体存在，共享同一个轴心点和控制点，即使创建再多的图形，它们也会被视为一个单一的复合图形，如图 2.37 所示。

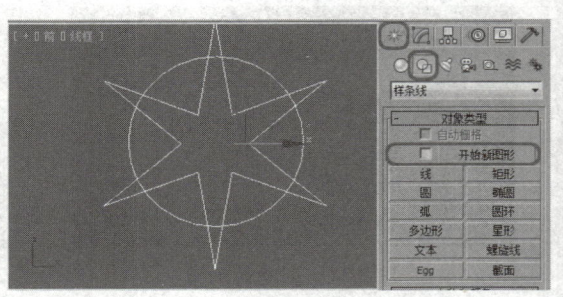

图 2.37　创建的复合对象

> **提示**
> 需要创建一个独立的图形时，只需将"对象类型"卷展栏中的"开始新图形"复选框重新勾选即可。

2.4　"可编辑样条线"功能

在 3ds Max 2014 中，直接使用图形工具创建的二维图形是不可以直接生成三维物体的，用户需要对二维图形进行编辑和修改才能将其转换为三维物体。编辑和修改二维图形时，"编辑样条线"修改器是首选工具，它提供了"顶点""线段""样条线"三种选择集，如图 2.38 所示。使用修改器转换的操作是可逆的。

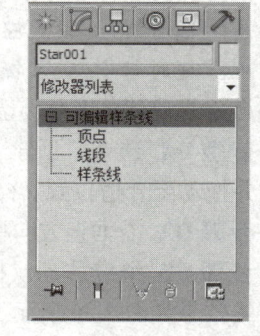

用户在对使用"线"工具绘制的图形进行编辑时，可以不必为其指定"编辑样条线"修改器，因为"线"工具本身就包含了与"编辑样条线"修改器相同的参数和命令。此外，"线"工具还提供"渲染""插值"等一些基本的设置参数，如图 2.39 所示。

用户还可以直接将图形转换为可编辑样条线。选中绘制的图形，单击鼠标右键，在弹出的快捷菜单中选择"转换为"→"转换为可编辑样条线"命令，便可将图形永久转换为可编辑样条线，如图 2.40 所示。

图 2.38　"编辑样条线"修改器

| 模块2 | 二维图形的创建与编辑

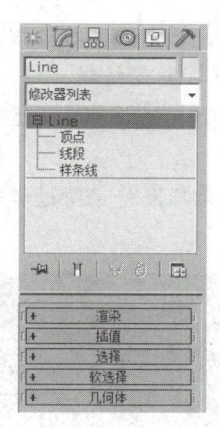

图 2.39 "线"工具的设置参数

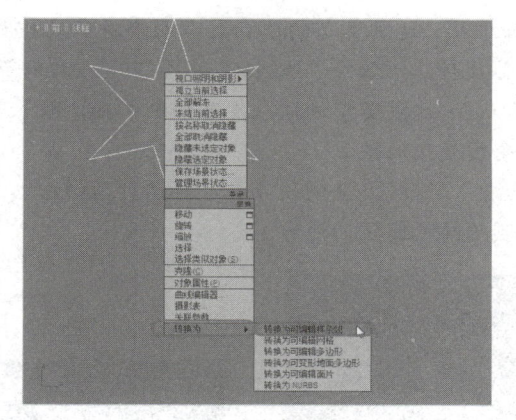

图 2.40 执行"转换为可编辑样条线"命令

2.4.1 "顶点"选择集

用户在对样条线进行编辑修改时,"顶点"选择集是最基本的、被选择频率最高的选择集。用户可以通过在样条线上添加点、移动点、删除点等操作来修改出需要的形状。

下面通过将星形转换为可编辑样条线来学习"顶点"选择集下对顶点的修改方法及常用的修改命令。

步骤01 选择"创建"→"图形"→"星形"命令,在前视图中创建一个星形,如图2.41所示。

步骤02 选择创建的星形图形,单击鼠标右键,在弹出的快捷菜单中选择"转换为"→"转换为可编辑样条线"命令,如图2.42所示。

步骤03 在修改器面板中选择"顶点"选择集,在命令面板中选择"几何体"→"优化"命令;将鼠标指针放置在绘制的星形图形上,然后单击鼠标左键,便可在绘制的图形上添加一个点,如图2.43所示。

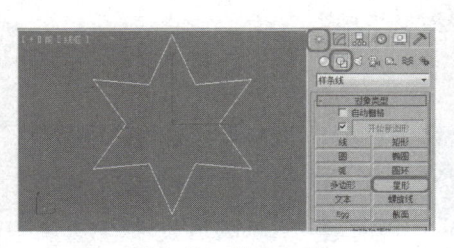

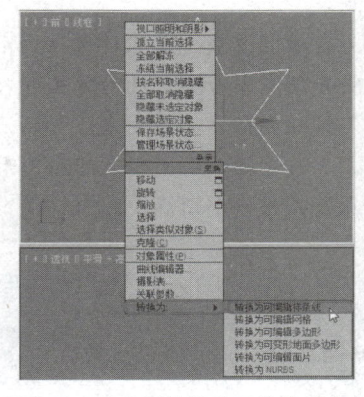

图 2.41 创建星形　　图 2.42 将星形转换为可编辑样条线　　图 2.43 添加的顶点

步骤04 在工具栏中选择"选择并移动"工具,选择一个顶点并单击鼠标右键,在弹出的快捷菜单中选择"平滑"命令,如图2.44所示。

步骤05 参考上述方法,将星形的其他五个外顶点也修改为平滑效果,调整后的形状如图2.45所示。

可以看到在步骤04弹出的快捷菜单中顶点的类型包括"Bezier角点""Bezier""角点""平滑"四种,如图2.46所示。

各种顶点类型的功能说明如下。

- "Bezier角点":这是一种比较常用的顶点类型,用户可以对顶点的每个控制手柄进行独立调节,从而精确地控制曲线的曲率。

- "Bezier"：这种类型的顶点具有两个对称的控制手柄，适用于创建平滑过渡的曲线，控制手柄对称且联动，但是"Bezier"类型下顶点的调节没有"Bezier角点"类型精确。
- "角点"：这种类型的顶点没有控制手柄，顶点处的曲线会形成一个尖锐的角度，适用于需要明确角度变化的地方。
- "平滑"：这种类型的顶点具有自动计算的控制手柄，使得曲线在该顶点处平滑过渡，适用于需要明确角度变化的地方。

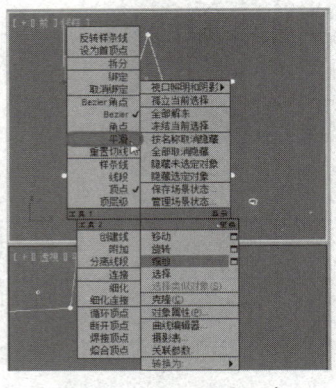

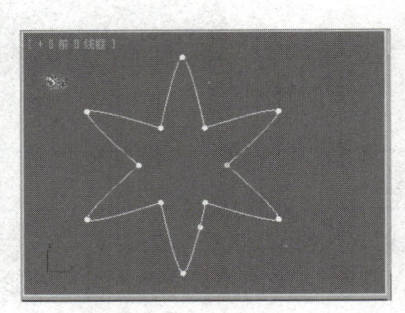

图 2.44 选择"平滑"命令　　　图 2.45 调整后的形状　　　图 2.46 顶点的类型

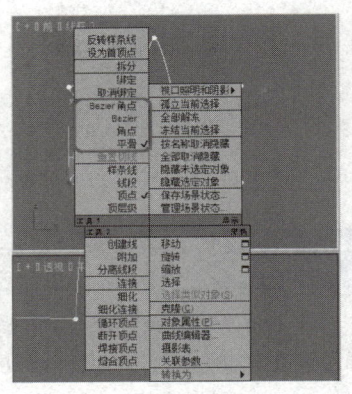

> **提示**
>
> 用户在制作二维图形时，为了提高模型的稳定性，可以将一些直角处的顶点类型改为"角点"。

用户在对二维图形进行编辑修改时，还可以使用除"优化"以外的一些命令，如"连接""断开""插入""焊接""删除"命令。各参数的功能如下。

- "连接"：连接两个断开的点。
- "断开"：将闭合的图形变为开放的图形。其操作方法为：选中一个顶点后，单击鼠标右键，在弹出的快捷菜单中选择"断开顶点"命令，此时单击并移动该顶点，便会发现线条已被断开。
- "插入"：其功能与"优化"按钮相似，都是用来添加顶点的命令。不同的是"优化"是在保持图形不变的基础上添加顶点，而"插入"则会改变原图形的形状。
- "焊接"：将两个断开的顶点合并为一个顶点。
- "删除"：删除不需要的顶点。

> **提示**
>
> 在删除顶点时，可直接按 Delete 键。

2.4.2 "线段"选择集

线段是连接两个顶点的边线。对线段进行变换操作相当于对两端的顶点进行变换操作。"线段"选择集常用到的命令按钮有"断开""优化""拆分""分离"。各按钮的功能如下。

- "断开"：将选择的线段打断，类似于顶点的断开。
- "优化"：为线段添加顶点。
- "拆分"：将线段细分为若干个部分。在"拆分"按钮旁的文本框中输入需要在线段上插入的新顶点的数量（例如，如果希望将线段分成4段，则输入3），然后单击该按钮，即可根据输入的值将选择的线段均匀地分割成多个新的线段，如图 2.47 所示。

- "分离"：将当前选择的线段分离。选中线段，单击命令面板中的"分离"按钮，会自动弹出"分离"对话框，在文本框中输入名称，单击"确定"按钮即可完成分离，如图2.48所示。

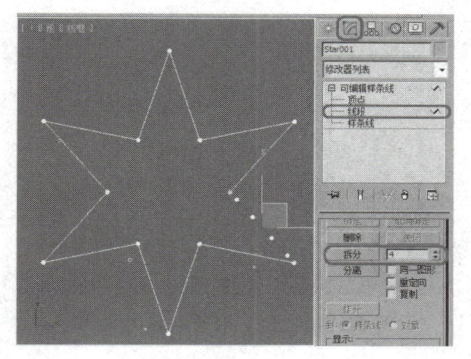

图2.47 拆分线段效果

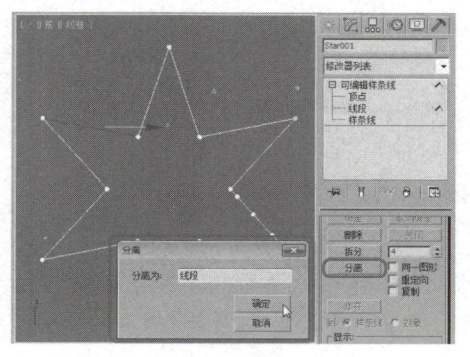

图2.48 分离线段效果

2.4.3 "样条线"选择集

"样条线"选择集是二维图形中另一个功能比较强大的次对象修改级别。在"样条线"级别中，常用的设置有"轮廓""布尔""修剪""镜像""反转"，这些设置在建筑效果图的制作中经常用到，其功能如下。

- "轮廓"：用于制作样条线的副本。选中视图中的图形，单击命令面板中的"轮廓"按钮，然后在视图中拖曳样条线，即可创建样条线轮廓。如果样条线是开口的，则样条线及生成的轮廓将构成一条闭合的样条线，如图2.49所示。
- "布尔"：可以将两个样条线结合在一起。"布尔"命令包括"并集""差集""交集"三个按钮。具体说明如下。
  ◆ "并集"：将两个重叠的样条线结合在一起，重叠的部分会被删除，保留两条样条线不重叠的部分构成一条样条线。

下面举例介绍"并集"布尔运算的具体操作步骤。

步骤01 选择"创建" → "图形" → "星形"命令，在前视图中创建一个星形，将"对象类型"卷展栏中的"开始新图形"复选框取消勾选，选择"圆"工具，在前视图中创建一个与星形重叠的圆形，然后将其转换为可编辑样条线，如图2.50所示。

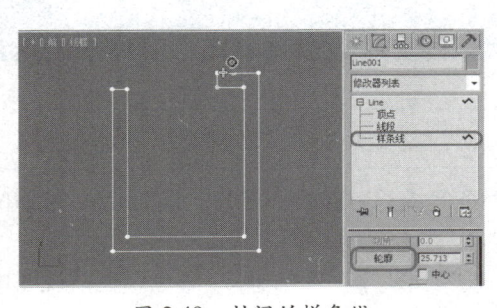

图2.49 封闭的样条线

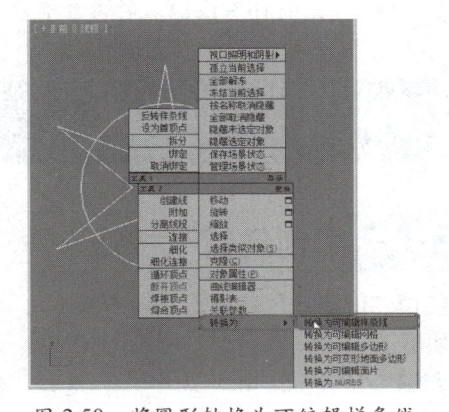

图2.50 将圆形转换为可编辑样条线

步骤02 选择"样条线"选择集，在命令面板中激活"并集"按钮，在视图中选择圆形，如图2.51所示。

步骤 03 在"几何体"卷展栏中单击"布尔"按钮,在视图中单击选择要并集的对象,即可将两个重叠的样条线结合在一起,如图 2.52 所示。

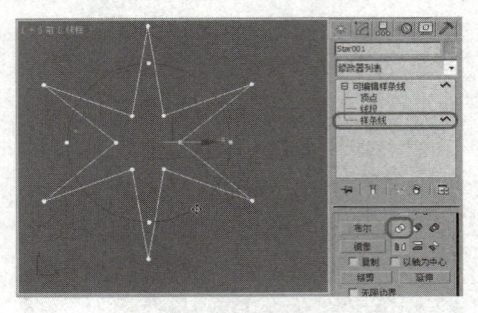

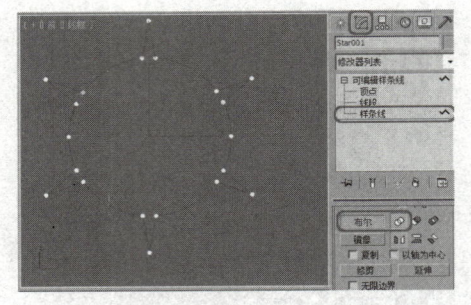

图 2.51 选择并集对象　　　　　　　　图 2.52 "并集"布尔后的效果

- "差集":在第一条样条线中删除其与第二条样条线的重叠部分,并删除第二条样条线中剩余的部分。对上面操作步骤中的对象应用"差集"布尔后的效果如图 2.53 所示。
- "交集":只保留两条样条线的重叠部分,删除多余部分。对上面操作步骤中的对象应用"交集"布尔后的效果如图 2.54 所示。

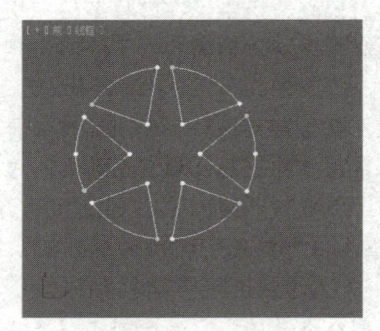

图 2.53 "差集"布尔后的效果　　　　　图 2.54 "交集"布尔后的效果

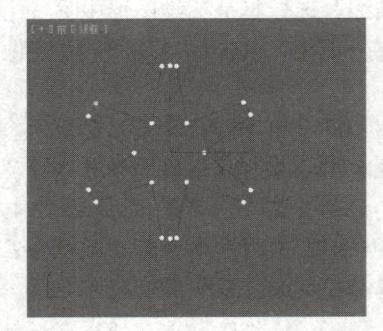

- "修剪":该按钮用于剪去形状中的重叠部分,使端点结合在一个点上。如要进行修剪,需要将样条线相交,单击"修剪"按钮修剪不需要的线段,便可删除所选线段。
- "镜像":将选择的样条线进行镜像变换,与工具栏中的 工具类似,包括"水平镜像""垂直镜像""双向镜像"。
- "反转":将样条线顶点的编号前后对调。

2.5 父物体层级

2.5.1 "创建线"按钮

使用"创建线"按钮创建样条线,可以使创建的样条线成为圆形的一部分。"创建线"按钮的使用步骤如下。

步骤 01 在 3ds Max 2014 中,选择"创建" → "图形" → "圆环"命令。在前视图中按住鼠标左键并拖动,绘制一个圆环,如图 2.55 所示。

步骤 02 切换至"修改" 命令面板,在"修改器列表"中选择"编辑样条线"修改器,为绘制的圆环添加"编辑样条线"修改器,如图 2.56 所示。

| 模块2 | 二维图形的创建与编辑

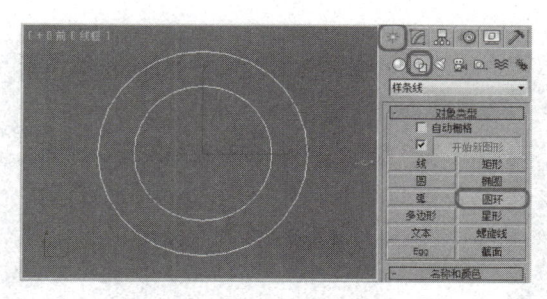

图 2.55 绘制圆环

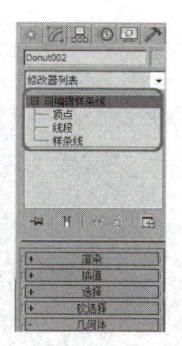

图 2.56 添加"编辑样条线"修改器

步骤 03 激活"几何体"卷展栏中的"创建线"按钮,在前视图中创建图 2.57 所示的图形。

步骤 04 绘制完成后,原图形将会自动与所绘制的线段结合在一起,成为一个整体,如图 2.58 所示。

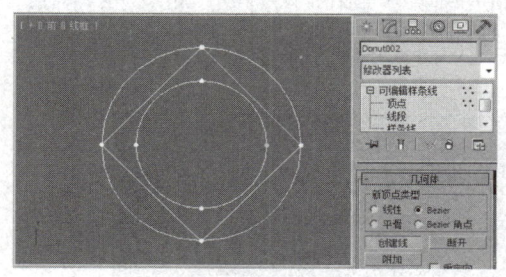

图 2.57 创建线

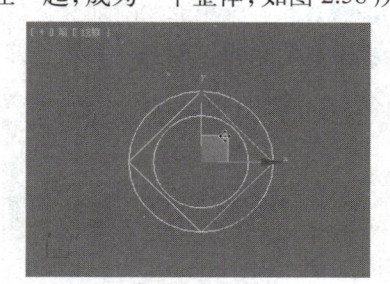

图 2.58 完成后的图形

2.5.2 "附加"按钮

使用"附加"按钮,可以将其他图形、样条线结合在当前创建的图形或者样条线中。使用"附加"按钮的具体操作步骤如下。

步骤 01 重置场景,选择"创建"→"图形"→"多边形"命令,在前视图中按住鼠标左键并拖动,创建一个多边形,然后选择"圆"工具,在前视图的多边形中创建一个圆,如图 2.59 所示。

步骤 02 将所绘制的圆转换为可编辑样条线,选择"样条线"选择集,先选中圆形,在命令面板中激活"附加"按钮,然后选择视图中的多边形,将多边形附加到圆形上,如图 2.60 所示。

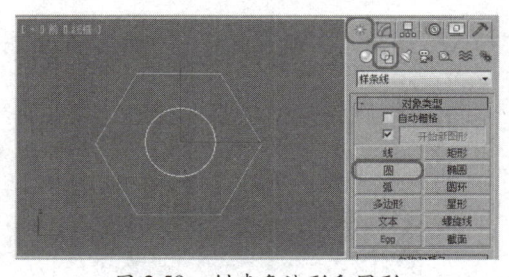

图 2.59 创建多边形和圆形

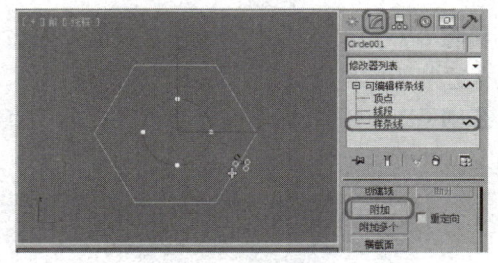

图 2.60 附加多边形

2.5.3 "附加多个"按钮

使用"附加多个"按钮可以将选择的多个样条线结合到当前编辑的样条线中。"附加多个"按钮的具体操作步骤如下。

步骤 01 重置场景,选择"创建"→"图形"→"矩形"命令,在前视图中按住鼠标左键并拖动,绘制多个矩形,如图 2.61 所示。

步骤 02 选中其中一个矩形，将其转换为可编辑样条线，在"几何体"卷展栏中激活"附加多个"按钮，如图 2.62 所示。

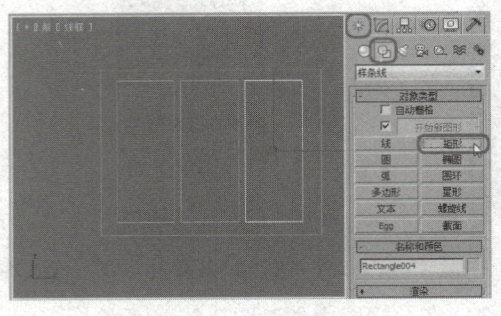

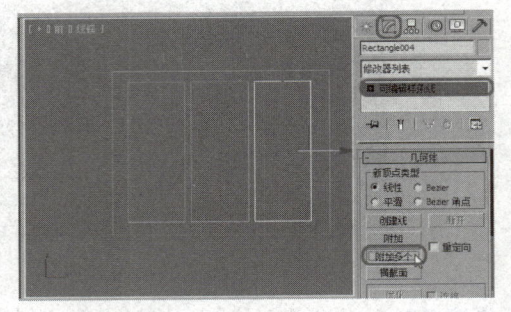

图 2.61 绘制多个矩形　　　　　　　图 2.62 激活"附加多个"按钮

步骤 03 在弹出的"附加多个"对话框中，按住 Shift 键选择要附加的对象，如图 2.63 所示。

步骤 04 单击"附加"按钮，即可将选中的所有矩形附加到之前转换得到的可编辑样条线上，使其成为一个整体，如图 2.64 所示。

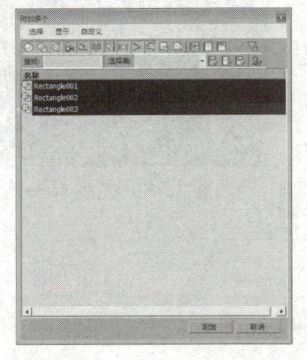

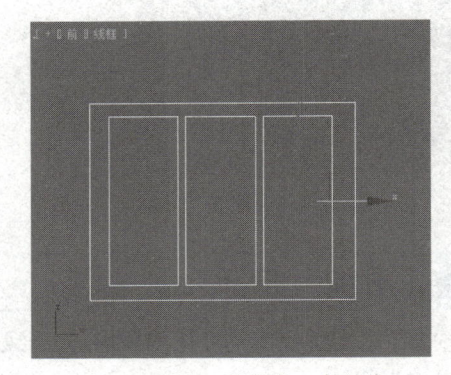

图 2.63 "附加多个"对话框　　　　　图 2.64 附加后成为一个整体

2.5.4 "插入"按钮

使用"插入"按钮可以在样条线中添加新的点，并且可以通过新添加的点改变样条线的形状。使用"插入"按钮的具体操作步骤如下。

步骤 01 继续上节中的操作，在命令面板中激活"插入"按钮，在矩形上单击，然后移动鼠标指针至合适位置后再次单击，如图 2.65 所示。

步骤 02 单击鼠标右键，即可完成插入点的操作，用同样的方法对另一侧也进行插入点操作，效果如图 2.66 所示。

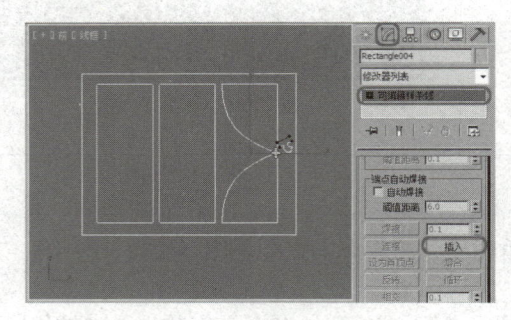

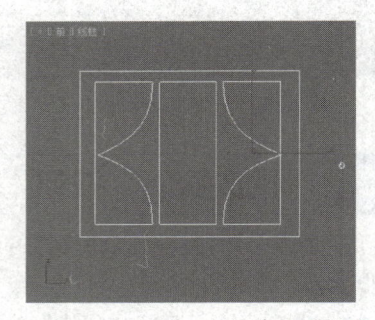

图 2.65 插入点按钮　　　　　　　　图 2.66 完成插入点操作后的效果

2.6 由二维对象生成三维对象

2.6.1 "挤出"修改器

"挤出"修改器可为二维图形增加厚度,将其挤出成三维模型,如图2.67所示。"挤出"修改器是最常用的建模方法,它可以输出面片对象、网格对象和NURBS对象三种模型。"挤出"修改器的"参数"卷展栏如图2.68所示。

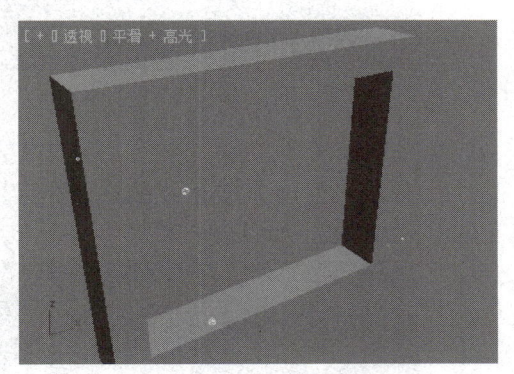

图 2.67 挤出为三维建模

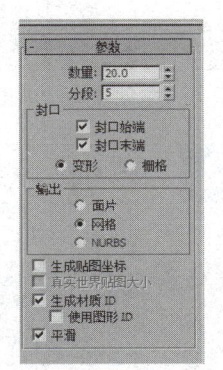

图 2.68 "参数"卷展栏

"挤出"修改器的"参数"卷展栏中各功能说明如下。

- "数量":设置挤出的厚度。
- "分段":设置挤出厚度上的片段划分数。
- "封口始端":在挤出对象始端生成一个平面。
- "封口末端":在挤出对象末端生成一个平面。
- "变形":不进行面的精简计算,可用于变形动画的制作。
- "栅格":对边界进行重新排列处理,以最精简的点面数获取优秀的造型。
- "面片":将图形转化为面片模型。
- "网格":将图形转化为网格模型。
- "NURBS":将挤出物体转化为NURBS曲面模型。
- "生成贴图坐标":将贴图坐标应用到挤出对象中,默认的设置为禁用状态,勾选该复选框,"生成贴图坐标"将独立于贴图坐标应用到末端封口中,并在每一个封口上放置一个1×1的平铺图案。
- "真实世界贴图大小":控制应用于该对象的纹理贴图素材材质所使用的缩放方法。
- "生成材质ID":为模型指定特殊的材质ID。
- "使用图形ID":在使用样条线时,为"分段""样条线"分配ID材质号。
- "平滑":此选项会自动平滑对象的表面,使其产生平滑过渡,否则会产生不必要的硬边。

添加"挤出"修改器的具体操作步骤如下。

步骤01 选择"创建" → "图形" → "矩形"命令,在前视图中按住鼠标左键拖动,创建一个矩形,如图2.69所示。

步骤02 在"对象类型"卷展栏中,将"开始新图形"复选框取消勾选。然后选择"矩形"工具,在前视图中绘制图2.70所示的矩形。

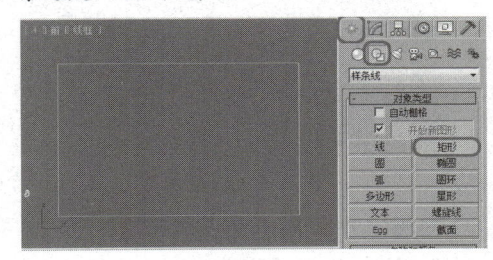

图 2.69 创建矩形

步骤 03 切换至"修改"命令面板,在修改器下拉列表中选择"挤出"修改器,在"参数"卷展栏中,将"数量""分段"分别设置为"20.0""5",按 Enter 键确认,如图 2.71 所示。

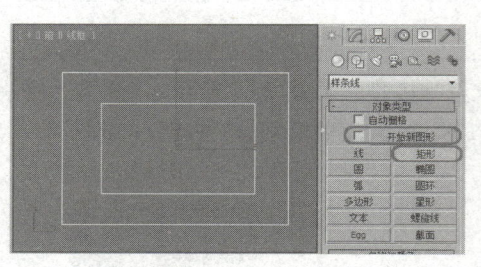

图 2.70　取消勾选"开始新图形"复选框　　　　图 2.71　添加"挤出"修改器

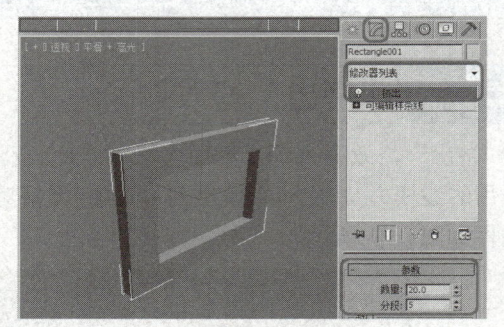

2.6.2 "车削"修改器

"车削"修改器可以将二维图形进行旋转,从而生成三维造型,如图 2.72 和图 2.73 所示。

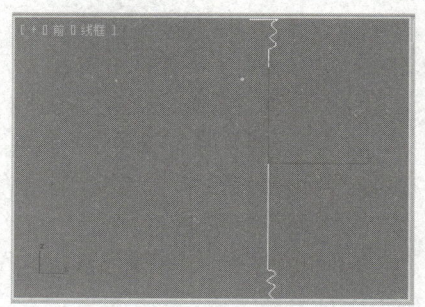

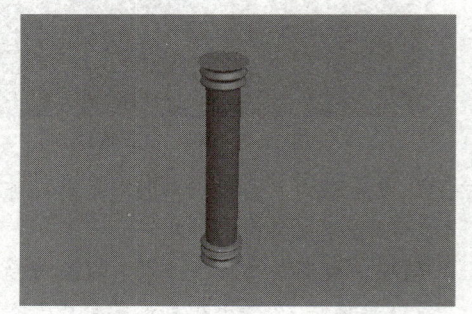

图 2.72　创建线　　　　图 2.73　应用"车削"修改器效果

添加"车削"修改器的具体操作步骤如下。

步骤 01 重置场景,选择"创建" → "图形" → "线"命令,在"创建方法"卷展栏中,设置"拖动类型"为"平滑",在前视图中创建图 2.74 所示的图形。

步骤 02 切换至"修改"命令面板,在"修改器"列表中选择"壳"修改器和"车削"修改器;在"车削"修改器中选择"轴"次物体选择集,在前视图中对车削物体进行调整,如图 2.75 所示。

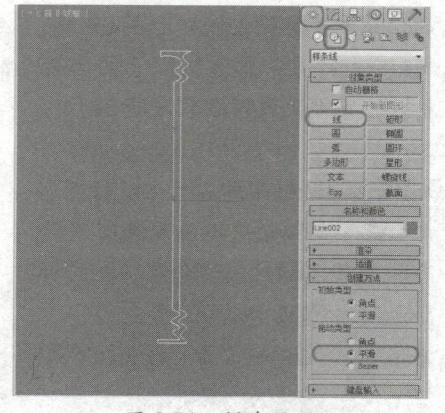

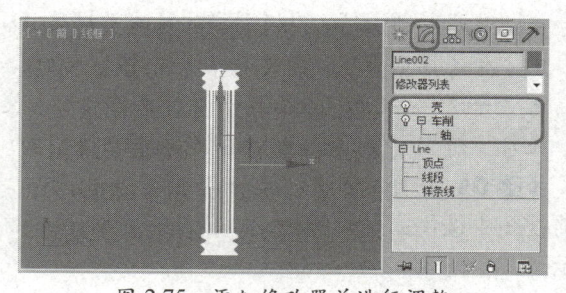

图 2.74　创建图形　　　　图 2.75　添加修改器并进行调整

步骤 03 调整至合适位置后,便可在透视视图中看到车削后的三维模型,如图 2.76 所示。"车削"修改器的"参数"卷展栏如图 2.77 所示。

"车削"修改器的"参数"卷展栏中的各功能说明如下。

- "度数":用于设置旋转成型的度数。
- "焊接内核":通过旋转轴中的顶点来简化网格。
- "翻转法线":将模型表面的法线方向反向。
- "分段":用于调整旋转圆周上的光滑度,值越高,生成的造型就越光滑。
- "方向":"X、Y、Z"分别用于设置不同的轴向。
- "最小":将曲线内边界与中心轴对齐。
- "中心":将曲线中心与中心轴对齐。
- "最大":将曲线外边界与中心轴对齐。

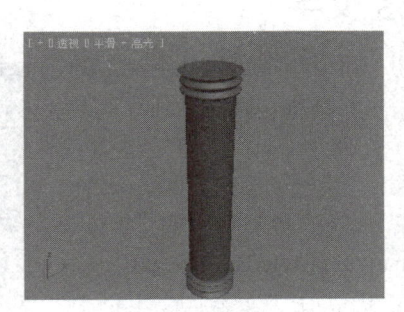

图 2.76 车削后得到的模型　　图 2.77 "参数"卷展栏

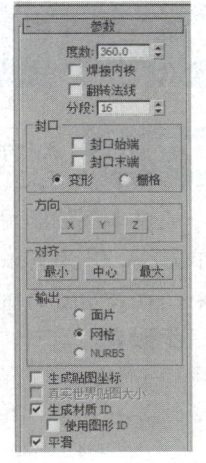

> **提示**
>
> "车削"修改器的"参数"卷展栏中的许多参数与"挤出"修改器的"参数"卷展栏中的参数具有相同的部分,在此就不再一一举例了,其参数功能可参考"挤出"修改器。

2.6.3 "倒角"修改器

"倒角"修改器是在对二维图形进行挤出的同时,在边界加入线性或弧形的倒角。"倒角"修改器一般用于立体文字和标志的制作。

"倒角"修改器包括"参数""倒角值"两个卷展栏。"参数"卷展栏中包括的"封口""封口类型"与前面讲到的"挤出"修改器中的含义相同,在此就不再具体介绍,其他参数的功能如下。

- "线性侧面":选择该选项后,级别之间会沿着一条直线进行分段插值。
- "曲线侧面":选择该选项后,级别之间会沿着一条Bezier曲线进行分段插值。
- "分段":用户使用该参数设置倒角内部的片段划分数。更多的片段划分主要用于实现更平滑的弧形倒角。
- "级间平滑":勾选此选项时,可将平滑组应用于倒角对象的侧面,此时侧面显示为弧状。取消选择该选项时,不会应用平滑组,侧面显示为平面倒角。
- "避免线相交":选择此选项时,可以防止轮廓彼此相交而产生的突出变形。
- "分离":用于设置两个边界线之间所保持的距离,最小值为0.01。

"倒角值"卷展栏中的各参数功能如下。

- "起始轮廓":设置轮廓与原始图形的偏移距离。当起始轮廓值为0时,会以原图为基准,对图形进行倒角制作。
- "级别 1""级别 2""级别 3":分别用于设置三个不同级别的倒角效果,每个级别都可以独立设置"高度"和"轮廓"的大小。

> **提示**
>
> 在进行倒角操作时,要注意控制倒角数值的大小,如果设置的数值过大,出现错误的概率就会增加。

2.7 上机实训

2.7.1 创建镂空文字

通过本例的学习,用户可以掌握制作镂空文字的简单方法,并为其添加相应的材质,进而达到真实的效果,效果如图 2.78 所示。

步骤01 选择"创建" → "图形" → "样条线" → "文本"命令,在"参数"卷展栏中的"字体"下拉列表中选择"Bookman Old Style Bold"选项,在"大小"文本框中输入"7.0",在"文本"文本框中输入"Fashion",然后在前视图中单击鼠标左键,创建文本,如图 2.79 所示。

图 2.78 镂空文字的效果

步骤02 创建完成后,单击"选择并旋转"按钮,将文本在顶视图中沿 Z 轴旋转 −68°,如图 2.80 所示。

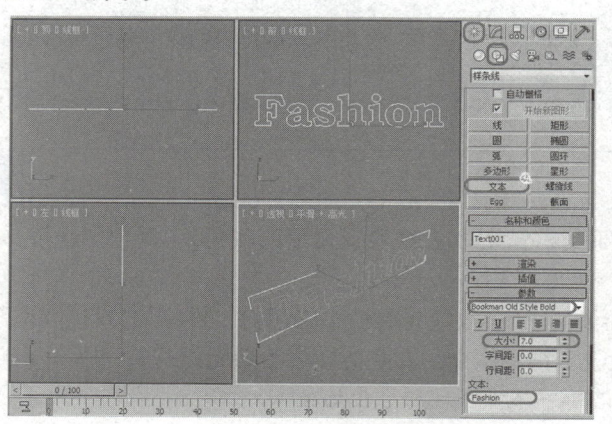

图 2.79 创建文本

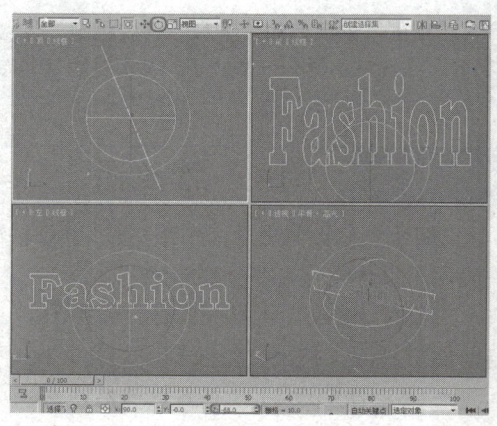

图 2.80 旋转文本

步骤03 切换至"修改"命令面板,在"渲染"卷展栏中勾选"在渲染中启用""在视口中启用""生成贴图坐标"复选框,在"厚度"文本框中输入"0.2"、"边"文本框中输入"12",按 Enter 键确认,如图 2.81 所示。

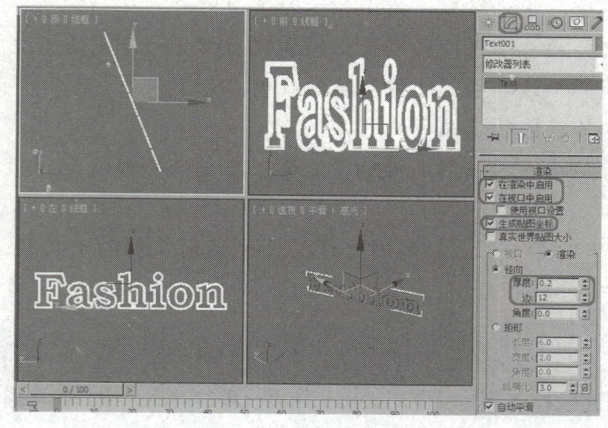

图 2.81 修改后效果

步骤 04 修改完成后，选择"创建" → "几何体" → "平面"命令，在顶视图中创建一个"长度""宽度"都为"800"，"长度分段""宽度分段"都为"30"的一个平面作为底板，并调整其位置，如图 2.82 所示。

步骤 05 创建完成后，按 M 键，打开"材质编辑器"对话框，选择一个材质样本球，将其命名为"文本"。在"明暗器基本参数"卷展栏中，将明暗器类型设置为"(M)金属"；在"金属基本参数"卷展栏中，将"环境光""漫反射"的 RGB 值都设置为（201、201、201），将"反射高光"选项组中的"高光级别"设置为"32"、"光泽度"设置为"61"，如图 2.83 所示。然后在"贴图"卷展栏中单击"反射"右侧的 None 按钮，在弹出的"材质/贴图浏览器"对话框中双击"位图"，在弹出的对话框中选择本书配套资源中的 Map\09.jpg 文件，单击"打开"按钮；在"位图参数"卷展栏中，将"裁剪/放置"选项组中的"W""H"值都设置为"0.5"，如图 2.84 所示。

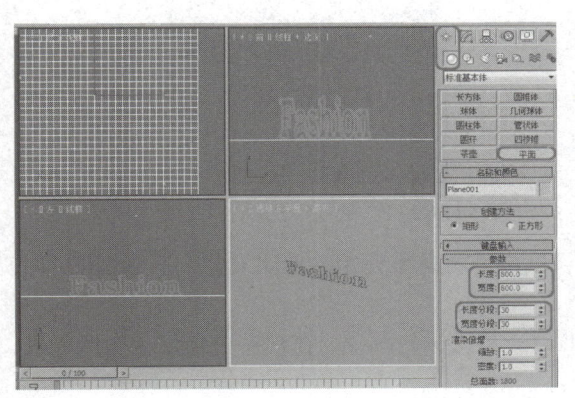

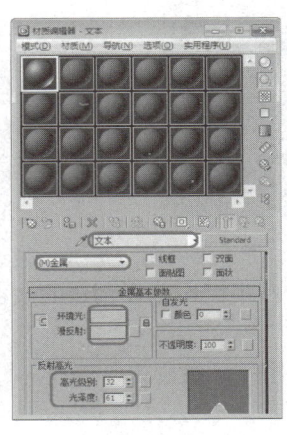

图 2.82　创建平面　　　　图 2.83　设置参数 1　　　　图 2.84　添加贴图 1

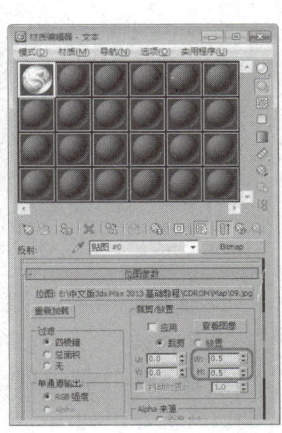

步骤 06 设置完成后，在场景中选择创建的文本，单击"将材质指定给选定对象"按钮和"在视口中显示标准贴图"按钮，将其指定给文本即可。

步骤 07 在"材质编辑器"对话框中选择一个新的材质样本球，将其命名为"底板"。在"明暗器基本参数"卷展栏中，将明暗器类型定义为"(P)Phong"；在"Phong 基本参数"卷展栏中，将"环境光""漫反射"的 RGB 值都设置为（200、200、200），如图 2.85 所示。打开"贴图"卷展栏，单击"漫反射颜色"右侧的 None 按钮，在打开的"材质/贴图浏览器"对话框中双击"位图"，单击"确定"按钮，在弹出的对话框中选择本书配套资源中的 Map\010.jpg 文件，单击"打开"按钮；在"坐标"卷展栏中，将"瓷砖"的"U""V"值都设置为"8.0"，如图 2.86 所示。

图 2.85　设置参数 2　　　　图 2.86　添加贴图 2

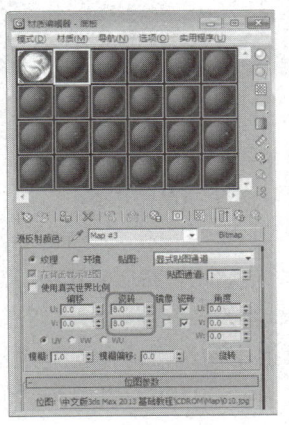

步骤 08 单击"转到父对象"按钮，返回上一层，在"贴图"卷展栏中，单击"凹凸"右侧的 None 按钮，如图 2.87 所示。在打开的"材质/贴图浏览器"对话框中双击"位图"，在弹出的对话框中选择本书配套资源中的 Map\011.jpg 文件，单击"打开"按钮。在"坐标"卷展栏中将"瓷砖"的"U""V"值都设置为"8.0"，如图 2.88 所示。

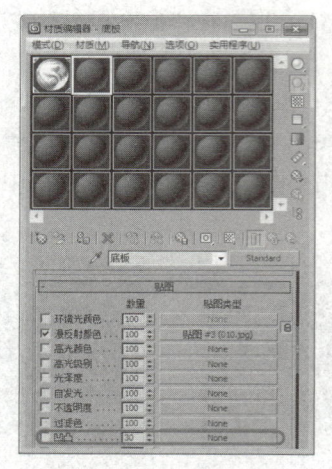

图 2.87　选择凹凸贴图　　　　　　　图 2.88　设置"U""V"值

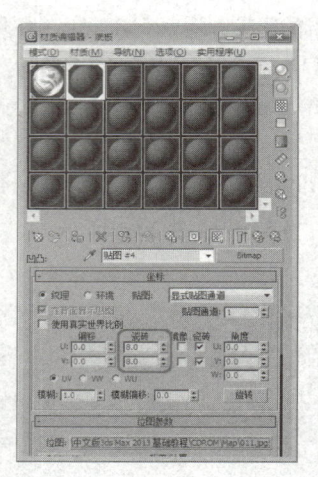

步骤 09 设置完成后，在视图中选择创建的底板，单击"将材质指定给选定对象"按钮，将其指定给底板。

步骤 10 选择"创建"→"摄影机"→"标准"→"目标"命令，在视图中创建一个摄影机，并调整其参数，如图 2.89 所示。

步骤 11 激活透视视图，然后按 C 键将当前激活的视图切换为摄影机视图，并在除摄影机视图外的其他视图中调整摄影机的位置，调整后的效果如图 2.90 所示。

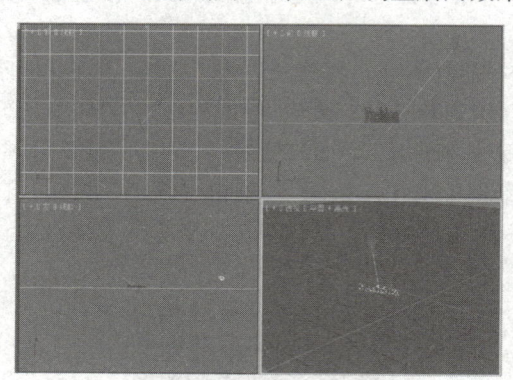

图 2.89　创建摄影机　　　　　　　图 2.90　调整摄影机

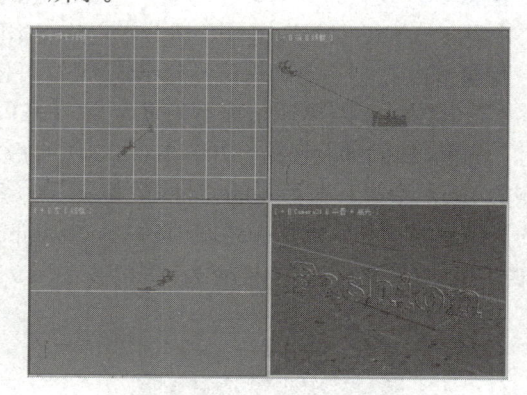

步骤 12 选择"创建"→"灯光"→"标准"→"mr Area Omni"命令，在前视图中创建一个区域泛光灯，如图 2.91 所示。

步骤 13 进入"修改"命令面板，在"常规参数"卷展栏中，勾选"阴影"选项组中的"启用"复选框；将"强度/颜色/衰减"卷展栏中的"倍增"值设置为"1.7"，将"衰退"选项组中的"类型"设置为"倒数"；在"阴影参数"卷展栏中，勾选"对象阴影"选项组中的"灯光影响阴影颜色"复选框，在"大气阴影"选项组中勾选"启用"复选框；在"区域灯光参数"卷展栏中勾选"启用""在渲染器中显示图标"复选框，将"半径"设置为"0.6"，如图 2.92 所示。

步骤 14 设置完成后，激活摄影机视图，按 F9 键进行快速渲染即可。

| 模块2 | 二维图形的创建与编辑

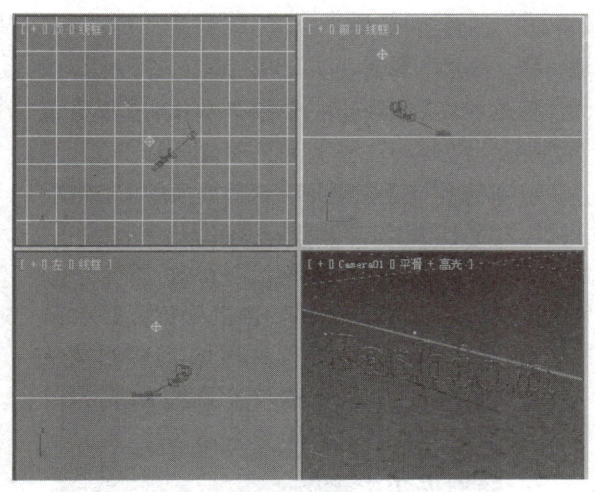

图 2.91 创建区域泛光灯

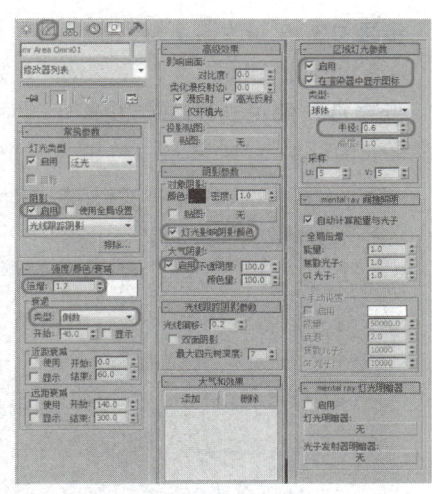

图 2.92 设置参数3

2.7.2 蚊香模型的创建

本例将介绍蚊香模型的制作方法，其最终渲染效果如图 2.93 所示。

首先使用"螺旋线"工具在场景中创建一个蚊香的基本体，然后对其添加倒角、网格平滑等效果，进行一些简单的参数设置，添加灯光等效果，最后将其渲染输出。

用户可以通过本案例巩固前面所学的知识。制作蚊香的具体操作步骤如下。

步骤01 选择"创建"→"图形"→"螺旋线"命令，在顶视图中创建一个螺旋线；在"参数"卷展栏中，设置"半径1""半径2"分别为"70.0""2.0"，高度为"0.0"，圈数为"5.0"，如图 2.94 所示。

图 2.93 蚊香效果图

步骤02 切换至"修改"命令面板，在"渲染"卷展栏中勾选"在渲染中启用""在视口中启用"复选框，在"厚度"文本框中输入"5.0"，在"边"文本框中输入"6"，如图 2.95 所示。

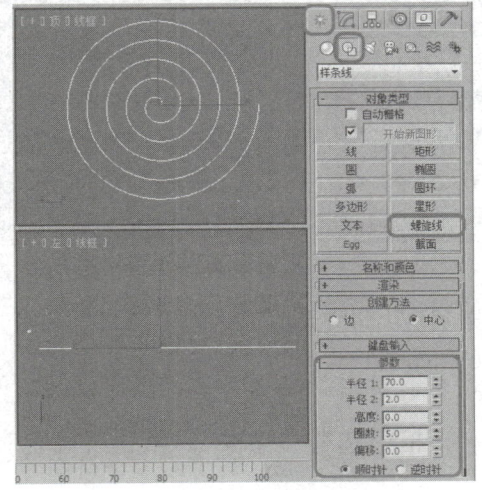

图 2.94 创建螺旋线

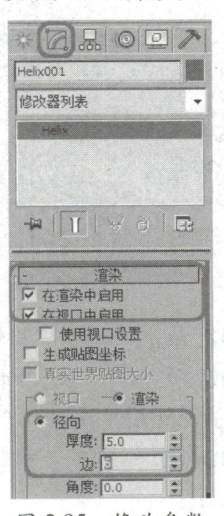

图 2.95 修改参数

53

步骤03 在修改器下拉列表中选择"倒角"修改器,在"倒角值"卷展栏中将"级别1"下的"高度""轮廓"分别设置为"2.0""1.2";勾选"级别3"复选框,将"高度"设置为"2.0",如图2.96所示。

步骤04 使用同样的方法添加"网格平滑""壳"修改器。选择"壳"修改器,在"参数"卷展栏中设置"内部量""外部量"分别为"1.0""5.0",如图2.97所示。

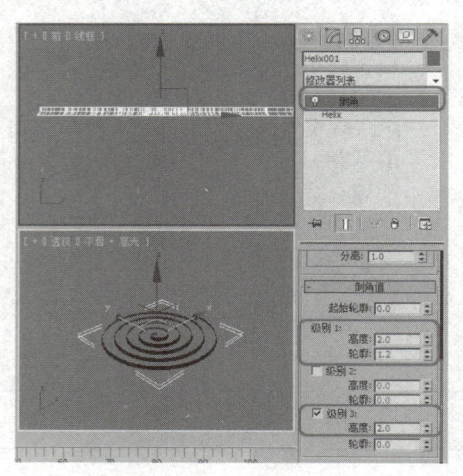

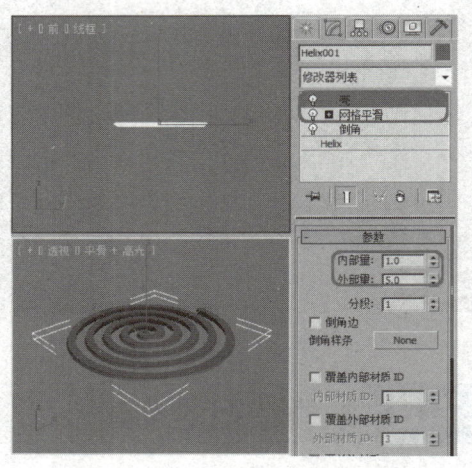

图2.96　添加"倒角"修改器　　　　　　　　图2.97　设置"壳"修改器参数

步骤05 按M键打开"材质编辑器"对话框,选择一个材质样本球,将其命名为"蚊香"。在"Blinn基本参数"卷展栏中,将"环境光"的RGB值设置为(8、8、8),将"高光反射"的RGB值设置为(230、230、230),将"高光级别"设置为"20"、"光泽度"设置为"50",如图2.98所示。

步骤06 在"贴图"卷展栏中单击"高光颜色"右侧的None按钮,在弹出的"材质/贴图浏览器"对话框中选择"噪波",如图2.99所示。

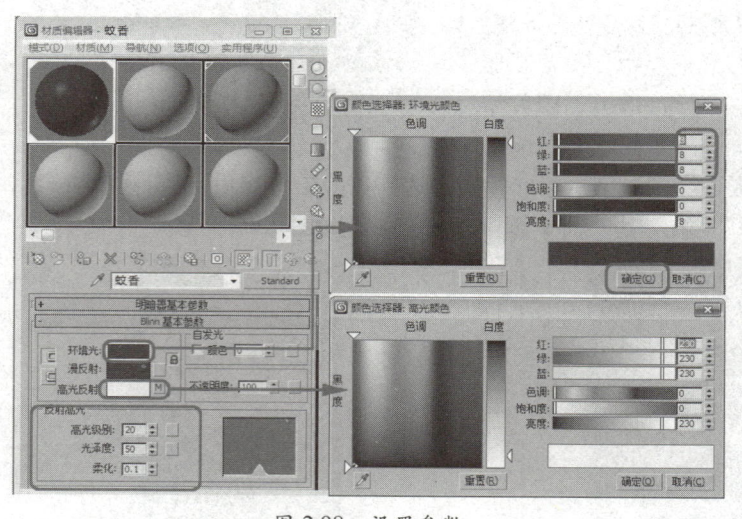

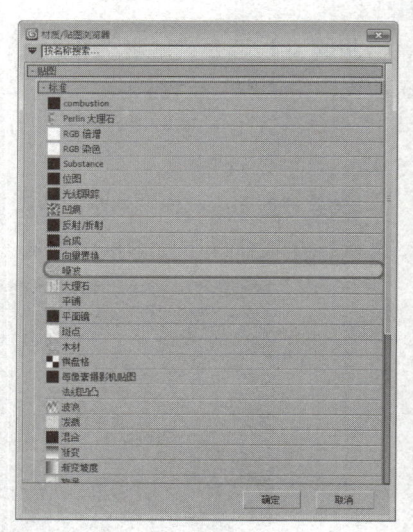

图2.98　设置参数　　　　　　　　图2.99　"材质/贴图浏览器"对话框

步骤07 单击"确定"按钮,在"噪波参数"卷展栏中将"大小"设置为"2.0",如图2.100所示。

步骤08 单击"转到父对象"按钮,在"高光颜色"右侧的"数量"文本框中输入"50",如图2.101所示,然后单击"凹凸"右侧的None按钮。

步骤09 在弹出的"材质/贴图浏览器"对话框中选择"噪波",单击"确定"按钮,如图2.102所示。

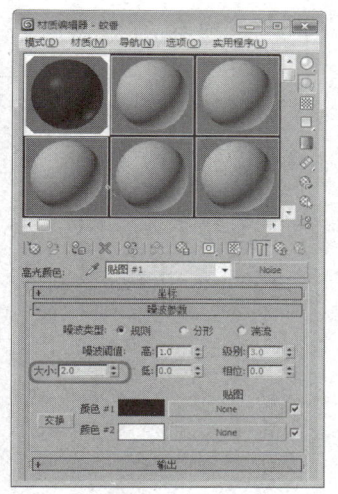

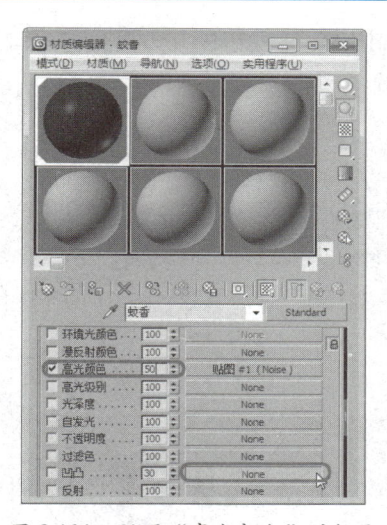

图 2.100 设置"噪波参数"　　图 2.101 设置"高光颜色"的数量　　图 2.102 选择"噪波"贴图

步骤 10 设置"噪波参数"卷展栏中的"大小"值为"1.0",单击"转到父对象"按钮,如图 2.103 所示。

步骤 11 单击"在视口中显示标准贴图"按钮,再单击"将材质指定给选定对象"按钮,如图 2.104 所示,然后将该对话框关闭即可。

步骤 12 选择"创建"→"几何体"→"平面"命令,在视图中创建一个长度、宽度都为"1000.0"的平面,如图 2.105 所示。

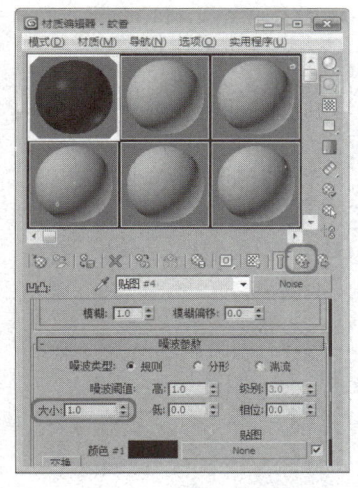

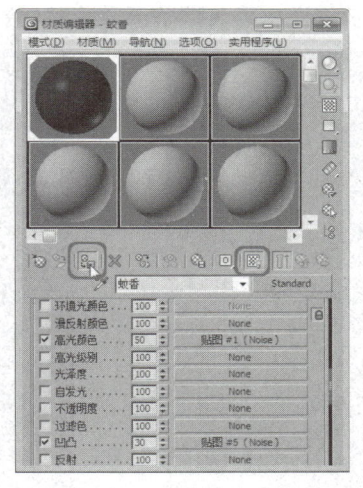

图 2.103 设置"噪波参数"　　图 2.104 为图形赋予材质　　图 2.105 创建平面

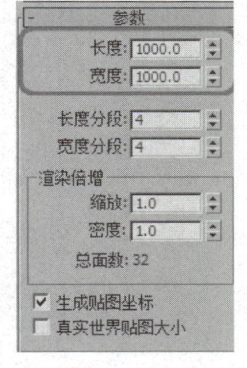

步骤 13 在工具栏中单击"选择并移动"按钮,在前视图中调整其位置,如图 2.106 所示。

步骤 14 再次打开"材质编辑器"对话框,选择一个新的材质样本球。在"贴图"卷展栏中单击"漫反射颜色"右侧的 None 按钮,在弹出的"材质/贴图浏览器"对话框中选择"位图",如图 2.107 所示。

步骤 15 单击"确定"按钮,在弹出的"选择位图图像文件"对话框中选择本书配套资源中的 Map\ 木质贴图 .jpg 文件,如图 2.108 所示,单击"打开"按钮。

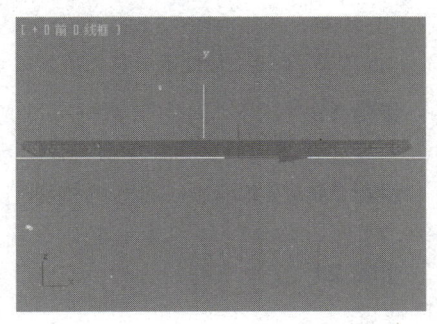

图 2.106 调整平面的位置

55

步骤 16 单击"在视口中显示标准贴图"按钮，再单击"将材质指定给选定对象"按钮，如图 2.109 所示，然后将对话框关闭即可。

图 2.107　选择"位图"贴图 　　　　图 2.108　选择位图图像文件 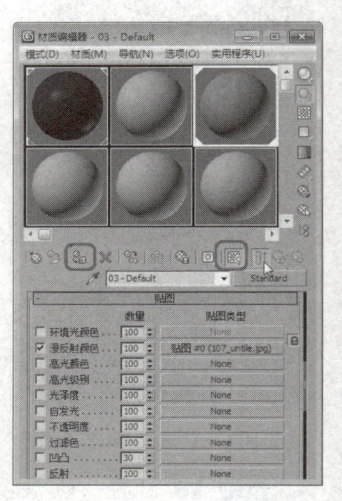　　　　图 2.109　将材质赋予平面

步骤 17 选择"创建"→"摄影机"→"标准"→"目标"命令，在前视图中创建一个摄影机；选择透视视图，按 C 键将其切换为摄影机视图；在"参数"卷展栏中修改"镜头"参数为"43.0"mm，将"视野"设置为"45.429"度；使用"选择并移动"工具在视图中调整摄影机的位置，如图 2.110 所示。

步骤 18 选择"创建"→"灯光"→"标准"→"泛光"命令，在前视图中创建一个泛光灯；使用"选择并移动"工具，在视图中将其调整至合适的位置，调整后的效果如图 2.111 所示。

图 2.110　创建摄影机并调整位置 　　　　图 2.111　创建泛光灯并调整位置

步骤 19 选择"创建"→"灯光"→"标准"→"天光"命令，在前视图中创建一个天光，并将其调整至合适的位置，如图 2.112 所示。

步骤 20 按 F9 键对摄影机视图进行渲染，然后单击"应用程序"按钮，在弹出的下拉菜单中选择"保存"命令，对完成后的场景进行保存，如图 2.113 所示。

步骤 21 在弹出的"文件另存为"对话框中，选择一个路径并为其命名，如图 2.114 所示，单击"保存"按钮。

| 模块2 | 二维图形的创建与编辑

图 2.112 创建天光并调整位置

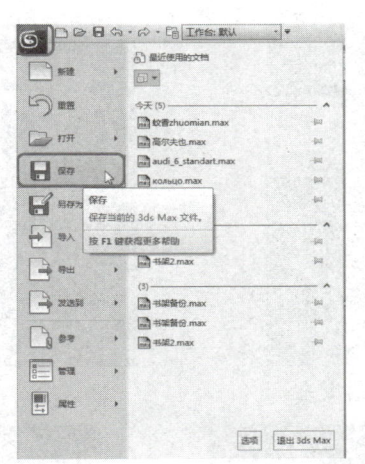

图 2.113 选择"保存"命令

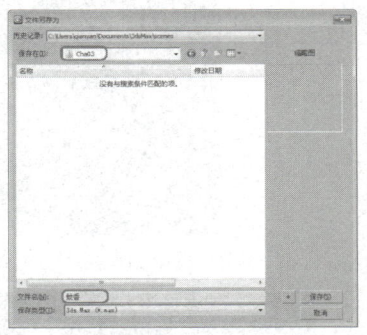

图 2.114 将文件另存

2.7.3 笔记本模型的创建

本例将介绍笔记本模型的制作方法。在制作时,利用"线"工具和"长方体"工具创建书架和笔记本对象,再为对象指定相应的材质,表现出照片级真实感的书架和笔记本,最终效果如图 2.115 所示。

步骤 01 选择"创建"→"图形"→"线"命令,在左视图中绘制一个图形,如图 2.116 所示。

步骤 02 切换到"修改"命令面板,将当前选择集定义为"顶点";选中图形左右两个顶点,在"几何体"卷展栏中激活"圆角"按钮;使用"选择并移动"工具移动顶点的位置,移动后的效果如图 2.117 所示。

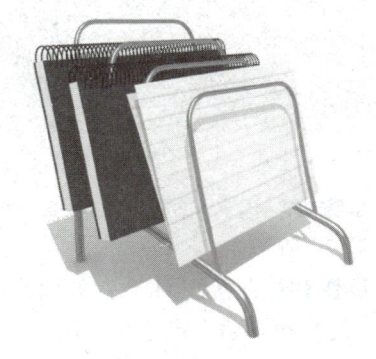

图 2.115 笔记本效果图

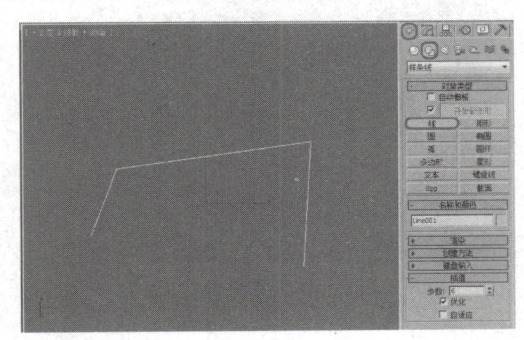

图 2.116 创建图形

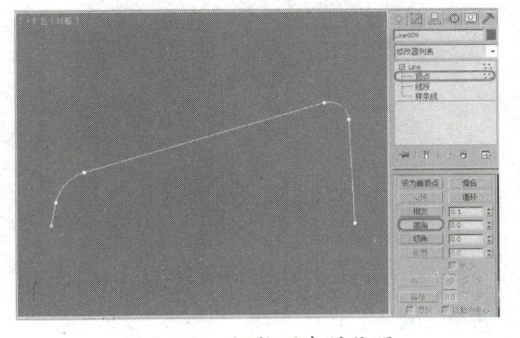

图 2.117 调整顶点的位置

步骤 03 在"渲染"卷展栏中勾选"在渲染中启用""在视口中启用"复选框,在"径向"选项组中,将"厚度"设置为"2.0"、"边"设置为"15",如图 2.118 所示。

步骤 04 确保图形处于选择中状态,按住 Shift 键的同时沿 X 轴向右拖动鼠标,释放鼠标左键后,在弹出的对话框中选择"复制"单选按钮,将"副本数"设置为"1",单击"确定"按钮,如图 2.119 所示。

步骤 05 选择"创建"→"图形"→"线"命令,再次在前视图中创建一个图形,在"径向"选项组中,将"厚度"设置为"1.0"、"边"设置为"15",如图 2.120 所示。

步骤 06 使用上面叙述的方法,对该图形进行圆角操作,效果如图 2.121 所示。

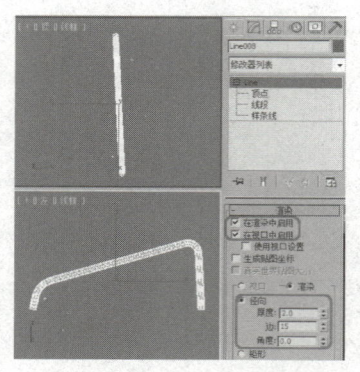

图 2.118　设置完成后效果　　　　　　图 2.119　复制图形

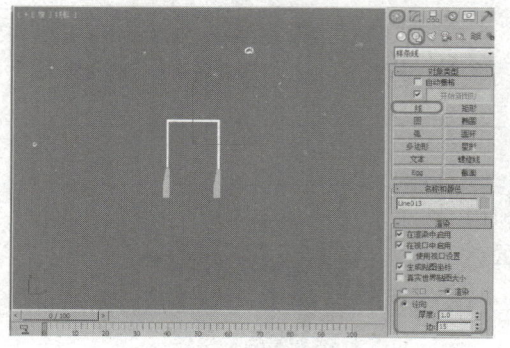

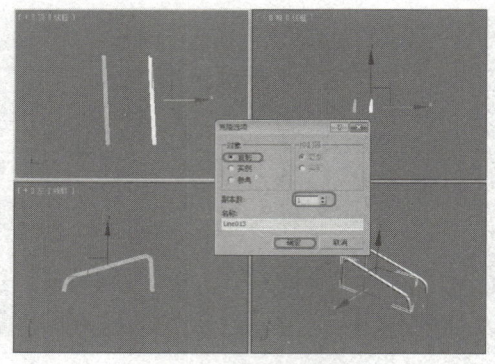

图 2.120　再次创建图形　　　　　　　图 2.121　圆角效果

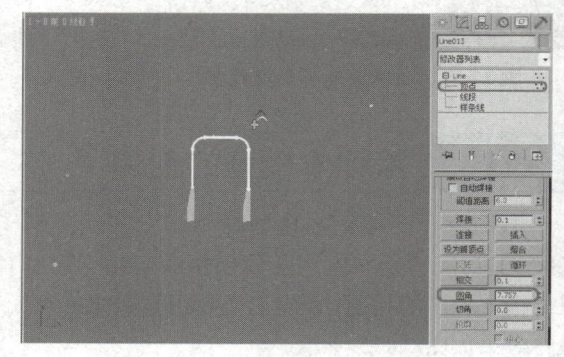

步骤 07　设置完成后，选择左视图，在工具栏中选择"选择并旋转"工具，对图形进行旋转，如图 2.122 所示。

步骤 08　在按住 Shift 键的同时沿 X 轴向左拖动鼠标，释放鼠标左键后，在弹出的对话框中选择"复制"单选按钮，将"副本数"设置为"3"，单击"确定"按钮，如图 2.123 所示。

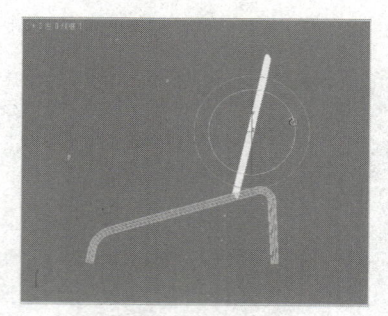

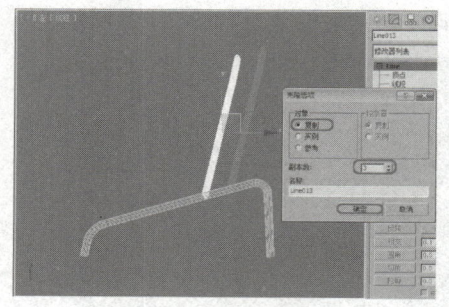

图 2.122　旋转图形　　　　　　　　　图 2.123　再次复制图形

步骤 09　单击"选择并移动"按钮，选择视图中的所有图形；在菜单栏中选择"组"→"成组"命令，将"组名"设置为"支架"，设置完成后，单击"确定"按钮，如图 2.124 所示。

步骤 10　按 M 键打开"材质编辑器"对话框，选择一个空白材质样本球，并将其命名为"支架"。在"明暗器基本参数"卷展栏中，将明暗器类型设置为"(M) 金属"；在"金属基本参数"卷展栏中，将"环境光""漫反射"分别设置为黑色和白色，将"自发光"选项组中的"颜色"设置为"10"，将"反射高光"选项组中的"高光级别""光泽度"分别设置为"100""80"；在

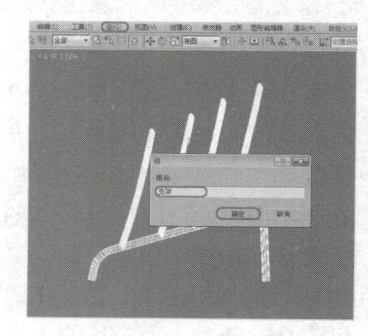

图 2.124　将所有图形成组

"贴图"卷展栏中单击"反射"通道右侧的 None 按钮,在弹出的"材质/贴图浏览器"对话框中双击"位图",再在弹出的对话框中选择本书配套资源中的 Map\03.jpg 文件,单击"打开"按钮;进入反射层级通道,将"瓷砖"下的"U""V"都设置为"1.0",将"模糊偏移"设置为"0.086",如图 2.125 所示。

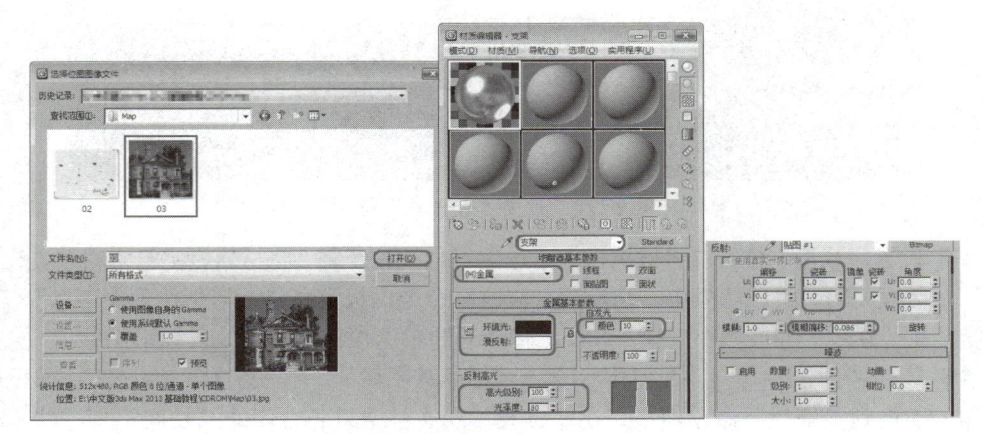

图 2.125 设置"支架"材质

步骤 11 设置完成后,单击"将材质指定给选定对象"按钮,将材质指定给已成组的支架,然后将"材质编辑器"对话框关闭。选择"创建"→"图形"→"线"命令,在左视图中绘制图 2.126 所示的图形。在"渲染"卷展栏中取消勾选"在渲染中启用""在视口中启用"复选框。

步骤 12 切换至"修改"命令面板,将其命名为"资料单"。在修改器下拉列表中选择"挤出"修改器,在"参数"卷展栏中将"数量"设置为"50.0",设置完成后在场景中调整图形的位置,如图 2.127 所示。

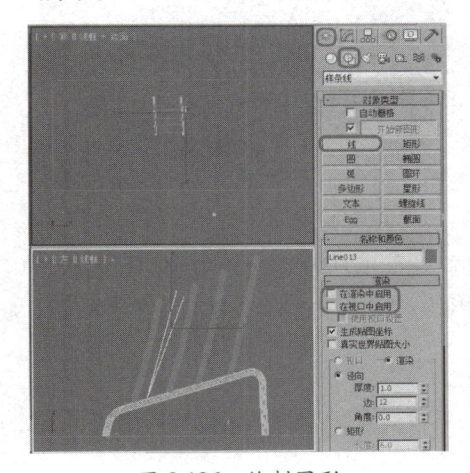

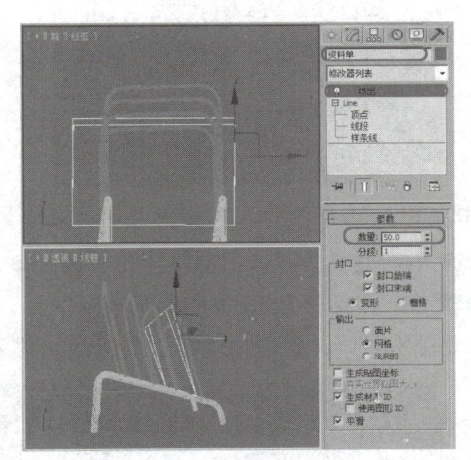

图 2.126 绘制图形   图 2.127 挤出图形并调整位置

步骤 13 按 M 键打开"材质编辑器"对话框,选择一个新的材质样本球,并将其命名为"资料单"。在"明暗器基本参数"卷展栏中勾选"双面"复选框,在"Blinn 基本参数"卷展栏中将"自发光"选项组中的"颜色"设置为"50";在"贴图"卷展栏中单击"漫反射颜色"通道右侧的 None 按钮,在弹出的"材质/贴图浏览器"对话框中选择"位图"选项,单击"确定"按钮,再在弹出的对话框中选择本书配套资源中的 Map\02.jpg 文件,单击"打开"按钮;进入漫反射层级通道,在"坐标"卷展栏中取消勾选"使用真实世界比例"复选框,将"瓷砖"下的"U""V"都设置为"1.0",如图 2.128 所示。

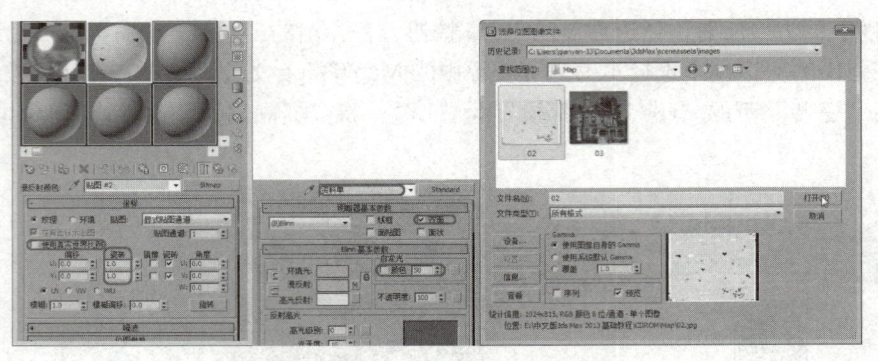

图 2.128　设置"资料单"材质

步骤 14　设置完成后，单击"将材质指定给选定对象"按钮，将材质指定给资料单，然后将"材质编辑器"对话框关闭。返回场景中，切换到"修改"命令面板，在修改器下拉列表中选择"UVW 贴图"修改器，在"参数"卷展栏中选择"XYZ 到 UVW"单选按钮，如图 2.129 所示。

步骤 15　选择"创建"→"几何体"→"标准基本体"→"长方体"命令，在前视图中创建一个长方体；切换到"修改"命令面板，在"参数"卷展栏中将长方体的"长度""宽度""高度"分别设置为"30.0""50.0""0.5"，并将其命名为"笔记本皮"，如图 2.130 所示。

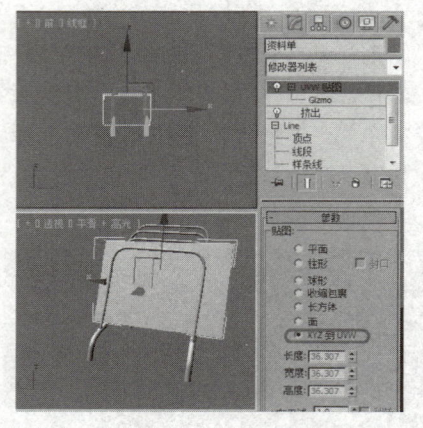

图 2.129　选择"XYZ 到 UVW"单选按钮 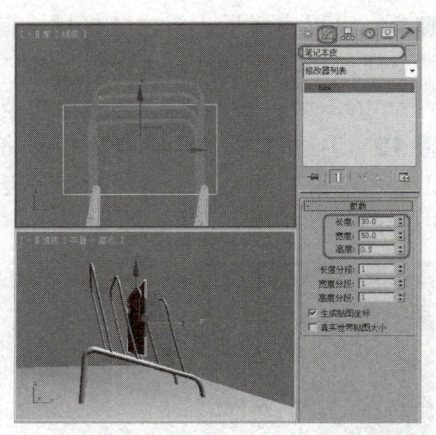　　　　图 2.130　创建长方体并进行设置

步骤 16　设置完成后，选择该长方体，使用"选择并旋转"工具旋转其角度，如图 2.131 所示。

步骤 17　在按住 Shift 键的同时拖动鼠标，然后在弹出的对话框中选择"复制"单选按钮，将"副本数"设置为"1"，单击"确定"按钮，如图 2.132 所示。

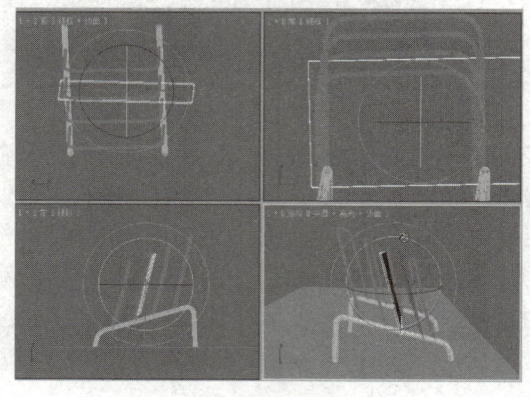

图 2.131　旋转长方体 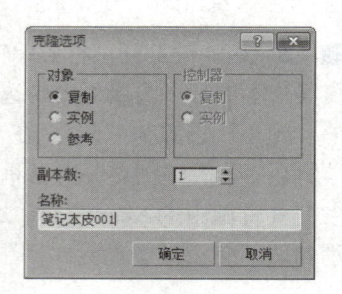　　　　图 2.132　复制长方体

步骤 18 复制完成后，调整长方体的位置，调整后的效果如图 2.133 所示。

步骤 19 按 M 键打开"材质编辑器"对话框，选择一个新的材质样本球，并将其命名为"笔记本皮"。在"Blinn 基本参数"卷展栏中，将"环境光""漫反射"的 RGB 值都设置为（0、6、32），将"自发光"选项组中的"颜色"设置为"50"，将"反射高光"选项组中的"高光级别""光泽度""柔化"分别设置为"54""25""0.1"；在"贴图"卷展栏中单击"凹凸"通道右侧的 None 按钮，在弹出的"材质/贴图浏览器"对话框中选择"噪波"，单击"确定"按钮；将"瓷砖"下的"X""Y""Z"分别设置为"1.5""1.5""3.0"，再将"噪波参数"卷展栏中的"大小"设置为"1.0"，如图 2.134 所示。在视图中选中笔记本皮对象，单击"将材质指定给选定对象"按钮，将材质赋予已选择的对象。

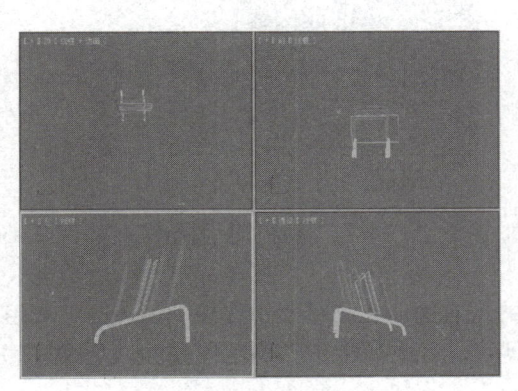

图 2.133 调整长方体的位置

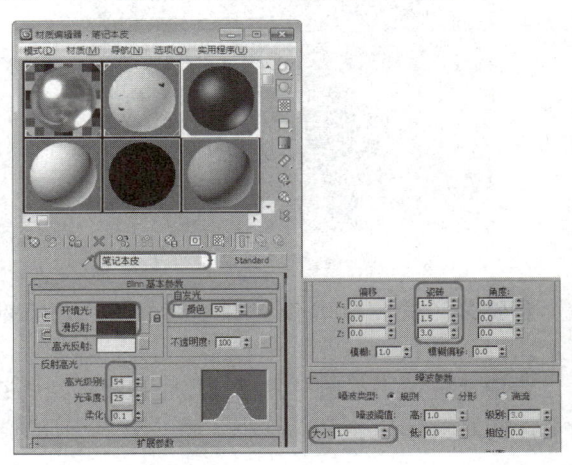

图 2.134 设置"笔记本皮"材质

步骤 20 选择"创建"→"几何体"→"标准基本体"→"长方体"命令，在前视图中再创建一个长方体；切换至"修改"命令面板，在"参数"卷展栏中将长方体的"长度""宽度""高度"分别设置为"30.0""50.0""2.5"，并将其命名为"笔记本 001"，如图 2.135 所示。

步骤 21 在"材质编辑器"对话框中选择一个新的材质样本球，将其命名为"笔记本"。在"Blinn 基本参数"卷展栏中，将"环境光""漫反射""高光反射"都设置为白色，如图 2.136 所示。在视图中选中笔记本对象，单击"将材质指定给选定对象"按钮，将材质赋予选择的对象，然后将"材质编辑器"对话框关闭。

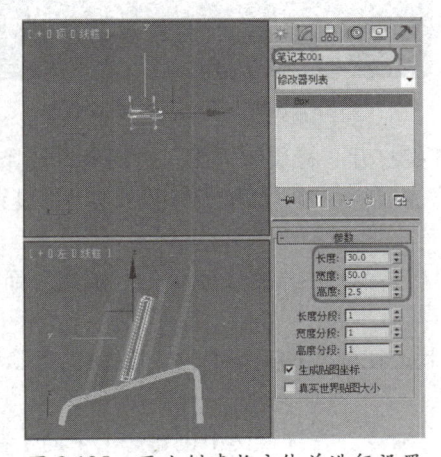

图 2.135 再次创建长方体并进行设置

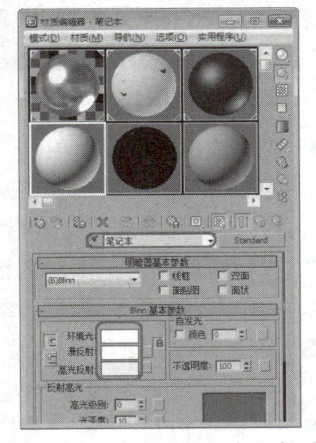

图 2.136 设置"笔记本"材质

步骤 22 选择"创建"→"图形"→"圆"命令，在左视图中创建一个圆；切换至"修改"命令面板，在"参数"卷展栏中将"半径"设置为"2.578"，在场景中调整该图形的位置，并将其命名为"圆环",如图2.137所示。

步骤23 在"渲染"卷展栏中勾选"在渲染中启用""在视口中启用"复选框,在"径向"选项组中,将"厚度"设置为"0.3"、"边"设置为"18",如图2.138所示。

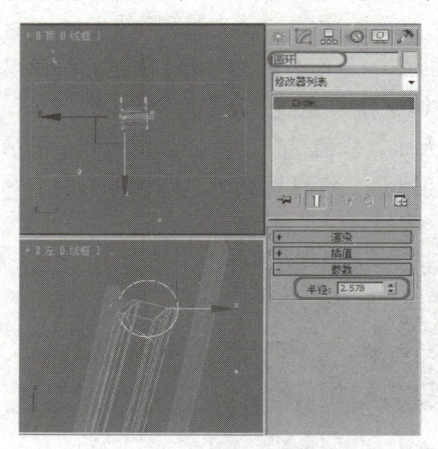

图2.137 创建圆并调整位置

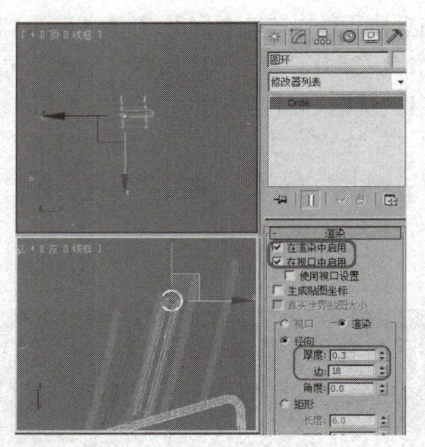

图2.138 设置渲染参数

步骤24 按住Shift键对圆进行复制,将"副本数"设置为"48",复制圆后的效果如图2.139所示。

步骤25 单击"选择并移动"按钮,选择视图中的所有圆,在菜单栏中选择"组"→"成组"命令,此时会弹出一个对话框,将"组名"设置为"圆环",完成后单击"确定"按钮,如图2.140所示。

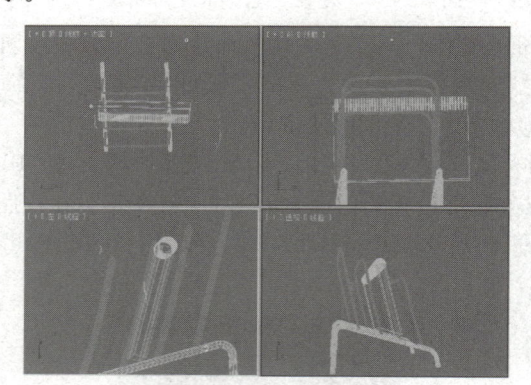

图2.139 复制圆后的效果

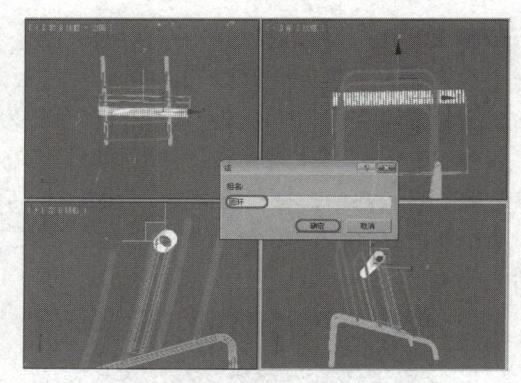

图2.140 将所有圆图形成组

步骤26 确保成组的圆环对象处于选中状态,按M键打开"材质编辑器"对话框,选择一个新的材质样本球,并将其命名为"圆环"。在"Blinn基本参数"卷展栏中将"环境光""漫反射"都设置为黑色,如图2.141所示,将设置完成的材质指定给选定对象。

步骤27 选择圆环、笔记本、笔记本皮三个对象,在菜单栏中选择"组"→"成组"命令,在弹出的对话框将"组名"设置为"笔记本",如图2.142所示。

步骤28 按住Shift键,对上面成组的对象进行复制。在弹出的对话框中,使用其默认设置,如图2.143所示。设置完成后在视图中调整其位置。

步骤29 选择"创建"→"几何体"→"平面"命令,在顶视图中创建一个平面;在"参数"卷展栏中,将"长度"设置为"145.0"、"宽度"设置为"309.0",将"长度分段""宽度分段"都设置为"1",设置完成后在场景中调整图形的位置,如图2.144所示。

| 模块2 | 二维图形的创建与编辑

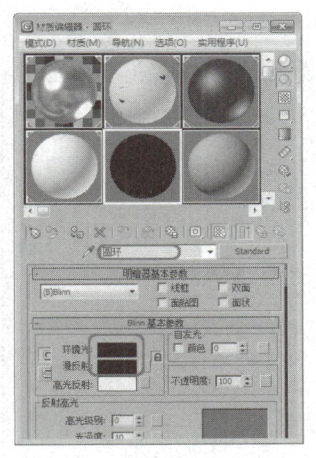

图 2.141 设置"圆环"材质

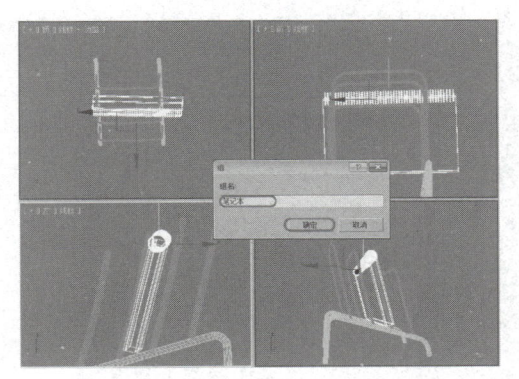

图 2.142 将选定对象成组

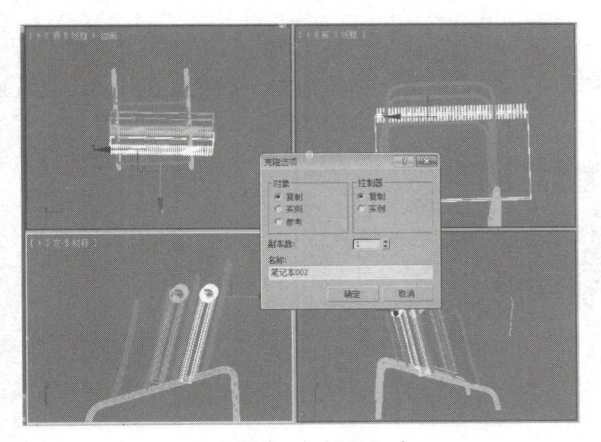

图 2.143 复制笔记本

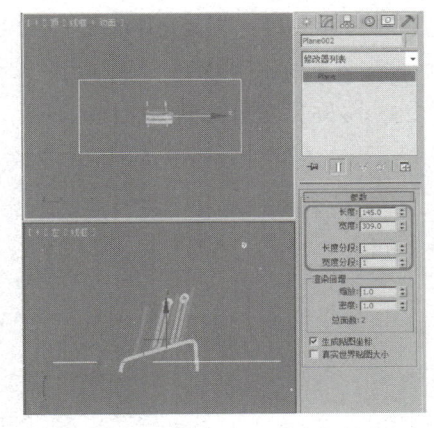

图 2.144 创建平面并进行调整

步骤 30 选择"创建"→"摄影机"→"目标"命令,在前视图中创建摄影机;选择透视视图,按 C 键将其切换为摄影机视图,在视图中调整摄影机的位置,如图 2.145 所示。

步骤 31 选择"创建"→"灯光"→"天光"命令,在前视图中创建天光,并调整其位置,如图 2.146 所示。

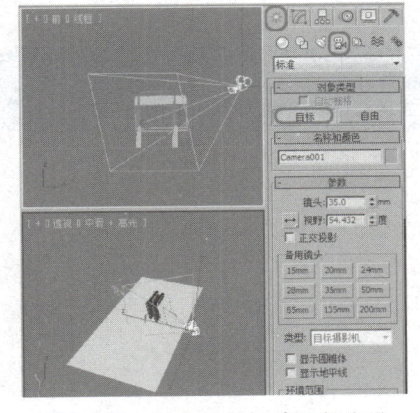

图 2.145 创建摄影机并调整位置

图 2.146 创建天光并调整位置

步骤 32 用同样的方法创建一个"目标聚光灯",并调整其参数及位置,如图 2.147 所示。

63

步骤33 设置完成后，在菜单栏中选择"渲染"→"环境"命令，如图2.148所示。

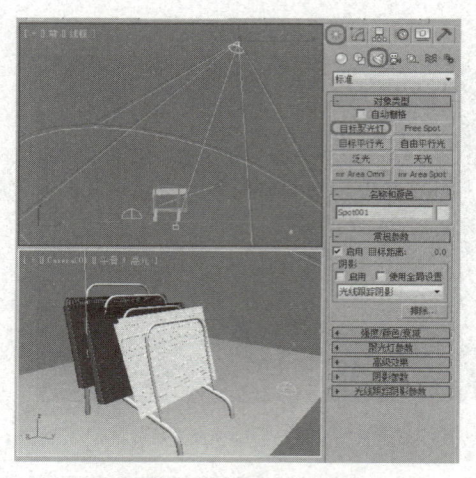

图2.147 创建目标聚光灯并进行调整

图2.148 选择"环境"命令

步骤34 执行"环境"命令后，在弹出的对话框中，将"背景"选项组中"颜色"的RGB值设置为（255、255、255），如图2.149所示。

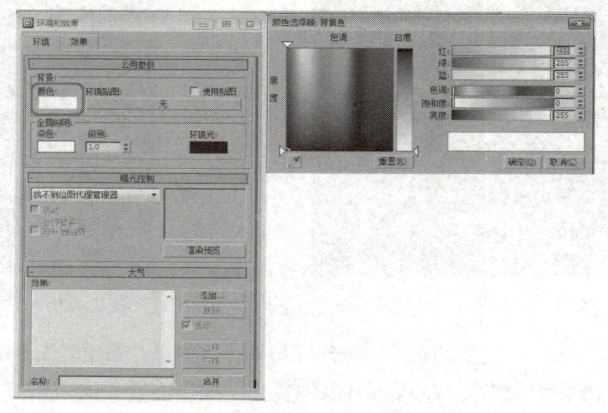

图2.149 背景色设置

步骤35 设置完成后，按F9键对摄影机视图进行渲染，然后对完成的场景进行保存。

2.8 思考与练习

1. 在3ds Max 2014中，二维建模都有哪些用途？
2. 可编辑样条线包含几种选择集？分别是什么？
3. "附加"按钮的作用是什么？

模块 3 三维模型的构建

三维模型是三维动画的重要组成部分,它可以使用"标准基本体""扩展基本体"等类型下的工具来创建。本模块将介绍多种三维模型的创建方法。

3.1 认识三维模型

在 3ds Max 2014 中,制作三维模型的过程即建模的过程。三维模型的种类是多种多样的,通过使用命令面板下的创建命令,在视图中拖曳鼠标就可以制作出漂亮的基本模型。在基本模型的基础上,通过几何体建模、多边形建模、面片建模及 NURBS 建模等方法可以组合成复杂的三维模型。

3.2 几何体创建时的调整

3.2.1 几何体创建工具

在创建三维模型前,我们先来认识一下"创建"命令面板,如图 3.1 所示。在"几何体"类别下的下拉列表中,包括"标准基本体""扩展基本体""复合对象""粒子系统""面片栅格""NURBS 曲面""AEC 扩展""动力学对象""楼梯""实体对象""门""窗""mental ray" 13 种基本类型。每种基本类型都还包括"对象类型""名称和颜色""创建方法""参数"等卷展栏。

要创建对象时,在"对象类型"卷展栏下单击"长方体"按钮,在视图中按住鼠标左键拖曳,就可以建立相应的对象,如图 3.2 所示。

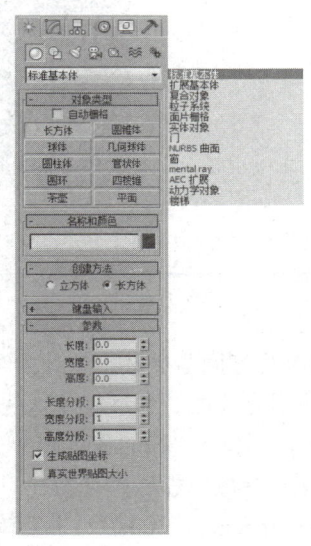

图 3.1 "创建"命令面板　　图 3.2 创建的几何体

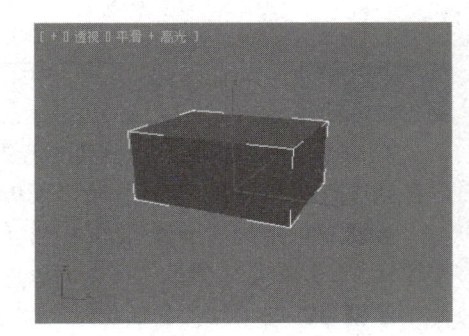

3.2.2 对象名称和颜色

在"名称和颜色"卷展栏下,会显示对象的名称和颜色。在视图中创建一个对象,系统一般会自动为其赋予一个名称,如图 3.3 所示。

对象名称右侧的颜色块显示的是对象的颜色,单击该色块可打开"对象颜色"对话框,如图 3.4 所示。

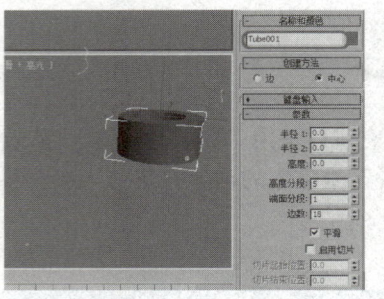

图 3.3　系统自动赋予的名称　　　　　　图 3.4　"对象颜色"对话框

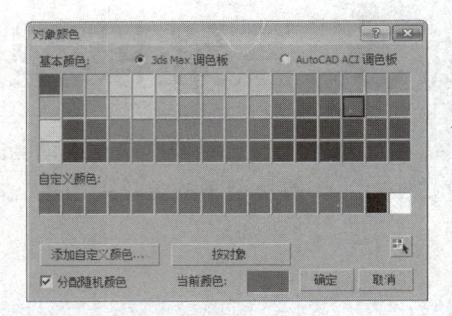

3.2.3 精确创建对象

使用按住鼠标左键拖曳的方式创建对象时，往往不能一次性达到满意效果，还需要对参数进行修改。如果想要精确快捷地创建对象，可以在"键盘输入"卷展栏中输入对象的坐标值及参数值，这样就可以精确地创建所需的对象。

在"对象类型"卷展栏中单击"圆环"按钮，进入"键盘输入"卷展栏中，分别在"X""Y""Z"文本框中输入"200.0""300.0""300.0"，在"主半径"文本框中输入"300.0"，在"次半径"文本框中输入"100.0"，如图 3.5 所示。单击"创建"按钮，即可创建一个圆环，如图 3.6 所示。

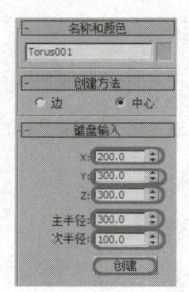

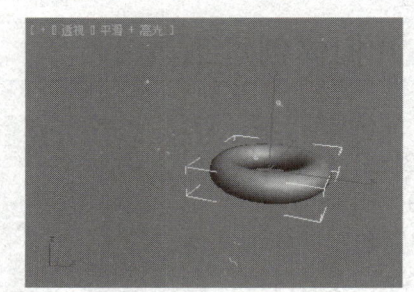

图 3.5　设置参数　　　　　　　　　　图 3.6　创建的圆环

3.2.4 修改对象

在命令面板中，每一个创建工具都有其可调节参数。这些参数可以在创建对象时直接设置，也可以在创建对象之后在"修改"命令面板中进行修改。通过修改这些参数可以产生不同形态的几何体。

步骤 01 选择"创建"→"几何体"→"标准基本体"→"管状体"命令，在视图中创建一个管状体。切换至"修改"命令面板，在"参数"卷展栏下勾选"启用切片"复选框，如图 3.7 所示。

步骤 02 在"切片起始位置"文本框中输入"200.0"，即可对默认参数进行修改，修改后的效果如图 3.8 所示。

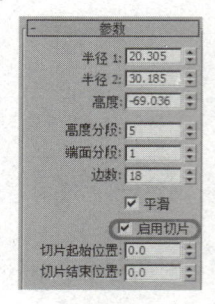

图 3.7　勾选"启用切片"复选框　　　　　图 3.8　修改后的效果

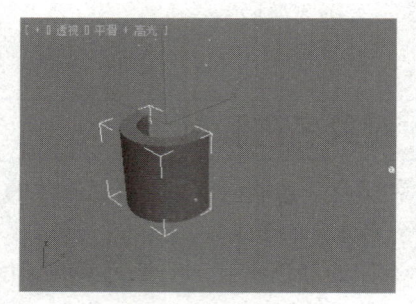

3.3 创建标准基本体

利用标准基本体工具可以直接创建长方体、圆柱体、球体、圆锥体、圆环、茶壶等基本的三维对象。

3.3.1 创建球体

选择"创建" → "几何体" → "标准基本体""球体"命令，在视图中按住鼠标左键拖曳，即可创建球体，效果如图 3.9 所示。其"参数"卷展栏如图 3.10 所示。

球体的参数功能如下。

- "创建方法"卷展栏
  - "边"：在视图中创建球体时，鼠标指针移动的距离是球的直径。
  - "中心"：以中心放射方式拉出的球体，鼠标指针移动的距离是球的半径。
- "参数"卷展栏
  - "半径"：设置球体的半径大小。
  - "分段"：分段数值越高，绘制的球体表面越光滑，造型也越复杂。
  - "平滑"：设置是否对球体表面进行自动平滑处理。
  - "半球"：取值范围为 0.0~1.0，默认值为 0.0，增大该数值将"切断"球体。当数值为 1.0 的时候，球体将消失。
  - "切除"：在进行半球系数调整时，将球体中的顶点数和面数"切除"来减少它们的数量。
  - "挤压"：将几何体向着球体的顶部"挤压"，使其体积越来越小，但保持原始球体中的顶点数和面数。
  - "轴心在底部"：在创建球体时，勾选"轴心在底部"复选框，会将轴心设置在球体底部。

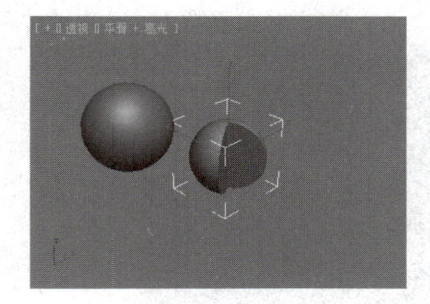

图 3.9 创建的球体　　图 3.10 参数设置

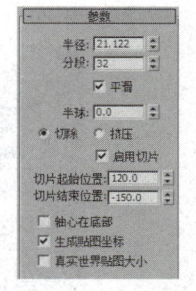

3.3.2 创建茶壶

选择"创建" → "几何体" → "标准基本体" → "茶壶"命令，在视图中按住鼠标左键拖动，即可创建茶壶，如图 3.11 所示。用户可以在"参数"卷展栏中设置其参数，如图 3.12 所示。

茶壶的参数功能如下。

- "半径"：设置茶壶的半径大小。
- "分段"：设置茶壶表面的划分精度，数值越高，表面越细腻。
- "茶壶部件"：包括"壶体""壶把""壶嘴""壶盖"四个部分，选择部件前面的复选框则会显示相应的部件。

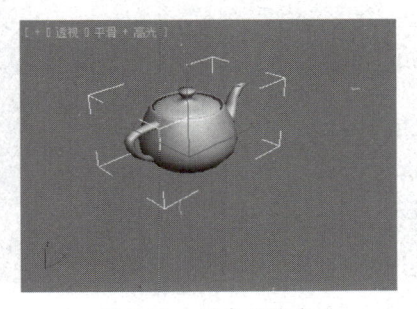

图 3.11 创建的茶壶　　图 3.12 "参数"卷展栏

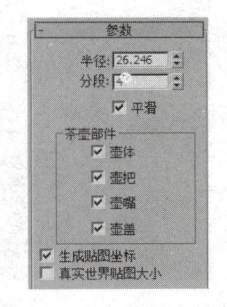

3.3.3 创建圆柱体

选择"创建" → "几何体" → "标准基本体" → "圆柱体"命令,在视图中按住鼠标左键拖动,即可创建圆柱体,如图3.13所示。用户可以在"参数"卷展栏中设置其参数,如图3.14所示。

圆柱体的参数功能如下。

- "高度分段/端面分段":控制高度/端面的片段划分数。
- "生成贴图坐标":设置是否自动指定贴图坐标。
- "真实世界贴图大小":将决定贴图大小是由绝对尺寸决定,还是符合创建对象的尺寸。

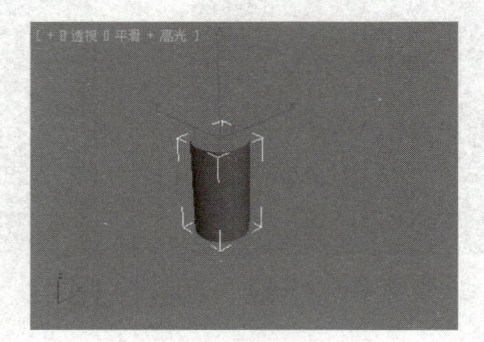

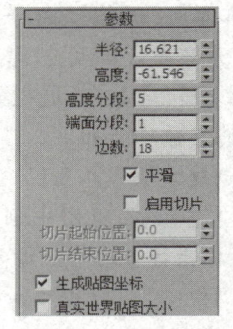

图 3.13 创建的圆柱体　　　　　　　　图 3.14 设置圆柱体参数

3.3.4 创建圆锥体

选择"创建" → "几何体" → "标准基本体" → "圆锥体"命令,在视图中按住鼠标左键拖动,即可创建圆锥体,如图3.15所示。

用户可以在"参数"卷展栏中设置其参数。圆锥体的参数功能如下。

- "半径1/半径2":分别设置圆锥体的底面和顶面半径。
- "高度":设置圆锥体的高度。
- "高度分段":设置圆锥体高度上的划分段数。
- "端面分段":设置两端平面沿半径辐射的片段划分数。
- "边数":设置端面划分数,值越高,椎体越光滑。对圆锥体来说,边数决定圆锥体的外形,如图3.16所示。
- "启用切片":设置是否进行局部切片。
- "切片起始位置/切片结束位置":分别限制局部切片的幅度。

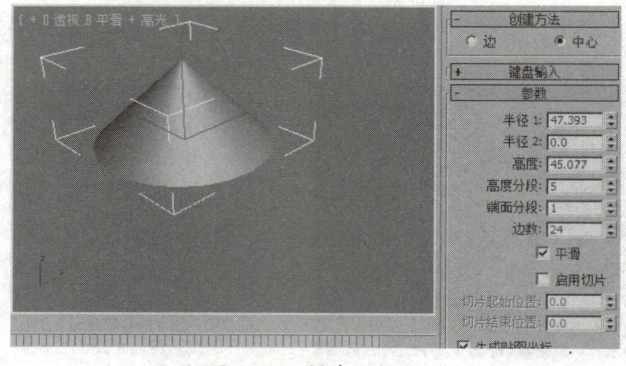

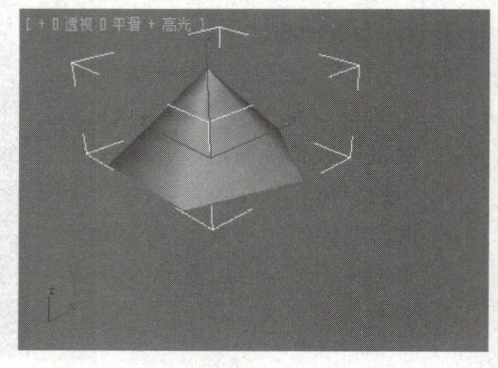

图 3.15 创建圆锥体　　　　　　　　图 3.16 设置圆锥体边数效果

3.3.5 创建四棱锥

通过修改"四棱锥"工具的参数可以设置不同的锥形，也可以用来制作金字塔造型。下面介绍怎样创建四棱锥。

步骤01 选择"创建"→"几何体"→"标准基本体"→"四棱锥"工具，在视图中按住鼠标左键拖动，创建四棱锥，如图3.17所示。

步骤02 完成对象的创建后，切换到"修改"命令面板，在"参数"卷展栏中的"宽度"文本框中输入"80.0"、"深度"文本框中输入"80.0"、"高度"文本框中输入"100.0"，如图3.18所示。

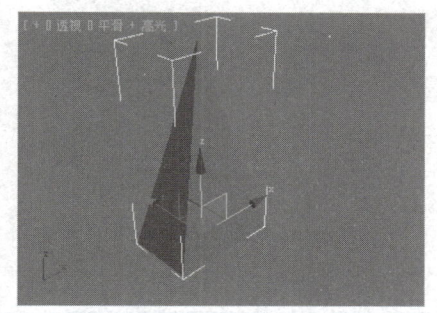

图3.17 创建的四棱锥

图3.18 设置四棱锥参数

3.3.6 创建几何球体

几何球体是以三角面拼成的球体或半球体。几何球体在点面数一致时，比球体更光滑。在进行面的分离特效时，可以分解成三角面或正四面体等。

步骤01 选择"创建"→"几何体"→"标准基本体"→"几何球体"命令，在视图中按住鼠标左键拖动，创建几何球体，如图3.19所示。

步骤02 完成对象的创建后，将其放置到合适的位置，切换到"修改"命令面板，在"参数"卷展栏中的"半径"文本框中输入"50.0"、"分段"文本框中输入"20"，如图3.20所示。

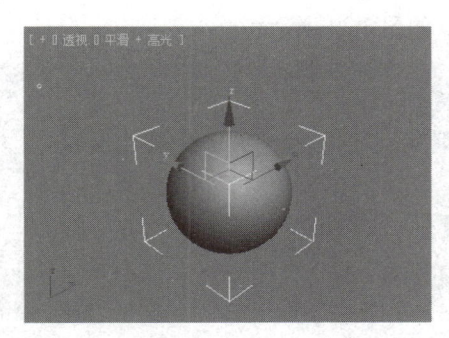

图3.19 创建的几何球体

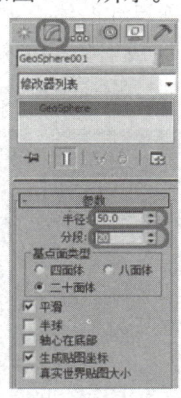

图3.20 设置参数

3.3.7 创建平面

平面对象非常实用，默认情况下它没有厚度。创建平面的操作步骤如下。

步骤01 选择"创建"→"几何体"→"标准基本体"→"平面"命令，在视图中按住鼠标左键拖动，创建平面，如图3.21所示。

步骤 02 完成对象的创建后，将其放置到合适的位置，切换到"修改"命令面板，在"参数"卷展栏中的"长度"文本框中输入"80.0"、"宽度"文本框中输入"100.0"，如图 3.22 所示。

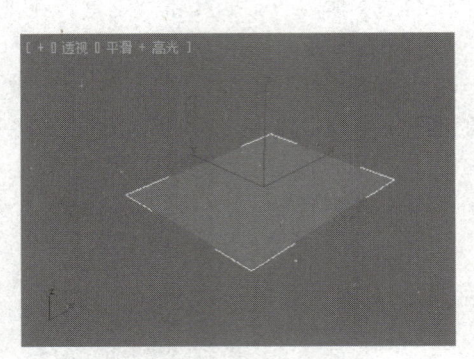

图 3.21　创建的平面

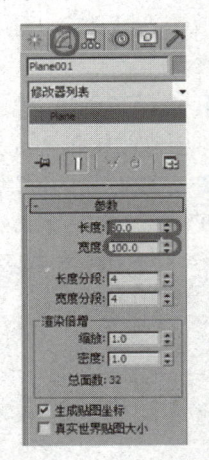

图 3.22　设置平面参数

3.4　创建扩展基本体

扩展基本体是 3ds Max 中复杂基本体的集合。本节主要介绍常见的扩展基本体及其创建参数。

3.4.1　创建异面体

异面体是用基础数学原理定义的扩展几何体，可用来创建四面体、八面体、十二面体以及两种星形。下面介绍创建异面体的基本步骤。

步骤 01 选择"创建"→"几何体"→"扩展基本体"→"异面体"命令，在视图中按住鼠标左键拖动，创建异面体，如图 3.23 所示。

步骤 02 完成对象的创建后，将其放置到合适的位置，切换到"修改"命令面板，在"参数"卷展栏中的"系列"选项组中选择"星形 2"单选按钮，如图 3.24 所示。

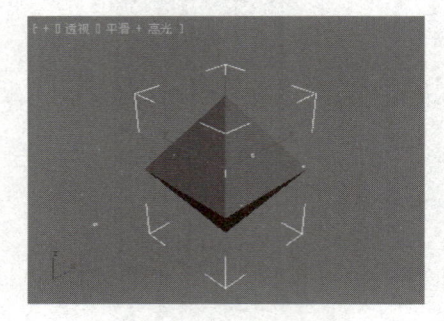

图 3.23　创建的异面体

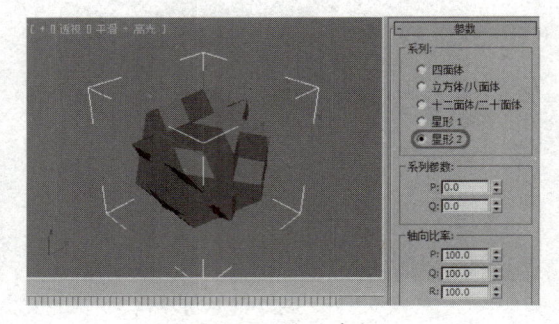

图 3.24　修改参数

异面体的参数功能如下。

- "四面体"：创建一个四面体。
- "立方体/八面体"：创建一个立方体或八面体。
- "十二面体/二十面体"：创建一个十二面体或二十面体。
- "星形 1/星形 2"：创建两种不同的类似星形的多面体。

- "P/Q"：多面体顶点和面之间的两种变换方式的参数。
- "P/Q/R"：控制异面体沿 X、Y、Z 轴的比例缩放，默认设置为 100。
- "重置"：将 P、Q、R 三个参数的值都恢复到它们的默认值，使异面体恢复到其原始形状和比例。

3.4.2 创建切角长方体

使用切角长方体可以创建出具有倒角或圆形边的长方体。下面介绍创建切角长方体的方法。

步骤 01 选择"创建"→"几何体"→"扩展基本体"→"切角长方体"命令，在视图中按住鼠标左键拖动，创建切角长方体，如图 3.25 所示。

步骤 02 完成创建后，切换至"修改"命令面板，在"参数"卷展栏中的"长度"文本框中输入"40.0"、"宽度"文本框中输入"60.0"、"高度"文本框中输入"30.0"、"圆角"文本框中输入"10.0"，如图 3.26 所示。

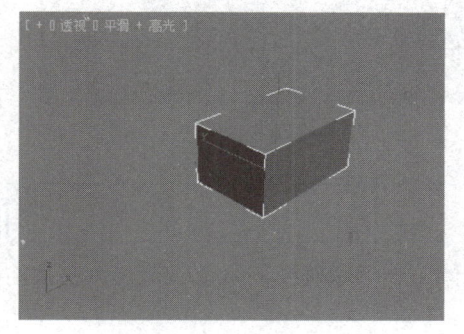

图 3.25 创建的切角长方体

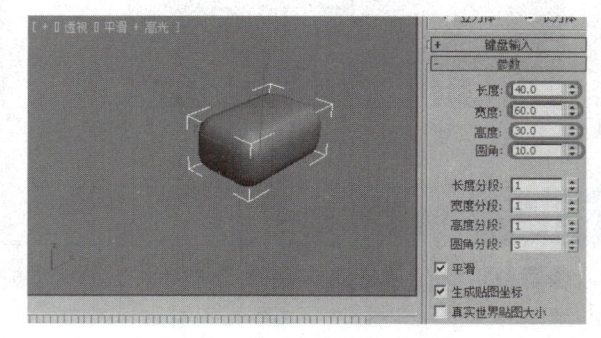

图 3.26 修改切角长方体参数

切角长方体的参数功能如下。

- "圆角"：设置切角长方体边角的圆角半径。值越高，切角长方体的边角将变得更加平滑。
- "圆角分段"：设置切角长方体圆角边的细分数量。

3.4.3 创建油罐

使用"油罐"工具可以创建一个带有凸面封口的圆柱体，具体创建步骤如下。

步骤 01 选择"创建"→"几何体"→"扩展基本体"→"油罐"命令，在视图中按住鼠标左键拖动，创建油罐，如图 3.27 所示。

步骤 02 完成创建后，切换至"修改"命令面板，在"参数"卷展栏中的"半径"文本框中输入"40.0"、"高度"文本框中输入"100.0"、"封口高度"文本框中输入"20.0"，如图 3.28 所示。

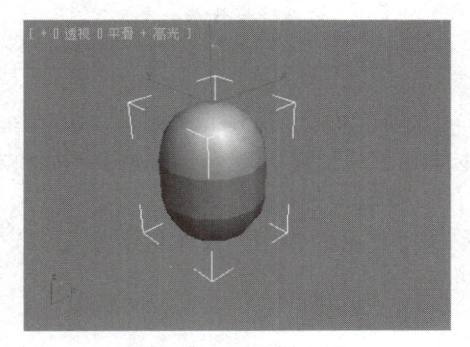

图 3.27 创建的油罐

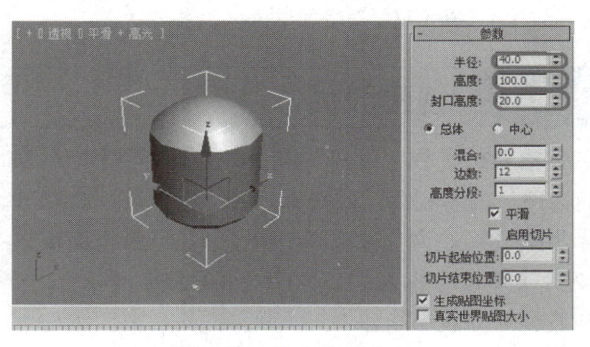

图 3.28 修改油罐参数

3.4.4 创建纺锤

步骤 01 选择"创建"→"几何体"→"扩展基本体"→"纺锤"命令,在视图中按住鼠标左键拖动,创建纺锤,如图3.29所示。

步骤 02 完成创建后,切换至"修改"命令面板,在"参数"卷展栏中的"半径"文本框中输入"20.0"、"高度"文本框中输入"200.0"、"封口高度"文本框中输入"70.0",如图3.30所示。

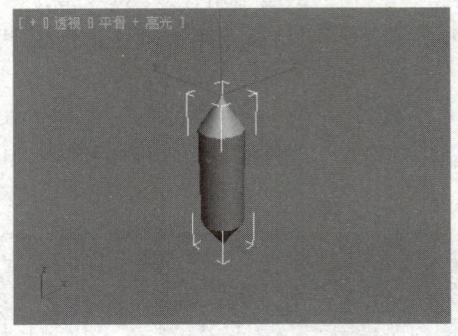

图3.29 创建的纺锤

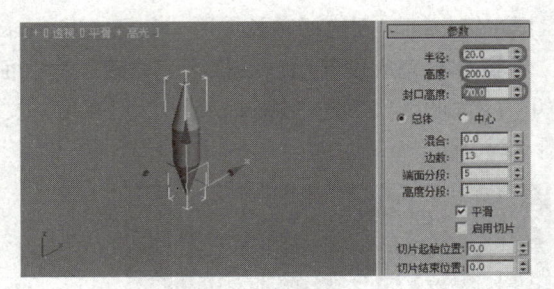

图3.30 修改纺锤参数

3.4.5 创建球棱柱

步骤 01 选择"创建"→"几何体"→"扩展基本体"→"球棱柱"命令,在视图中按住鼠标左键拖动,创建球棱柱,如图3.31所示。

步骤 02 完成创建后,切换至"修改"命令面板,在"参数"卷展栏中的"边数"文本框中输入"4"、"半径"文本框中输入"50.0"、"圆角"文本框中输入"10.0"、"高度"文本框中输入"100.0",如图3.32所示。

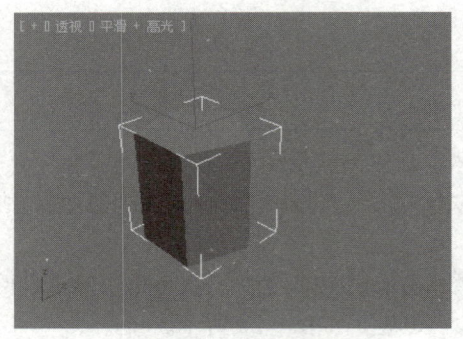

图3.31 创建的球棱柱

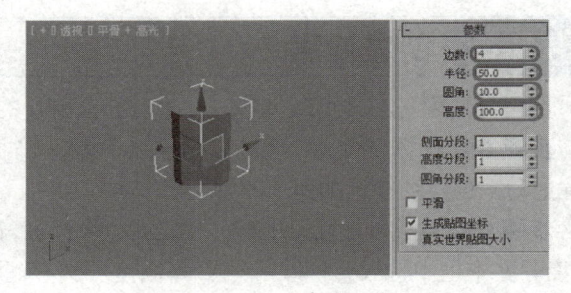

图3.32 修改球棱柱参数

3.4.6 创建胶囊

步骤 01 选择"创建"→"几何体"→"扩展基本体"→"胶囊"命令,在视图中按住鼠标左键拖动,创建胶囊,如图3.33所示。

步骤 02 完成创建后,切换至"修改"命令面板,在"参数"卷展栏中的"半径"文本框中输入"25.0"、"高度"文本框中输入"150.0",如图3.34所示。

胶囊的参数功能如下。

- "总体":指胶囊整体的高度。
- "中心":指胶囊圆柱部分的高度,不包括其两端的半球。

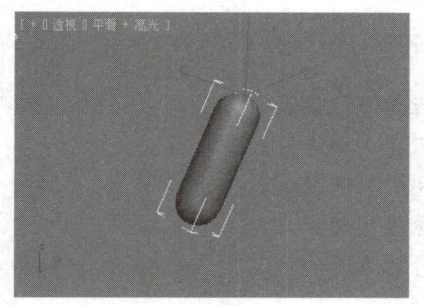

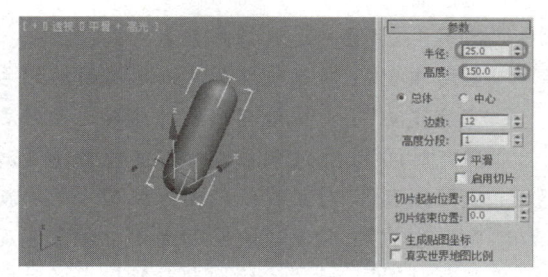

图 3.33　创建的胶囊　　　　　　　　　图 3.34　修改胶囊参数

3.4.7 创建环形波

步骤 01 选择"创建" → "几何体" → "扩展基本体" → "环形波"命令，在顶视图中按住鼠标左键拖动，创建环形波，如图 3.35 所示。

步骤 02 完成创建后，切换至"修改"命令面板，在"参数"卷展栏中的"半径"文本框中输入"80.0"、"环形宽度"文本框中输入"30.0"，再在"名称和颜色"卷展栏中设置颜色，效果如图 3.36 所示。

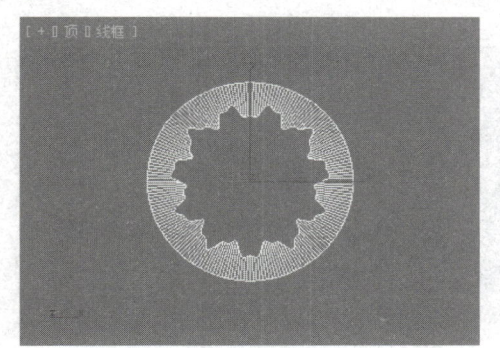

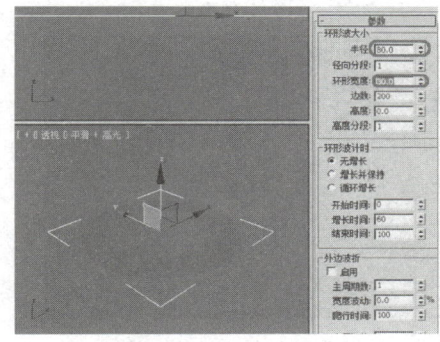

图 3.35　创建的环形波　　　　　　　图 3.36　修改环形波参数

环形波的参数功能如下。

- "环形波计时"
  - ◆ "无增长"：在起始位置出现，到结束位置消失，整个过程没有任何大小变化。
  - ◆ "增长并保持"：从"开始时间"增长，并保持"增长时间"设置的大小直到"结束时间"。
  - ◆ "循环增长"：从开始时间到结束时间，一直持续这种增长过程。图 3.37 和图 3.38 所示为环形波的循环增长效果。

图 3.37　循环增长效果 1　　　　　　　图 3.38　循环效果增长 2

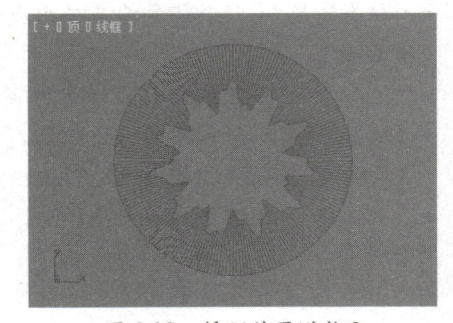

- ◆ "开始时间 / 增长时间 / 结束时间"：分别用于设置环形波增长的开始时间、增长时间和结束时间。

- "外边波折"
    - "启用"：设置外边波折是否启用。
    - "主周期数"：对围绕环形波外边缘运动的主波纹数量进行设置。
      "宽度波动"：对围绕环形波外边缘运动的主波纹尺寸大小进行设置。
      "爬行时间"：主波纹围绕环形波外边缘运动时所用的时间。
    - "次周期数"：对主波纹之间随机尺寸的次波纹数量进行设置。
      "宽度波动"：设置次波纹的大小，调整宽度以百分比表示。
      "爬行时间"：对次波纹运动时所使用的时间进行设置。

3.4.8 创建环形结

步骤01 选择"创建"→"几何体"→"扩展基本体"→"环形结"命令，在视图中按住鼠标左键拖动，创建环形结，如图3.39所示。

步骤02 完成创建后，切换至"修改"命令面板，在"参数"卷展栏中的"基础曲线"选项组中的"半径"文本框中输入"70.0"、"分段"文本框中输入"600"、"P"文本框中输入"1.0"、"Q"文本框中输入"5.0"，如图3.40所示。

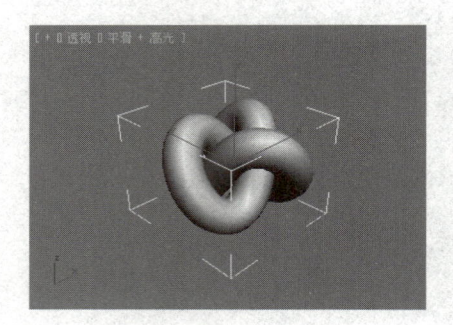

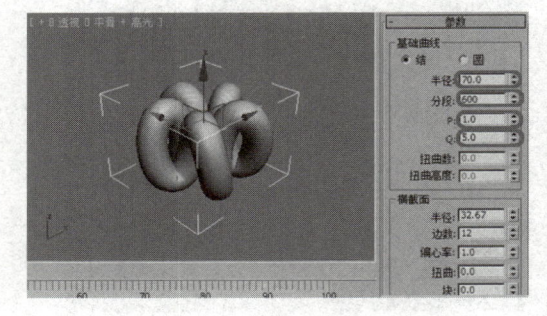

图3.39 创建的环形结　　　　　　　　　图3.40 修改环形结参数

环形结的参数功能如下。
- "基础曲线"
    - "结/圆"：选择"结"单选按钮，环形将基于其他各种参数自身交织；选择"圆"单选按钮，基础曲线将会是圆形。
    - "P/Q"：选择"结"时，可以设置上下（P）和围绕中心（Q）的数值。
    - "扭曲数"：选择"圆"时，可以设置曲线周围的星形中的"点"数。
    - "扭曲高度"：设置指定为基础曲线半径百分比的"点"的高度。
- "横截面"
    - "偏心率"：设置横截面主轴与副轴的比率。
    - "块"：设置环形结中的凸出数量。
    - "块高度"：设置块的高度，作为横截面半径的百分比。
    - "块偏移"：围绕环形设置块的动画。
- "平滑"
    - "全部"：对整个环形结进行平滑处理。
    - "侧面"：只对环形结的相邻侧面进行平滑处理。
    - "无"：环形结为面状效果。

- "贴图坐标"
  - ◆ "偏移 U/V"：沿着 U 向和 V 向偏移贴图坐标。
  - ◆ "平铺 U/V"：沿着 U 向和 V 向平铺贴图坐标。

3.4.9 创建软管

步骤 01 选择"创建" → "几何体" → "扩展基本体" → "软管"命令，在视图中按住鼠标左键拖动，创建软管，如图 3.41 所示。

步骤 02 完成创建后，切换至"修改"命令面板，在"软管参数"卷展栏中，选择"软管形状"中的"圆形软管"，将"直径"设置为"200.0"，在"边数"文本框中输入"4"，如图 3.42 所示。

软管的参数功能如下。

- "端点方法"
  - ◆ "自由软管"：自由软管是将软管作为一个单独的对象，不与其他对象绑定。
  - ◆ "绑定到对象轴"：单击此按钮可以激活"绑定对象"的使用。
- "绑定对象"
  - ◆ "顶部"：显示"顶部"绑定对象的名称。

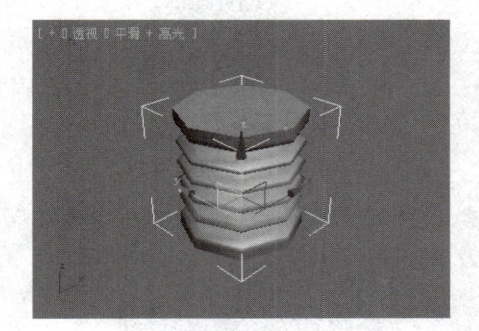

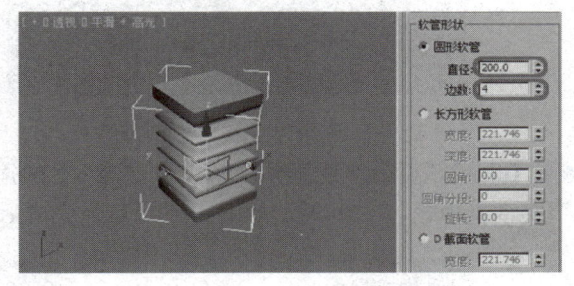

图 3.41　创建的软管　　　　图 3.42　修改软管参数

  - ◆ "拾取顶部对象"：单击该按钮，选择顶部对象。
  - ◆ "张力"：设置当软管靠近底部对象时，顶部对象附近的软管曲线的张力。
- "公共软管参数"
  - ◆ "分段"：设置软管长度上的段数。
  - ◆ "起始位置"：设置伸缩剖面起始位置同软管顶端的距离。
  - ◆ "结束位置"：设置伸缩剖面结束位置同软管顶端的距离。
  - ◆ "周期数"：设置伸缩剖面的褶皱数量。
  - ◆ "直径"：设置伸缩剖面的直径。

3.5 建筑模型的构建

本节将介绍建筑模型的构建。

3.5.1 建立门造型

运用门模型可以制作枢轴门、推拉门和折叠门等，还可以将门设置为打开、部分打开等。

1. 创建枢轴门

枢轴门只在一侧用铰链结合。该门具有两个门元素，每个元素在其外边缘处用铰链结合。

步骤01 选择"创建" → "几何体" → "门" → "枢轴门"命令，在顶视图中按住鼠标左键拖动到合适位置后释放鼠标左键，移动鼠标指针到合适位置后单击，确定门的深度；再次移动鼠标指针至合适位置后单击，确定门的高度，如图3.43所示。

步骤02 切换至"修改"命令面板，在"参数"卷展栏中的"高度"文本框中输入"80.0"、"宽度"文本框中输入"40.0"、"深度"文本框中输入"3.0"，选择"翻转转动方向""翻转转枢"复选框，在"打开"文本框中输入"40.0"，在"门框"选项组中的"宽度"文本框中输入"2.5"、"深度"文本框中输入"0.0"，如图3.44所示。

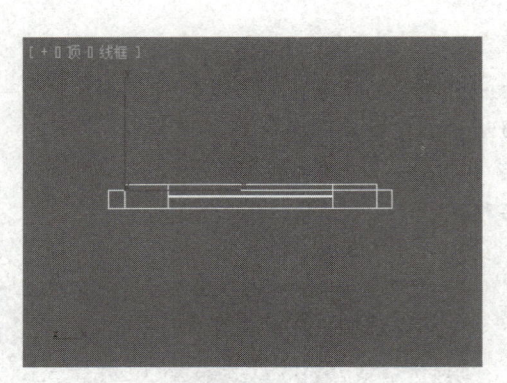

图3.43 创建枢轴门

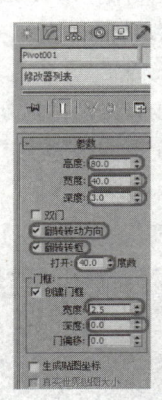

图3.44 设置枢轴门参数

步骤03 在"页扇参数"卷展栏中的"厚度"文本框中输入"4.0"、"门挺/顶梁"文本框中输入"7.0"、"底梁"文本框中输入"16.0"，如图3.45所示。完成后的效果如图3.46所示。

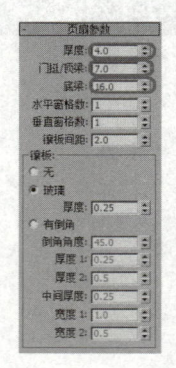

图3.45 设置枢轴门"页扇参数"

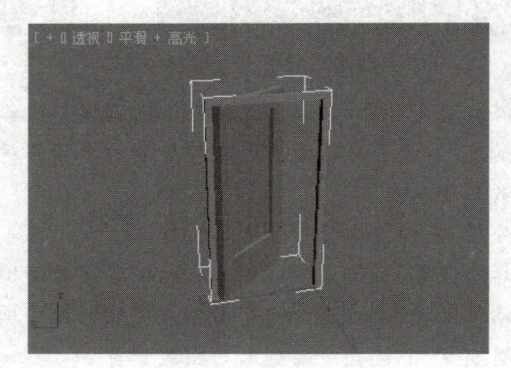

图3.46 枢轴门效果图

2. 创建推拉门

推拉门可以进行滑动，该门有两个门元素，其中一个保持固定，另一个可以移动。

步骤01 选择"创建" → "几何体" → "门" → "推拉门"命令，在顶视图中按住鼠标左键拖动到合适位置后释放鼠标左键；移动鼠标指针到合适位置后单击，确定门的深度；再次移动鼠标指针至合适位置后单击，确定门的高度，如图3.47所示。

步骤02 切换至"修改"命令面板，在"参数"卷展栏中的"高度"文本框中输入"70.0"、"宽度"文本框中输入"35.0"、"深度"文本框中输入"3.0"，选择"侧翻"复选框，在"门框"选项组中的"宽度"文本框中输入"2.0"、"深度"文本框中输入"1.0"，如图3.48所示。

| 模块3 | 三维模型的构建

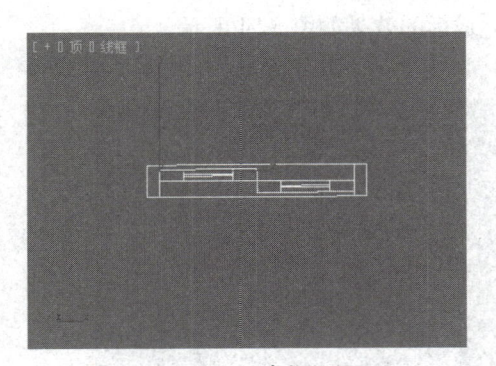

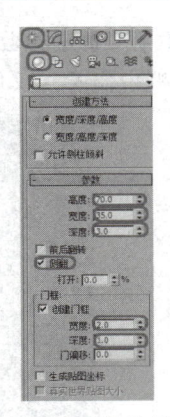

图 3.47 创建推拉门　　　　　　　　　　　图 3.48 设置推拉门参数

步骤 03 在"页扇参数"卷展栏中的"厚度"文本框中输入"3.5"、"门挺 / 顶梁"文本框中输入"2.0"、"底梁"文本框中输入"10.0",如图 3.49 所示。完成后的效果如图 3.50 所示。

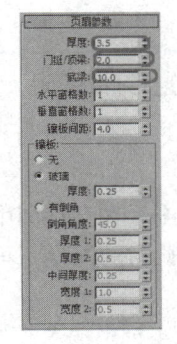

图 3.49 设置推拉门"页扇参数"　　　　　图 3.50 推拉门效果图

3. 创建折叠门

步骤 01 选择"创建" → "几何体" → "门" → "折叠门"命令,在顶视图中按住鼠标左键拖动到合适位置后释放鼠标左键;移动鼠标指针到合适位置后单击,确定折叠门的深度;再次移动鼠标指针至合适位置后单击,确定折叠门的高度,如图 3.51 所示。

步骤 02 切换至"修改"命令面板,在"参数"卷展栏中的"高度"文本框中输入"50.0"、"宽度"文本框中输入"25.0"、"深度"文本框中输入"3.0",选择"创建门框"复选框,在"门框"选项组中的"宽度"文本框中输入"2.0"、"深度"文本框中输入"0.0"、"门偏移"文本框中输入"0.0",如图 3.52 所示。

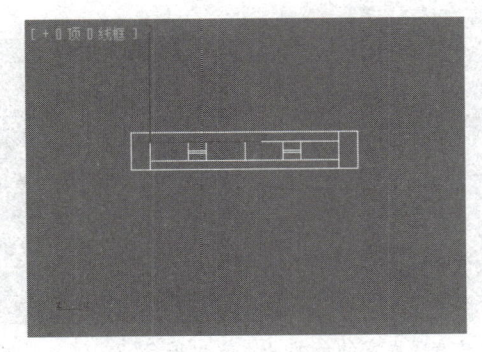

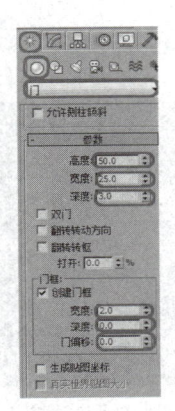

图 3.51 创建折叠门　　　　　　　　　　　图 3.52 设置折叠门参数

77

步骤 03 在"页扇参数"卷展栏中的"厚度"文本框中输入"3.0"、"门挺/顶梁"文本框中输入"4.0"、"底梁"文本框中输入"12.0",如图 3.53 所示。完成后的效果如图 3.54 所示。

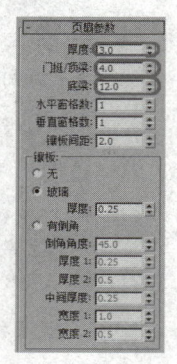

图 3.53 设置折叠门"页扇参数"　　图 3.54 折叠门效果图

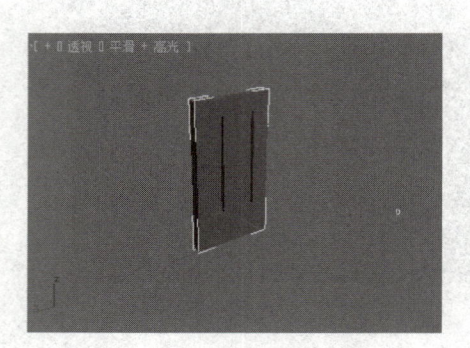

3.5.2 创建窗造型

使用"窗"模型可以控制窗外观的细节,还可以将窗设置为打开、部分打开或关闭。

1. 创建遮篷式窗

遮篷式窗具有一个或多个可在顶部转枢的窗框。

步骤 01 选择"创建" → "几何体" → "窗" → "遮篷式窗"命令,在顶视图中按住鼠标左键拖动到合适位置后释放鼠标左键;移动鼠标指针到合适位置后单击,确认窗的深度;再次移动鼠标指针至合适位置后单击,确定窗的高度,如图 3.55 所示。

步骤 02 切换至"修改"命令面板,在"参数"卷展栏中的"高度"文本框中输入"20.0"、"宽度"文本框中输入"25.0"、"深度"文本框中输入"0.4",在"窗框"选项组中的"水平宽度"文本框中输入"1.98"、"垂直宽度"文本框中输入"2.0",在"玻璃"选项组中的"厚度"文本框中输入"1.0",在"窗格"选项组中的"宽度"文本框中输入"1.0"、"窗格数"文本框中输入"8",在"开窗"选项组中的"打开"文本框中输入"40",如图 3.56 所示。完成后的效果如图 3.57 所示。

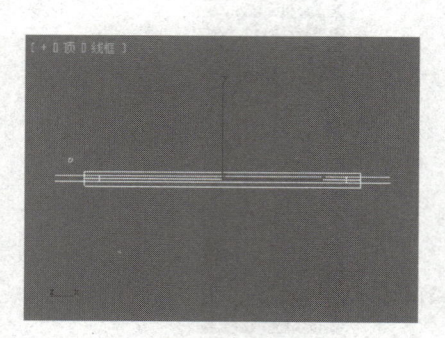

图 3.55 创建遮篷式窗　　图 3.56 设置遮篷式窗的参数　　图 3.57 遮篷式窗的效果图

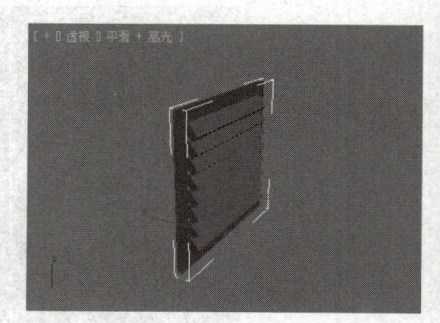

2. 创建平开窗

步骤01 选择"创建" → "几何体" → "窗" → "平开窗"命令，在顶视图中按住鼠标左键拖动到合适位置后释放鼠标左键；移动鼠标指针到合适位置后单击，确认窗的深度；再次移动鼠标指针至合适位置后单击，确定窗的高度，如图3.58所示。

步骤02 切换至"修改"命令面板，在"参数"卷展栏中的"高度"文本框中输入"15.0"、"宽度"文本框中输入"20.0"、"深度"文本框中输入"1.0"，在"窗框"选项组中的"水平宽度"文本框中输入"2.0"、"垂直宽度"文本框中输入"2.0"、"厚度"文本框中输入"0.5"，在"玻璃"选项组中的"厚度"文本框中输入"0.25"，在"窗扉"选项组中的"隔板宽度"文本框中输入"1.0"，选择"二"单选按钮，在"打开窗"选项组中的"打开"文本框中输入"70"，如图3.59所示。完成后的效果如图3.60所示。

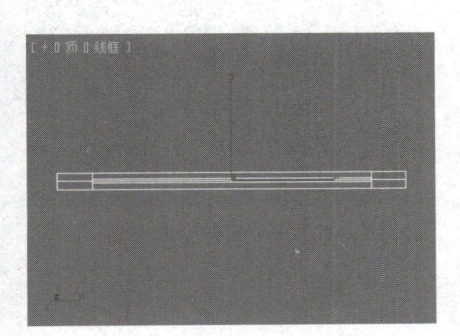

图3.58 创建平开窗 　　图3.59 设置平开窗参数 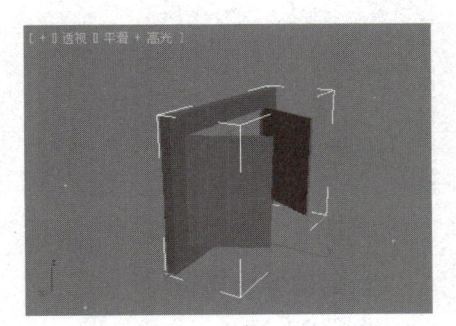　　图3.60 平开窗完成后的效果

3. 创建固定窗

步骤01 选择"创建" → "几何体" → "窗" → "固定窗"命令，在顶视图中按住鼠标左键拖动到合适位置后释放鼠标左键；移动鼠标指针到合适位置后，确认窗的深度；再次移动鼠标指针至合适位置后单击，确定窗的高度，如图3.61所示。

步骤02 切换至"修改"命令面板，在"参数"卷展栏中的"高度"文本框中输入"20.0"、"宽度"文本框中输入"30.0"、"深度"文本框中输入"1.0"，在"窗框"选项组中的"水平宽度"文本框中输入"2.0"、"垂直宽度"文本框中输入"2.0"、"厚度"文本框中输入"0.3"，在"玻璃"选项组中的"厚度"文本框中输入"0.1"，在"窗格"选项组中的"宽度"文本框中输入"1.0"、"水平窗格数"文本框中输入"5"、"垂直窗格数"文本框中输入"5"，选择"切角剖面"复选框，如图3.62所示。完成后的效果如图3.63所示。

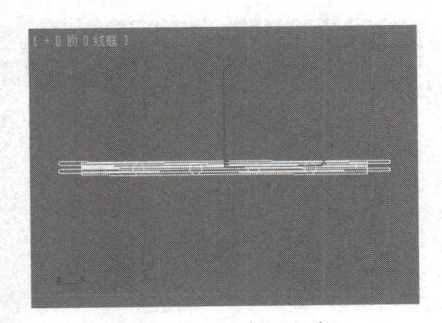

图3.61 创建固定窗 　　图3.62 设置固定窗的参数 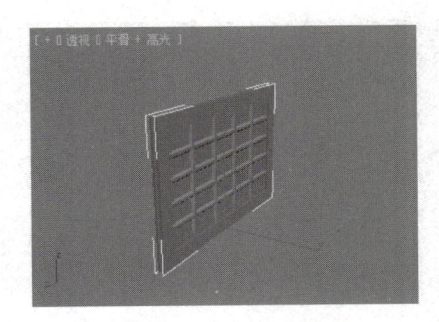　　图3.63 固定窗效果图

4. 创建旋开窗

步骤01 选择"创建" → "几何体" → "窗" → "旋开窗"命令，在顶视图中按住鼠标左键拖动到合适位置后释放鼠标左键；移动鼠标指针到合适位置后单击，确认窗的深度；再次移动鼠标指针至合适位置后单击，确定窗的高度，如图3.64所示。

步骤02 切换至"修改"命令面板，在"参数"卷展栏中的"高度"文本框中输入"20.0"、"宽度"文本框中输入"30.0"、"深度"文本框中输入"1.0"，在"窗框"选项组中的"水平宽度"文本框中输入"2.0"、"垂直宽度"文本框中输入"2.0"、"厚度"文本框中输入"0.1"，在"玻璃"选项组中的"厚度"文本框中输入"0.1"，在"窗格"选项组中的"宽度"文本框中输入"1.0"，选择"轴"选项组中的"垂直旋转"复选框，在"打开窗"选项组中的"打开"文本框中输入"90"，如图3.65所示。完成后的效果如图3.66所示。

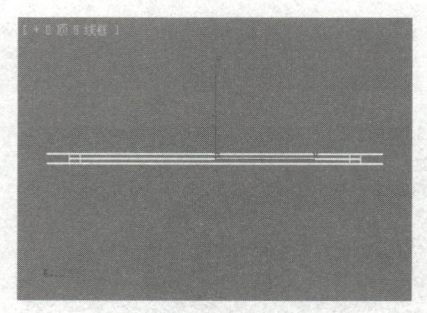

图3.64 创建旋开窗　　图3.65 设置旋开窗参数　　图3.66 旋开窗效果图

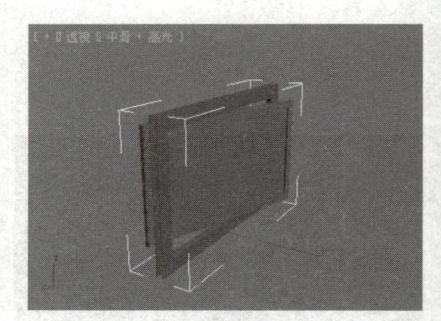

5. 创建伸出式窗

步骤01 选择"创建" → "几何体" → "窗" → "伸出式窗"命令，在顶视图中按住鼠标左键拖动到合适位置后释放鼠标左键；移动鼠标指针到合适位置后单击，确认窗的深度；再次移动鼠标指针至合适位置后单击，确定窗的高度，如图3.67所示。

步骤02 切换至"修改"命令面板，在"参数"卷展栏中的"高度"文本框中输入"130.0"、"宽度"文本框中输入"200.0"、"深度"文本框中输入"5.0"，在"窗框"选项组中的"水平宽度"文本框中输入"6.0"、"垂直宽度"文本框中输入"6.0"、"厚度"文本框中输入"0.5"，在"玻璃"选项组中的"厚度"文本框中输入"0.2"，在"窗格"选项组中的"宽度"文本框中输入"1.0"、"中点高度"文本框中输入"45.0"、"底部高度"文本框中输入"45.0"，在"打开窗"选项组中的"打开"文本框中输入"70"，如图3.68所示。完成后的效果如图3.69所示。

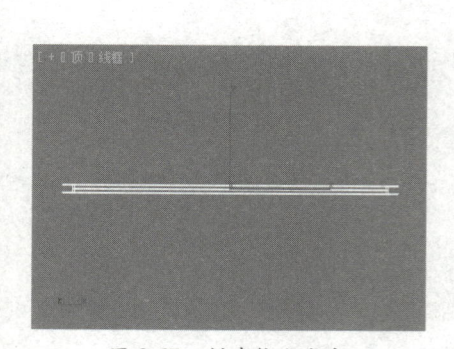

图3.67 创建伸出式窗　　图3.68 修改伸出式窗参数　　图3.69 伸出式窗完成效果

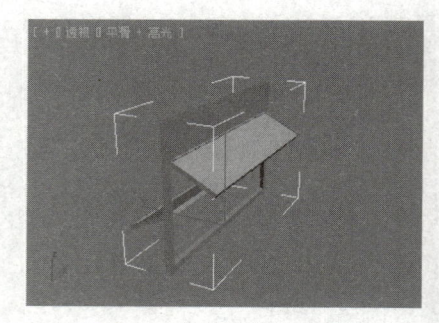

3.6 创建 AEC 扩展

"AEC 扩展"对象包括"植物""栏杆""墙"。这些对象是为在建筑、工程和构造领域中使用而设计的。

3.6.1 创建孟加拉菩提树

步骤01 单击"应用程序"按钮，在弹出的下拉菜单中选择"重置"选项，重置场景，如图 3.70 所示。

步骤02 选择"创建"→"几何体"→"AEC 扩展"→"植物"命令，在"收藏的植物"卷展栏中选择"孟加拉菩提树"，如图 3.71 所示。

步骤03 在顶视图中单击，即可创建选择的对象，如图 3.72 所示。

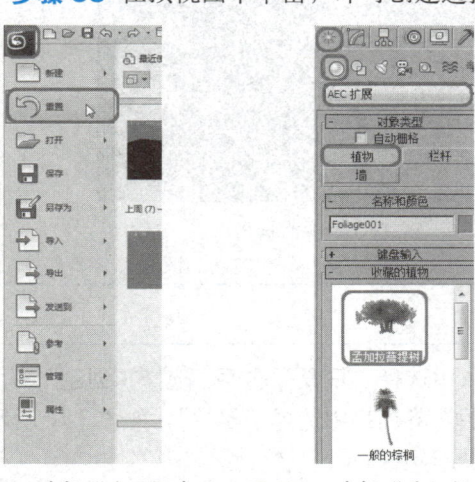

图 3.70 选择"重置"选项　　图 3.71 选择"孟加拉菩提树" 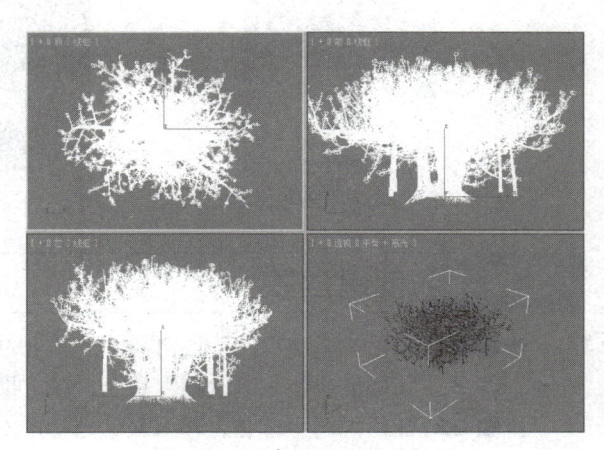　　图 3.72 创建的孟加拉菩提树

3.6.2 创建一般的棕榈

步骤01 单击"应用程序"按钮，在弹出的下拉菜单中选择"重置"选项。选择"创建"→"几何体"→"AEC 扩展"→"植物"命令，在"收藏的植物"卷展栏中选择"一般的棕榈"，如图 3.73 所示。

步骤02 在顶视图中单击，即可创建选择的对象，如图 3.74 所示。

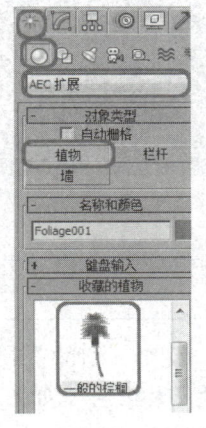

图 3.73 选择"一般的棕榈" 　　图 3.74 创建的一般的棕榈

3.6.3 创建苏格兰松树

步骤 01 单击"应用程序"按钮，在弹出的下拉菜单中选择"重置"选项。选择"创建"→"几何体"→"AEC 扩展"→"植物"命令，在"收藏的植物"卷展栏中选择"苏格兰松树"，如图 3.75 所示。

步骤 02 在顶视图中单击，即可创建选择的对象，如图 3.76 所示。

图 3.75 选择"苏格兰松树"　　　图 3.76 创建的苏格兰松树

3.6.4 创建丝兰

步骤 01 单击"应用程序"按钮，在弹出的下拉菜单中选择"重置"选项。选择"创建"→"几何体"→"AEC 扩展"→"植物"命令，在"收藏的植物"卷展栏中选择"丝兰"，如图 3.77 所示。

步骤 02 在顶视图中单击，即可创建选择的对象，如图 3.78 所示。

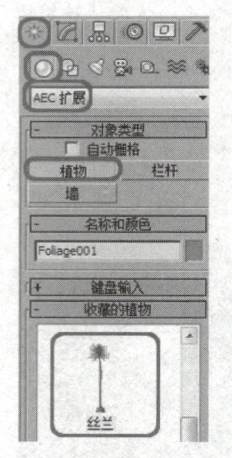

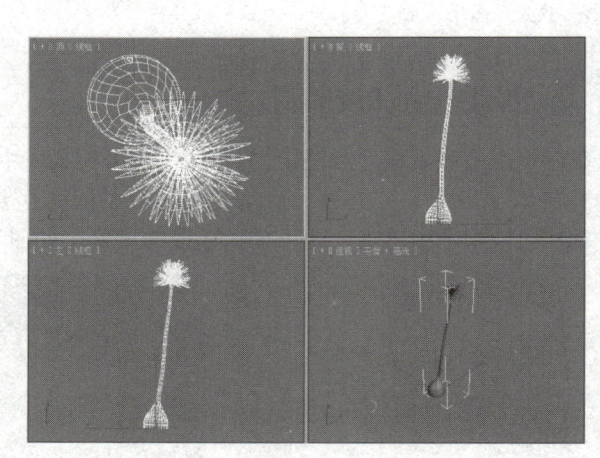

图 3.77 选择"丝兰"　　　图 3.78 创建的丝兰

3.6.5 创建大丝兰

步骤 01 单击"应用程序"按钮，在弹出的下拉菜单中选择"重置"选项。选择"创建"→"几何体"→"AEC 扩展"→"植物"命令，在"收藏的植物"卷展栏中选择"大丝兰"，如图 3.79 所示。

步骤 02 在顶视图中单击，即可创建选择的对象，如图 3.80 所示。

图 3.79　选择"大丝兰" 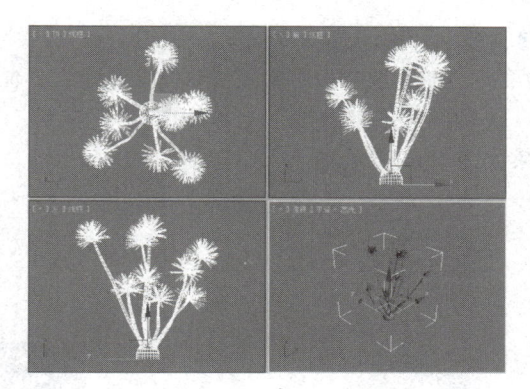　　　　　　　图 3.80　创建的大丝兰

3.6.6　创建春天的日本樱花

步骤 01 单击"应用程序"按钮 ，在弹出的下拉菜单中选择"重置"选项。选择"创建"→"几何体" →"AEC 扩展"→"植物"命令，在"收藏的植物"卷展栏中选择"春天的日本樱花"，如图 3.81 所示。

步骤 02 在顶视图中单击，即可创建选择的对象，如图 3.82 所示。

图 3.81　选择"春天的日本樱花" 　　　　　图 3.82　创建的春天的日本樱花

3.6.7　创建栏杆

栏杆对象的组件包括栏杆、立柱和栅栏，下面介绍创建栏杆的方法。

步骤 01 单击"应用程序"按钮 ，在弹出的下拉菜单中选择"重置"选项，如图 3.83 所示。

步骤 02 选择"创建" →"几何体" →"AEC 扩展"→"栏杆"命令，在顶视图中拖曳鼠标创建栏杆，如图 3.84 所示。

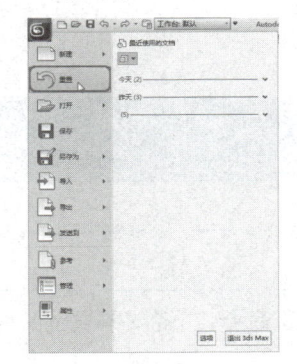

图 3.83　选择"重置"选项 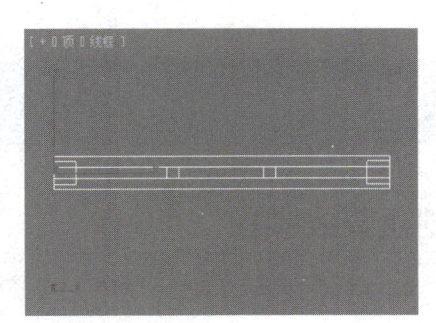　　　　　　图 3.84　创建栏杆

步骤 03 切换至"修改"命令面板,在"栏杆"卷展栏中的"长度"文本框中输入"40.0",在"上围栏"选项组中的"深度"文本框中输入"4.0"、"宽度"文本框中输入"3.0"、"高度"文本框中输入"25.0",在"下围栏"选项组中的"深度"文本框中输入"2.0"、"宽度"文本框中输入"1.0",如图 3.85 所示。设置后的效果如图 3.86 所示。

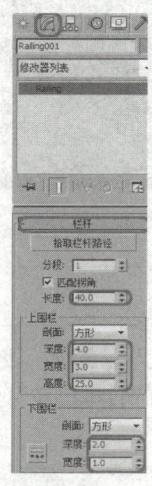

图 3.85 修改栏杆参数　　　　　图 3.86 栏杆效果图

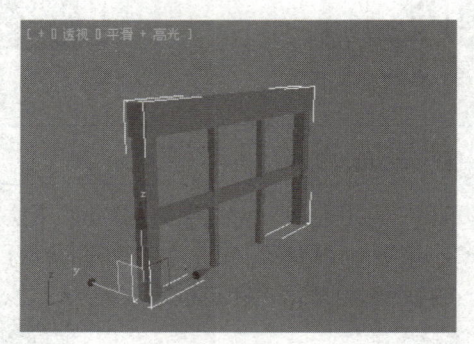

3.6.8 创建墙

墙对象由三个对象类型构成,这些对象可以在"修改"命令面板中进行修改。下面介绍创建墙的方法。

单击"应用程序"按钮,在弹出的下拉菜单中选择"重置"选项。选择"创建"→"几何体"→"AEC 扩展"→"墙"命令,在顶视图中拖曳鼠标创建墙,如图 3.87 所示。完成后的效果如图 3.88 所示。

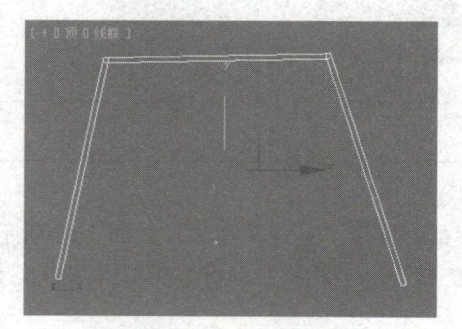

图 3.87 在顶视图中创建墙　　　　　图 3.88 墙效果图

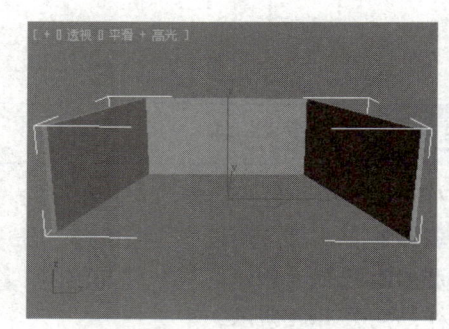

3.7 创建楼梯

3.7.1 创建直线楼梯

选择"创建"→"几何体"→"楼梯"→"直线楼梯"命令,在视图中拖曳鼠标创建直线楼梯,如图 3.89 所示。

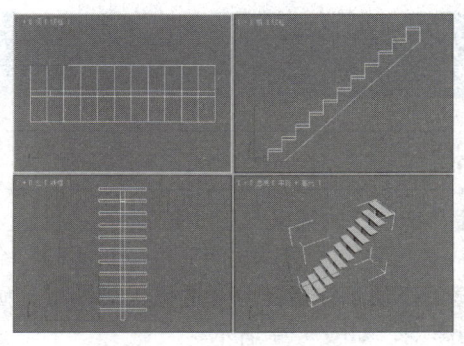

图 3.89　创建直线楼梯

3.7.2　创建 L 型楼梯

　　选择"创建" → "几何体" → "楼梯" → "L 型楼梯"命令，在视图中拖曳鼠标创建 L 型楼梯，如图 3.90 所示。

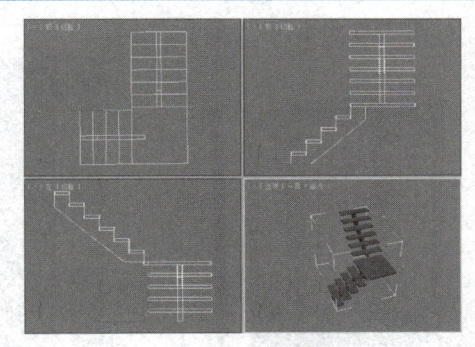

图 3.90　创建 L 型楼梯

3.7.3　创建 U 型楼梯

　　选择"创建" → "几何体" → "楼梯" → "U 型楼梯"命令，在视图中拖曳鼠标创建 U 型楼梯，如图 3.91 所示。

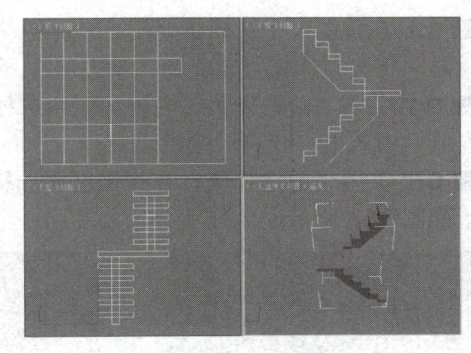

图 3.91　创建 U 型楼梯

3.7.4　创建螺旋楼梯

　　选择"创建" → "几何体" → "楼梯" → "螺旋楼梯"命令，在视图中拖曳鼠标创建螺旋楼梯，如图 3.92 所示。

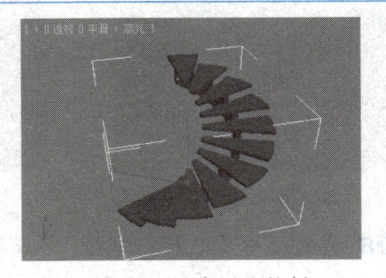

图 3.92　创建螺旋楼梯

3.8 上机实训

3.8.1 折叠门的制作

下面介绍折叠门的制作方法，折叠门的效果如图3.93所示。

步骤01 选择"创建" → "几何体" → "门" → "折叠门"命令，在顶视图中按住鼠标左键拖动至合适位置后释放鼠标左键；移动鼠标指针至合适位置后单击，确定门的深度；再次移动鼠标指针至合适位置后单击，确定门的高度，如图3.94所示。

步骤02 切换至"修改"命令面板，在"参数"卷展栏中的"高度"文本框中输入"255.0"、"宽度"文本框中输入"177.0"、"深度"文本框中输入"13.0"、"打开"文本框中输入"45.0"，在"门框"选项组中的"宽度"文本框中输入"2.0"，在"页扇参数"卷展栏中的"厚度"文本框中输入"2.0"，按Enter键确认，如图3.95所示。

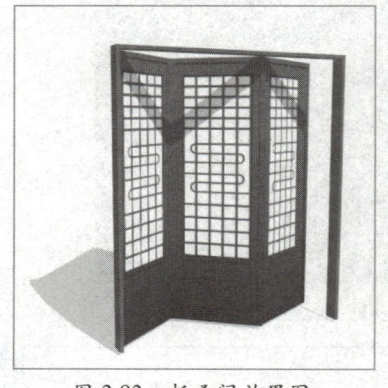

图3.93 折叠门效果图 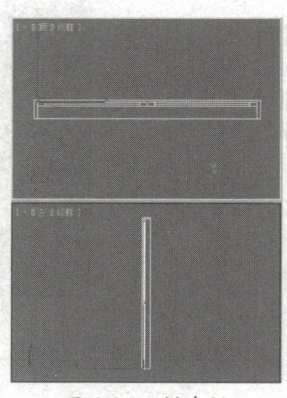　　图3.94 创建门 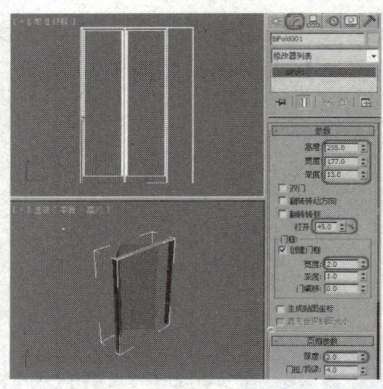　　图3.95 设置折叠门参数

步骤03 在视图区中选择折叠门，切换至"修改"命令面板，在修改器下拉列表中选择"编辑多边形"修改器，将当前选择集定义为"多边形"，在前视图中选择图3.96所示的多边形。

步骤04 关闭当前选择集，在视图区中选择折叠门右侧的页扇，如图3.97所示。然后在"编辑几何体"卷展栏中单击"分离"按钮。

步骤05 关闭当前选择集，在视图区中选择右侧页扇，按住Shift键向右拖动，弹出"克隆选项"对话框，如图3.98所示。

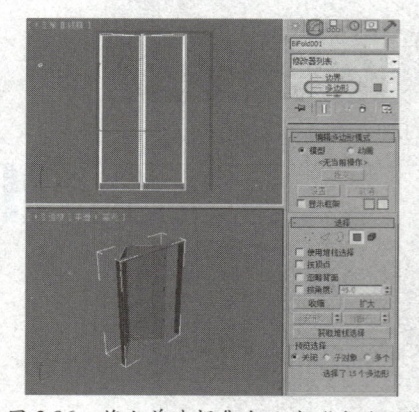

图3.96 将当前选择集定义为"多边形" 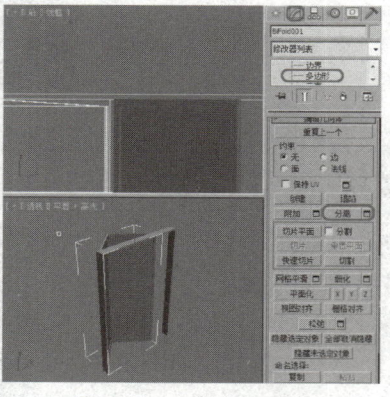　　图3.97 分离右侧页扇 　　图3.98 "克隆选项"对话框

步骤06 在对话框中选择"复制"单选按钮，单击"确定"按钮，然后在工具栏中单击"选择并旋转"按钮，将页扇调整到合适位置；在视图区中选择门框，在"修改"命令面板中，将当前选择集定义为

| 模块3 | 三维模型的构建

"顶点";在前视图中选择右侧的所有顶点,将选中的顶点拖曳到合适位置,如图3.99所示。关闭当前选择集。

步骤07 在视图区中选择门框,切换至"修改"命令面板,为门框添加"UVW贴图"修改器,使用默认的贴图类型,然后使用同样的方法为各个页扇添加"UVW贴图"修改器,如图3.100所示。

步骤08 按M键打开"材质编辑器"对话框,选择一个材质样本球,在"Blinn基本参数"卷展栏中,单击"环境光"左侧的⊂按钮,取消锁定环境光和漫反射颜色,将"环境光"的RGB值设置为(15、8、8),然后在"反射高光"选项组中的"高光级别"文本框中输入"83"、"光泽度"文本框中输入"68",按Enter键确认,如图3.101所示。

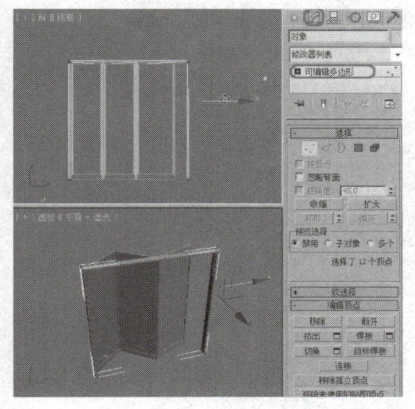

图3.99 复制页扇并调整门框 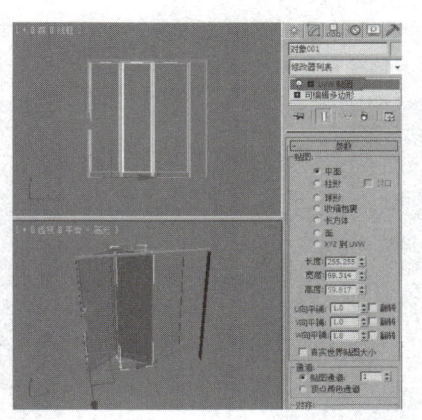　　图3.100 添加"UVW贴图"修改器 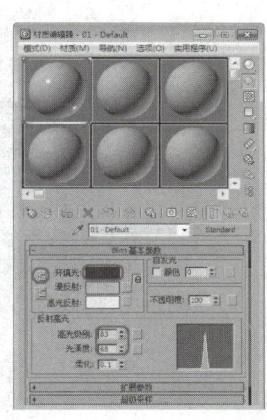　　图3.101 设置材质参数

步骤09 在"贴图"卷展栏中单击"漫反射颜色"右侧的None按钮,在弹出的对话框中双击"位图",在弹出的"选择位图图像文件"对话框中选择本书配套资源中的Map/4.jpg文件,如图3.102所示。

步骤10 在视图中选择门框,在"材质编辑器"对话框中单击"将材质指定给选定对象"按钮,再单击"在视口中显示标准贴图"按钮,将设置完成的材质指定给门框,如图3.103所示。

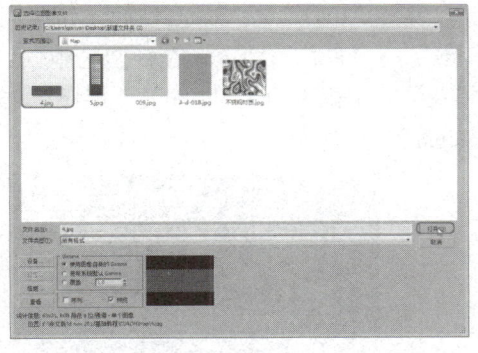

图3.102 "选择位图图像文件"对话框 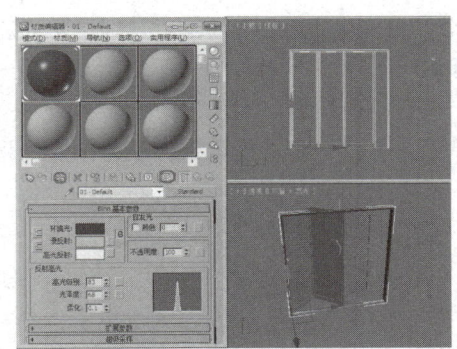　　图3.103 为门框添加材质

步骤11 使用同样的方法为其他对象设置材质,设置后的效果如图3.104所示。

步骤12 选择"创建"→"图形"→"样条线"→"线"命令,在顶视图中绘制一条图3.105所示的线。

步骤13 切换至"修改"命令面板,在修改器下拉列表中选择"挤出"修改器,在"参数"卷展栏中的"数量"文本框中输入"-1100.0",如图3.106所示。

步骤14 选择"创建"→"灯光"→"标准"→"天光"命令,在顶视图中创建天光,将其调整到合适位置,在"天光参数"卷展栏中的"倍增"文本框中输入"0.7",如图3.107所示。

87

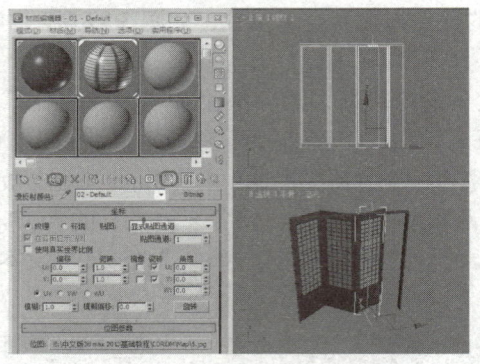

图 3.104　为其他对象设置材质　　　　　图 3.105　绘制一条线

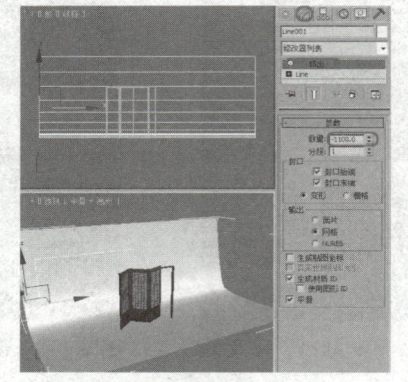

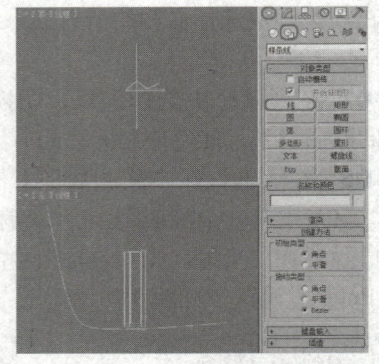

图 3.106　选择"挤出"修改器　　　　　图 3.107　设置天光参数

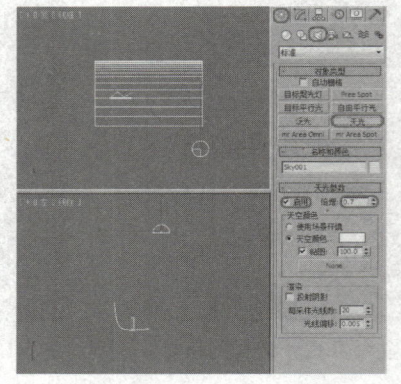

步骤 15　选择"创建"→"灯光"→"标准"→"目标聚光灯"命令，在顶视图中创建目标聚光灯，将其调整到合适位置；切换至"修改"命令面板，在"常规参数"卷展栏中的"灯光类型"选项组中勾选"启用"复选框，在右侧的下拉列表中选择"聚光灯"；在"阴影"选项组中勾选"启用"复选框，在下拉列表中选择"光线跟踪阴影"；在"强度/颜色/衰减"卷展栏中的"倍增"文本框中输入"2.0"；在"聚光灯参数"卷展栏中将"聚光区/光束""衰减区/区域"分别设置为"0.5""100.0"，按 Enter 键确认，如图 3.108 所示。

步骤 16　选择"创建"→"摄影机"→"标准"→"目标"命令，在视图区中创建摄影机，切换至"修改"命令面板，在"参数"卷展栏中的"镜头"文本框中输入"40.0"、"视野"文本框中输入"48.455"，按 C 键将透视视图转换为摄影机视图，如图 3.109 所示。

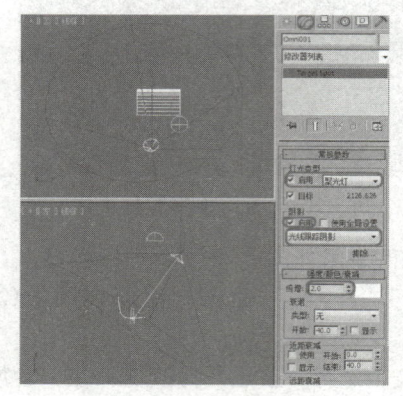

图 3.108　设置目标聚光灯参数　　　　　图 3.109　设置摄影机参数

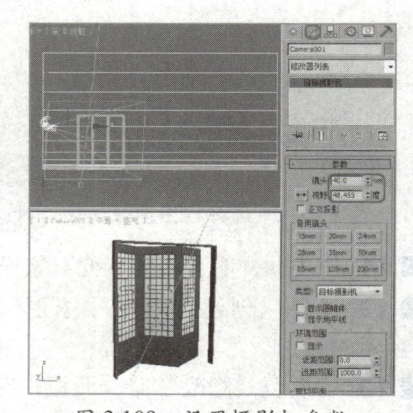

步骤 17　单击工具栏中的"渲染产品"按钮，对完成后的场景进行渲染，并对渲染后的场景进行保存。

3.8.2 制作楼梯

本例将介绍楼梯的制作方法，只需要使用"直线楼梯""栏杆"命令，就能制作出复杂的楼梯，具体操作步骤如下。

步骤 01 选择"创建" → "几何体" → "楼梯" → "直线楼梯"命令，在顶视图中按住鼠标左键拖动至合适位置后释放鼠标左键；移动鼠标指针至合适位置后单击，确定楼梯的宽度；再次移动鼠标指针至合适位置后单击，确定楼梯的高度，如图 3.110 所示。

步骤 02 切换至"修改"命令面板，在"参数"卷展栏中勾选"侧弦"复选框，取消勾选"支撑梁"复选框，勾选"扶手路径"右侧的"左""右"复选框，在"布局"选项组中的"长度""宽度"文本框中分别输入"422.0""145.0"，在"梯级"选项组中的"总高"文本框中输入"180.0"，如图 3.111 所示。

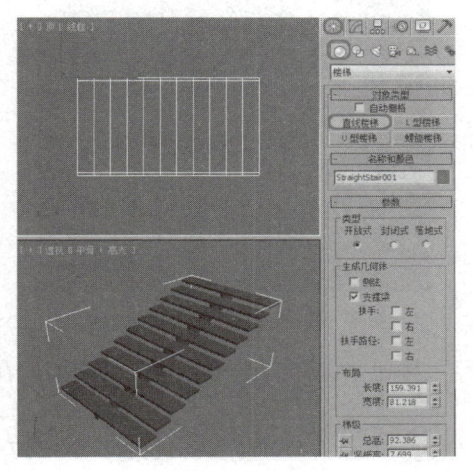

图 3.110 创建直线楼梯　　　　　　图 3.111 设置楼梯参数

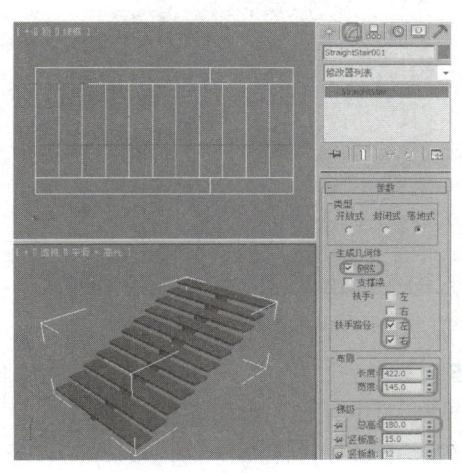

步骤 03 在"台阶"选项组中的"厚度"文本框中输入"4.0"，在"栏杆"卷展栏中的"高度""偏移"文本框中分别输入"0.0""7.0"，在"侧弦"卷展栏中的"深度""宽度""偏移"文本框中分别输入"21.0""4.0""6.0"，按 Enter 键确认，如图 3.112 所示。

步骤 04 选择"创建" → "几何体" → "AEC 扩展" → "栏杆"命令，在前视图中创建一个栏杆，如图 3.113 所示。

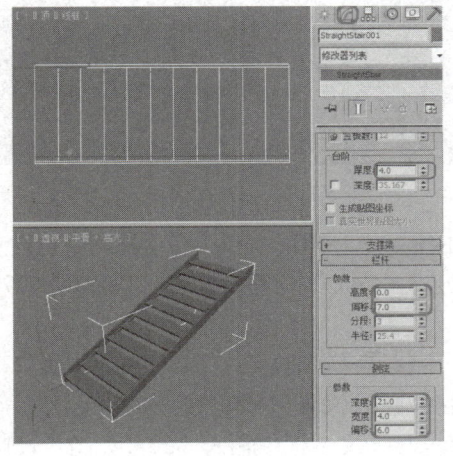

图 3.112 完成楼梯参数设置　　　　　图 3.113 创建栏杆

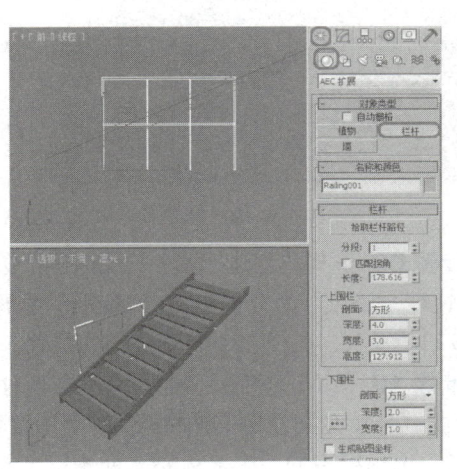

步骤 05 切换至"修改"命令面板,在"栏杆"卷展栏中的"长度"文本框中输入"420.0";在"上围栏"选项组中将"剖面"设置为"圆形",在"深度""宽度""高度"文本框中分别输入"6.0""6.0""85.0";在"下围栏"选项组中,将"剖面"设置为"圆形",在"深度""宽度"文本框中分别输入"2.0""2.0";按 Enter 键确认,如图 3.114 所示。

步骤 06 将"立柱"卷展栏中的"剖面"设置为"圆形",在"深度""宽度"文本框中分别输入"4.0""4.0";在"栅栏"卷展栏中将"支柱"选项组中的"剖面"设置为"圆形",在"深度""宽度"文本框中分别输入"2.0""2.0";在"支柱"选项组中单击"支柱间距"按钮,弹出"支柱间距"对话框,在"计数"文本框中输入"20";单击"关闭"按钮,如图 3.115 所示。

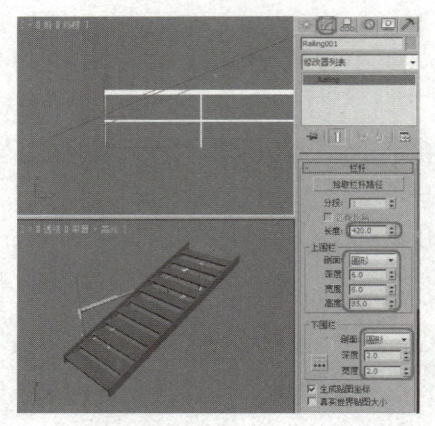

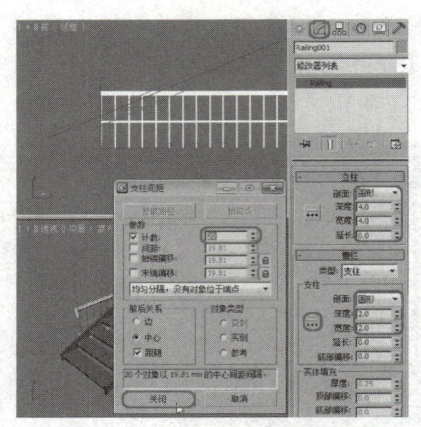

图 3.114 设置栏杆参数　　　　　　　　　图 3.115 "支柱间距"对话框

步骤 07 在"栏杆"卷展栏中,单击"拾取栏杆路径"按钮,选择"匹配拐角"复选框,在前视图中拾取栏杆的路径,如图 3.116 所示。

步骤 08 使用同样的方法为楼梯的另一侧创建栏杆,创建完成后调整其位置,效果如图 3.117 所示。

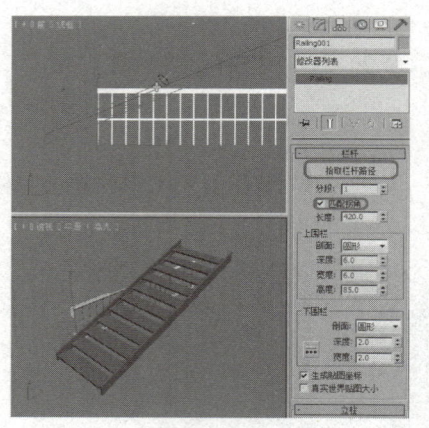

图 3.116 拾取栏杆路径　　　　　　　　　图 3.117 创建栏杆

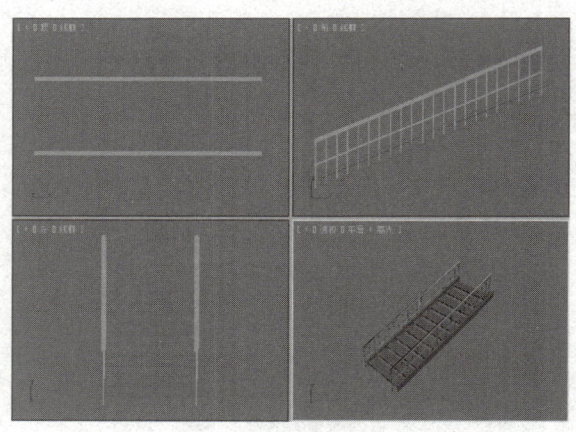

步骤 09 选择"创建"→"几何体"→"标准基本体"→"平面"命令,在顶视图中创建一个平面;切换至"修改"命令面板,在"参数"卷展栏中,将"长度""宽度"分别设置为"2700.0""2700.0",如图 3.118 所示。在视图中调整楼梯的位置。

步骤 10 按 M 键打开"材质编辑器"对话框,选择一个材质样本球,在"Blinn 基本参数"卷展栏中,单击"环境光"左侧的按钮,取消锁定环境光和漫反射颜色,设置"环境光"为黑色,然后在"反射高光"选项组中的"高光级别"文本框中输入"61"、"光泽度"文本框中输入"22",如图 3.119 所示。

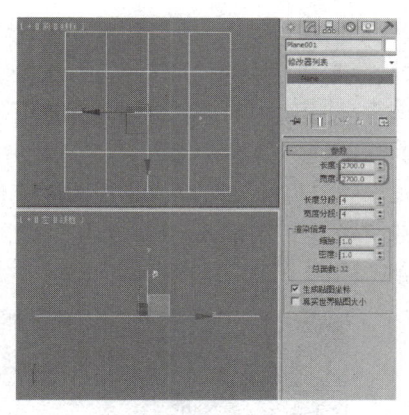

图 3.118　创建一个平面

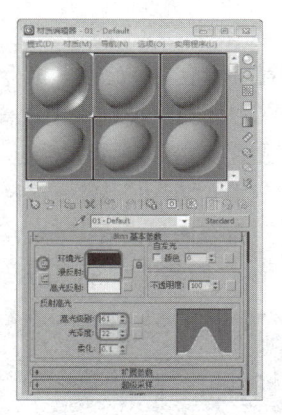

图 3.119　设置材质参数

步骤 11　单击"漫反射颜色"右侧的 None 按钮，在弹出的对话框中双击"位图"，在弹出的"选择位图图像文件"对话框中选择本书配套资源中的 Map\A-d-032.jpg 文件，如图 3.120 所示。

步骤 12　在视图中选择楼梯，在"材质编辑器"对话框中单击"将材质指定给选定对象"按钮，再单击"在视口中显示标准贴图"按钮，即可将设置完成的材质指定给选定对象，如图 3.121 所示。

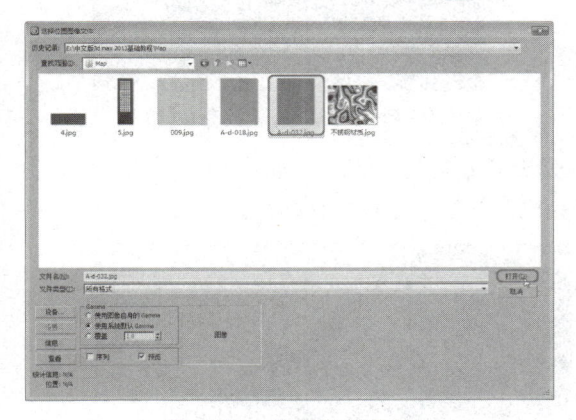

图 3.120　选择贴图文件

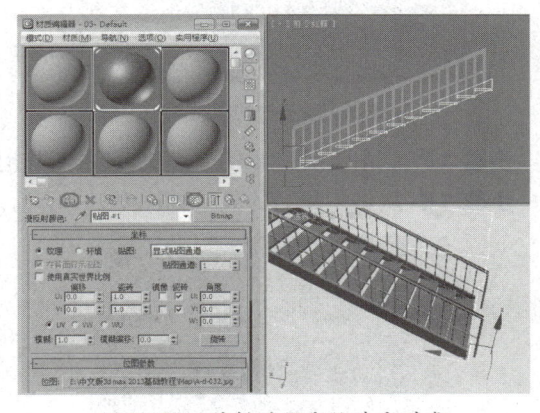

图 3.121　将材质指定给选定对象

步骤 13　使用同样的方法再设置不锈钢材质，并将设置完成的材质指定给栏杆对象，如图 3.122 所示。关闭"材质编辑器"对话框。

步骤 14　选择"创建"→"灯光"→"标准"→"天光"命令，在顶视图中创建天光，将其调整到合适位置，在"天光参数"卷展栏中的"倍增"文本框中输入"0.32"，如图 3.123 所示。

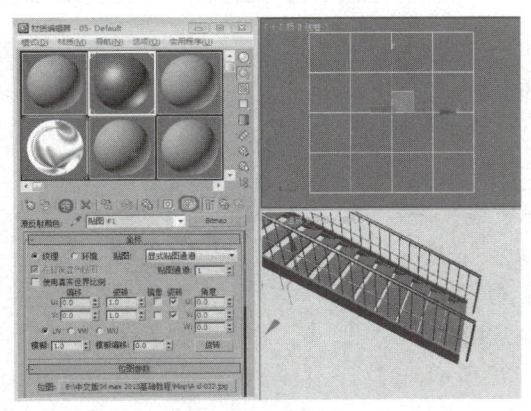

图 3.122　为栏杆添加不锈钢材质

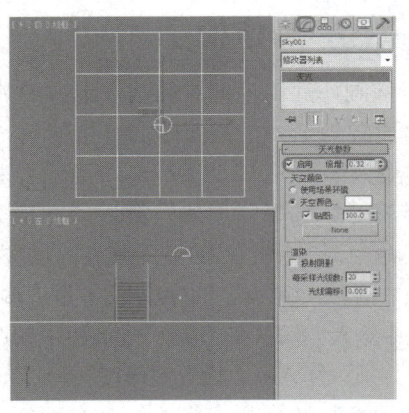

图 3.123　创建天光

步骤 15 选择"创建" → "灯光" → "标准" → "泛光"命令,在顶视图中创建泛光灯,将其调整到合适位置;切换至"修改"命令面板,在"常规参数"卷展栏中的"灯光类型"选项组中勾选"启用"复选框,在右侧的下拉列表中选择"泛光";在"阴影"选项组中勾选"启用"复选框,在下拉列表中选择"阴影贴图";在"强度/颜色/衰减"卷展栏中的"倍增"文本框中输入"0.8",如图 3.124 所示。

步骤 16 选择"创建" → "摄影机" → "标准" → "目标"命令,在视图区中创建摄影机;切换至"修改"命令面板,在"参数"卷展栏中的"镜头"文本框中输入"81.193"、"视野"文本框中输入"25.0",按 C 键将透视视图转换为摄影机视图,如图 3.125 所示。

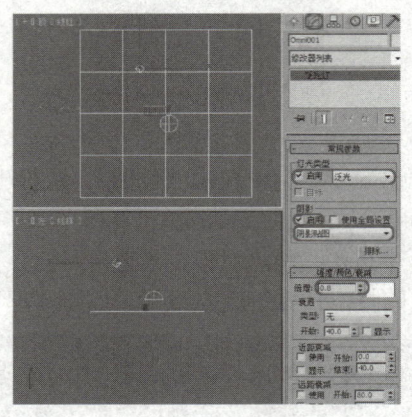

图 3.124 创建泛光灯   图 3.125 创建摄影机

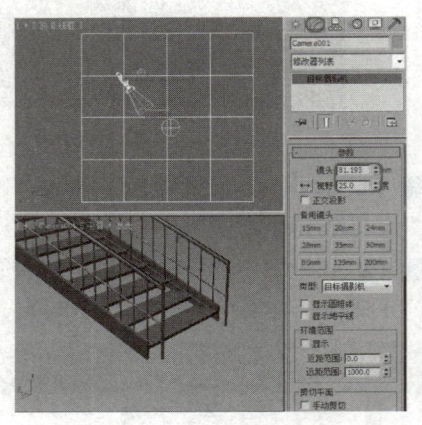

步骤 17 单击工具栏中的"渲染产品"按钮,弹出"渲染"对话框,如图 3.126 所示。
步骤 18 渲染完成后的效果如图 3.127 所示,对完成后的场景进行保存即可。

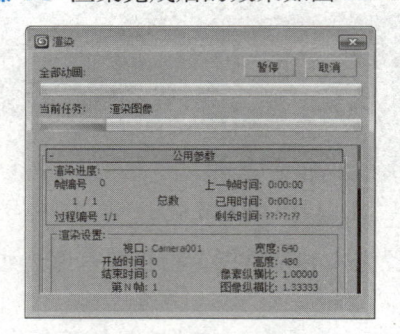

图 3.126 "渲染"对话框   图 3.127 渲染效果

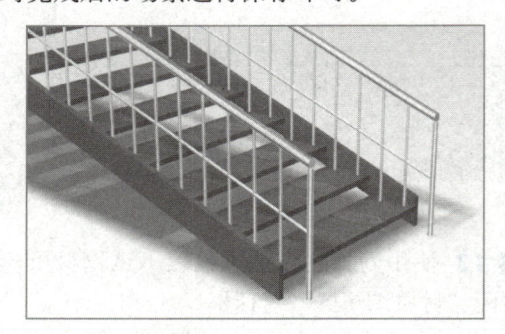

3.8.3 制作椅子

本例制作的椅子拥有简洁、大方的外观造型,除"倒角"修改器比较烦琐外,截面图形直接使用"矩形"命令来制作,最终渲染效果如图 3.128 所示。下面介绍椅子的制作方法。

步骤 01 选择"创建" → "图形" → "样条线" → "矩形"命令,在视图区中创建矩形;在"参数"卷展栏中的"长度"文本框中输入"148.0"、"宽度"文本框中输入"180.0"、"角半径"文本框中输入"8.0",在"渲染"卷展栏中勾选"在渲染中启用""在视口中启用"复选框,设置"厚度"为"5.0",如图 3.129 所示。

步骤 02 切换至"修改"命令面板,在修改器列表中选

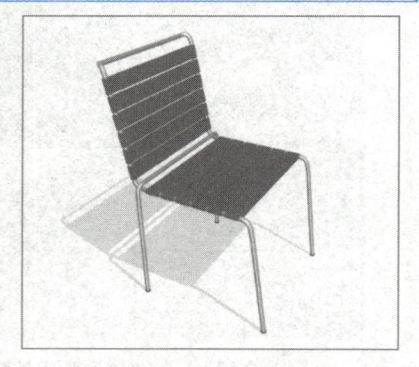

图 3.128 椅子效果图

择"编辑样条线"修改器,将当前选择集定义为"分段";在顶视图中选择矩形右端的一条线,在"几何体"卷展栏中单击"删除"按钮,再选择上、下两条线,在"拆分"按钮右侧的文本框中输入"4",单击"拆分"按钮,如图3.130所示。

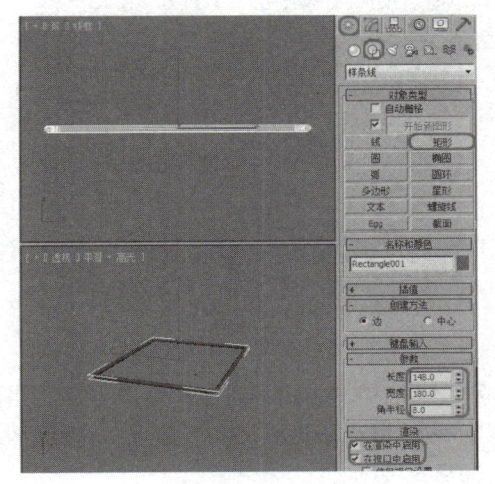

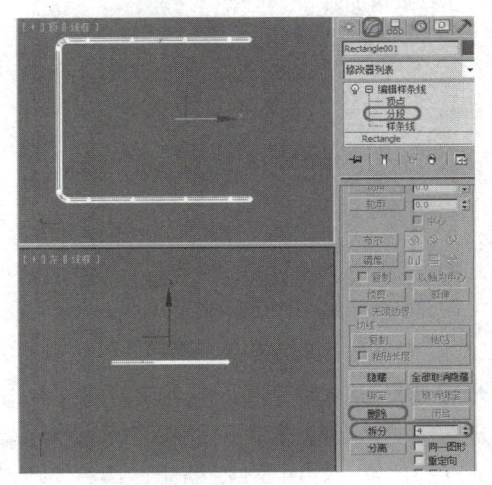

图3.129 创建矩形　　　　　　　　图3.130 选择修改器并进行设置

步骤03 将当前选择集定义为"顶点",在视图区中调整图形的形状,如图3.131所示。

步骤04 选择"创建"→"图形"→"样条线"→"矩形"命令,在左视图中创建矩形;在"参数"卷展栏中的"长度"文本框中输入"142.0"、"宽度"文本框中输入"160.0"、"角半径"文本框中输入"5",在"渲染"卷展栏中勾选"在渲染中启用""在视口中启用"复选框,设置"厚度"为"5.0";在视图区中调整模型的位置,如图3.132所示。

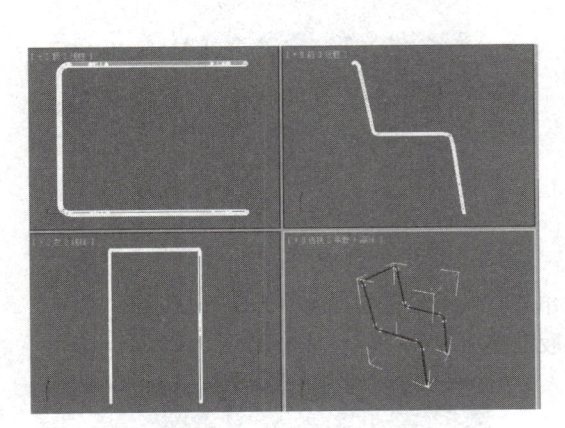

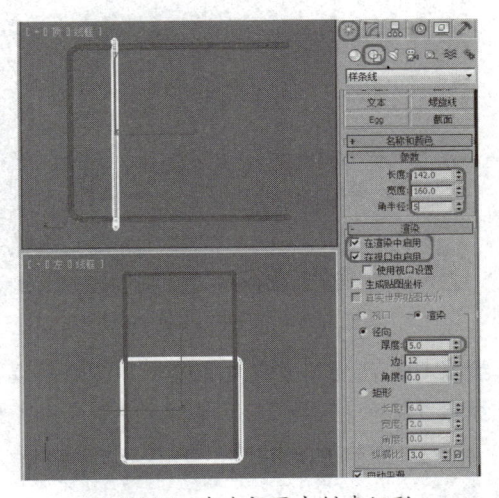

图3.131 调整后的效果　　　　　　图3.132 在左视图中创建矩形

步骤05 切换至"修改"命令面板,在修改器下拉列表中选择"编辑样条线"修改器,将当前选择集定义为"分段";在左视图中选择矩形底端的线段,在"几何体"卷展栏中单击"删除"按钮,如图3.133所示。

步骤06 关闭当前选择集,选择"创建"→"图形"→"样条线"→"矩形"命令,在视图区中创建一个矩形;在"参数"卷展栏中的"长度"文本框中输入"5.0"、"宽度"文本框中输入"154.0"、"角半径"文本框中输入"2.5",在"渲染"卷展栏中取消勾选"在渲染中启用""在视口中启用"复选框,在视图区中调整模型的位置,如图3.134所示。

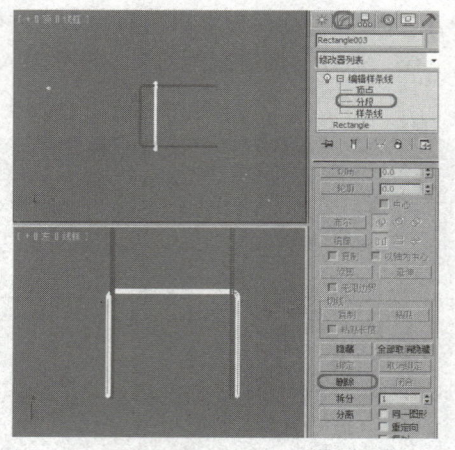

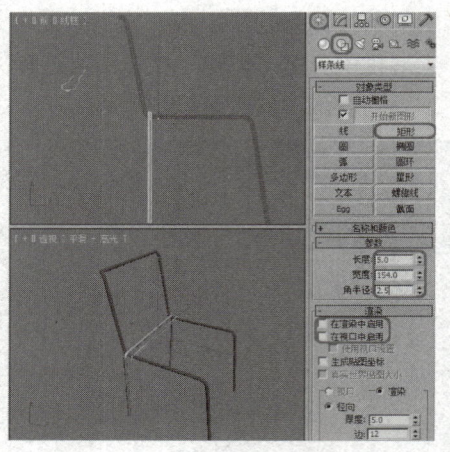

图 3.133 删除底端线段　　　　　　　　图 3.134 创建矩形并修改参数

步骤 07 切换至"修改"命令面板，在修改器下拉列表中选择"编辑样条线"修改器，将当前选择集定义为"样条线"，在"轮廓"文本框中输入"−0.5"，然后将选择集定义为"顶点"，在视图区中调整顶点的位置，如图 3.135 所示。调整完成后，将当前选择集关闭。

步骤 08 在修改器下拉列表中选择"挤出"修改器，在"参数"卷展栏中的"数量"文本框中输入"15.0"，按 Enter 键确认，并在视图中调整位置，如图 3.136 所示。

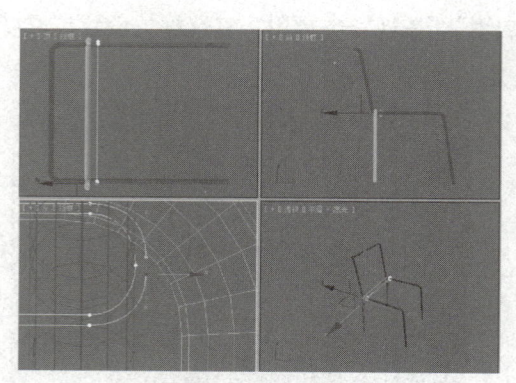

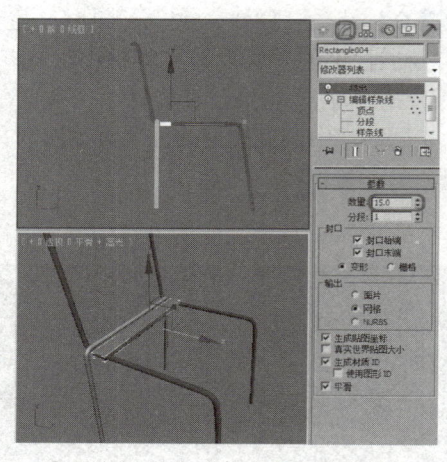

图 3.135 调整顶点的位置　　　　　　　　图 3.136 添加"挤出"修改器效果

步骤 09 在视图区中复制模型并调整其位置及角度，调整后的效果如图 3.137 所示。
步骤 10 使用圆柱体在视图区中制作椅子腿的胶皮垫，并调整其位置，如图 3.138 所示。

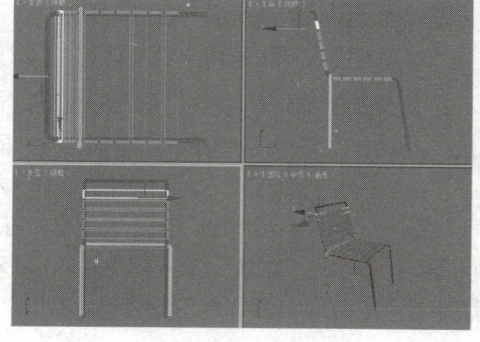

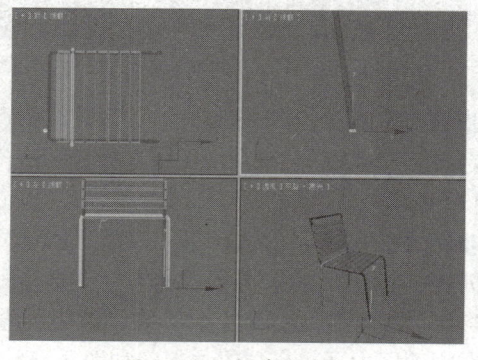

图 3.137 复制模型　　　　　　　　图 3.138 制作胶皮垫

步骤 11 选择"创建" → "几何体" ◯ → "标准基本体" → "平面"命令；在顶视图中创建平面；在"参数"卷展栏中的"长度""宽度"文本框中分别输入"9000.0""9000.0"，按 Enter 键确认，将其颜色设置为白色，如图 3.139 所示。

步骤 12 按 M 键打开"材质编辑器"对话框，选择一个材质样本球，在"Blinn 基本参数"卷展栏中将"环境光""漫反射"都设置为黑色，在"反射高光"选项组中的"高光级别"文本框中输入"128"、"光泽度"文本框中输入"29"，按 Enter 键确认，如图 3.140 所示。

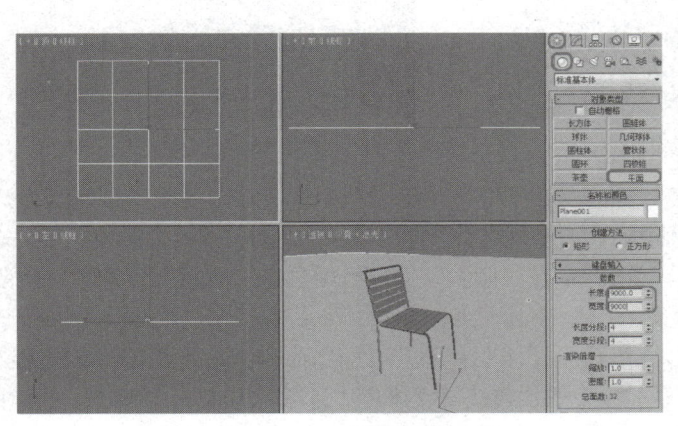

图 3.139 创建平面 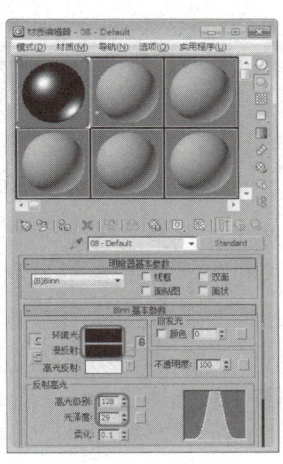　　　　　　　　　　图 3.140 设置材质参数

步骤 13 在"贴图"卷展栏中单击"反射"右侧的 None 按钮，在弹出的对话框中双击"位图"，在弹出的"选择位图图像文件"对话框中选择本书配套资源中的 Map\红.jpg 文件，如图 3.141 所示。

步骤 14 在视图区中选择需要添加材质的对象，在"材质编辑器"对话框中单击"将材质指定给选定对象"按钮，再单击"在视口中显示标准贴图"按钮，即可为选定的对象添加材质，如图 3.142 所示。

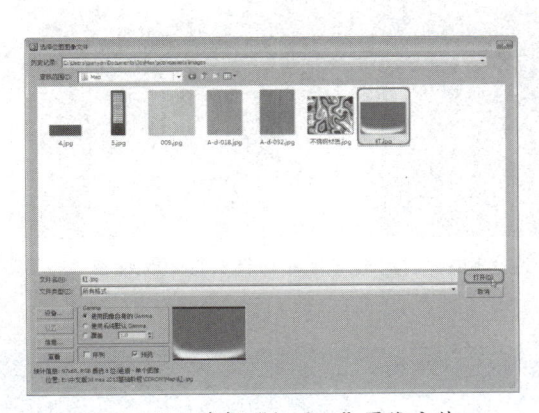

图 3.141 选择"红.jpg"图像文件 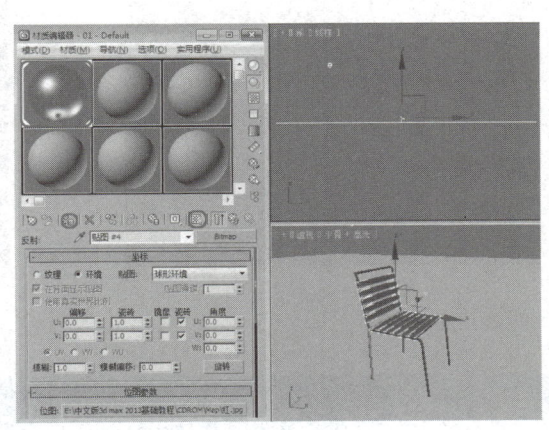　　　　图 3.142 添加材质后的效果

步骤 15 使用同样的方法为其他对象添加材质，添加后的效果如图 3.143 所示。设置完成后，将"材质编辑器"对话框关闭。

步骤 16 选择"创建" → "灯光" → "标准" → "天光"命令，在顶视图中创建天光，将其调整到合适位置，在"天光参数"卷展栏中的"倍增"文本框中输入"0.83"，按 Enter 键确认，如图 3.144 所示。

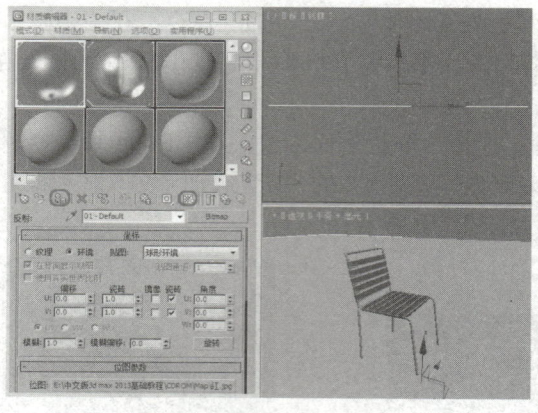

图 3.143 添加其他材质　　　　　图 3.144 创建天光

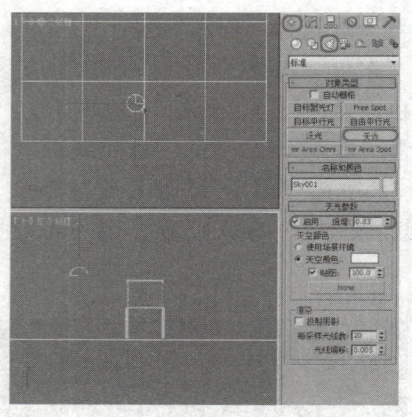

步骤 17 选择"创建" → "灯光" → "标准" → "泛光"命令，在顶视图中创建泛光灯，将其调整到合适位置；切换至"修改"命令面板，在"常规参数"卷展栏中的"灯光类型"选项组中勾选"启用"复选框，在右侧的下拉列表中选择"泛光"；在"阴影"选项组中勾选"启用"复选框，将阴影类型设置为"光线跟踪阴影"，如图 3.145 所示。

步骤 18 选择"创建" → "摄影机" → "标准" → "目标"命令，在视图区中创建摄影机；切换至"修改"命令面板，在"参数"卷展栏中的"镜头"文本框中输入"30.0"、"视野"文本框中输入"61.928"，按 C 键将透视视图转换为摄影机视图，如图 3.146 所示。

步骤 19 按 F9 键对摄影机视图进行渲染，渲染完成后，对完成后的场景进行保存。

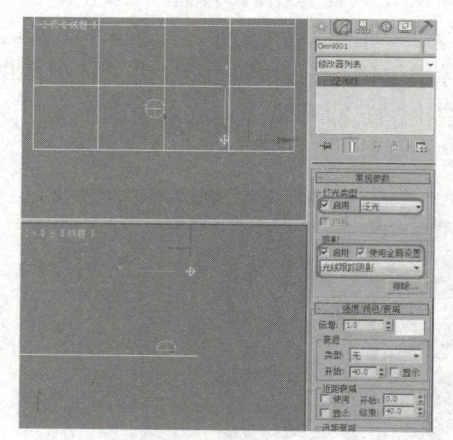

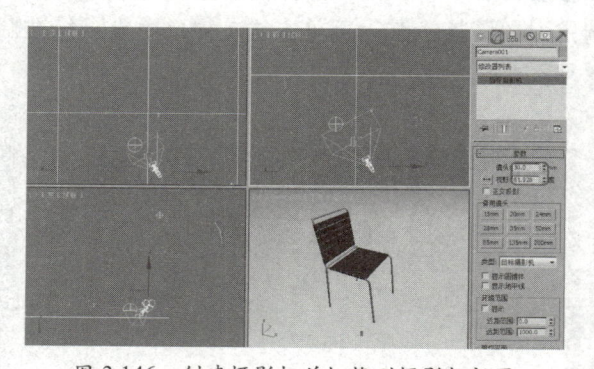

图 3.145 创建泛光灯　　　　　图 3.146 创建摄影机并切换到摄影机视图

3.9 思考与练习

1. 在 3ds Max 2014 中，扩展基本体有哪些？
2. 在 3ds Max 2014 中，怎样创建半球？
3. 在 3ds Max 2014 中，系统自带的楼梯有几种？分别是什么？

模块 4　三维编辑修改器

在 3ds Max 2014 中，编辑修改器是核心组成部分之一，在"修改"命令面板中可以修改所创建的对象的参数，并通过施加各类修改器来实现更高级的建模效果。

4.1　"修改"命令面板

用户可以通过"创建"命令面板创建几何体、图形、灯光、摄影机、辅助对象和空间扭曲等类型的对象。用户在创建这些对象时，可以在"修改"命令面板中对它们的参数进行修改，以达到满意的效果。

4.1.1　了解编辑修改器界面

"修改"命令面板中的编辑修改器界面如图 4.1 所示，该界面包括名称和颜色、修改器列表、修改器堆栈和通用修改区四个部分。

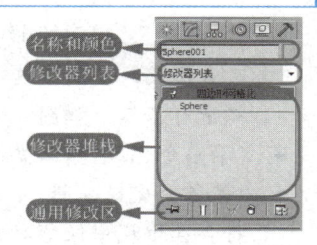

图 4.1　编辑修改器界面

4.1.2　编辑修改器界面中的参数

编辑修改器界面中各组成部分的功能说明如下。

- 名称和颜色：在此可以修改对象的名称和线框的颜色。单击颜色块，在弹出的"对象颜色"对话框中，选择需要设置的线框的颜色，如图 4.2 所示。
- 修改器列表：在下拉列表中有很多修改器选项。
- 修改器堆栈：修改器堆栈位于修改器列表的下方，修改器堆栈包含对象的累积历史记录，其中包括所应用的创建参数和修改器。堆栈的底部是原始对象，对象的上面就是所应用的修改器，按照从下到上的顺序排列。这便是修改器应用于对象的顺序，如图 4.3 所示。

通过上面的讲解，用户已对编辑修改器面板的组成有所了解，下面对编辑修改器面板中的堆栈面板进行详细介绍。

将鼠标指针移至修改器堆栈，在其中的修改器名称上单击鼠标右键，会弹出图 4.4 所示的快捷菜单，用户可以在该快捷菜单中选择相应的命令。快捷菜单中各命令的功能如下。

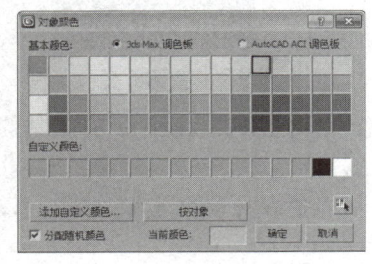

图 4.2　"对象颜色"对话框　　　图 4.3　修改器应用顺序　　　图 4.4　快捷菜单

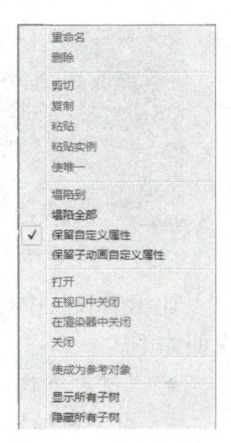

97

> **提示**
>
> 在 3ds Max 中，修改器堆栈可以简称为"堆栈"。

- "重命名"：对选择的修改器重新命名。选择该命令后将激活文本框，输入新的名称并按 Enter 键即可完成重命名。
- "删除"：选择此命令，可以删除当前选择的修改器。
- "剪切"：将对象当前选择的修改器从堆栈中删除，可以粘贴到其他对象的修改器堆栈中。
- "复制"：将当前选择的修改器复制。
- "粘贴"：将复制或剪切的修改器粘贴到堆栈中，修改器将显示在当前选定的对象或修改器上。
- "粘贴实例"：将修改器的实例粘贴到堆栈中，修改器实例将显示在当前选定的对象或者修改器上面。
- "使唯一"：将实例化修改器转化为副本，它对于当前对象是唯一的。除非被鼠标右键单击的修改器已经实例化，否则此命令处于不可使用的状态。
- "塌陷到"：塌陷堆栈中的一部分。在选择一个或者多个修改器的情况下，此命令才可以使用，对象塌陷后会失去这些修改器的记录，不能再对这些修改器进行调节。选择该命令时，会弹出提示对话框，如图 4.5 所示。
- "塌陷全部"：塌陷整个堆栈。
- "保留自定义属性"：选择该命令后，当塌陷对象的修改器堆栈或将其转换为其他对象类型时，将会在堆栈中保留对象的自定义属性。
- "保留子动画自定义属性"：选择该命令后，当塌陷对象的修改器堆栈或将其转换为其他对象类型时，将会在堆栈中保留动画关键帧的自定义属性。
- "打开"：选择该命令，可以显示多种修改器效果。
- "在视口中关闭"：选择该命令时，当前选择的修改器将不会在视口中显示。
- "在渲染器中关闭"：选择该命令时，在渲染时将不会显示当前修改器的效果。
- "关闭"：选择该命令时，将不会显示任何修改器效果。
- "使成为参考对象"：可将实例对象转换为参考对象。
- "显示所有子树"：选择该命令，可使所有子级项目都显示出来，如图 4.6 所示。
- "隐藏所有子树"：选择该命令，可使所有子级项目都隐藏起来，如图 4.7 所示。

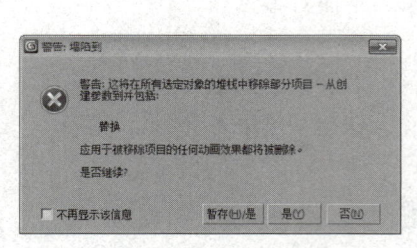

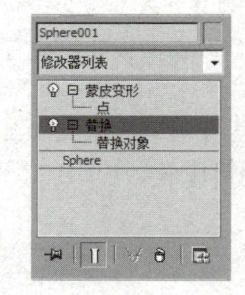

图 4.5 "警告：塌陷到"对话框　　图 4.6 显示所有的子树　　图 4.7 隐藏所有的子树

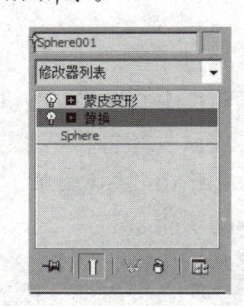

通用修改区中提供了通用的修改操作工具，它们起着辅助修改的作用。通用修改区中所有工具的说明如下。

- "锁定堆栈"按钮：将修改器堆栈锁定到当前选择的对象上，即使在场景中选择其他对象，命令面板始终会显示锁定的对象修改器。
- "显示最终结果开/关切换"按钮：如果当前处于修改器堆栈的中间或者底层，那么在视图中只会显示当前所在层之前的修改结果。单击该按钮之后，便可以观察到最后的修改结果。
- "使唯一"按钮：为一组选择对象添加修改器时，这个修改器会影响所有选择对象。当再次调节这个修改器时，所有的对象同时也会进行相应的参数修改。这时，它们之间是通过"实例关联"(Instance)连接在一起的。单击"使唯一"按钮之后，便可使这种关联的修改器各自独立，将共同的修改器独立分配给每个对象，使它们之间失去关联。
- "从堆栈中移除修改器"按钮：将选中的修改器从堆栈中删除。
- "配置修改器集"按钮：单击此按钮，在弹出的下拉列表中可以对列出的修改工具重新进行设置，如图4.8所示。该下拉列表中的常用命令说明如下。
  ◆ "配置修改器集"：选择此命令，会弹出"配置修改器集"对话框，如图4.9所示。用户可在该对话框中创建自定义修改器和按钮集。
  ◆ "显示按钮"：选择该命令，可以在修改器列表中显示所有编辑修改器的按钮，如图4.10所示。
  ◆ "显示列表中的所有集"：在3ds Max中，修改器列表中修改器的默认划分方式有"选择修改器""世界空间修改器""对象空间修改器"三种。使用此命令后，用户可以在修改器列表中查看到所有相关的修改器集合，以方便查找和选择。

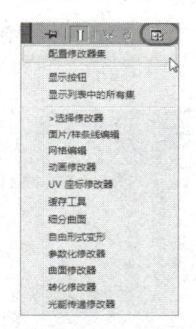

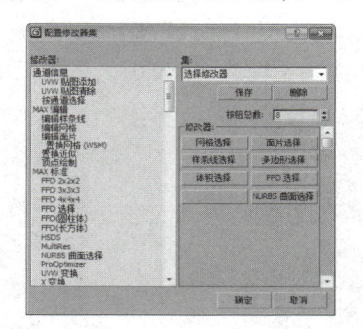

图4.8 弹出的下拉列表　　图4.9 "配置修改器集"对话框　　图4.10 显示按钮

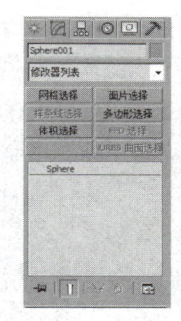

4.2 编辑修改器的使用

使用基本创建工具只能创建一些简单的模型，如果想要修改模型，使其具有更多的细节并增加逼真程度，还需要为创建的模型添加相应的编辑修改器，下面讲解如何使用编辑修改器。

4.2.1 "弯曲"修改器

使用"弯曲"修改器可以对物体进行一定的弯曲处理，调节弯曲的角度和方向，以及弯曲的坐标轴向，还可以限制弯曲区域。"弯曲"修改器的"参数"卷展栏如图4.11所示。其中各项参数的功能说明如下。
- "角度"：调整弯曲角度的大小，其数值越大，弯曲程度就越大。
- "方向"：调整弯曲方向的变化。
- "X""Y""Z"：用户可以根据自己的需要来指定弯曲的轴。
- "限制效果"：可以调整"上限"和"下限"值来设置影响物体的区域。
- "上限"：设置弯曲的上限，在此限度以上的区域将不会受到弯曲影响。
- "下限"：设置弯曲的下限，在此限度与上限之间的区域都会受到弯曲影响。

"弯曲"修改器除以上叙述的参数外，在修改器堆栈中还有两个次物体选择集：Gizmo（线框）和中心，如图 4.12 所示。用户可以对线框进行移动、旋转、缩放等变换操作，在进行这些操作时会影响弯曲的效果。用户还可以通过移动中心点来改变弯曲所依据的中心点。

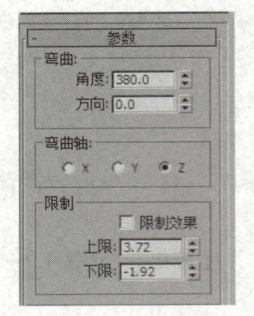

图 4.11 "参数"卷展栏

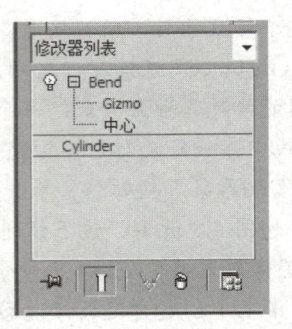

图 4.12 次物体选择集

下面介绍如何添加"弯曲"修改器，具体操作步骤如下。

步骤 01 选择"创建"→"几何体"→"标准基本体"→"圆柱体"命令，在前视图创建一个"半径"为"50.0"、"高度"为"1000.0"、"高度分段"为"50"的圆柱体，如图 4.13 所示。

步骤 02 选择所创建的圆柱体，切换至"修改"命令面板，在修改器下拉列表中选择"弯曲"修改器，在"参数"卷展栏中将"角度"设置为"380.0"，弯曲后的效果如图 4.14 所示。

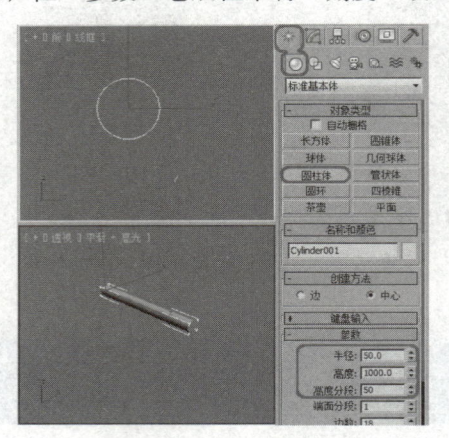

图 4.13 创建圆柱体

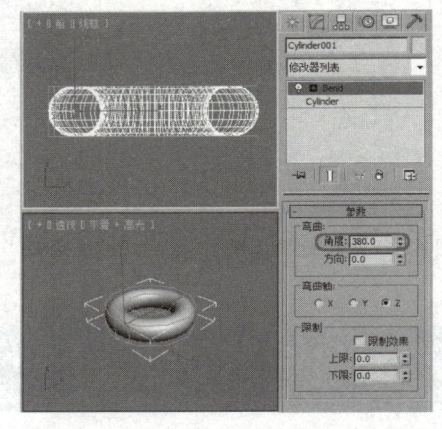

图 4.14 添加修改器并修改其参数

> **提 示**
>
> 用户在使用"弯曲"修改器之前，必须为所创建的模型设置较大的"高度分段"值，这样可以使弯曲后的模型比较光滑。

4.2.2 "锥化"修改器

"锥化"修改器通过对物体的一端或两端进行缩放来生成锥形轮廓。用户还可以通过设置参数来控制锥化的倾斜度、曲线轮廓的曲度，并限制局部区域的锥化效果。"锥化"修改器的"参数"卷展栏如图 4.15 所示。其各项参数的功能说明如下。

- "数量"：设置锥化的倾斜程度。
- "曲线"：设置锥化曲线的弯曲程度。
- "主轴"：用于设置基本的依据轴向。
- "效果"：用于设置影响效果的轴向。

- "对称"：勾选此复选框，设置锥化对称的影响效果。
- "限制效果"：勾选此复选框，用户可以限制锥化在Gizmo物体上的影响范围。
- "上限/下限"：分别设置锥化限制的区域。

"锥化"修改器的添加以及使用的具体操作步骤如下。

步骤01 重置场景，选择"创建" → "几何体" → "标准基本体" → "管状体"命令，在顶视图创建一个"半径1"为"100.0"、"半径"2为"50.0"、"高度"为"250.0"、"高度分段"为"10"的管状体，如图4.16所示。

步骤02 确保所创建的管状体处于选中状态，单击"修改"按钮，进入"修改"命令面板，在修改器下拉列表中选择"锥化"修改器，在"参数"卷展栏中将"数量"设置为"6.0"、"曲线"设置为"6.0"，如图4.17所示。

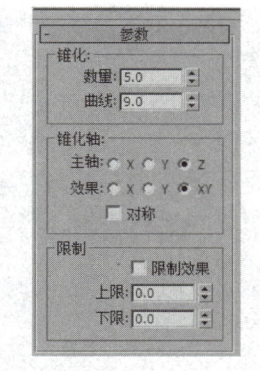

图4.15 "锥化"修改器的参数卷展栏

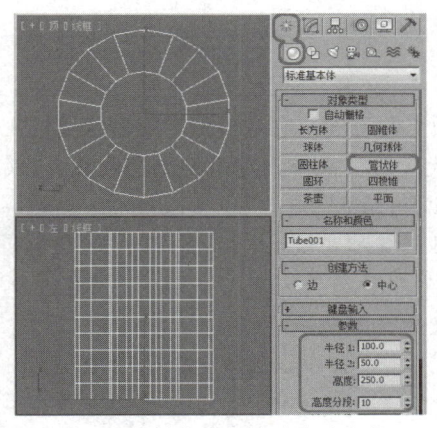

图4.16 创建管状体并修改参数

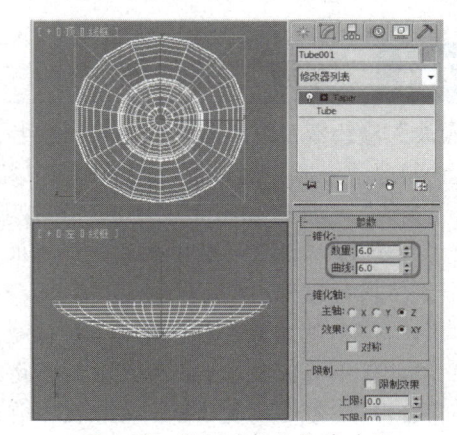

图4.17 添加"锥化"修改器

4.2.3 "扭曲"修改器

"扭曲"修改器可以沿指定的轴向扭曲图形的顶点，从而产生扭曲的表面效果。它也可以限制物体的局部受到扭曲作用。"扭曲"修改器的"参数"卷展栏如图4.18所示。其各项参数的功能说明如下。

- "角度"：用于设置扭曲的角度大小。
- "偏移"：用于设置扭曲向上或向下的偏向度。
- "扭曲轴"：扭曲轴包括了X、Y、Z三个轴向，用户可以在此设置扭曲依据的坐标轴向。
- "限制效果"：勾选此选项，用户可以限制扭曲在Gizmo物体上的影响范围。
- "上限/下限"：分别设置扭曲限制的区域。

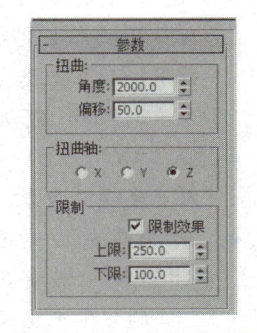

图4.18 "参数"卷展栏

"扭曲"修改器的添加以及使用的具体操作步骤如下。

步骤01 重置场景，选择"创建" → "几何体" → "标准基本体" → "圆柱体"命令，在顶视图创建一个"半径"为"20.0"、"高度"为"500.0"、"高度分段"为"15"的圆柱体，如图4.19所示。

步骤02 确保所创建的圆柱体处于选中状态，单击"修改"按钮，进入"修改"命令面板，在修改器下拉列表中选择"扭曲"修改器，在"参数"卷展栏中将"角度"设置为"2000.0"、"偏移"设置为"50.0"，如图4.20所示。

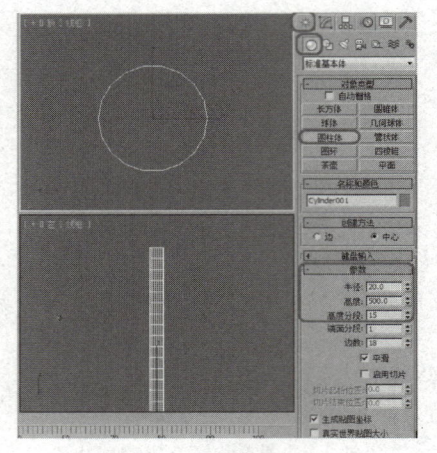

图 4.19　创建圆柱体　　　　　　　　　图 4.20　添加修改器

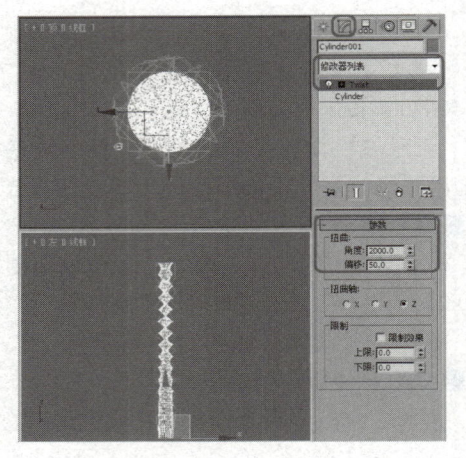

4.2.4 "噪波"修改器

"噪波"修改器可以沿着三个轴的任意组合调整对象顶点的位置，它是模拟对象形状随机变化的重要工具。勾选"分形"复选框，通过调整"粗糙度""迭代次数"来得到随机的涟漪图案。"噪波"修改器的"参数"卷展栏如图 4.21 所示。其各项参数的功能说明如下。

- "种子"：从设置的数中生成一个随机起始点，每种设置都可以生成不同的配置。
- "比例"：设置噪波影响的大小，值越大，产生的噪波效果就越平滑，较小的值会产生更为严重的噪波。
- "分形"：勾选此复选框，可根据当前设置产生分形效果。该选项的默认状态为禁用。
- "粗糙度"：决定分形变化的程度，值越低越精细。此选项在"分形"激活的状态下才可使用，取值范围为 0.0~1.0，默认值为 0.0。
- "迭代次数"：用于控制分形功能所使用的迭代数目，较小的迭代数目可以产生更为平滑的效果。迭代次数为 1.0 时与禁用"分形"效果一致。此选项在"分形"激活的状态下才可使用，取值范围为 1.0~10.0，默认值为 6.0。
- "X""Y""Z"：用户可以在三个轴的某一个轴上设置噪波效果的强度，至少要在一个轴输入值以产生噪波效果。
- "动画噪波"：勾选此复选框可以调整"噪波""强度"参数的组合效果。
  ◆ "频率"：设置正弦波的周期，调节噪波效果的速度。较高的频率可以使噪波振动得更快，较低的频率产生较为平滑和柔和的噪波。
  ◆ "相位"：用于移动基本波形的开始点和结束点。在默认情况下，关键点设置在活动帧范围的任意一端。通过在"轨迹视图"中编辑这些位置，可以更清楚地看到"相位"的效果。选择"动画噪波"复选框以启用动画播放。

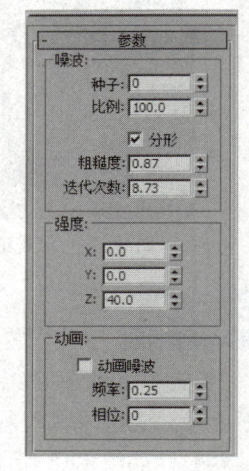

图 4.21　"参数"卷展栏

"噪波"修改器的添加以及使用的具体操作步骤如下。

步骤 01　重置场景，选择"创建" → "几何体" → "标准基本体" → "平面"命令，在顶视图创建一个"长度"为"1000.0"、"宽度"为"1000.0"，"长度分段""宽度分段"都为"50"的平面，如图 4.22 所示。

步骤02 确保所创建的平面处于选中状态，单击"修改"按钮，进入"修改"命令面板，在修改器下拉列表中选择"噪波"修改器，在"参数"卷展栏中设置"种子"为"100"、"比例"为"20.0"，如图4.23所示。

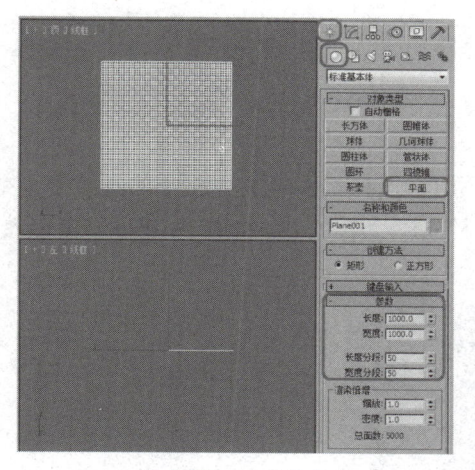

图4.22 创建平面

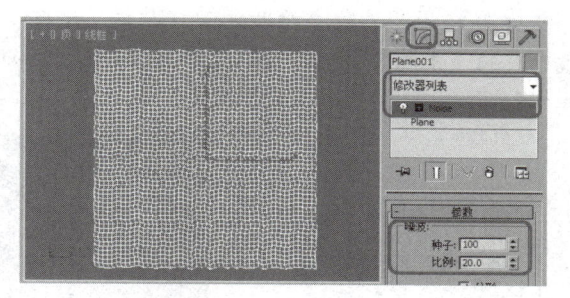

图4.23 添加"噪波"修改器

步骤03 在"参数"卷展栏中，勾选"分形"复选框，分别在"粗糙度""迭代次数"文本框中输入"0.5""2"；在"强度"选项组中，将"X""Y""Z"分别设置为"10.0""20.0""50.0"，如图4.24所示。设置完成后的效果如图4.25所示。

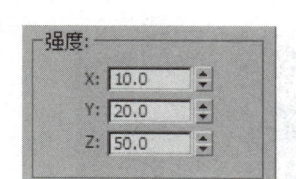

图4.24 设置参数

图4.25 效果图

> **提示**
>
> 大部分"噪波"修改器的参数都含有一个动画控制器，其默认的唯一关键点是为"相位"参数设置的。

4.2.5 "拉伸"修改器

"拉伸"修改器可以沿着指定的轴向拉伸或者挤压对象，在保持体积不变的前提下改变物体的形态。"拉伸"修改器的"参数"卷展栏如图4.26所示。其各项参数的功能说明如下。

- "拉伸"：为所有的三个轴设置基本缩放因子。源自"拉伸"值的缩放因子会随着拉伸值符号（正负号）的改变而改变。
- "放大"：用于更改应用到负轴上的缩放因子。"放大"使用与拉伸相同的技术来生成倍增。
- "限制效果"：用来限制拉伸效果，在禁用"限制效果"后，就会忽略"上限""下限"中的值。

- "上限"：沿"拉伸轴"的正向限制拉伸效果的边界。"上限"值可为任意正数，也可以为0。
- "下限"：沿"拉伸轴"的负向限制拉伸效果的边界。"下限"值可为任意负数，也可以为0。

"拉伸"修改器的添加以及使用的具体操作步骤如下。

步骤 01 重置场景，选择"创建"→"几何体"→"标准基本体"→"球体"命令，在前视图创建一个"半径"为"100.0"的球体，如图4.27所示。

步骤 02 确保所创建的球体处于选中状态，单击"修改"按钮，进入"修改"命令面板，在修改器列表中选择"拉伸"修改器，如图4.28所示。

步骤 03 在"参数"卷展栏中，设置"拉伸"数值为1，选择拉伸轴为Y轴，勾选"限制效果"复选框并将"上限"与"下限"值分别设置为"30.0""-30.0"，如图4.29所示，完成后的拉伸效果如图4.30所示。

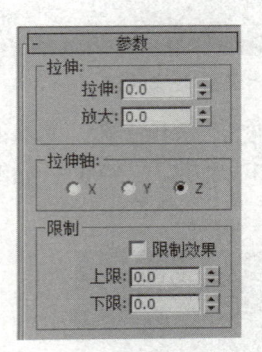

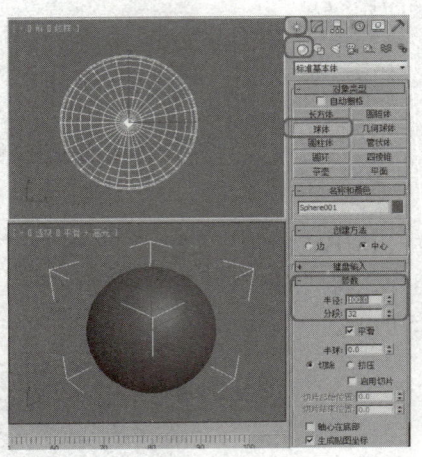

图4.26 "参数"卷展栏　　图4.27 创建球体　　图4.28 添加修改器

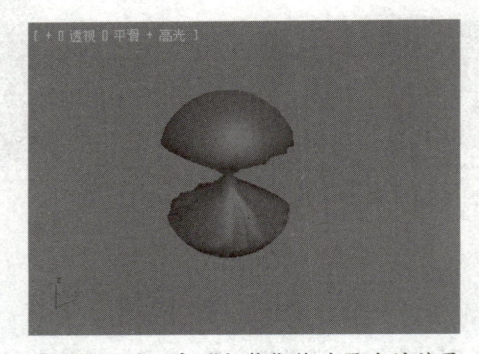

图4.29 修改参数　　图4.30 添加完"拉伸"修改器后的效果

4.3 上机实训

4.3.1 烛台

通过本例的学习，用户可以熟练地掌握"线""点"工具的运用，同时掌握"车削"修改器的应用，效果如图4.31所示。

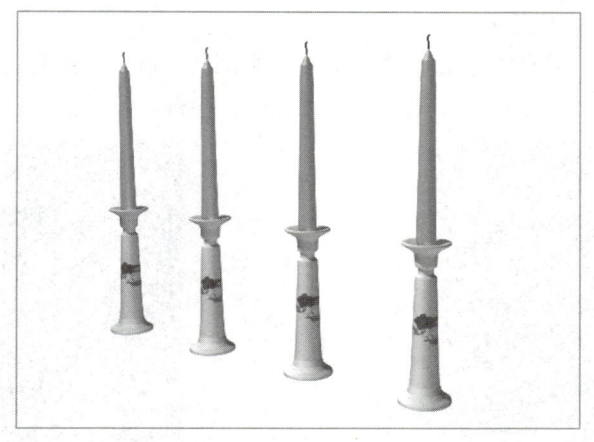

图 4.31 烛台的效果图

步骤 01 选择"创建"→"图形"→"样条线"→"线"命令,在前视图中绘制一个图4.32所示的图形。

步骤 02 在视图中选择所绘制的图形,切换至"修改"命令面板,将当前选择集定义为"顶点",并在前视图中调整顶点的位置,调整后的效果如图 4.33 所示。

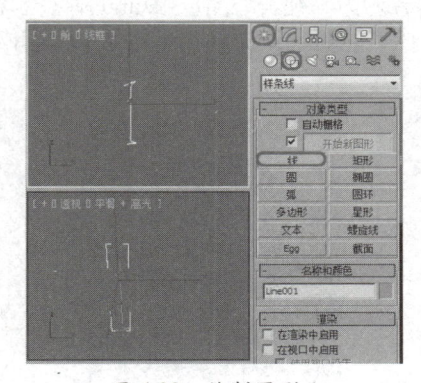

图 4.32 绘制图形 1

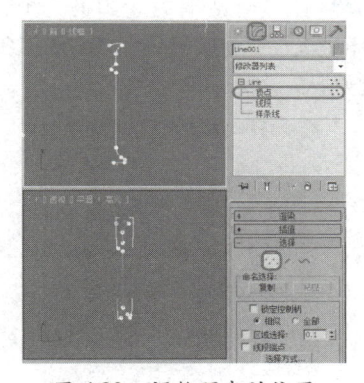

图 4.33 调整顶点的位置

步骤 03 调整完成后,在修改器下拉列表中选择"车削"修改器,如图 4.34 所示。

步骤 04 将"参数"卷展栏中的"度数"设置为"360.0"、"分段"设置为"30",在"方向"选项组中单击"Y"按钮,在"对齐"选项组中单击"最小"按钮,设置完成后的效果如图 4.35 所示。

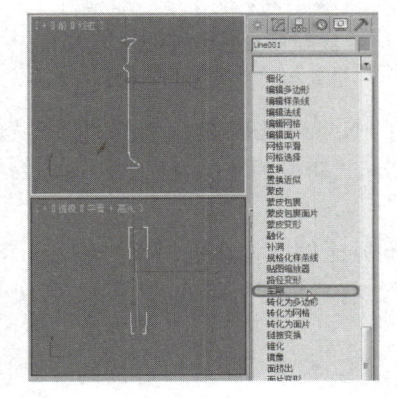

图 4.34 选择"车削"修改器

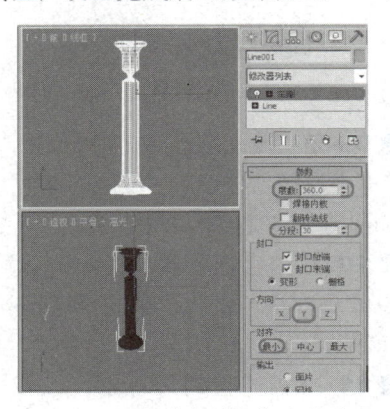

图 4.35 设置"车削"修改器效果

步骤 05 选择"创建"→"图形"→"样条线"→"线"命令,在前视图中绘制一个图形,并调整其顶点位置，如图 4.36 所示。

步骤 06 使用上面所叙述的方法为该图形添加"车削"修改器，并进行相应的设置，车削后的效果如图 4.37 所示。

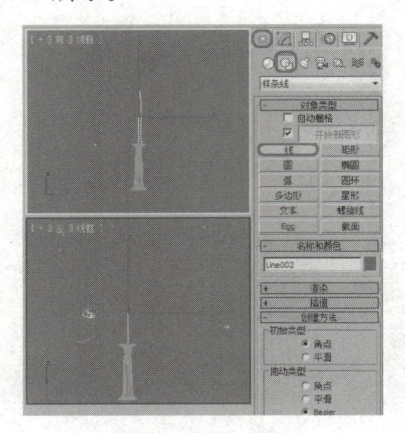

图 4.36　绘制图形 2　　　　　　　　　　　　图 4.37　车削图形

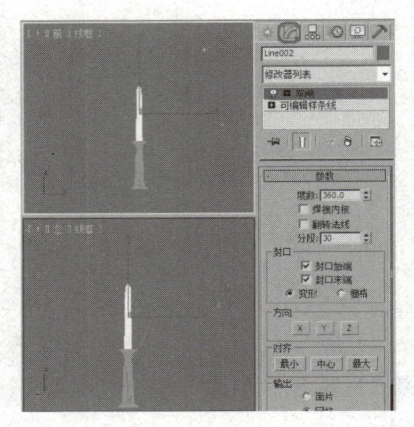

步骤 07 在工具栏中单击"材质编辑器"按钮，打开"材质编辑器"对话框，如图 4.38 所示。

步骤 08 在该对话框中选择第一个材质样本球，将其命名为"烛台"；在"Blinn 基本参数"卷展栏中将"环境光""漫反射"的 RGB 值都设置为（255、255、255），在"颜色"文本框中输入"20"，按 Enter 键确认，如图 4.39 所示。

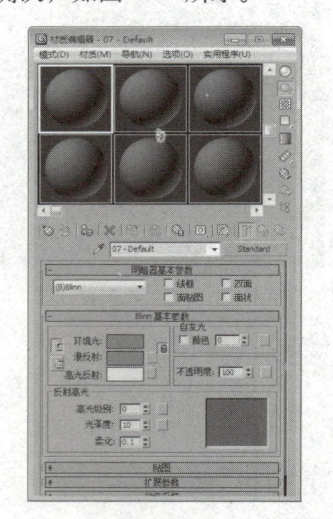

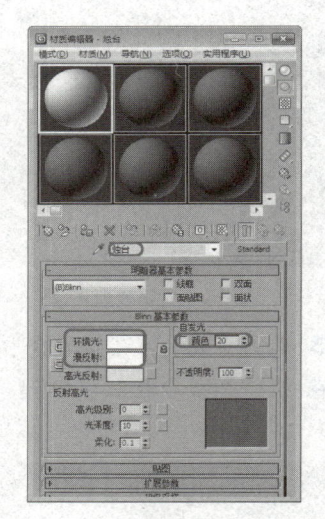

图 4.38　"材质编辑器"对话框　　　　　　　图 4.39　设置 Blinn 基本参数

步骤 09 在"贴图"卷展栏中单击"漫反射颜色"右侧的 None 按钮，在弹出的"材质/贴图浏览器"对话框中选择"位图"，单击"确定"按钮，如图 4.40 所示。再在弹出的对话框中选择本书配套资源中的 Map\013.tif 文件，单击"打开"按钮。

步骤 10 在"坐标"卷展栏中，取消勾选"使用真实世界比例"复选框，将"偏移"下的"V"设置为"0.25"，将"瓷砖"下的"U""V"都设置为"1.5"，将"角度"下的"V"设置为"-14.0"，如图 4.41 所示。

步骤 11 单击"转到父对象"按钮，在"贴图"卷展栏中将"反射"右侧的数量值设置为"50"，单击"反射"右侧的 None 按钮，在弹出的"材质/贴图浏览器"对话框中选择"平面镜"，单击"确定"按钮，如图 4.42 所示。

| 模块4 | 三维编辑修改器

步骤 12 进入反射层级通道，在"平面镜参数"卷展栏中，勾选"应用于带 ID 的面"复选框，如图 4.43 所示。

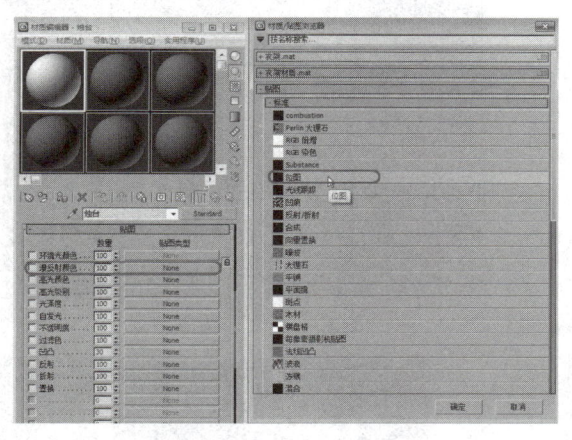

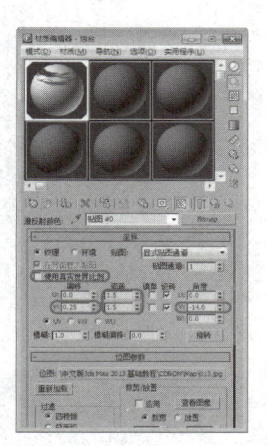

图 4.40　指定位图　　　　　　　　　　　　图 4.41　设置坐标参数

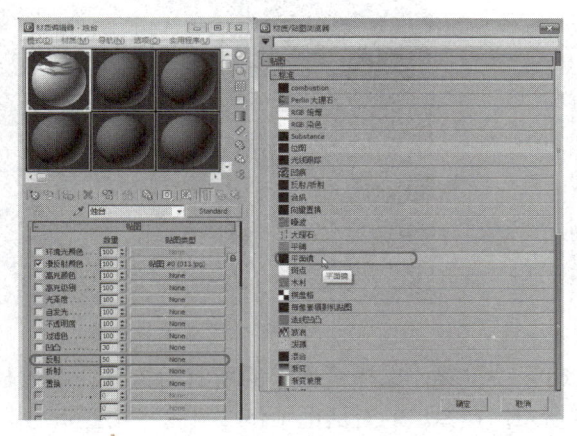

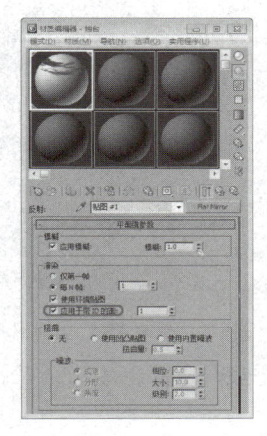

图 4.42　选择平面镜　　　　　　　　　　　图 4.43　勾选"应用于带 ID 的面"复选框

步骤 13 单击"转到父对象"按钮，在场景中选择创建的烛台，单击"将材质指定给选定对象"按钮和"在视口中显示标准贴图"按钮，将材质指定给烛台。

步骤 14 在修改器下拉列表中选择"UVW 贴图"修改器，将当前选择集定义为"Gizmo"；在"参数"卷展栏的"贴图"选项组中选择"平面"单选按钮，将"长度""宽度"分别设置为"12.821""4.204"，并在视图中调整其位置，如图 4.44 所示。

步骤 15 调整完成后，关闭"Gizmo"选择集，切换到"材质编辑器"对话框，选择一个新的材质样本球，并将其命名为"蜡烛"。在"Blinn 基本参数"卷展栏中将"环境光""漫反射"的 RGB 值都设置为（225、160、132），将"高光反射"的 RGB 值设置为（230、230、230），在"颜色"文本框中输入"40"，在"不透明度"文本框中输入"97"，在"高光级别""光泽度"文本框中分别输入"45""23"，按 Enter 键确认，如图 4.45 所示。

步骤 16 设置完成后，将材质指定给相应的对象，关闭"材质编辑器"对话框。选择"创建"→"图形"→"样条线"→"线"命令，在前视图中绘制图 4.46 所示的图形，并将其颜色设置为黑色。

步骤 17 创建完成后，切换至"修改"命令面板，在"渲染"卷展栏中，勾选"在渲染中启用""在视口中启用"复选框，将"厚度"设置为"0.12"、"边"设置为"12"，如图 4.47 所示。

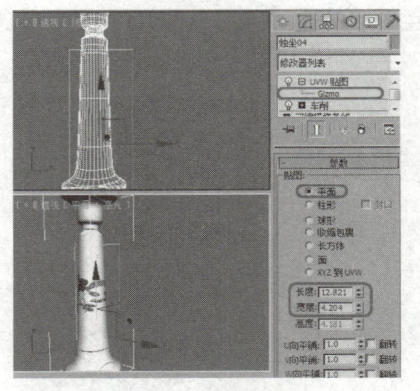

图 4.44 添加"UVW 贴图"修改器　　　　图 4.45 设置材质参数

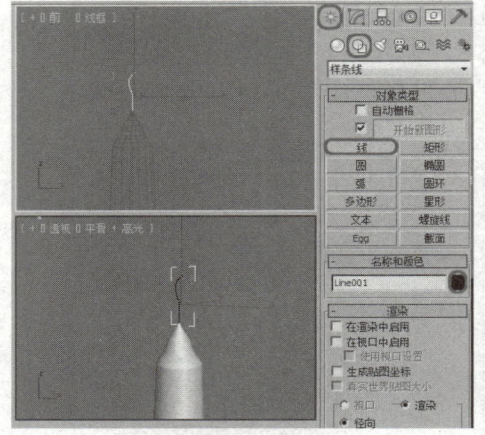

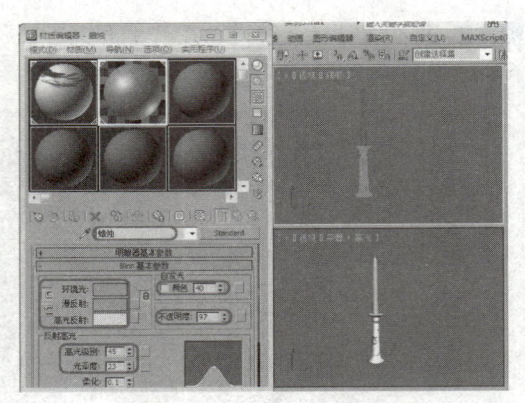

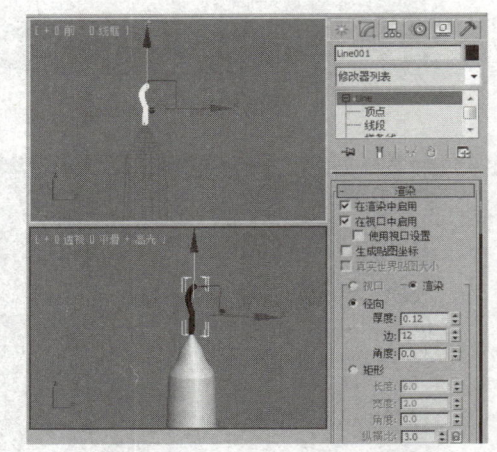

图 4.46 绘制图形 3　　　　图 4.47 设置渲染参数

步骤 18 设置完成后，单击"选择并移动"按钮，选择视图中的所有对象，在菜单栏中选择"组"→"成组"命令，将其成组，如图 4.48 所示。在弹出的对话框中将"组名"设置为"蜡烛"，设置完成后，单击"确定"按钮，如图 4.49 所示。

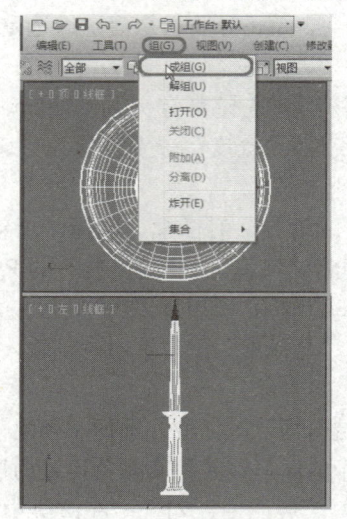

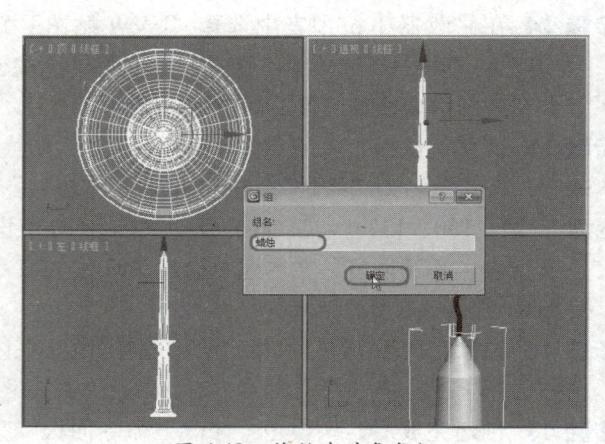

图 4.48 选择"成组"命令　　　　图 4.49 将所选对象成组

步骤 19 激活前视图，按住 Shift 键，拖动所选对象，对蜡烛进行复制。在弹出的对话框中选择"复制"单选按钮，将"副本数"设置为"3"，单击"确定"按钮即可，如图 4.50 所示。

步骤20 选择"创建" → "摄影机" → "标准" → "目标"命令,在顶视图中创建摄影机;在场景中调整摄影机的位置,按 C 键将透视视图转换为摄影机视图,如图 4.51 所示。

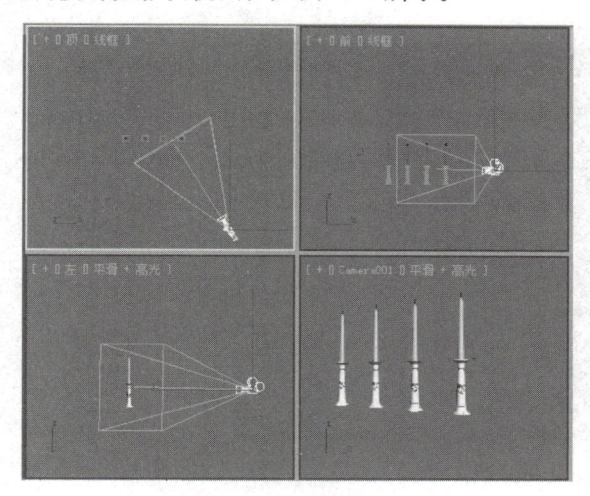

图 4.50 复制蜡烛　　　　图 4.51 创建摄影机

步骤21 选择"创建" → "灯光" → "标准" → "目标聚光灯"命令,在前视图中创建一盏目标聚光灯,如图 4.52 所示。

步骤22 创建完成后,切换至"修改"命令面板,在"常规参数"卷展栏中,勾选"阴影"选项组中的"启用"复选框,将阴影类型设置为"光线跟踪阴影";在"聚光灯参数"卷展栏中,将"聚光区/光束"设置为"0.5","衰减区/区域"设置为"50.0";在"阴影参数"卷展栏中,在"对象阴影"选项组中将阴影颜色的 RGB 值设置为(52、52、52),如图 4.53 所示。

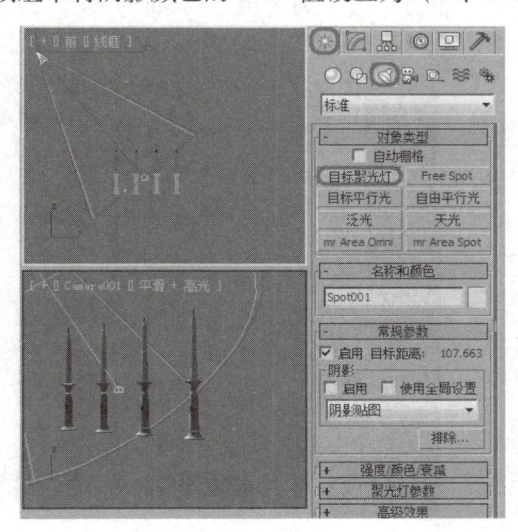

图 4.52 创建目标聚光灯　　　　图 4.53 设置灯光参数

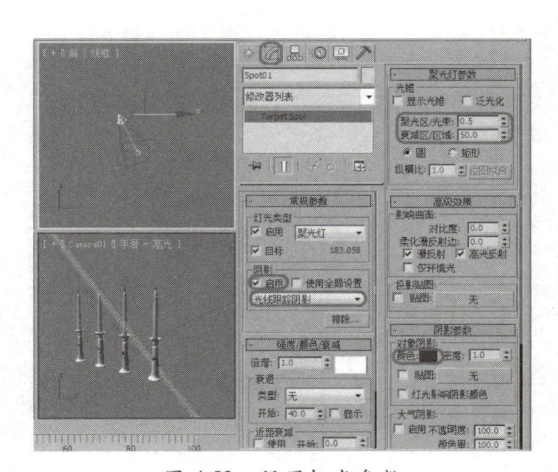

步骤23 使用同样的方法在前视图创建一盏泛光灯,将"倍增"设置为"0.6",并调整其位置,如图 4.54 所示。

步骤24 设置完成后,在菜单栏中选择"渲染" → "环境"命令,如图 4.55 所示。

步骤25 在弹出的对话框中选择"环境"选项卡,将"公用参数"卷展栏中的"背景"选项组中的"颜色"设置为白色,如图 4.56 所示。

步骤26 设置完成后,按 F9 键对摄影机视图进行渲染。

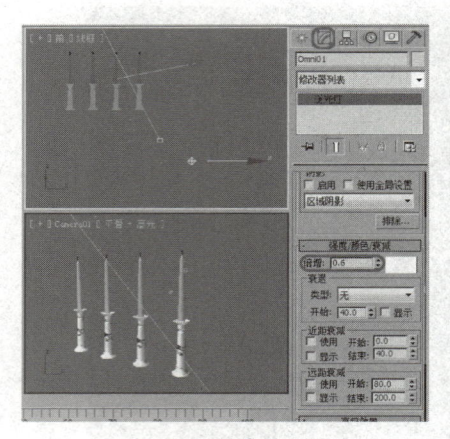

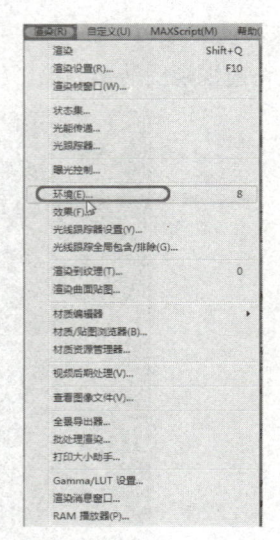

图 4.54　创建泛光灯　　　　图 4.55　选择"环境"命令　　　　图 4.56　设置背景颜色

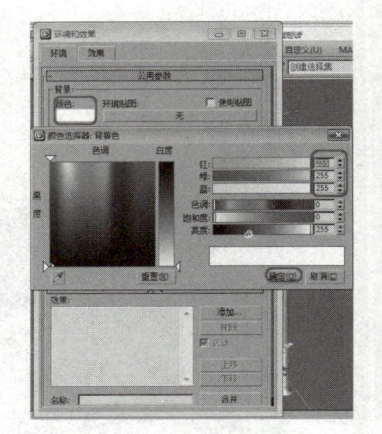

4.3.2　纸篓

本案例将介绍纸篓的制作方法，其效果如图 4.57 所示。首先使用"圆柱体"工具创建一个纸篓的基本模型，再对其进行一些简单的编辑。用户可以通过本例对前面所学的知识进行巩固，更熟练地操作 3ds Max 2014。制作纸篓的具体操作步骤如下。

步骤 01　启动 3ds Max 2014，选择"创建" → "几何体" → "标准基本体" → "圆柱体"命令，在前视图中创建一个"半径"为"8.0"、"高度"为"20.0"、"高度分段"为"10"、"端面分段"为"1"、"边数"为"128"的圆柱体，如图 4.58 所示。

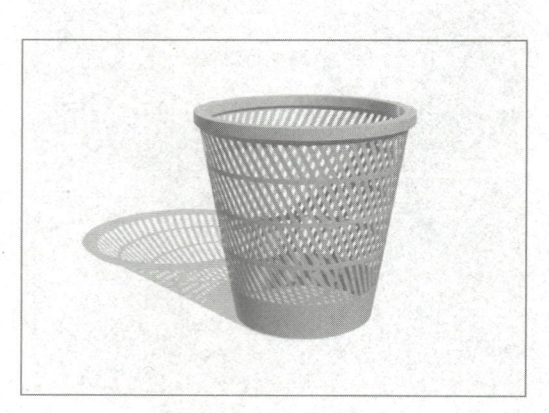

图 4.57　纸篓的效果图　　　　图 4.58　创建圆柱体

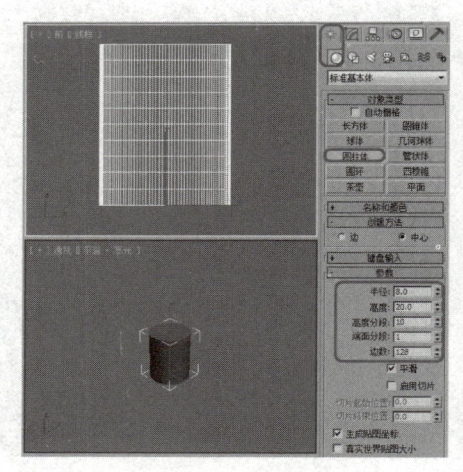

步骤 02　在圆柱体上单击鼠标右键，在弹出的快捷菜单中选择"转换为" → "转换为可编辑多边形"命令，如图 4.59 所示。

步骤 03　切换至"修改"命令面板，将当前选择集定义为"顶点"，并在前视图中调整顶点的位置，调整后的效果如图 4.60 所示。

步骤 04　将当前选择集定义为"多边形"，在透视视图中单击圆柱体上方的多边形，并按 Delete 键进行删除，如图 4.61 所示。

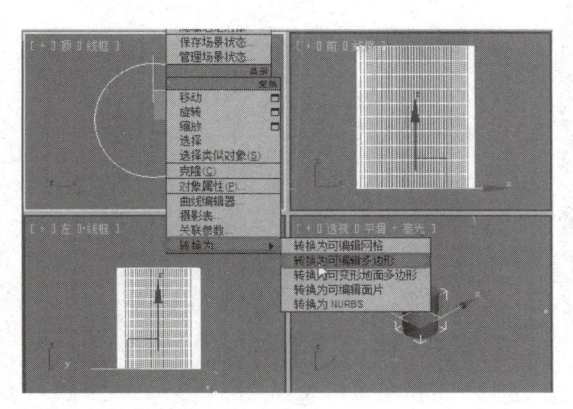

图 4.59　选择"转换为可编辑多边形"命令　　　　图 4.60　调整顶点的位置

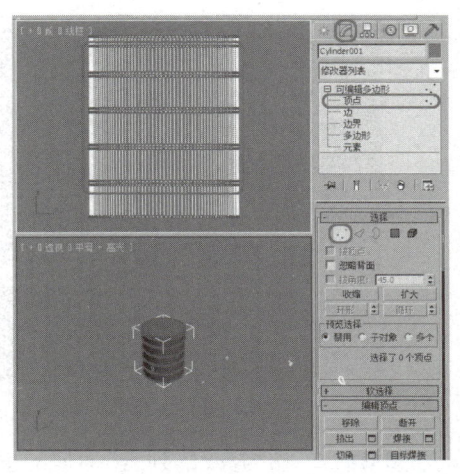

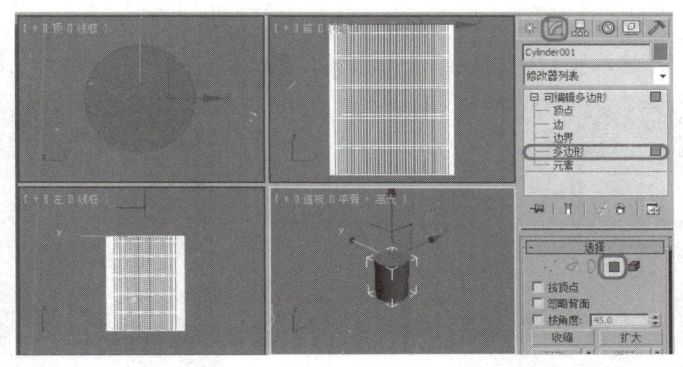

图 4.61　删除圆柱体上方多边形

步骤 05　激活前视图，按住 Ctrl 键选择图 4.62 所示的多边形。激活左视图，单击左视图的视图标签，在弹出的快捷菜单中选择"后"命令，将其切换为后视图，如图 4.63 所示。

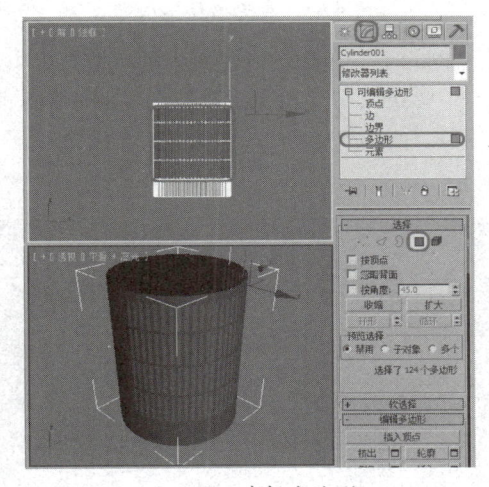

图 4.62　选择多边形　　　　　　　　　　　　　　图 4.63　选择"后"命令

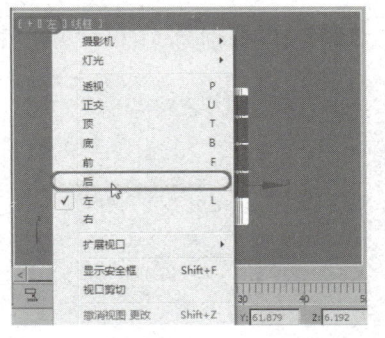

步骤 06　在后视图中，按住 Ctrl 键选择图 4.64 所示的多边形，并按 Delete 键删除。

步骤 07　在修改器下拉列表中选择"扭曲"修改器，在"参数"卷展栏中的"角度"文本框中输入"85.0"，按 Enter 键确认，即可扭曲该对象，如图 4.65 所示。

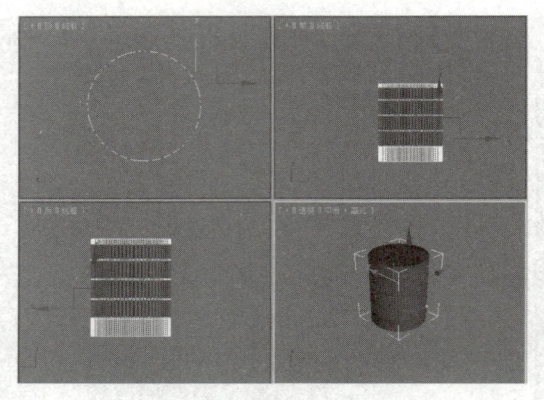

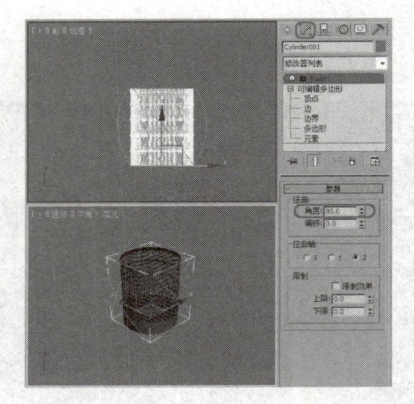

图 4.64 选择多边形后删除　　　　　　图 4.65 对选中的对象进行扭曲

步骤08 单击"修改器列表"右侧的下三角按钮，在弹出的下拉菜单中选择"FFD 2×2×2"修改器，将当前选择集定义为"控制点"；在前视图中选择圆柱体底部的四个控制点，再在工具栏中单击"选择并均匀缩放"按钮，拖动选中的控制点缩小圆柱体底部，如图 4.66 所示。

步骤09 以同样的方法对圆柱体的顶部进行放大，完成后的效果如图 4.67 所示。

图 4.66 缩小圆柱体底部　　　　　　图 4.67 放大圆柱体顶部

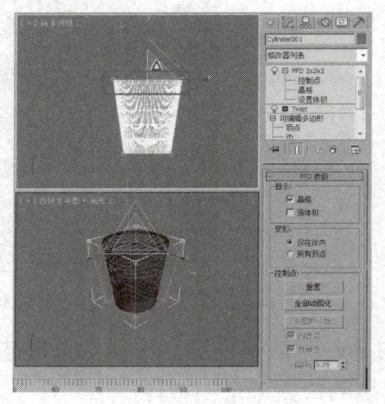

步骤10 在"修改"命令面板中单击"修改器列表"右侧的下三角按钮，在弹出的下拉菜单中选择"壳"修改器；在"参数"卷展栏中的"外部量"文本框中输入"0.05"，并按 Enter 键确认，如图 4.68 所示。

步骤11 选择"创建"→"图形"→"样条线"→"圆环"命令，在顶视图中创建一个"半径1""半径2"分别为"9.0""9.8"的圆环，如图 4.69 所示。

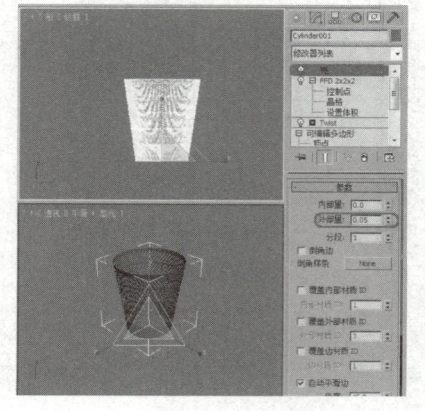

图 4.68 添加"壳"修改器　　　　　　图 4.69 创建圆环

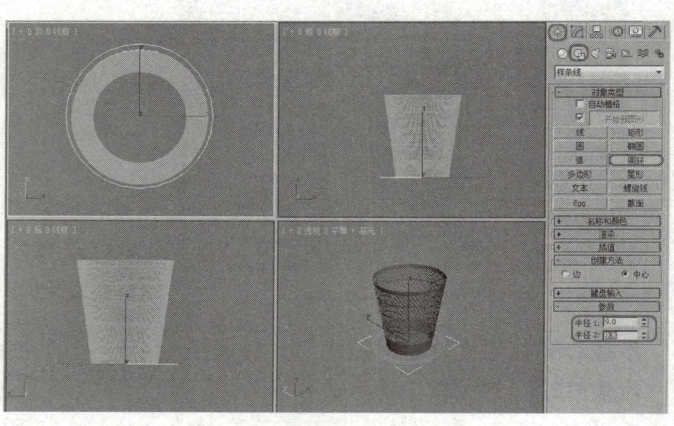

步骤 12 选择"修改"命令面板,单击"修改器列表"右侧的下三角按钮,在弹出的下拉菜单中选择"挤出"修改器;在"参数"卷展栏中的"数量"文本框中输入"1.0"、"分段"文本框中输入"100",并按 Enter 键确认,如图 4.70 所示。

步骤 13 单击"修改器列表"右侧的下三角按钮,在弹出的下拉菜单中选择"网格平滑"修改器,在"设置"卷展栏中单击"三角形"按钮,如图 4.71 所示。

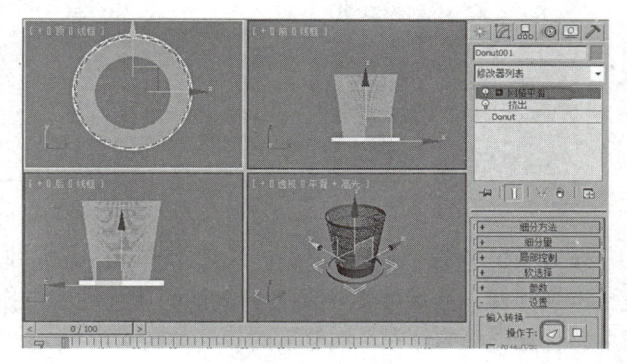

图 4.70 添加"挤出"修改器　　　　　　图 4.71 添加"网格平滑"修改器后单击"三角形"按钮

步骤 14 在前视图与透视视图中调整圆环的位置,调整后的效果如图 4.72 所示。

步骤 15 在前视图中选中所有对象,然后单击"材质编辑器"按钮,打开"材质编辑器"对话框,如图 4.73 所示。

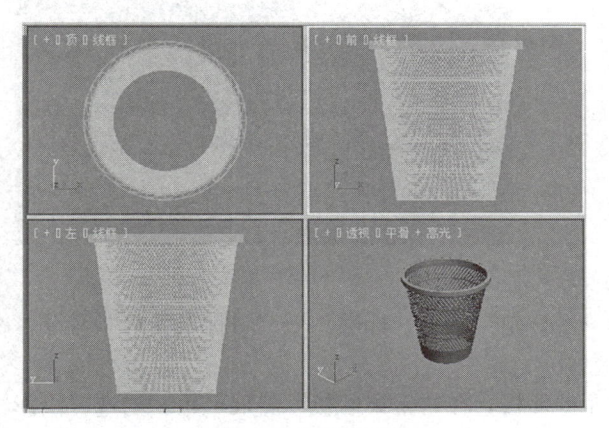

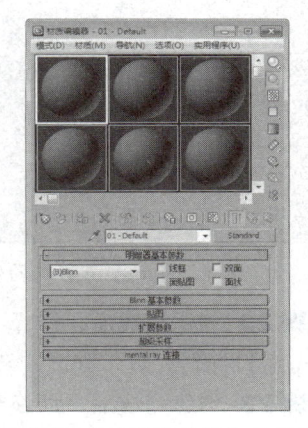

图 4.72 调整圆环的位置　　　　　　图 4.73 "材质编辑器"对话框

步骤 16 在该对话框中选择第一个材质样本球,在"明暗器基本参数"卷展栏中将明暗器类型定义为"(A) 各向异性";在"各向异性基本参数"卷展栏中将"环境光""漫反射"的 RGB 值都设置为 (225、170、74),将"高光反射"的 RGB 值设置为 (255、255、255);在"颜色"文本框中输入"45",在"漫反射级别"文本框中输入"102",在"高光级别""光泽度""各向异性"文本框中分别输入"96""65""86",并按 Enter 键确认,如图 4.74 所示。

步骤 17 在"材质编辑器"对话框中,单击"在视口中显示标准贴图"按钮,再单击"将材质指定给选定对象"按钮,将材质赋予纸篓对象,然后将"材质编辑器"对话框关闭即可。

步骤 18 在菜单栏中单击"渲染",在弹出的下拉菜单中选择"环境"命令,如图 4.75 所示。

步骤 19 在弹出的"环境和效果"对话框中选择"环境"选项卡,在"公用参数"卷展栏中将"背景"选项组中"颜色"的 RGB 值设置为 (255、255、255),如图 4.76 所示,将"环境和效果"对话框关闭。

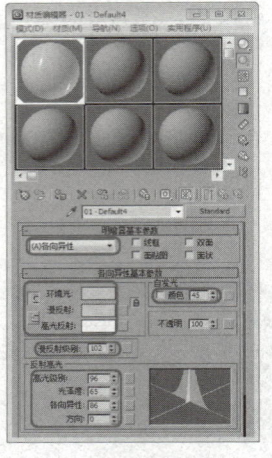

图4.74 设置基本参数　　　图4.75 选择"环境"命令　　　图4.76 "环境和效果"对话框

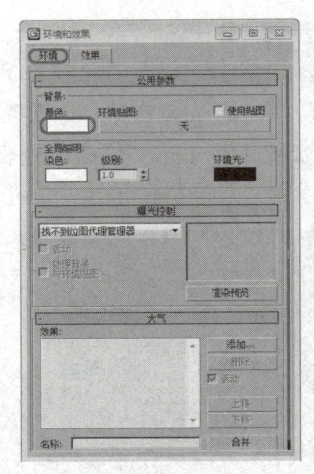

步骤20 选择"创建"→"摄影机"→"标准"→"目标"命令，在前视图创建一个摄影机，激活透视视图，然后按 C 键将当前激活的透视视图切换为摄影机视图，并在除摄影机视图外的其他视图中调整摄影机的位置，调整后的效果如图4.77所示。

步骤21 调整完成后，选择"创建"→"几何体"→"标准基本体"→"平面"命令，在顶视图中创建一个"长度""宽度"都为"200.0"的平面，并调整其位置，创建后的效果如图4.78所示。

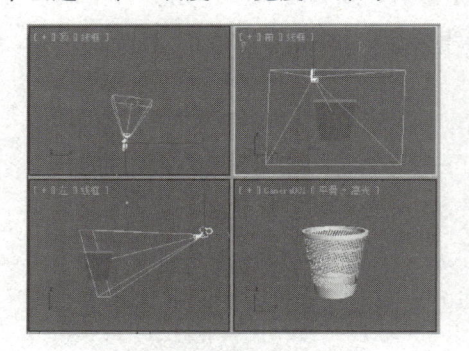

图4.77 调整摄影机的位置　　　图4.78 创建平面

步骤22 创建完成后，选择"创建"→"灯光"→"标准"→"目标聚光灯"命令，在顶视图创建一盏目标聚光灯，如图4.79所示。

步骤23 创建完成后，切换至"修改"命令面板，在"常规参数"卷展栏中，勾选"阴影"选项组中的"启用"复选框，将类型设置为"光线跟踪阴影"，在"强度/颜色/衰减"卷展栏中将"倍增"设置为"1.2"。设置完成后，在视图中调整好目标聚光灯的位置，调整后的效果如图4.80所示。

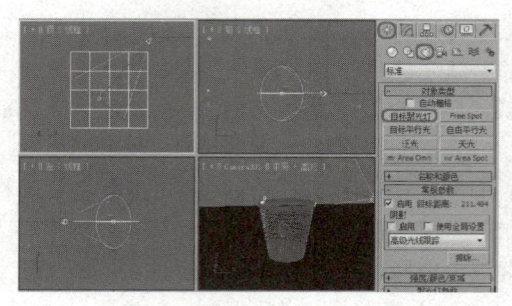

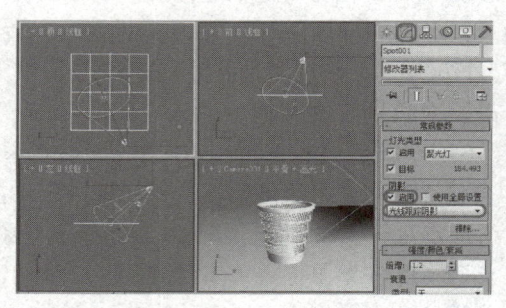

图4.79 创建目标聚光灯　　　图4.80 设置灯光参数并调整位置后效果

| 模块4 | 三维编辑修改器

步骤 24 以上述方法创建两盏泛光灯,将其"倍增"设置为0.8,并在视图中调整位置,调整后的效果如图4.81所示。

步骤 25 激活"Camera001"摄影机视图,按F10键打开"渲染设置:默认扫描线渲染器"对话框,在"渲染输出"选项组中单击"文件"按钮,在打开的"渲染输出文件"对话框中设置文件的保存路径和文件名,将"保存类型"设置为"TIF图像文件",单击"保存"按钮,弹出"TIF图像控制"对话框,如图4.82所示。

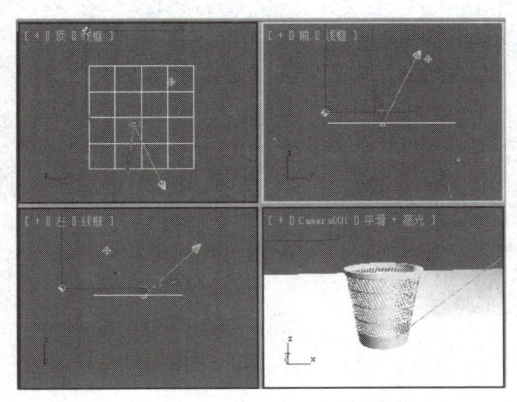

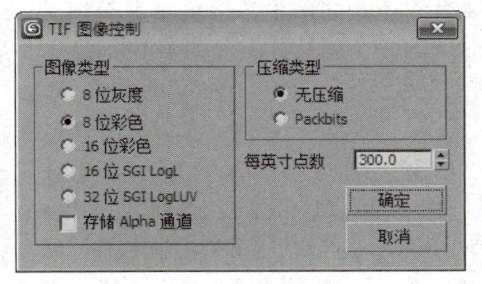

图 4.81 创建泛光灯　　　　图 4.82 "TIF图像控制"对话框

步骤 26 单击"确定"按钮,返回"渲染设置:默认扫描线渲染器"对话框,单击"渲染"按钮进行渲染输出,最后将场景进行保存即可。

4.4　思考与练习

1. 简述编辑修改器在3ds Max 2014中的功能。
2. 在3ds Max 2014中,编辑修改器有哪几种?
3. 在编辑修改器中找出一种修改器,举例说明其作用。

模块 5 创建复合物体

本模块将介绍复合对象中"布尔""放样"等核心建模方法,它们主要用于对多个实体或线体进行编辑和修改操作。

5.1 复合物体创建工具

复合物体是将两个及两个以上的物体组合而成的一个新物体。复合物体创建工具包括"变形""一致""水滴网络""布尔""放样""散布""连接""网格化"等。选择"创建" → "几何体" → "复合对象"命令,可以打开复合对象命令面板,如图 5.1 所示。还可以在菜单栏中选择"创建" → "复合"命令,在弹出的子菜单中选择相应的命令,如图 5.2 所示。

复合对象的主要工具的功能介绍如下。

- "变形":可以合并两个或两个以上的对象,方法是插补第一个对象的顶点,使其与另外一个对象的顶点位置相符。

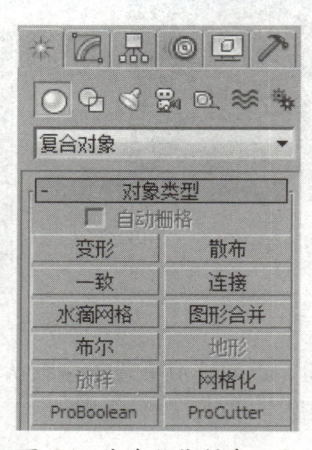

图 5.1 复合物体创建工具　　图 5.2 通过菜单选择

- "散布":散布是复合对象的一种形式,可以将所选的源对象散布为阵列,或散布到分布对象的表面。
- "一致":通过将某个对象的顶点投影至另一个对象的表面而创建复合对象。
- "连接":通过对象表面的"洞"连接两个或多个对象。
- "水滴网格":水滴网格复合对象可以通过几何体或粒子创建一组球体,还可以将球体连接起来,就好像这些球体是由柔软的液态物质构成的一样。
- "图形合并":创建包含网格对象和一个或多个图形的复合对象。
- "地形":根据等高线数据生成地形对象。
- "网格化":可以以每帧为基准将程序对象转化为网格对象,这样可以应用"弯曲"或"UVW 贴图"修改器,其主要为粒子系统而设计。
- "ProBoolean":可以自动将布尔结果细分为四边形面,这有助于网络平滑和涡轮平滑。
- "ProCutter":可以分裂或细分体积。

5.2 布尔运算的类型

"布尔"是通过对两个对象进行相加、相减、相交操作来定义一个新的对象。在布尔运算中,参与运算的两个对象被称为运算对象。布尔运算包括"并集""交集""差集(A-B)""切割"等。

5.2.1 并集运算

步骤 01 在视图区创建一个球体和一个圆环对象,选中球体,如图 5.3 所示。

步骤 02 选择"创建" → "几何体" → "复合对象" → "布尔"命令,在"参数"卷展栏中选择"操作"选项组中的"并集"单选按钮,单击"拾取布尔"卷展栏中的"拾取操作对象 B"按钮,在视图区中选择圆环对象,效果如图 5.4 所示。

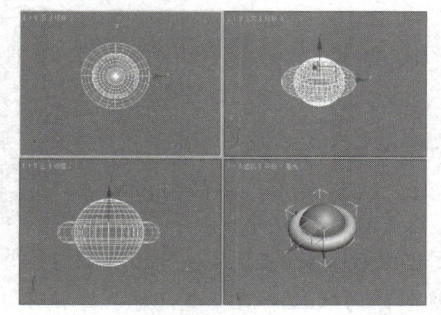

图 5.3　创建两个对象并选中球体

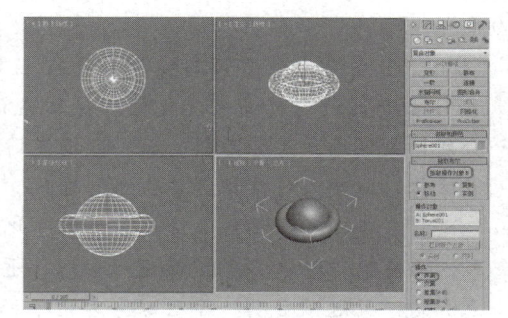

图 5.4　并集运算效果图

5.2.2　交集运算

步骤 01 在视图区创建一个球体和一个长方体对象,选中球体,如图 5.5 所示。

步骤 02 选择"创建" → "几何体" → "复合对象" → "布尔"命令,在"参数"卷展栏中选择"操作"选项组中的"交集"单选按钮,单击"拾取布尔"卷展栏中的"拾取操作对象 B"按钮,在视图区中选择长方体对象,效果如图 5.6 所示。

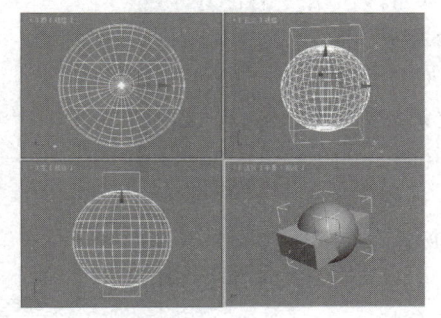

图 5.5　创建两个对象并选中球体

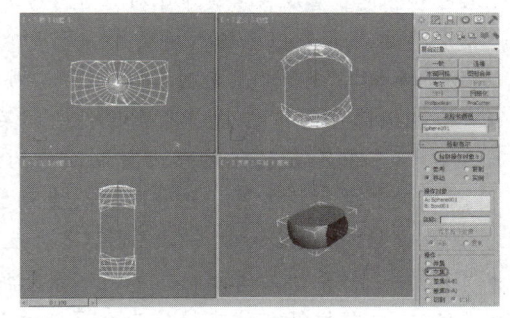

图 5.6　交集运算效果图

5.2.3　差集运算

步骤 01 在视图区创建一个茶壶和一个圆柱体对象,如图 5.7 所示。选中茶壶对象。

步骤 02 选择"创建" → "几何体" → "复合对象" → "布尔"命令,在"参数"卷展栏中选择"操作"选项组中的"差集(A-B)"单选按钮,单击"拾取布尔"卷展栏中的"拾取操作对象 B"按钮,在视图区中选择圆柱体对象,效果如图 5.8 所示。

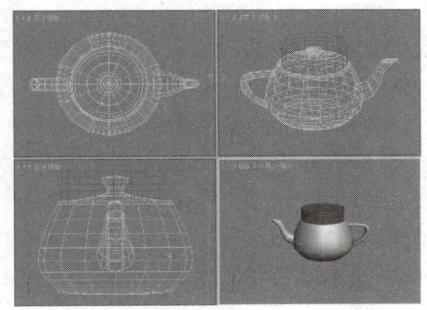

图 5.7　创建的茶壶和圆柱体对象

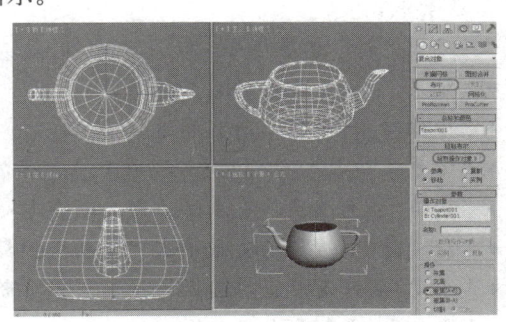

图 5.8　差集运算效果图

5.2.4 切割运算

"切割"布尔运算包括"优化""分割""移除内部""移除外部"四个方式，如图 5.9 所示。

- "优化"：在操作对象 B 与操作对象 A 面的相交之处，采用操作对象 B 相交区域内的面来优化操作对象 A 的结果几何体。由相交部分所切割的面被细分为新的面。可以使用此选项来细化包含文本的长方体，以便为对象指定单独的材质 ID。
- "分割"：类似于"细化"修改器，不过此种方式不仅会在操作对象 A 上沿着操作对象 B 的边界进行剪切，还会在此过程中添加新的顶点和边。此选项会将一个对象分为两个部分，这些部分仍然属于同一个网格。可使用"分割"沿着另一个对象的边界将一个对象分为两个部分。
- "移除内部"：删除位于操作对象 B 内部的操作对象 A 的所有面。
- "移除外部"：修改和删除位于操作对象 B 相交区域外的面。

图 5.9 切割布尔运算

5.2.5 布尔的参数选项

布尔的参数选项如图 5.10 所示。

- "名称和颜色"卷展栏：对布尔对象进行命名及设置颜色。
- "拾取布尔"卷展栏：拾取操作对象 B 时，为布尔对象提供"参考""移动""复制""实例"四种拾取方式。
  - "拾取操作对象 B"：选择布尔操作中的第二个对象。
  - "参考"：将原始物体的参考复制品作为运算物体 B，以后改变原始物体时，也会同时改变布尔物体中的运算物体 B，但改变运算物体 B 时，不会改变原始物体。
  - "复制"：将原始物体复制，不破坏原始物体。
  - "移动"：将原始物体直接作为运算物体 B，它本身将不复存在。
  - "实例"：将原始物体与关联物体结合。
- "参数"卷展栏
  - "操作对象"：显示当前操作对象的名称。
  - "名称"：运算物体的名称，可以对其进行更改。
  - "提取操作对象"：将当前指定的运算物体重新应用到场景中。
- "显示/更新"卷展栏
  - "结果"：显示最后的运算结果。
  - "操作对象"：显示所有的运算物体。
  - "结果＋隐藏的操作对象"：用于动态布尔运算的编辑操作。
  - "始终"：更改操作对象时立即更新布尔对象。
  - "渲染时"：渲染场景或单击"更新"按钮时才更新布尔对象。
  - "手动"：只是单击"更新"按钮时才更新布尔对象。
  - "更新"：更新布尔对象。

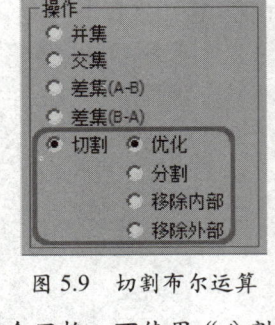

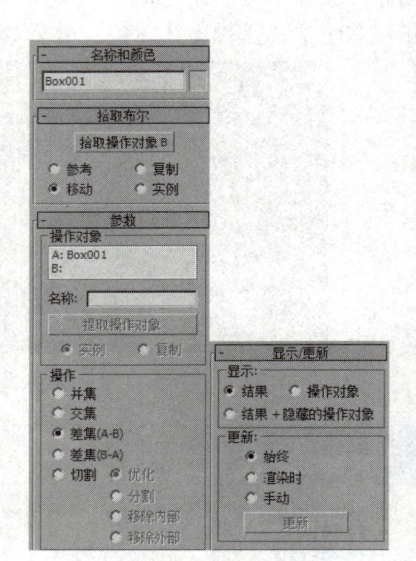

图 5.10 布尔的参数选项

5.3 制作布尔运算动画

制作布尔运算动画的具体操作步骤如下。

步骤 01 选择"应用程序" → "重置"命令，弹出信息提示对话框，如图 5.11 所示，单击"是"按钮。

步骤 02 选择"创建" → "几何体" → "扩展基本体" → "软管"命令，在顶视图创建软管，调整其大小和位置，如图 5.12 所示。

步骤 03 选择"创建" → "几何体" → "标准基本体" → "圆柱体"命令，在顶视图中创建圆柱体，将其调整至合适的位置，然后调整大小，如图 5.13 所示。

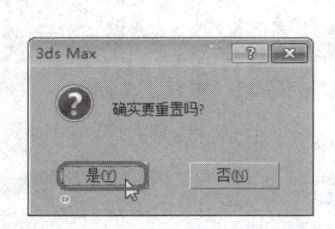

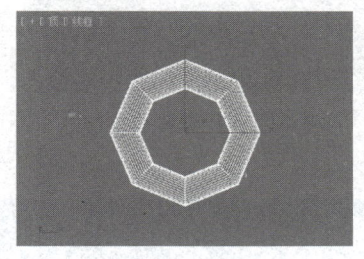

图 5.11 信息提示对话框　　图 5.12 创建软管　　图 5.13 创建圆柱体

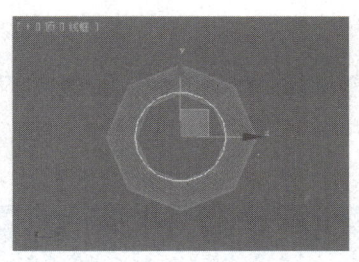

步骤 04 在视图区中选择软管，然后选择"创建" → "几何体" → "复合对象" → "布尔"命令，如图 5.14 所示。

步骤 05 在"参数"卷展栏中的"操作"选项组中选择"差集（A-B）"单选按钮，然后在"拾取布尔"卷展栏中选择"移动"单选按钮，如图 5.15 所示。

步骤 06 单击"拾取操作对象 B"按钮，如图 5.16 所示。在视图区中选择圆柱体对象。

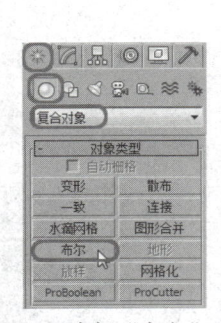

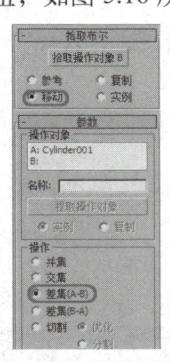

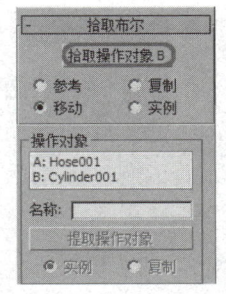

图 5.14 选择"布尔"工具　　图 5.15 设置布尔运算类型　　图 5.16 单击"拾取操作对象 B"按钮

步骤 07 切换到"修改"命令面板，将当前选择集定义为"操作对象"，如图 5.17 所示。

步骤 08 在"显示/更新"卷展栏中选择"结果+隐藏的操作对象"单选按钮，如图 5.18 所示。

步骤 09 在顶视图中双击选择圆柱体，如图 5.19 所示。

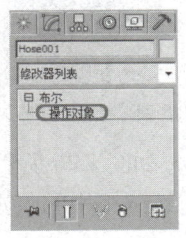

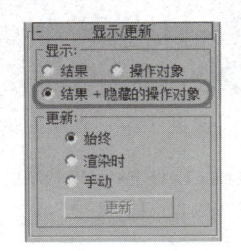

图 5.17 定义当前选择集　　图 5.18 选择"结果+隐藏的操作对象"单选按钮　　图 5.19 双击圆柱体

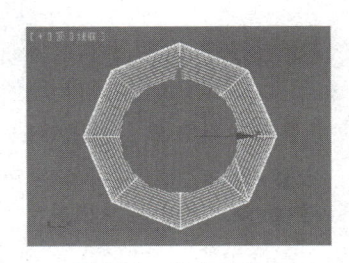

步骤 10 激活动画控制区中的"自动关键点"按钮,如图 5.20 所示。

步骤 11 将时间滑块拖曳至 60 帧处,使用"选择并移动"工具,在左视图中将圆柱体沿 Y 轴向上移动,如图 5.21 所示,然后关闭"自动关键点"按钮。

步骤 12 在"显示/更新"卷展栏中的"显示"选项组中选择"结果"单选按钮。激活透视视图,单击动画控制区中的"播放动画"按钮,观看动画效果,如图 5.22 所示。

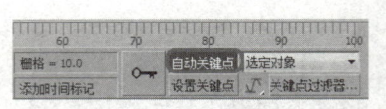

图 5.20 激活"自动关键点"按钮 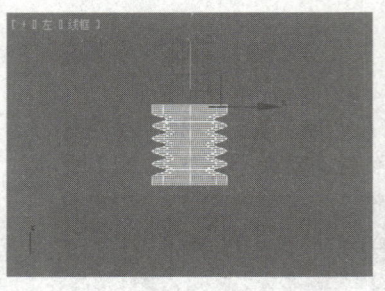　　图 5.21 移动圆柱体 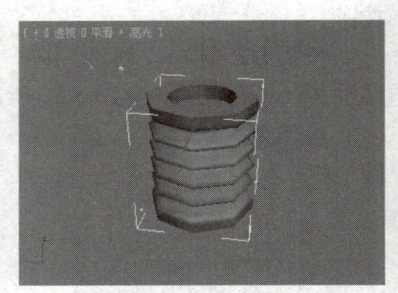　　图 5.22 布尔运算动画

5.4 散布工具

在 3ds Max 2014 的复合类型中,提供了一个"散布"工具,它可以用于创建自然界场景。"散布"工具的参数面板如图 5.23 所示。

使用散布工具的具体操作步骤如下。

步骤 01 创建球体和平面对象,如图 5.24 所示。

步骤 02 在视图区中选择球体,选择"创建"→"几何体"→"复合对象"→"散布"命令,在"拾取分布对象"卷展栏中单击"拾取分布对象"按钮,如图 5.25 所示。

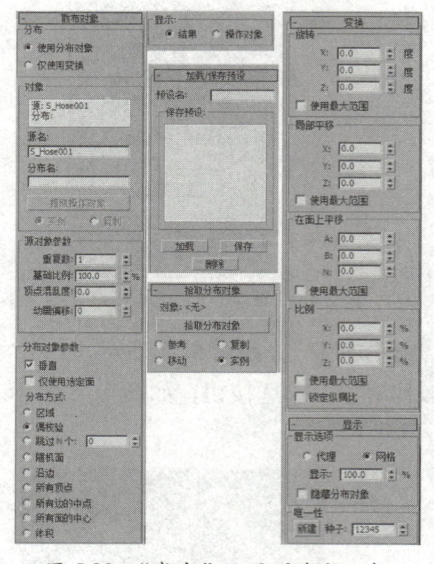

图 5.23 "散布"工具的参数面板 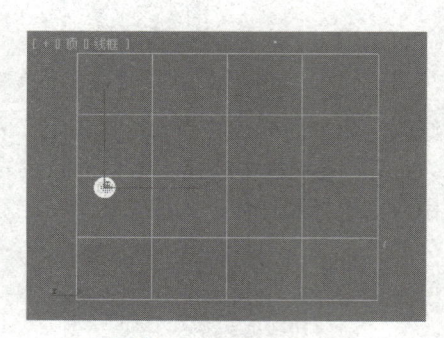　　图 5.24 创建球体和平面 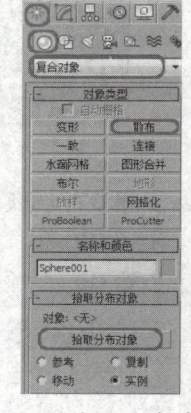　　图 5.25 拾取分布对象

步骤 03 在视图区中单击平面。这时可以看到球体与平面结合为一个复合物体,如图 5.26 所示。

步骤 04 切换至"修改"命令面板,在"散布对象"卷展栏中"源对象参数"选项组中的"重复数"文本框中输入"20",复制球体,如图 5.27 所示。

步骤 05 在"分布对象参数"选项组中的"分布方式"中选择"所有面的中心"单选按钮,效果如图 5.28 所示。

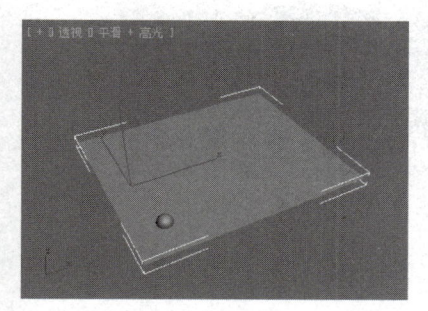

图 5.26　结合为一个复合物体 　　　图 5.27　复制球体 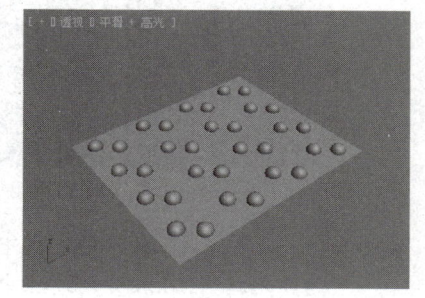　　　图 5.28　散布效果图

5.5　放样

"放样"是在一条指定的路径上排列截面,从而形成复杂的三维对象。

5.5.1　放样参数

放样参数面板如图 5.29 所示。

- "创建方法"卷展栏
  - "获取路径":在先选择图形的情况下获取路径。
  - "获取图形":在先选择路径的情况下拾取截面图形。
  - "移动":选择放样后,原图形在场景中不复存在。
  - "复制":选择放样后,原图形在场景中仍然存在。
  - "实例":复制出来的路径或截面图形与原图形相关联,对原图形进行修改时,放样出来的物体也同时被修改。
- "曲面参数"卷展栏
  - "平滑长度":沿着路径的长度提供平滑曲面,这类平滑用于更改路径曲线或路径上的图形大小,默认设置为启用。
  - "平滑宽度":围绕横截面图形的周界提供平滑曲面,这类平滑用于图形更改顶点数或更改外形,默认设置为启用。平滑对比效果如图 5.30 和图 5.31 所示。
  - "应用贴图":启用和禁用放样贴图坐标。
  - "真实世界贴图大小":控制应用于该对象的纹理贴图材质所使用的缩放方法。
  - "长度重复":设置沿路径的长度重复贴图的次数。贴图的底部放置在路径的第一个顶点处。
  - "宽度重复":设置围绕横截面图形的周界重复贴图的次数。贴图的左边缘将与每个图形的第一个顶点对齐。
  - "规格化":决定沿着路径长度和图形宽度,路径顶点间距如何影响贴图。

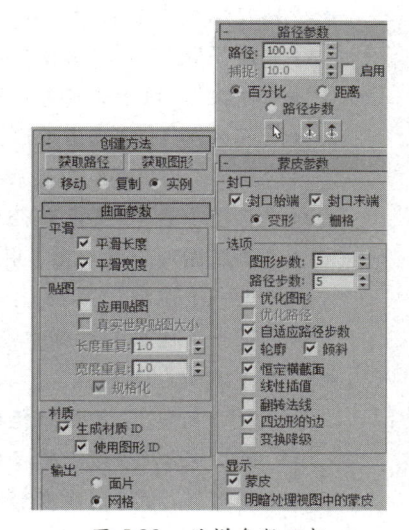

图 5.29　放样参数面板

121

- "生成材质ID"：在放样期间生成材质ID。
- "使用图形ID"：提供使用样条线材质ID来定义材质ID的选择。

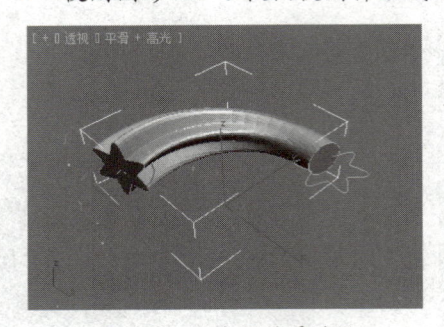

图5.30 未启用平滑效果　　　　　　图5.31 启用平滑效果

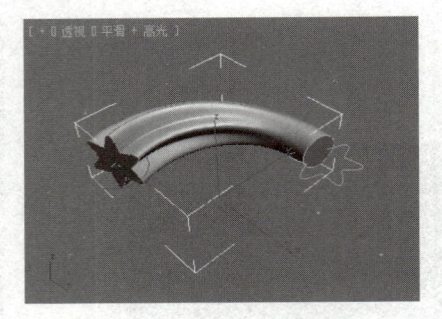

- "面片"：在放样的过程中可以生成面片对象，如图5.32所示。
- "网格"：在放样的过程中可以生成网格对象，如图5.33所示。

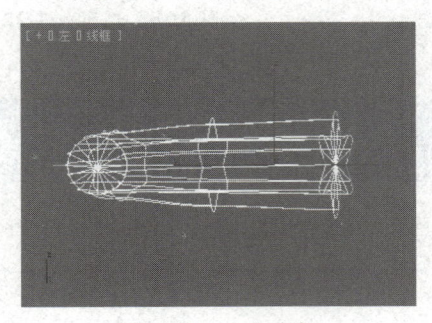

图5.32 面片对象　　　　　　图5.33 网格对象

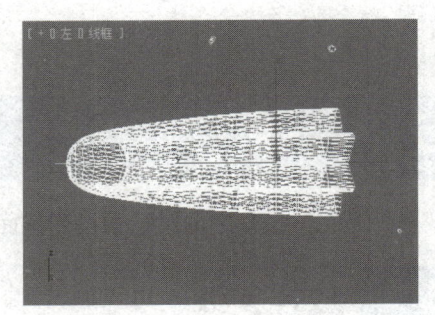

- "路径参数"卷展栏
  - "路径"：设置截面图形在路径上的位置。
  - "捕捉"：用于设定每次使用微调按钮调节参数时的固定间隔。
  - "百分比"：根据百分比来确定插入点的位置。
  - "距离"：根据具体值来确定插入点的位置。
  - "路径步数"：更改路径步数会重新定位图形。
  - "拾取图形"按钮：用于选取截面成为作用截面，以便更新截面。
  - "上一个图形"按钮：转换到上一个截面图形。
  - "下一个图形"按钮：转换到下一个截面图形。
- "蒙皮参数"卷展栏
  - "封口始端"：控制路径的起点处是否封闭。
  - "封口末端"：控制路径的终点处是否封闭。对比效果如图5.34和图5.35所示。
  - "变形"：按照创建变形目标所需的可预见且可重复的模式排列封口面。
  - "栅格"：在图形边界处创建的矩形栅格中排列封口面。
  - "图形步数"：截面图形顶点步幅数的调整。
  - "路径步数"：路径图形顶点步幅数的调整。

> **提示**
>
> "图形步数"的大小会影响围绕放样周界的边的数目。"路径步数"的大小会影响放样长度方向的分段的数目。

- "优化图形"：设置是否对图形表面进行优化处理。
- "优化路径"：该设置适用于弯曲截面，旨在提升放样对象沿路径的平滑度和质量。

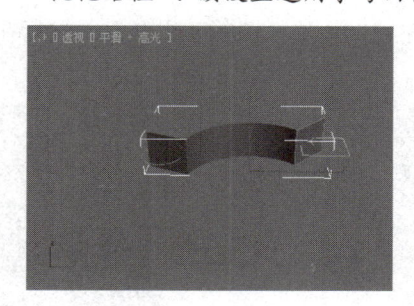

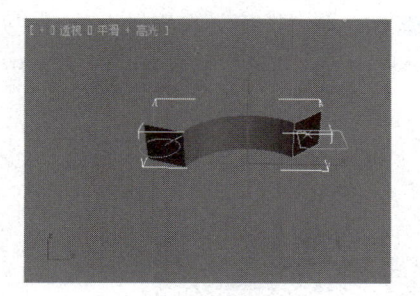

图 5.34　封口封闭效果　　　　　图 5.35　封口未封闭效果

- "自适应路径步数"：对路径进行优化处理，忽略步幅的数值。
- "轮廓"：控制截面图形在放样时，是否自动更正自身角度以垂直于路径，得到正常的造型。
- "倾斜"：控制截面图形在放样时，依据路径在 Z 轴上的角度改变而进行倾斜，使它总与切点保持垂直状态。
- "恒定横截面"：勾选该复选框，可使截面在路径上自行缩放变化，以保证整个截面都有统一的尺寸。
- "线性插值"：控制放样对象是否使用线性或曲线插值。
- "翻转法线"：可以使用此选项来修正内部外翻的对象。
- "四边形的边"：勾选该复选框，边数相同的截面之间用四边形的面缝合，边数不相同的截面之间依旧由三角形的面连接。
- "变换降级"：使放样蒙皮在子对象图形/路径变换过程中消失。
- "蒙皮"：将以网格的形式在视图中显示放样的蒙皮。
- "明暗处理视图中的蒙皮"：启用该复选框将忽略蒙皮的设置，在着色视图中显示放样的蒙皮。

5.5.2　创建放样物体

创建放样物体，首先要创建多个图形，然后在视图区中选择需要的图形，单击"创建方法"卷展栏中的"获取路径"或"获取图形"按钮。下面介绍创建放样物体的方法，具体操作步骤如下。

步骤 01　选择"应用程序"　→"重置"命令，弹出信息提示对话框，单击"是"按钮，如图 5.36 所示。
步骤 02　选择"创建"　→"图形"　→"样条线"→"圆"命令，如图 5.37 所示。
步骤 03　在顶视图中创建一个圆，如图 5.38 所示。

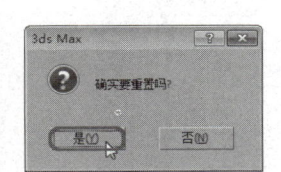

图 5.36　信息提示对话框　　　图 5.37　选择"圆"工具　　　图 5.38　创建圆

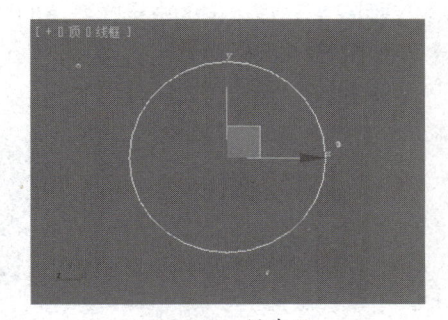

步骤 04　在按住 Shift 键的同时移动圆，弹出"克隆选项"对话框，在"对象"选项组中选择"复制"单选按钮，如图 5.39 所示。然后单击"确定"按钮，即可复制一个与原图形一样大小的圆。

步骤 05 在视图中选择复制的圆,切换至"修改"命令面板,在"修改器列表"中选择"编辑样条线"修改器,如图5.40所示。

步骤 06 在"选择"卷展栏中单击"分段"按钮,在视图中选择圆的4个分段,然后在"几何体"卷展栏中的"拆分"按钮旁的文本框中输入"6",单击"拆分"按钮,如图5.41所示。

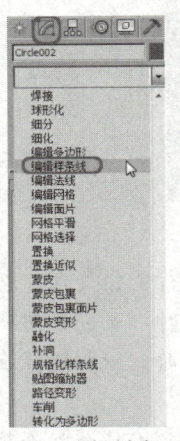

图 5.39 "克隆选项"对话框　　图 5.40 选择"编辑样条线"修改器　　图 5.41 设置参数

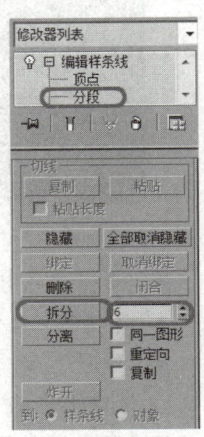

步骤 07 执行上一步操作后,即可将选中的对象进行拆分,拆分后的效果如图5.42所示。

步骤 08 在"选择"卷展栏中单击"顶点"按钮,在工具栏中选择"选择并移动"工具,在顶视图中对每个顶点进行移动,将其调整为图5.43所示的形状。

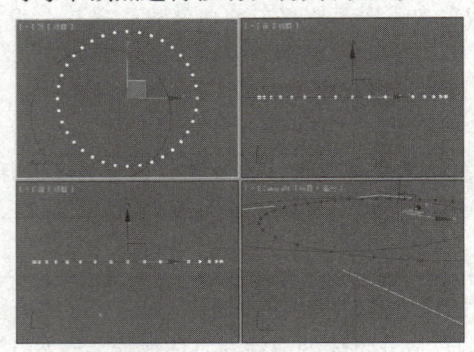

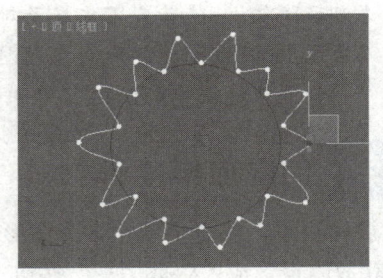

图 5.42 拆分后的效果　　　　　图 5.43 对每个顶点进行移动

步骤 09 选择"创建"→"图形"→"样条线"→"线"命令,在前视图中创建一条直线,如图5.44所示。

步骤 10 在视图区中选择变形的圆,选择"创建"→"几何体"→"复合对象"→"放样"命令,如图5.45所示。

步骤 11 在"创建方法"卷展栏中单击"获取路径"按钮,如图5.46所示。

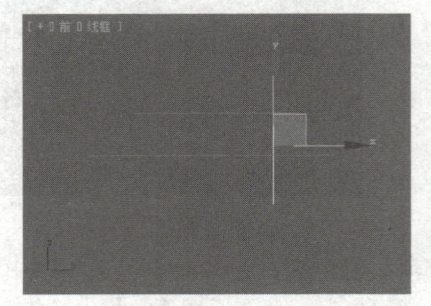

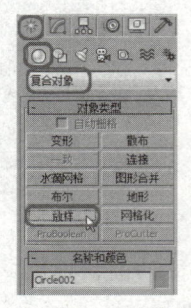

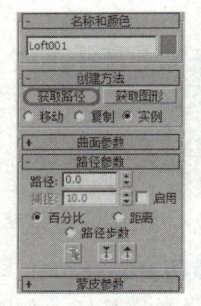

图 5.44 创建一条直线　　　图 5.45 选择"放样"工具　　图 5.46 单击"获取路径"按钮

124

步骤 12 在视图区中选择直线对象，如图 5.47 所示。

步骤 13 在"路径参数"卷展栏的"路径"文本框中输入"100.0"，再在"创建方法"卷展栏中单击"获取图形"按钮，如图 5.48 所示。在视图区中单击圆形，完成放样的效果如图 5.49 所示。

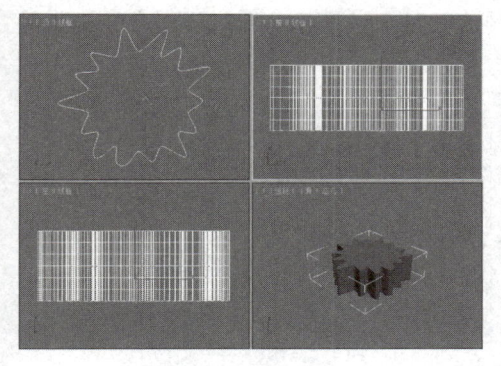

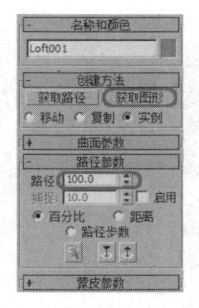

图 5.47　选择直线对象　　　图 5.48　单击"获取图形"按钮　　　图 5.49　效果图

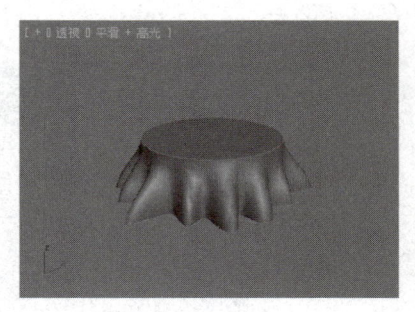

5.5.3　对齐图形的顶点

在制作放样物体时，如果图形顶点没有对齐，就会使放样物体扭曲。图 5.50 左图所示为没有对齐图形顶点的放样效果，图 5.50 右图所示为对齐图形顶点的放样效果。

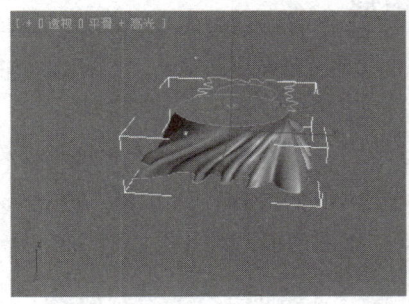

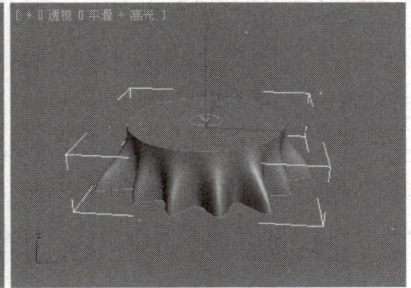

图 5.50　对比效果

对齐图形顶点的操作步骤如下。

步骤 01 完成放样操作后，切换到"修改"命令面板，在 Loft 修改器中选择"图形"选择集，然后在"图形命令"卷展栏中单击"比较"按钮，如图 5.51 所示。

步骤 02 单击按钮后，弹出"比较"对话框，单击左上角的"拾取图形"按钮，如图 5.52 所示。

图 5.51　单击"比较"按钮　　　图 5.52　"比较"对话框

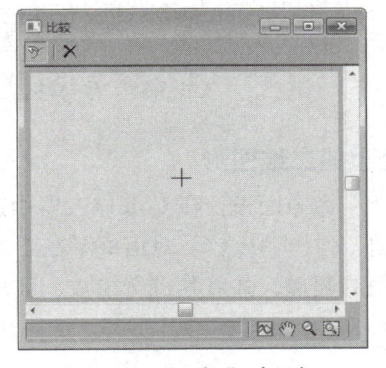

步骤 03 在视图区中的放样物体上依次拾取放样的截面图形。再次单击"拾取图形"按钮,如图 5.53 所示。

步骤 04 在工具栏中选择"选择并旋转"工具 ,在透视视图中旋转截面图形,直至"比较"对话框中各截面图形的起始点处于同一条直线上,即可停止旋转,如图 5.54 所示。此时视图中的扭曲现象就会消失。

图 5.53　单击"拾取图形"按钮　　　　　图 5.54　设置完成

5.5.4　编辑和复制路径上的二维图形

通过对路径上的二维图形进行操作,可以修改放样物体,主要包括移动、复制、旋转和缩放几种操作。

1. 移动路径上的二维图形

切换到"修改"命令面板,在 Loft 修改器中选择"图形"选择集,然后在"图形命令"卷展栏中单击"比较"按钮,弹出"比较"对话框;在工具栏中选择"选择并移动"工具 ,然后移动放样物体中的某个截面图形,则放样物体也会随着发生变化。移动二维图形前后的效果如图 5.55 所示。

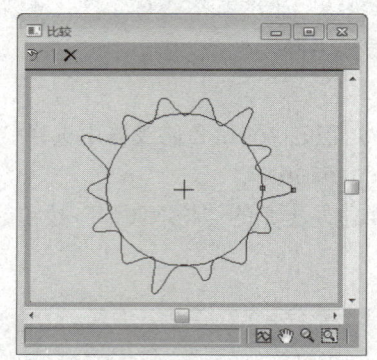

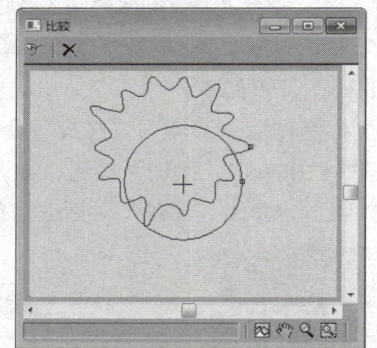

图 5.55　移动路径上二维图形前后的效果

2. 缩放路径上的二维图形

切换到"修改"命令面板,在 Loft 修改器中选择"图形"选择集,然后在"图形命令"卷展栏中单击"比较"按钮,弹出"比较"对话框;在工具栏中选择"选择并均匀缩放"工具 ,然后选择放样物体截面图形中的圆形,并对其进行缩放,则放样物体也会随着发生变化,缩放后的效果如图 5.56 所示。

3. 复制路径上的二维图形

切换到"修改"命令面板，在 Loft 修改器中选择"图形"选择集，在工具栏中选择"选择并移动"工具，选择路径上的图形，然后在按住 Shift 键的同时向下拖动，拖动至适当位置后松开鼠标左键，此时会弹出"复制图形"对话框，如图 5.57 所示。在该对话框中选择一种复制方式，然后单击"确定"按钮即可完成复制。

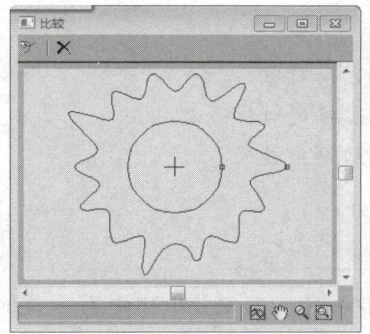

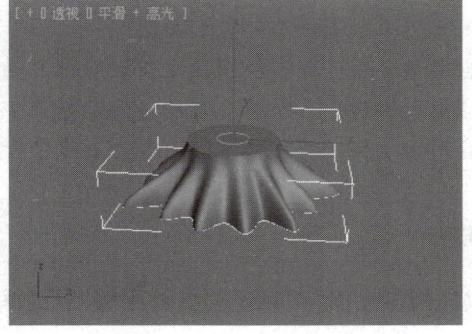

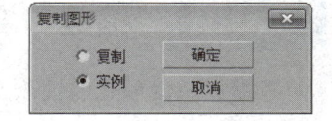

图 5.56 缩放路径上的二维图形的效果

图 5.57 "复制图形"对话框

4. 调整放样路径

切换到"修改"命令面板，在"蒙皮参数"卷展栏中取消选择"显示"选项组中的"蒙皮"复选框，然后选择"明暗处理视图中的蒙皮"复选框。

将当前选择集定义为"路径"，在视图区中选择放样路径，此时对该路径进行调整就会影响模型的形状。

5.6 放样变形

使用放样变形工具可以在"修改"命令面板中修改对象的轮廓，从而产生更加理想的模型。放样变形工具包括"缩放""扭曲""倾斜""倒角""拟合"。

5.6.1 放样变形相关参数

放样变形的相关参数介绍如下。

- "均衡"按钮：启用该按钮，可以在放样对象表面 X、Y 轴上均匀地应用变形效果。
- "显示 X 轴"按钮：启用该按钮将显示 X 轴的变形曲线，以红色显示。
- "显示 Y 轴"按钮：启用该按钮将显示 Y 轴的变形曲线，以绿色显示。
- "显示 XY 轴"按钮：启用该按钮将同时显示 X 轴和 Y 轴的变形曲线。
- "交换变形曲线"按钮：启用该按钮可以将 X 轴和 Y 轴的变形曲线进行交换。
- "移动控制点"按钮：用于沿 X、Y 轴方向移动变形曲线上的控制点或控制点上的调节按钮。
- "缩放控制点"按钮：用于在路径方向上缩放控制点。
- "插入角点"按钮：用于在变形曲线上插入一个控制点。

- "水平镜像"按钮：启用该按钮可以使对话框中的所有控制点水平镜像。
- "垂直镜像"按钮：启用该按钮可以使对话框中的所有控制点垂直镜像。
- "顺时针旋转 90 度"按钮：将所选图形顺时针旋转 90°。
- "逆时针旋转 90 度"按钮：将所选图形逆时针旋转 90°。
- "删除控制点"按钮：将当前选择的控制点删除。
- "重置曲线"按钮：用于将变形曲线还原为原始状态。
- "删除曲线"按钮：用于删除所选状态的变形曲线。
- "获取图形"按钮：启用该按钮可以在视图区中获取所需要的图形对象。
- "生成路径"按钮：启用该按钮，系统将会自动适配，并产生最终的放样造型。
- "法线倒角"按钮：启用该按钮，将忽略路径曲线，创建平行边倒角效果。

5.6.2 "缩放"变形

"缩放"变形是通过改变放样物体在 X、Y 轴上的缩放比例，使放样物体的形状发生变化的。下面举例介绍。

步骤 01 按 Ctrl+O 组合键，打开本书配套资源中的 Scenes\Cha05\ 果篮 .max 文件，选择果篮上的藤条，切换到"修改"命令面板，单击"变形"卷展栏中的"缩放"按钮，如图 5.58 所示。

步骤 02 在弹出的"缩放变形（X）"对话框中单击"插入角点"按钮，在控制曲线上单击添加角点，如图 5.59 所示。

图 5.58　单击"缩放"按钮　　　　　　图 5.59　添加角点

步骤 03 激活"移动控制点"按钮，调整角点的位置，在调整的同时单击鼠标右键，在弹出的快捷菜单中选择"Bezier- 平滑"命令，如图 5.60 所示，并调整曲线的形状。调整完成后的效果如图 5.61 所示。

| 模块5 | 创建复合物体

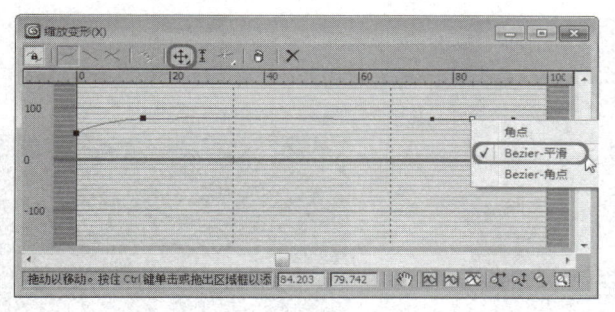

图 5.60 选择"Bezier-平滑"命令

图 5.61 完成"缩放"变形的效果

5.6.3 "扭曲"变形

"扭曲"变形工具可以使截面二维图形围绕一定的路径旋转指定的角度，使放样物体出现扭曲的效果。

步骤 01 继续上一节的操作，在"变形"卷展栏中单击"扭曲"按钮，如图 5.62 所示。

步骤 02 弹出"扭曲变形"对话框，激活"移动控制点"按钮，然后选择曲线最左端的角点，在数值框中输入"1400"，如图 5.63 所示。扭曲后的效果如图 5.64 所示。

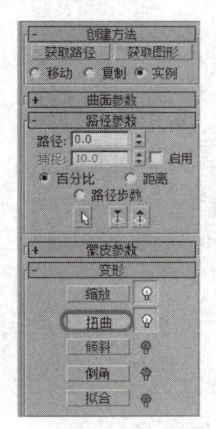

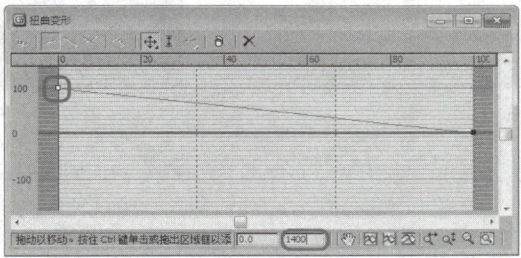

图 5.62 单击"扭曲"按钮　　图 5.63 输入数值　　图 5.64 "扭曲"变形效果

> **提示**
>
> 在"扭曲"变形中，垂直方向控制放样物体的旋转程度，水平方向控制旋转效果在路径上的应用范围。如果在"蒙皮参数"卷展栏中将"路径步数"设置得高一些，旋转物体的边缘就会更光滑。

5.6.4 "倾斜"变形

"倾斜"变形能够使放样对象围绕 X 轴或 Y 轴旋转，使其产生截面倾斜的效果。

步骤 01 选择"创建"→"图形"→"样条线"→"圆"命令，在前视图中创建一个圆形，然后选择"线"工具，在视图区创建一条直线，如图 5.65 所示。

步骤 02 选择创建的直线，然后选择"创建"→"几何体"→"复合对象"→"放样"命令，在"创建方法"卷展栏中单击"获取图形"按钮，如图 5.66 所示。

步骤 03 在视图区中选择圆对象，即可进行放样，效果如图 5.67 所示。

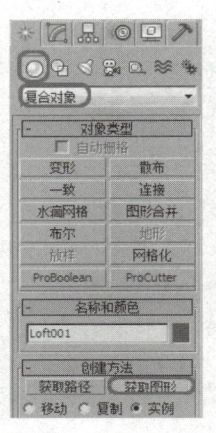

图 5.65　创建圆形和直线　　图 5.66　单击"获取图形"按钮　　图 5.67　放样效果

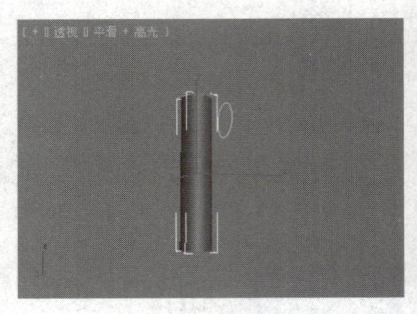

步骤 04 切换至"修改"命令面板,在"变形"卷展栏中单击"倾斜"按钮,弹出"倾斜变形(X)"对话框,调整角点,如图 5.68 所示。

步骤 05 调整对象的颜色,最终的倾斜变形效果如图 5.69 所示。

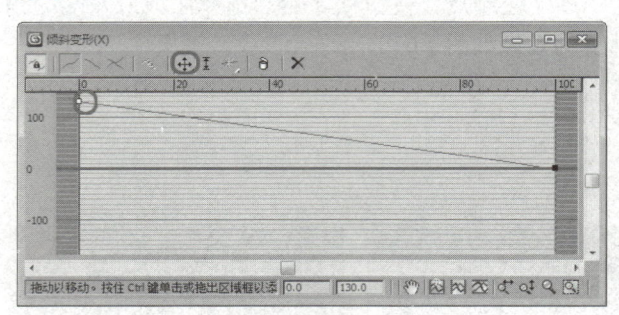

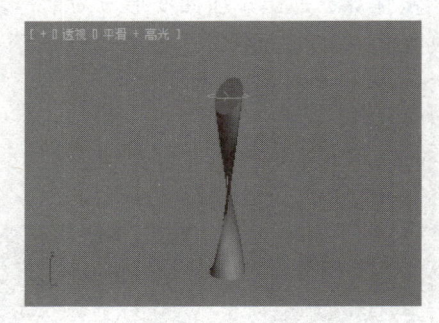

图 5.68　调整角点　　图 5.69　倾斜变形效果

5.6.5　"倒角"变形

"倒角"变形工具能够改变放样对象的大小,可以将截面图形沿 X 轴或 Y 轴作等量变化。

步骤 01 选择"创建"→"图形"→"样条线"→"文本"命令,在"参数"卷展栏的"文本"文本框中输入"完美教学",将字体设置为"楷体",如图 5.70 所示,在视图区中单击创建文本。

步骤 02 选择"线"工具,在前视图中绘制一条垂直的样条线,如图 5.71 所示。

步骤 03 选择创建的文本,选择"创建"→"几何体"→"复合对象"→"放样"命令,在"创建方法"卷展栏中单击"获取路径"按钮,然后在场景中选择样条线,即可对文字进行放样,如图 5.72 所示。

步骤 04 切换至"修改"命令面板,在"变形"卷展栏中单击"倒角"按钮,弹出"倒角变形"对话框,单击"插入角点"按钮,在曲线上添加两个角点,在新添加的两个角点对应的数值框中分别输入"10、-2.5""90、-6.5",如图 5.73 所示。倒角变形后的效果如图 5.74 所示。

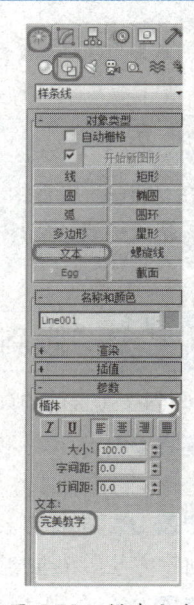

图 5.70　创建文本

| 模块5 | 创建复合物体

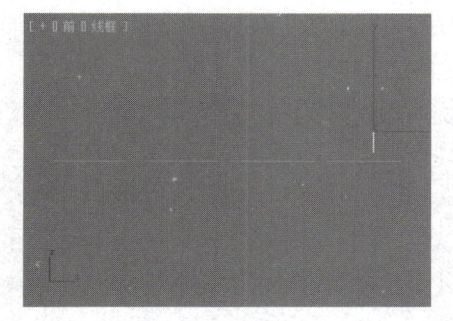

图 5.71 绘制样条线

图 5.72 放样文字

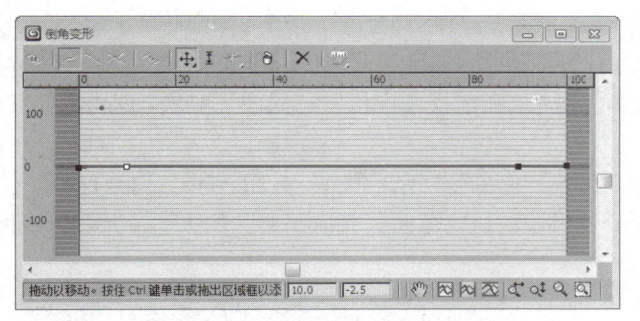

图 5.73 "倒角变形"对话框参数设置

图 5.74 "倒角"变形效果

5.6.6 "拟合"变形

"拟合"变形工具非常强大，只要在顶视图、前视图、左视图中绘制出对象，使用"拟合"变形工具就可以创造出复杂的几何体对象。

步骤01 选择"创建"→"图形"→"样条线"→"线"命令，在前视图中创建直线，并将其命名为"路径"，如图5.75所示。

步骤02 选择"创建"→"图形"→"样条线"→"矩形"命令，在前视图中创建矩形，并将其命名为"截面"，在"参数"卷展栏中将"长度"设置为"53.0"、"宽度"设置为"30.0"、"角半径"设置为"15.0"，如图5.76所示。

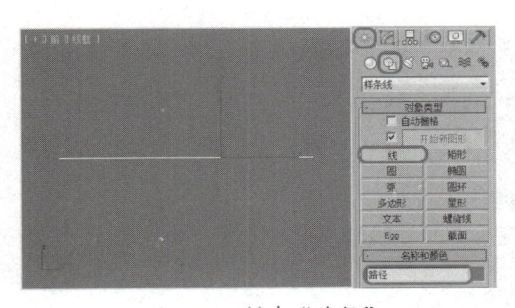

图 5.75 创建"路径"

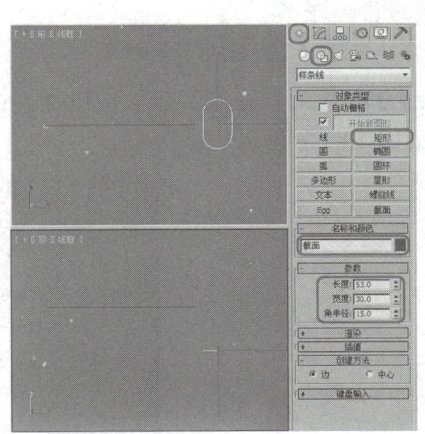

图 5.76 创建"截面"

步骤03 选择"创建"→"图形"→"样条线"→"线"命令，在顶视图中创建封闭的样条线，并将其命名为"X轴变形"，如图5.77所示。

131

步骤 04 继续使用"线"工具在前视图中创建封闭的样条线,并将其命名为"Y轴变形",如图 5.78 所示。

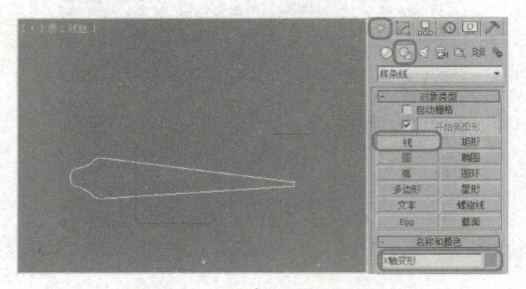

图 5.77 创建"X轴变形"　　　　图 5.78 创建"Y轴变形"

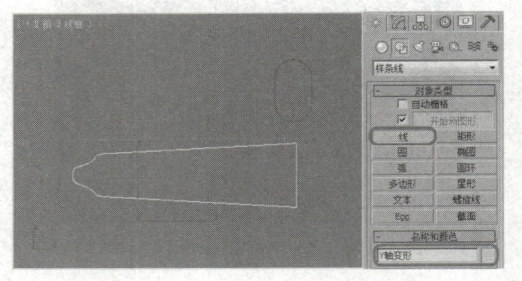

步骤 05 在视图区中选择"路径"对象,然后选择"创建"→"几何体"→"复合对象"→"放样"命令,在"创建方法"卷展栏中单击"获取图形"按钮,在前视图中拾取"截面"对象,创建放样对象,如图 5.79 所示。

步骤 06 切换至"修改"命令面板,单击"变形"卷展栏中的"拟合"按钮,打开"拟合变形(X)"对话框。单击"均衡"按钮,然后激活"显示X轴"按钮,单击"获取图形"按钮,并在顶视图中拾取"X轴变形"对象,如图 5.80 所示。

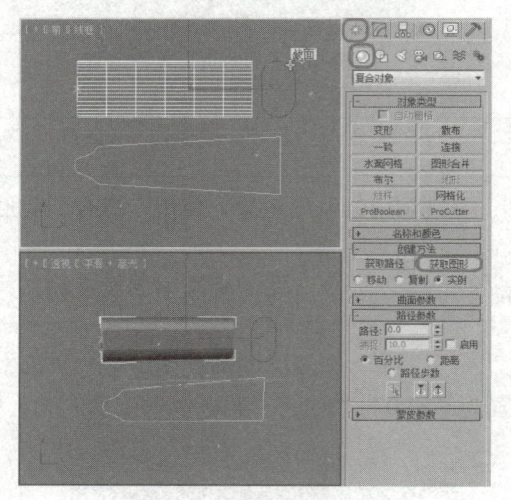

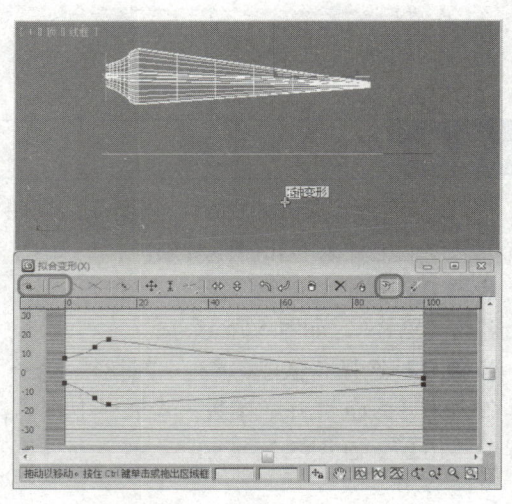

图 5.79 创建放样对象　　　　图 5.80 拾取"X轴变形"对象

步骤 07 激活"显示Y轴"按钮,然后在前视图中拾取"Y轴变形"对象,最终得到的拟合变形效果如图 5.81 所示。

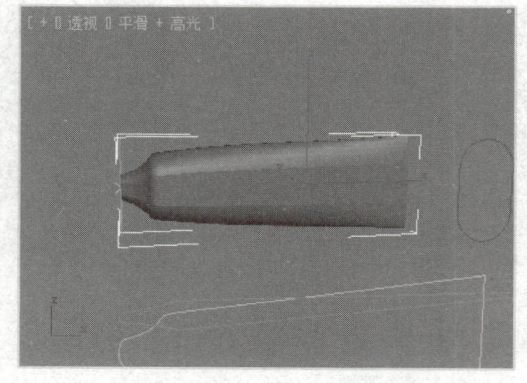

图 5.81 "拟合"变形效果

5.7　上机实训——液晶显示器

本例将介绍液晶显示器的制作，效果如图 5.82 所示。该例中主要用到的工具有"切角长方体"工具、"圆柱体"工具、"ProBoolean"工具和"切角圆柱体"工具等，具体的操作步骤如下。

步骤 01　启动 3ds Max 软件。选择"创建"→"几何体"→"扩展基本体"→"切角长方体"命令，在前视图中创建一个"长度"为"5000.0"、"宽度"为"9000.0"、"高度"为"150.0"、"圆角"为"20.0"、"长度分段"为"3"、"宽度分段"为"3"、"高度分段"为"1"、"圆角分段"为"5"的切角长方体，将其命名为"屏幕边"，如图 5.83 所示。

步骤 02　在"屏幕边"模型上单击鼠标右键，在弹出的快捷菜单中选择"转换为"→"转换为可编辑多边形"命令，将当前选择集定义为"顶点"，在前视图中调整顶点的位置，如图 5.84 所示。

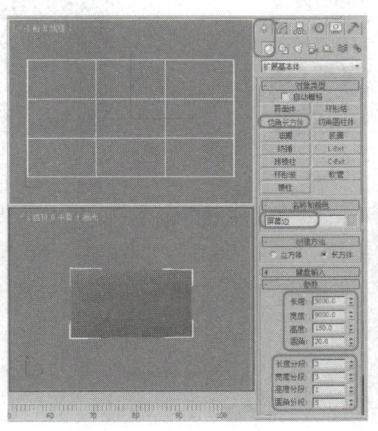

图 5.82　液晶显示器效果图　　　图 5.83　创建"屏幕边"模型　　　图 5.84　调整顶点位置

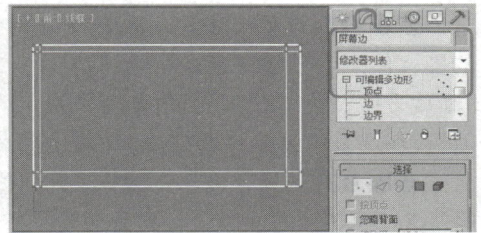

步骤 03　将当前选择集定义为"多边形"，在前视图中选择中间的多边形，在"编辑多边形"卷展栏中单击"倒角"按钮后面的□按钮，在弹出的对话框中设置"高度"为"-100.0"、"轮廓"为"-60.0"，单击"确定"按钮，如图 5.85 所示。

步骤 04　关闭当前选择集，选择"创建"→"几何体"→"标准基本体"→"圆柱体"命令，在前视图中创建"半径"为"80.0"、"高度"为"200.0"、"高度分段"为"1"、"端面分段"为"1"、"边数"为"18"的圆柱体，如图 5.86 所示。

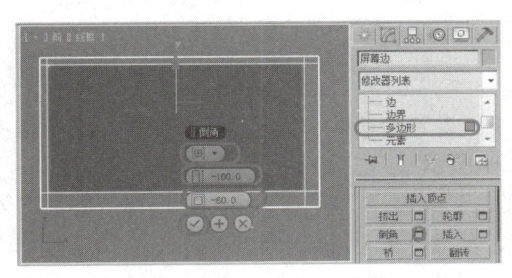

图 5.85　设置多边形倒角效果　　　图 5.86　创建圆柱体

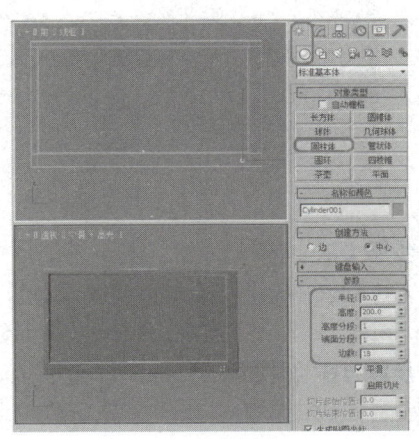

步骤 05　按住 Shift 键将圆柱体沿 X 轴向右拖动，释放鼠标左键后，在弹出的对话框中选择"复制"

单选按钮,将"副本数"设置为"5",单击"确定"按钮即可,如图5.87所示。

步骤 06 在场景中选择"屏幕边"模型,选择"创建"→"几何体"→"复合对象"→"ProBoolean"命令,在"拾取布尔对象"卷展栏中单击"开始拾取"按钮,在场景中拾取圆柱体,如图5.88所示。

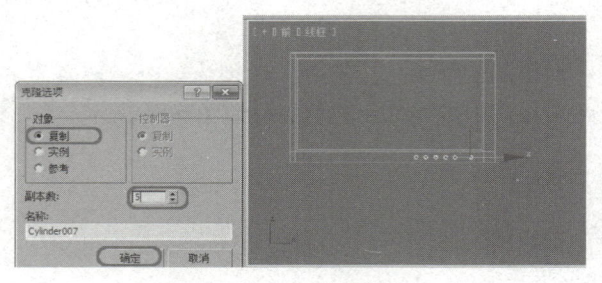

图5.87 复制圆柱体

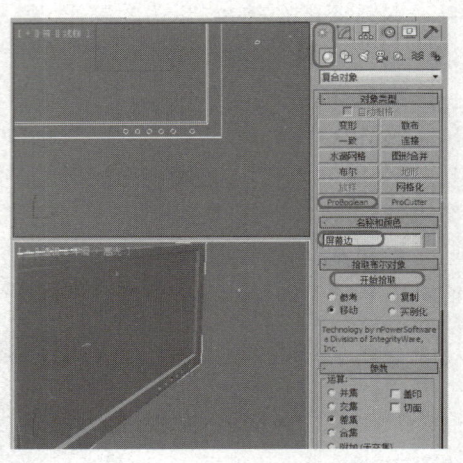

图5.88 拾取圆柱体

步骤 07 选择"创建"→"几何体"→"扩展基本体"→"切角圆柱体"命令,在布尔出的圆柱体洞中创建"半径"为"75.0"、"高度"为"50.0"、"圆角"为"20.0"的切角圆柱体,并设置"高度分段"为"1"、"圆角分段"为"1"、"边数"为"30"、"端面分段"为"1",将其命名为"按钮01",在场景中复制并调整模型,如图5.89所示。

步骤 08 选择"创建"→"几何体"→"标准基本体"→"球体"命令,在前视图中创建"半径"为"30.0"的球体,将其命名为"指示灯",并在场景中调整模型的位置,如图5.90所示。

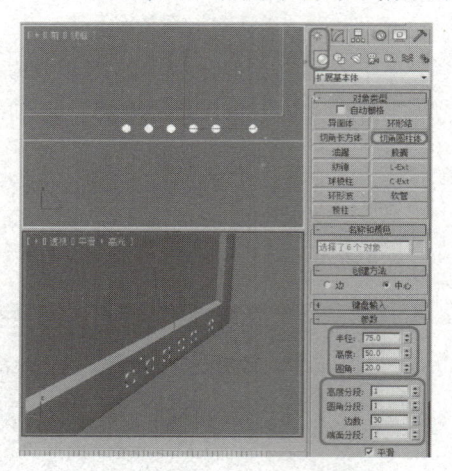

图5.89 创建并复制"按钮01"

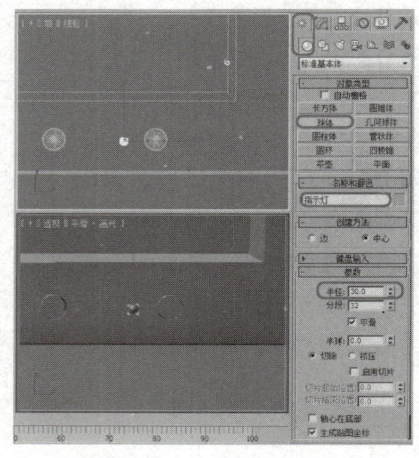

图5.90 创建"指示灯"

步骤 09 选择"创建"→"图形"→"样条线"→"文本"命令,在"参数"卷展栏的"字体"下拉列表中选择"Leelawadee Bold"选项,将"大小"设置为"400.0",并在"文本"文本框中输入"philips",然后在前视图中单击并创建文字,如图5.91所示。

步骤 10 切换到"修改"命令面板,在"修改器列表"中选择"挤出"修改器,在"参数"卷展栏中设置"数量"为"25.0",在场景中调整模型的位置,如图5.92所示。

步骤 11 选择"创建"→"几何体"→"标准基本体"→"长方体"命令,在前视图中创建"长度"为"4100.0"、"宽度"为"8200.0"、"高度"为"20.0"的长方体,将其命名为"屏幕",然后在场景中调整模型的位置，如图 5.93 所示。

图 5.91 创建文字

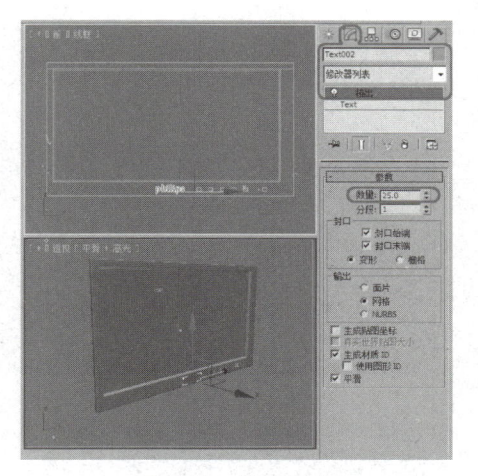

图 5.92 挤出文本

步骤 12 选择"创建" → "几何体" → "扩展基本体" → "切角长方体"命令，在前视图中创建"长度"为"3200.0"、"宽度"为"6200.0"、"高度"为"800.0"、"圆角"为"10.0"、"长度分段""宽度分段""高度分段"都为"1"、"圆角分段"为"5"的切角长方体，将其命名为"屏幕后"，并在场景中调整"屏幕后"模型至"屏幕边"模型的后面位置，如图 5.94 所示。

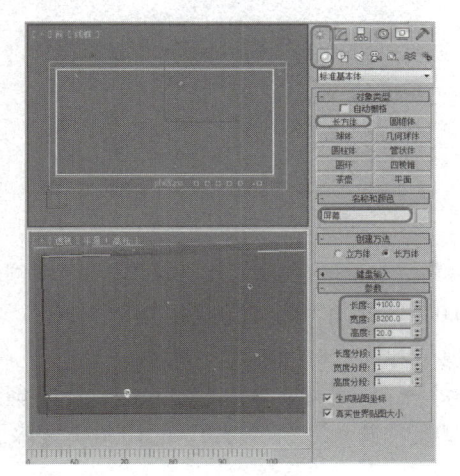

图 5.93 创建"屏幕"

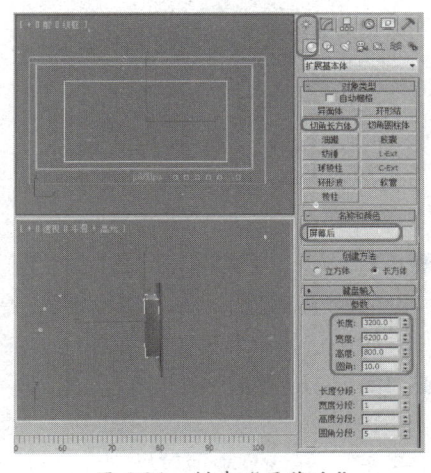

图 5.94 创建"屏幕后"

步骤 13 在"屏幕后"对象上右击，在弹出的快捷菜单中选择"转换为" → "转换为可编辑多边形"命令，将当前选择集定义为"顶点"，在场景中调整顶点的位置，如图 5.95 所示。

步骤 14 选择"创建" → "几何体" → "标准基本体" → "长方体"命令，在前视图中创建一个"长度"为"800.0"、"宽度"为"1020.0"、"高度"为"-635.0"的长方体，并在场景中调整模型的位置，如图 5.96 所示。

步骤 15 在场景中选择"屏幕后"对象，选择"创建" → "几何体" → "复合对象" → "ProBoolean"命令，在"参数"卷展栏中选择"差集"单选按钮，在"拾取布尔对象"卷展栏中单击"开始拾取"按钮，在场景中拾取长方体，效果如图 5.97 所示。

步骤 16 选择"创建" → "几何体" → "扩展基本体" → "切角长方体"命令，在前视图中创建"长度"为"380.0"、"宽度"为"1020.0"、"高度"为"635.0"、"圆角"为"25.0"、"圆角分段"为"3"的切角长方体，将其命名为"支架01"，在场景中调整模型的位置，如图 5.98 所示。

135

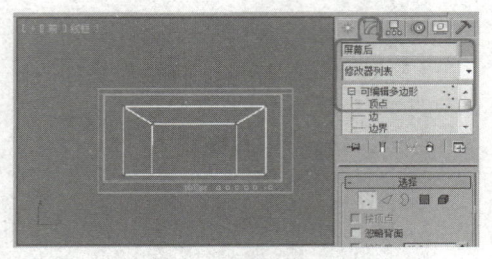

图 5.95 调整顶点位置　　　　　　　图 5.96 创建长方体

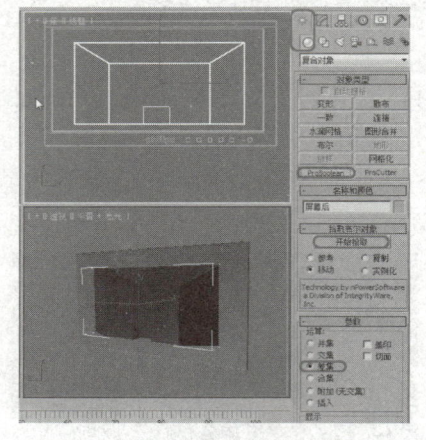

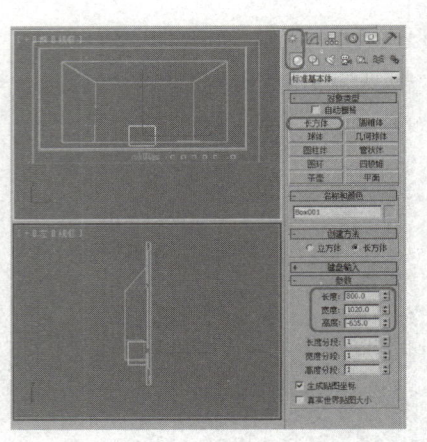

图 5.97 拾取长方体效果　　　　　　图 5.98 创建"支架01"

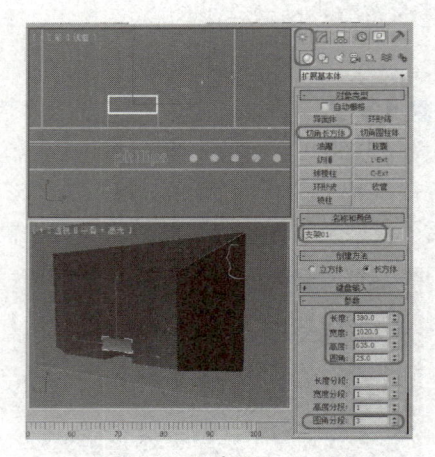

步骤 17 选择"创建"→"几何体"→"扩展基本体"→"切角长方体"命令,在前视图中创建"长度"为"2540.0"、"宽度"为"1020.0"、"高度"为"130.0"、"圆角"为"50.0"、"圆角分段"为"3"的切角长方体,将其命名为"支架02",并在场景中调整模型的位置,如图5.99所示。

步骤 18 选择"创建"→"几何体"→"扩展基本体"→"切角长方体"命令,在前视图中创建"长度"为"3810.0"、"宽度"为"5080.0"、"高度"为"127.0"、"圆角"为"25.0"的切角长方体,将其命名为"底座",在场景中调整模型的位置,如图5.100所示。

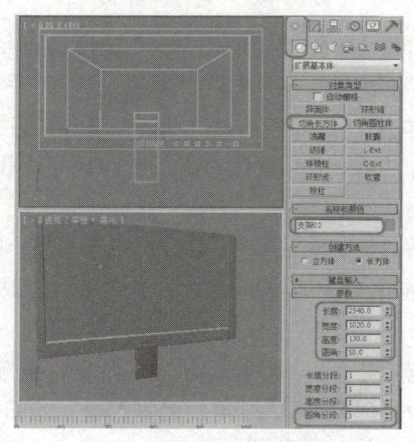

图 5.99 创建"支架02"　　　　　　图 5.100 创建"底座"

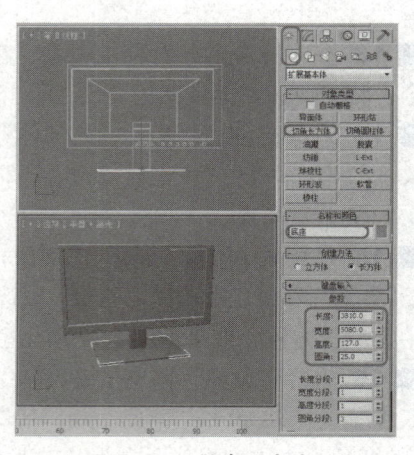

| 模块5 | 创建复合物体

步骤19 在场景中选择"屏幕"对象，在工具栏中单击"材质编辑器"按钮，在弹出的"材质编辑器"对话框中选择一个材质样本球，将其命名为"屏幕"。在"Blinn基本参数"卷展栏中设置"自发光"选项组中的"颜色"为"100"。在"贴图"卷展栏中单击"漫反射颜色"右侧的None按钮，在弹出的"材质/贴图浏览器"对话框中选择"位图"，单击"确定"按钮，再在弹出的对话框中选择本书配套资源中的Map\06.jpg文件，单击"打开"按钮，进入贴图层级面板，使用默认参数。单击"转到父对象"按钮和"将材质指定给选定对象"按钮，将材质指定给场景中的"屏幕"对象，如图5.101所示。

步骤20 在场景中选择"屏幕后""支架""底座"对象，按M键打开"材质编辑器"对话框，在该对话框中选择一个新的材质样本球，将其命名为"黑色塑料"。在"Blinn基本参数"卷展栏中设置"环境光""漫反射"的RGB值都为（81、81、81），设置"反射高光"选项组中的"高光级别""光泽度"分别为"60""29"。在"贴图"卷展栏中设置"反射"右侧的"数量"为"40"，单击None按钮，在弹出的"材质/贴图浏览器"对话框中选择"位图"，单击"确定"按钮，再在弹出的对话框中选择本书配套资源中的Map/01.jpg文件，单击"打开"按钮，进入贴图层级面板，使用默认设置即可，如图5.102所示。然后单击"转到父对象"按钮和"将材质指定给选定对象"按钮，将材质指定给场景中的选定对象，效果如图5.103所示。

步骤21 在"材质编辑器"对话框中选择一个新的材质样本球，然后参照前面实例中"黑色塑料"材质的设置，将"Blinn基本参数"卷展栏中的"环境光""漫反射"的RGB值都改为（255、255、255），并将其命名为"白色塑料"，最后指定给场景中的按钮和文本对象，如图5.104所示。

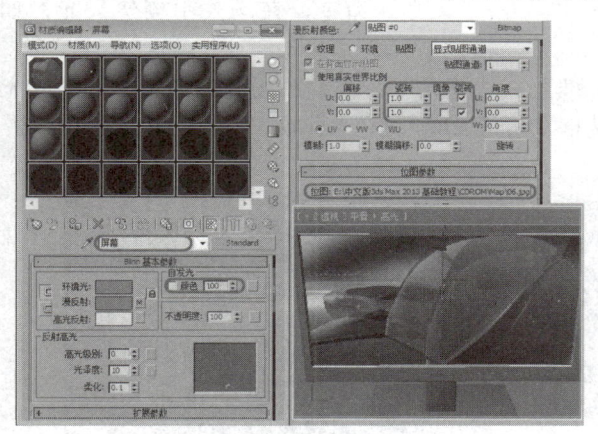

图5.101 设置并指定"屏幕"材质

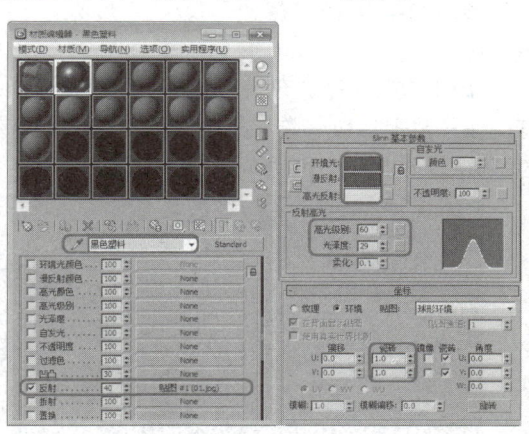

图5.102 设置"黑色塑料"材质

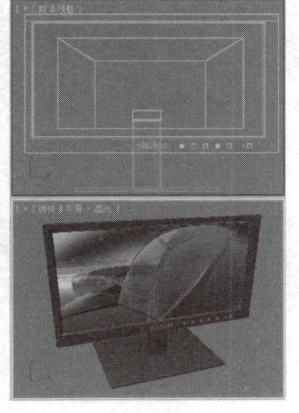

图5.103 指定材质后的效果

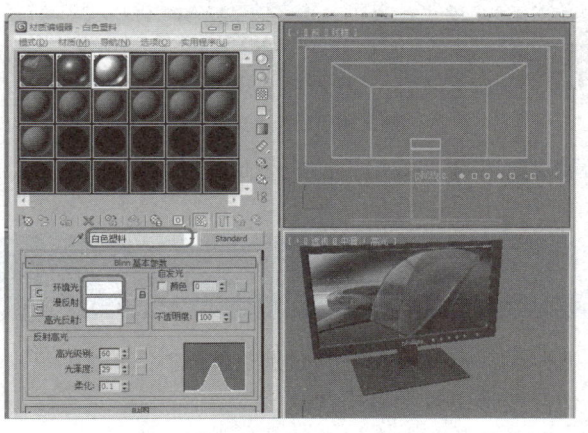

图5.104 设置并指定"白色塑料"材质

步骤 22 在场景中选择"指示灯"对象,在"材质编辑器"对话框中选择一个新的材质样本球,将其命名为"指示灯"。在"Blinn 基本参数"卷展栏中设置"环境光""漫反射"的 RGB 值都为(192、255、18),设置"自发光"选项组中的"颜色"为"100",在"反射高光"选项组中设置"高光级别""光泽度"分别为"81""42",如图 5.105 所示。然后单击"转到父对象"按钮 和"将材质指定给选定对象"按钮 ,将材质指定给场景中的选定对象。

步骤 23 使用"平面"工具为场景创建白色的底板,然后在透视视图中调整好角度,按 Ctrl+C 组合键创建摄影机,如图 5.106 所示,按 Shift+F 组合键打开安全框。

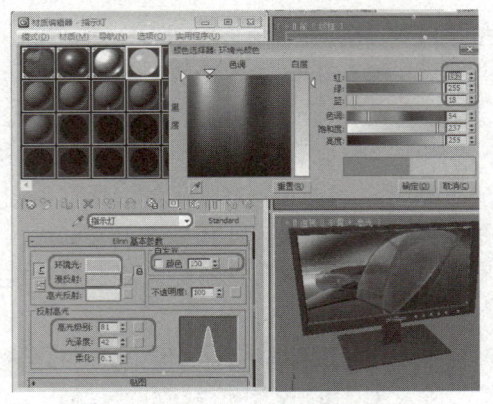

图 5.105 设置"指示灯"材质

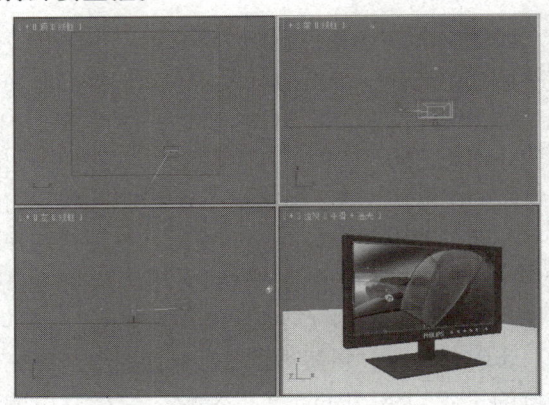

图 5.106 创建白色底板和摄影机

步骤 24 选择"创建"→"灯光"→"标准"→"天光"命令,在场景中创建天光,如图 5.107 所示。

步骤 25 选择"创建"→"灯光"→"标准"→"泛光"命令,在场景中创建并调整泛光灯。在"常规参数"卷展栏中取消勾选"启用"复选框,在"强度/颜色/衰减"卷展栏中设置"倍增"为"0.3",如图 5.108 所示。

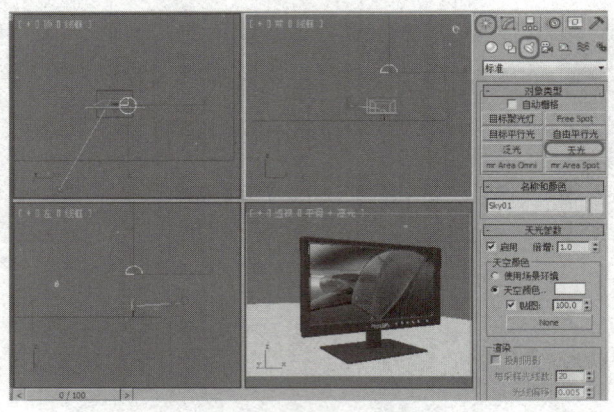

图 5.107 创建天光

图 5.108 创建泛光灯并设置参数

步骤 26 设置完成后,渲染场景并对场景进行存储。

5.8 思考与练习

1. 布尔运算有几种类型?分别是什么?
2. 放样变形工具都包括什么?
3. 创建放样物体的前提条件是什么?

模块 6 多边形建模

多边形建模是计算机上动画软件的建模方式之一，在 3ds Max 2014 中，有三种不同的高级建模方法：多边形建模、面片建模和 NURBS 建模。

多边形物体也是一种网格物体，它在功能及使用上几乎与"可编辑网格"相同，不同的是"可编辑网格"是由三角面构成的框架结构。在 3ds Max 中将对象转换为多边形对象的方法有以下三种。

- 选择要转换为可编辑多边形的对象并右击，在弹出的快捷菜单中选择"转换为"→"转换为可编辑多边形"命令，如图 6.1 所示。
- 选择要转换的对象，切换到"修改"命令面板中，在修改器下拉列表中选择"编辑多边形"修改器，如图 6.2 所示。
- 在修改器堆栈中单击鼠标右键，在弹出的快捷菜单中选择"可编辑多边形"命令，如图 6.3 所示。

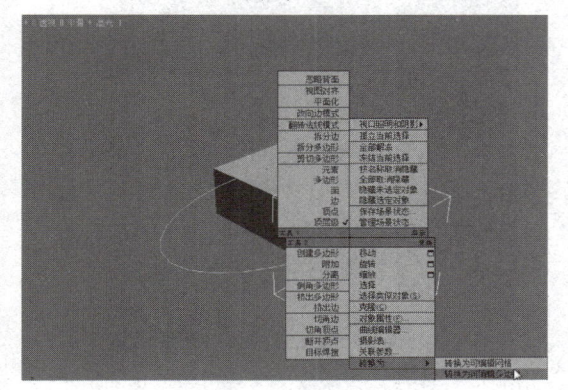

图 6.1　选择"转换为可编辑多边形"命令 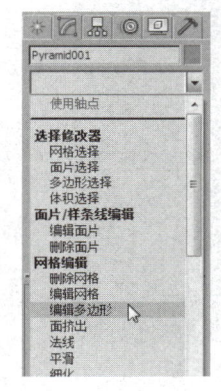　　图 6.2　选择"编辑多边形"修改器 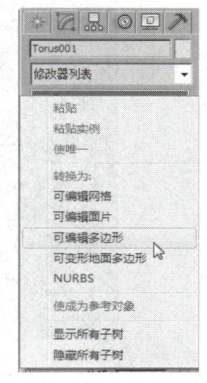　　图 6.3　选择"可编辑多边形"命令

6.1　了解多边形建模

多边形建模的基本原理是由点构成边，再由边构成多边形，通过多边形组合就可以制作出用户所要求的造型。以四棱锥为例，如图 6.4 所示，可以看出，这个几何体是由 5 个面组成的，而每个面由不同数量的条边组成（4 个三角形侧面由 3 条边组成，1 个四边形底面由 4 条边组成），每条边又是由 2 个点组成的。事实上每一个物体都可以抽象成由无数三角面按一定位置关系组合而成的三维对象。多边形模型的构造实质上是一系列点的连接。

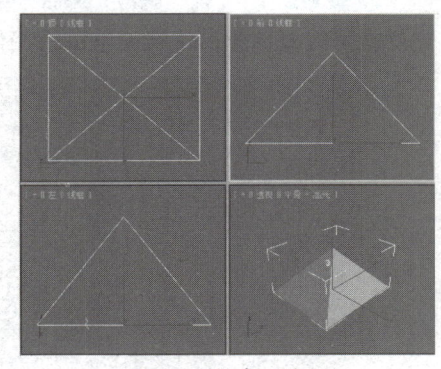

在创建的模型中，若所有的面至少与其他三个面共享一条边，那么该模型是闭合的；反之则是开放的。在开放的情况下，对于二维平面有较好的效果，如平坦的地面、地板及天花板、背景图片或海报等。实际建模时，可以使用多边形建模的领域很宽，几乎所有的物体都可以使用多边形建模。

图 6.4　创建四棱锥

在多边形建模中，最重要的因素之一是面数（即多边形的数量）。增加面数会使模型更加细化，从而表现更多的细节，但是否需要增加面数取决于用户的具体需求。如果制作的是远景目标，就不用过多地去表现细节了。

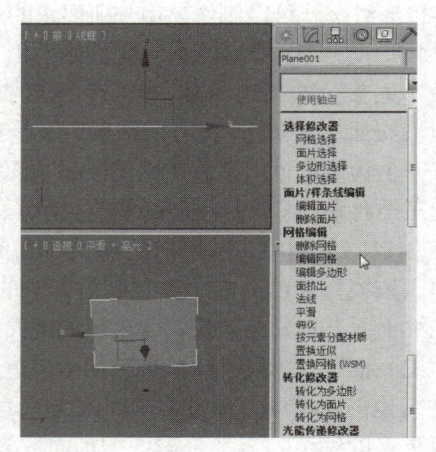

6.2 "编辑网格"修改器

"编辑网格"修改器通过对一个基本的网格物体的子物体进行调整，生成独特的物体。建造一个物体的方法有多种，其中最简单也最常用的方法便是使用"编辑网格"修改器来对构成物体的网格进行编辑创建。

将物体转换为可编辑网格的操作有以下三种。

- 通过快捷菜单命令转换物体为可编辑网格。

步骤01 选择"创建" → "几何体" → "标准基本体" → "平面"命令，在顶视图中创建一个"长度""宽度"分别为"190.0""280.0"、"长度分段""宽度分段"都为"4"的平面，如图6.5所示。

步骤02 在视图中选择平面并单击鼠标右键，在弹出的快捷菜单中选择"转换为" → "转换为可编辑网格"命令，如图6.6所示。

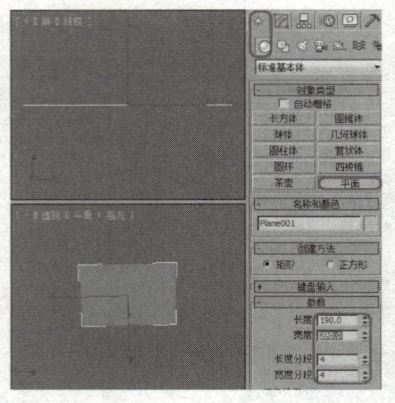

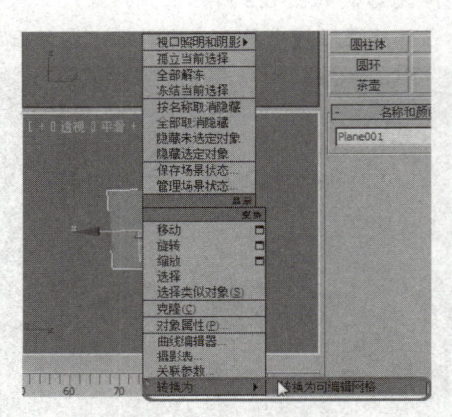

图6.5 创建平面　　　　　　　　　　　图6.6 选择"转换为可编辑网格"命令

步骤03 切换到"修改"　命令面板，在修改器堆栈中可以看到该物体已经转换为可编辑网格，如图6.7所示。

- 在修改器下拉列表中选择"编辑网格"修改器。

步骤01 在视图中选择要添加"编辑网格"修改器的物体。

步骤02 切换到"修改"　命令面板，在修改器下拉列表中选择"编辑网格"修改器，如图6.8所示，这样就可以对该物体进行网格编辑操作了。

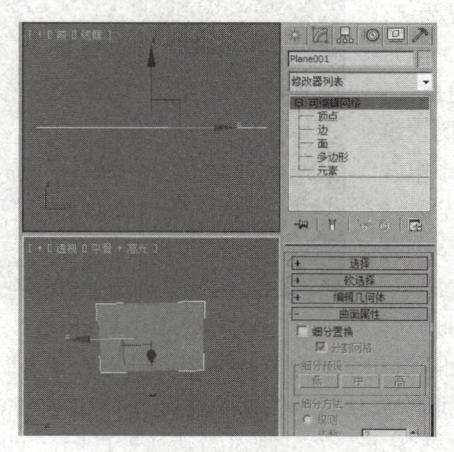

图6.7 已转换为可编辑网格　　　　　　图6.8 选择"编辑网格"修改器

- 在修改器堆栈中将物体塌陷成可编辑网格。

步骤 01 在场景中选择要转换为可编辑网格的物体。

步骤 02 切换到"修改" 命令面板，在修改器堆栈中单击鼠标右键，在弹出的快捷菜单中选择"可编辑网格"命令，如图 6.9 所示。执行该操作后，即可将选择的物体转换为可编辑网格。

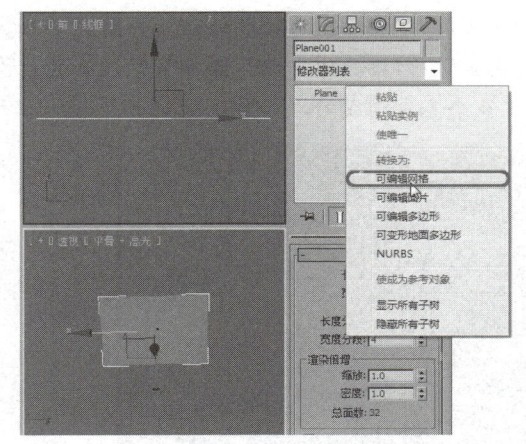

图 6.9 选择"可编辑网格"命令

6.2.1 "可编辑网格"与"编辑网格"

"可编辑网格"与"编辑网格"修改器一样，都提供了对由三角面组成的网格对象的操纵控制，包括顶点、边、面、多边形和元素等。但两者的区别在于为物体添加"编辑网格"修改器后，物体创建时的参数仍然保留，可在修改器中修改它的参数；而将其塌陷成可编辑网格后，物体创建时的参数将丢失，只能在子物体层级进行编辑。用户可以根据需要将 3ds Max 中的大多数对象转化为可编辑网格或添加"编辑网格"修改器，但是对于开口样条线对象，只有顶点可用，因为在被转化为网格时开放样条线没有面和边。

6.2.2 网格的子物体层级

在为物体添加了"编辑网格"修改器或将其塌陷成可编辑网格后，可在修改器堆栈中看到网格子物体有五种层级。

- "顶点"：将当前对象定义为"顶点"后，可以根据需要选择单个或多个顶点，如图 6.10 所示。当对选择的顶点进行移动时，会影响它所在的面。
- "边"：连接两个节点的可见或不可见的一条线，是面的基本层级，两个面可共享一条边，如图 6.11 所示。
- "面"：由 3 条边构成的三角形，如图 6.12 所示。

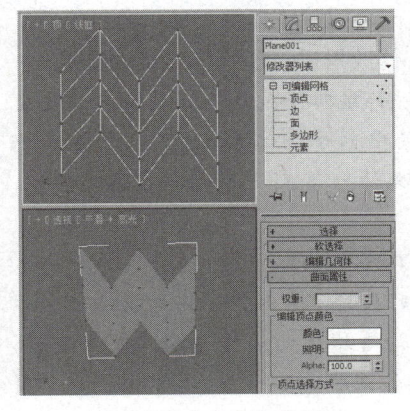

图 6.10 "顶点"层级 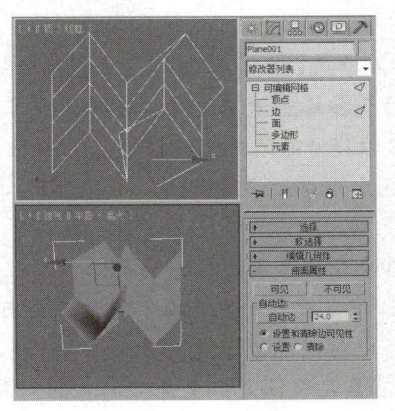　　　　图 6.11 "边"层级 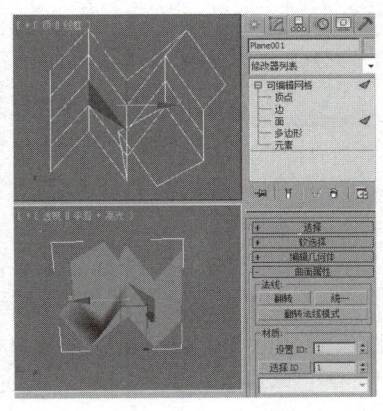　　　　图 6.12 "面"层级

- "多边形"：由4条边构成的面，如图6.13所示。
- "元素"：网格物体中以组为单位的连续的面构成元素。例如，茶壶是由壶体、壶把、壶嘴、壶盖4个元素构成的，如图6.14所示。

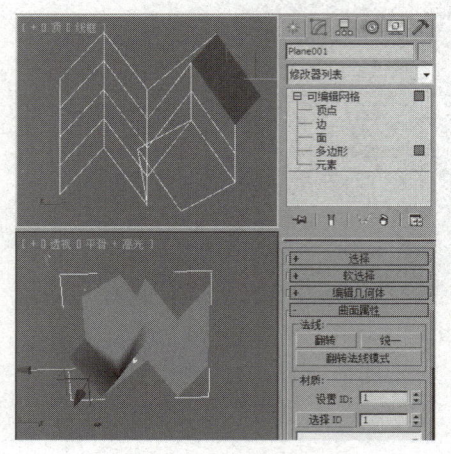

图6.13 "多边形"层级　　　　　图6.14 "元素"层级

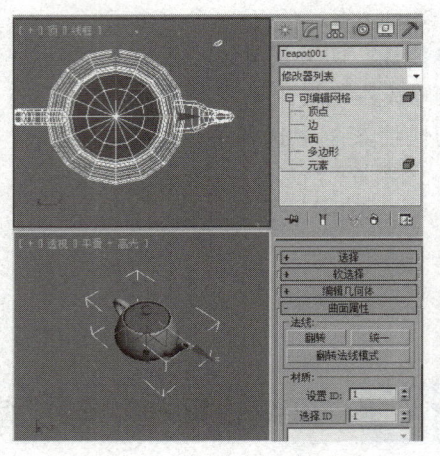

> **提示**
>
> 在渲染时看到的是面，看不到节点和边。面是构成多边形和元素的最小单位。

6.2.3 子物体层级的选择

3ds Max 2014为用户在子物体层级中进行选择提供了多种方法，常用的是以下几种。

- 在场景中创建一个物体，为其添加"编辑网格"修改器后，在修改器堆栈中，单击"可编辑网格"前面的"+"，会看到5种子物体，单击相应的子物体名称，即可进入相应子物体层级的选择方式，子物体将以黄色高亮显示，同时"选择"卷展栏中的相应按钮被激活，如图6.15所示。

> **提示**
>
> 在子物体层级中进行选择时，有时会选中物体另一面的子物体，但这往往不是需要的。要解决这个问题，可以选中"选择"卷展栏中的"忽略背面"复选框，如图6.16所示。

除上述方法外，还可以使用"网格选择"修改器和"体积选择"修改器进行子物体层级的选择。

- "网格选择"修改器只能用于选择，但不能对所选择的内容进行编辑修改，它只是将内容定义为一个选择集，通过修改器堆栈传递给其他的修改器。在场景中创建物体后，进入"修改"命令面板，在下拉列表框中选择"网格选择"修改器，这时会看到"网格选择参数"卷展栏。
- "体积选择"修改器主要通过在物体周围框出一个体积，在体积内的所有子物体会作为一个选择集保存到修改器堆栈中，该修改器的优点在于修改点、面的数目不会对体积内的物体产生影响。"体积选择"修改器可以对顶点或面进行子对象选择，沿着堆栈向上传递给其他修改器。子对象选择与对象的基本参数几何体是完全分开的。如同其他选择方法一样，"体积选择"用于单个或多个对象。

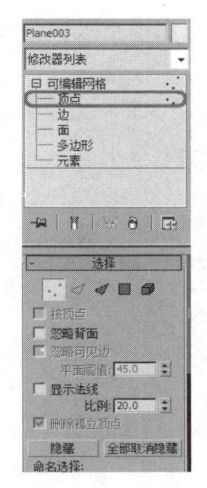

图 6.15 定义选择集 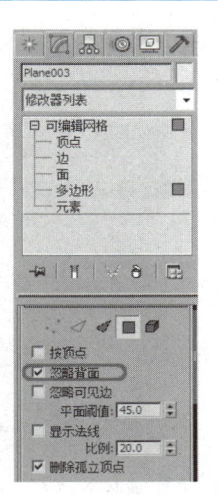　　　　　图 6.16 勾选"忽略背面"复选框

- "体积选择"修改器与"网格选择"修改器作用相同，也属于选择修改器，使用时可进入"修改"命令面板，在下拉列表框中选择"体积选择"修改器，如图 6.17 所示。单击"体积选择"前面的"+"号，如图 6.18 所示。其中的 Gizmo 用于子物体的选择，当选择此选项时，调整线框选择子物体；"中心"用于调整 Gizmo 旋转或缩放的中心。"体积选择"修改器的"参数"卷展栏如图 6.19 所示。

图 6.17 添加"体积选择"修改器 　　　图 6.18 展开选择集 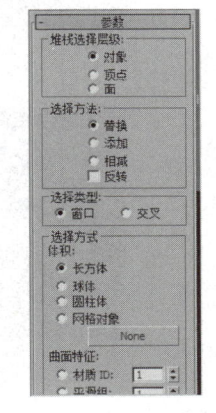　　　图 6.19 "参数"卷展栏

6.3 "编辑多边形"修改器

"编辑多边形"修改器与"编辑网格"修改器类似，进入"编辑多边形"修改器后，可以看到相应的卷展栏。在"选择"卷展栏中，提供了进入各种选择集的按钮，同时也提供了便于选择集选择的各个选项。

将物体塌陷成可编辑多边形后，多边形物体的子物体包括"顶点""边""边界""多边形""元素"五个子物体层级，如图 6.20 所示。可以进入任一子物体层级进行移动、旋转、缩放、复制等操作。

下面学习"编辑多边形"修改器的一些参数的用法。

在"选择"卷展栏中，不同的子物体层级可用的命令不同，如图 6.21 所示。将当前选择集定义为"多边形"时，会出现"收缩""扩大""环形""循环"等按钮，其中，"收缩"按钮用于对当前子物体层级进行收缩以减少选择，如图 6.22 所示；"扩大"按钮用于对当前子物体层级向外围扩展以增加选择，效果如图 6.23 所示。

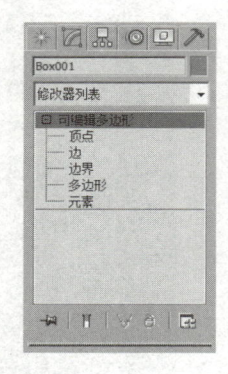

图 6.20 "可编辑多边形"的子物体层级

图 6.21 "选择"卷展栏

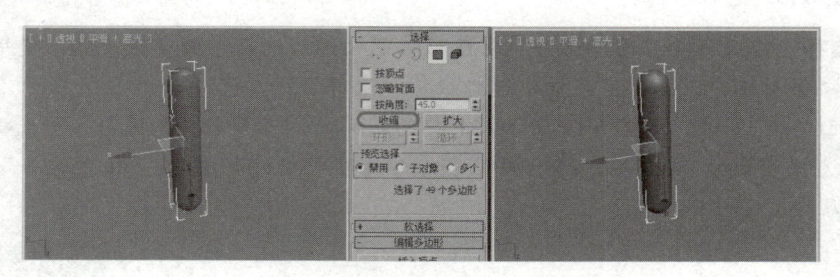

图 6.22 使用"收缩"按钮以减少选择

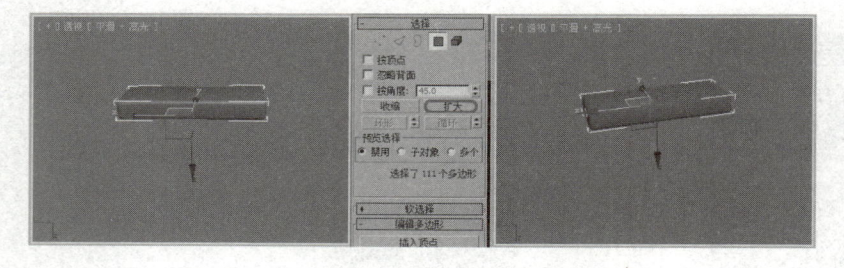

图 6.23 使用"扩大"按钮以增加选择

6.3.1 "顶点"选择集

当选择"顶点"选择集时，"编辑顶点"卷展栏中提供了一些命令，可以对顶点子物体进行编辑，如图 6.24 所示。

- "移除"：删除选中的顶点，并接合起使用它们的多边形。使用选中顶点后，按 Delete 键的方法，会在网格中创建孔洞。要想删除顶点而不创建孔洞，可以使用"移除"按钮。
- "断开"：在与选定顶点相连的每个多边形上，都创建一个新顶点，这可以使多边形的转角相互分开，使它们不再相连于原来的顶点上。如果顶点是孤立的或者只有一个多边形使用，则顶点不受影响。断开后移动相邻顶点的控制柄可以创建面片中的缝隙，如图 6.25 所示。

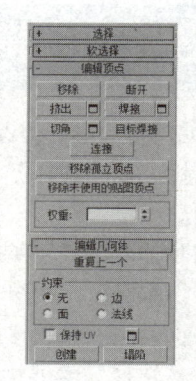

图 6.24 "编辑顶点"卷展栏

图6.25　断开选择集

- "挤出"：用于对视图中选择的点进行挤压操作。单击此按钮，然后在顶点上按住鼠标左键拖动，就可以挤出此顶点。挤出顶点时，它会沿法线方向移动，并且创建新的多边形，形成挤出的面，将顶点与对象相连，如图6.26所示。

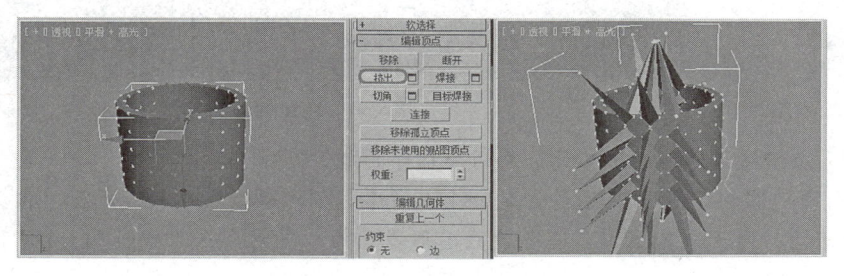

图6.26　挤出选择集

- "移除孤立顶点"：将不属于任何多边形的所有顶点删除。
- "移除未使用的贴图顶点"：某些建模操作会留下未使用的（孤立）贴图顶点，它们会显示在"展开UVW"编辑器中，但是不能用于贴图。可以使用这一按钮来自动删除这些贴图顶点。

单击"编辑顶点"卷展栏中相应命令按钮右侧的□按钮，会弹出相应的命令设置对话框，调整其中的参数值能对"顶点"子物体进行精确调整。

> **提示**
>
> 使用"移除"命令与按Delete键不同。按Delete键会在删除所选点的同时删除点所在的面，如图6.27所示；使用"移除"命令不会删除点所在的面，但可能会对物体的外形产生影响，如图6.28所示。

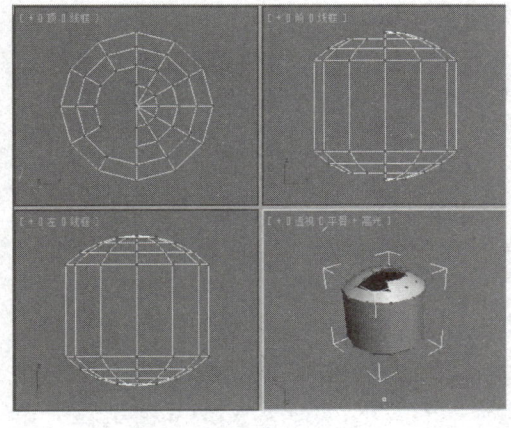

图6.27　删除顶点效果　　　　图6.28　移除顶点效果

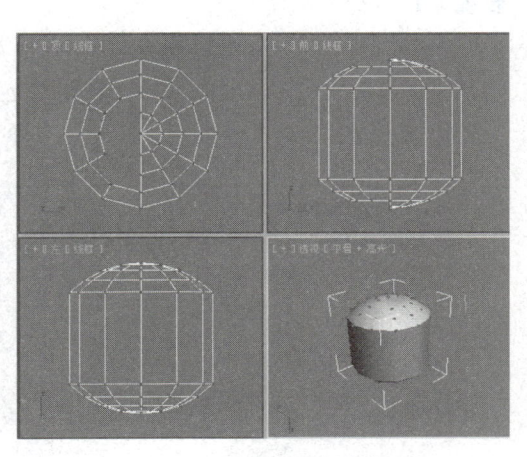

6.3.2 "边"选择集

当选择"边"选择集时,可以使用"编辑边"卷展栏中提供的一些命令,对边子物体进行编辑,该卷展栏如图 6.29 所示。

- "插入顶点":用于手动细分可视的边,启用"插入顶点"按钮后,单击某边即可在该位置添加顶点。只要该按钮处于激活状态,就可以连续细分多边形,如图 6.30 所示。

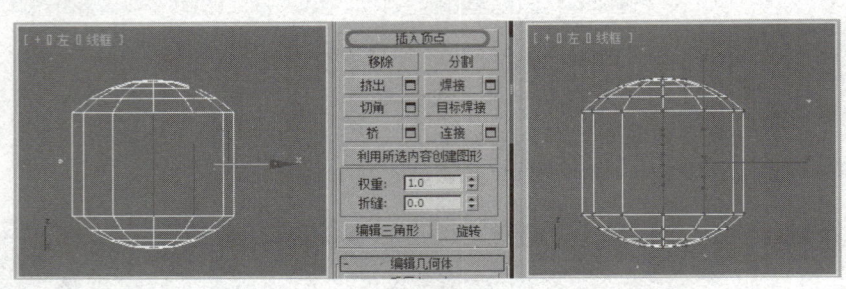

图 6.29 "编辑边"卷展栏　　　　图 6.30 连续插入顶点效果

- "分割":在栅格或球体的中心处分割两个相邻的边。
- "利用所选内容创建图形":通过选定一个或多个边创建样条线形状。此时,将会显示"创建图形"对话框,用于命名图形,还可设置图形类型为"平滑"或"线性"。新图形的枢轴位于多边形对象的中心。
- "编辑三角形":将进行手动编辑三角剖分,会显示隐藏的边。单击多边形的一个顶点,会出现附着在光标上的橡皮筋线。单击不相邻顶点可为多边形创建新的三角剖分。

> **提示**
> 在"编辑三角形"模式下,可以查看视口中的当前三角剖分,还可以通过单击相同多边形中的两个顶点对其进行更改。

6.3.3 "多边形"选择集

当选择"多边形"选择集时,可以使用"编辑多边形"卷展栏中提供的一些命令,对多边形子物体进行编辑,如图 6.31 所示。对多边形子物体进行编辑的具体操作步骤如下。

步骤01 选择"创建"→"图形"→"样条线"→"星形"命令,在顶视图中创建星形图形,将其"半径1""半径2"分别设置为"147.0""75.0",如图 6.32 所示。

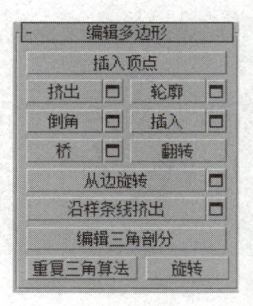

图 6.31 "编辑多边形"卷展栏　　　　图 6.32 创建星形

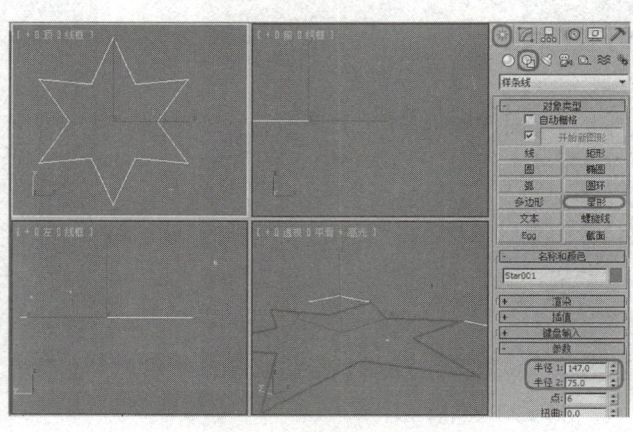

步骤 02 设置完成后,选择该图形,单击鼠标右键,在弹出的快捷菜单中选择"转换为"→"转换为可编辑多边形"命令,如图 6.33 所示。

步骤 03 切换到"修改"命令面板,将当前选择集定义为"多边形",在"编辑多边形"卷展栏中单击"挤出"按钮,对其进行挤出,如图 6.34 所示。

步骤 04 挤出完成后,单击"轮廓"按钮,将其轮廓缩小,缩小后的效果如图 6.35 所示。

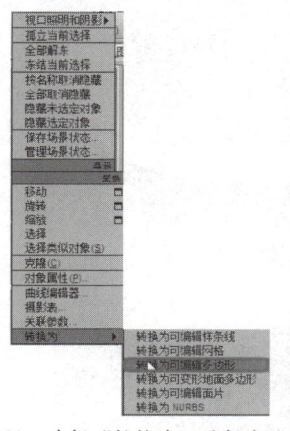

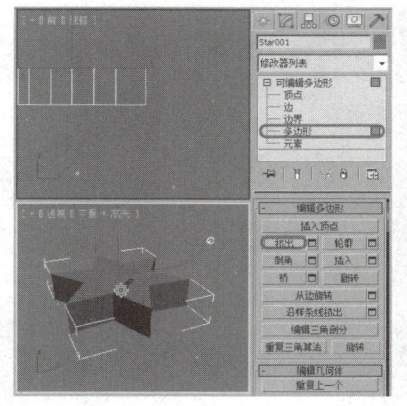

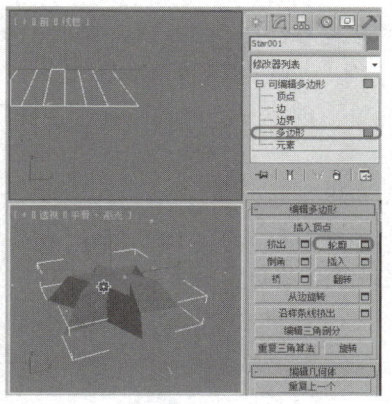

图 6.33 选择"转换为可编辑多边形"　　图 6.34 挤出星形　　图 6.35 设置轮廓

步骤 05 轮廓设置完成后,单击"倒角"按钮,按住鼠标左键拖动对其进行倒角操作,效果如图 6.36 所示。

步骤 06 单击"插入"按钮,拖动产生新的轮廓并由此而产生新的面,如图 6.37 所示。

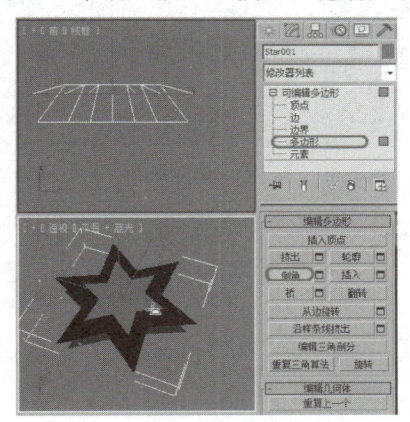

图 6.36 设置倒角　　图 6.37 插入新面

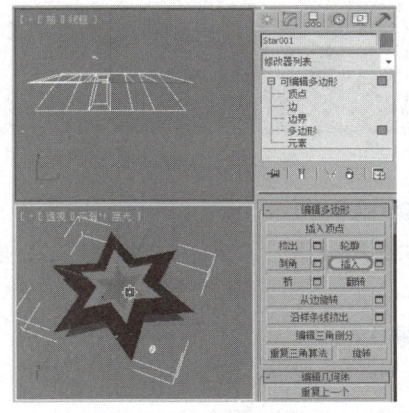

- "挤出":用于挤出边或面。边挤出与面挤出的工作方式相似。可以使用手动(在子对象上进行拖动)或数值方式(使用微调器)应用挤出。
- "轮廓":用于将轮廓的尺寸增大或减小。
- "倒角":对选择的多边形进行挤压或轮廓处理。
- "插入":拖动产生新的轮廓,并由此产生新的面。
- "翻转":用于反转多边形的法线方向。
- "从边旋转":指定多边形的一条边作为铰链,将选择的多边形沿铰链旋转,产生新的多边形。
- "沿样条线挤出":将选择的多边形沿指定的样条线挤压。
- "编辑三角剖分":多边形内部隐藏的边会以虚线的形式显示出来,单击对角线的顶点,移动鼠标指针到对角的顶点位置,单击鼠标会改变四边形的划分方式。
- "重复三角算法":自动对多边形内部的三角面进行重新计算,形成更为合理的多边形划分。

6.4 上机实训——盘子中的鸡蛋

本例将介绍如何制作盘子中的鸡蛋，效果如图 6.38 所示。该案例主要介绍如何创建鸡蛋、盘子的模型，并为其设置相应的材质，从而达到逼真的效果。

步骤 01 启动 3ds Max 2014，选择"创建"→"几何体"→"标准基本体"→"球体"命令，在顶视图中创建一个球体。在"参数"卷展栏中，将"半径"设置为"55.0"，将"分段"设置为"50"，如图 6.39 所示。

步骤 02 在工具栏中单击"选择并旋转"按钮，在左视图中将球体沿 X 轴旋转 90°，如图 6.40 所示。

图 6.38 效果图

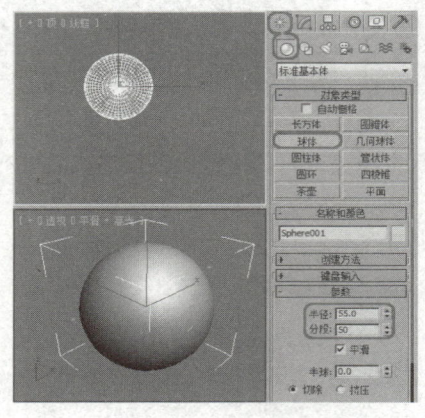

图 6.39 创建球体

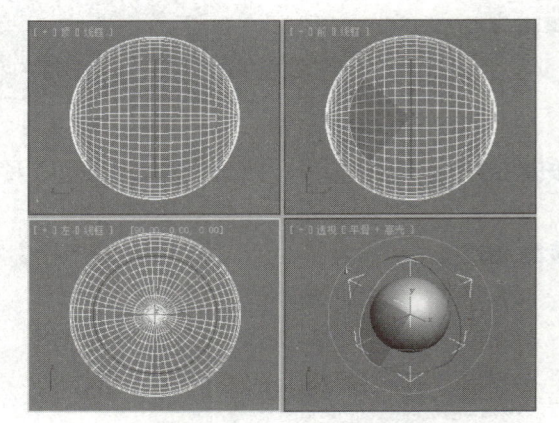

图 6.40 沿 X 轴旋转球体

步骤 03 单击工具栏中的"选择并移动"按钮，切换至"修改"命令面板，在修改器下拉列表中选择"编辑网格"修改器，将当前选择集定义为"顶点"，在左视图中单击球体的中心点，如图 6.41 所示。

步骤 04 在"软选择"卷展栏中勾选"使用软选择"复选框，将"衰减"设为"110.0"，按 Enter 键确认，如图 6.42 所示。

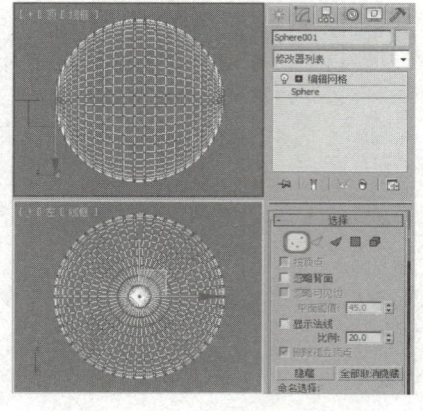

图 6.41 选择球体的中心点

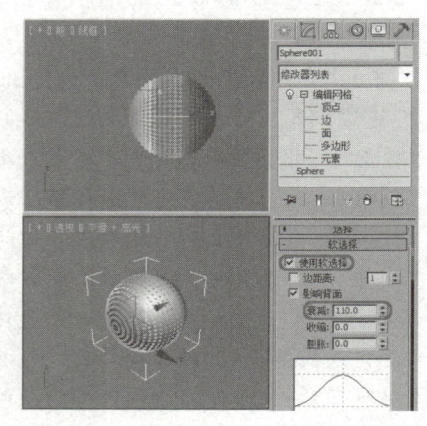

图 6.42 "软选择"卷展栏参数设置

步骤 05 利用"选择并移动"工具，在顶视图中沿 X 轴移动顶点来调整对象的形状，如图 6.43 所示。

步骤 06 调整完成后，将当前选择集关闭，按 M 键打开"材质编辑器"对话框，在其中选择一个材质样本球，将其命名为"鸡蛋"。在"Blinn 基本参数"卷展栏中将"环境光""漫反射"的 RGB 值都设置为（217、132、91），在"自发光"选项组中的"颜色"文本框中输入"30"，在"反射高光"选项组中将"高光级别""光泽度"分别设置为"50""40"，如图 6.44 所示。

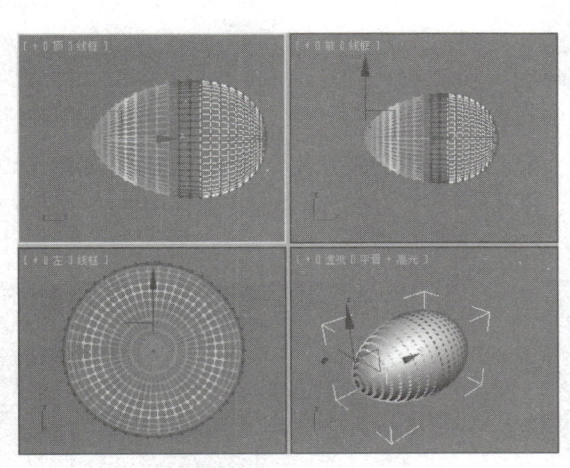

图 6.43 调整后的效果　　　　　　　图 6.44 设置鸡蛋材质

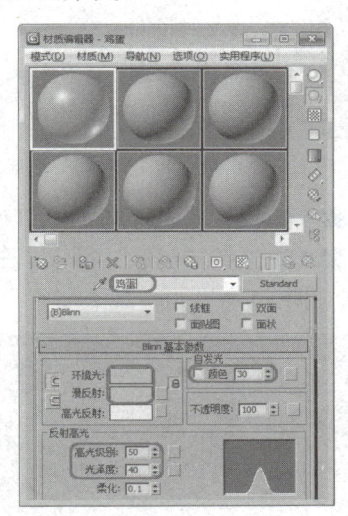

步骤 07 在"贴图"卷展栏中单击"凹凸"右侧的 None 按钮，在弹出的对话框中选择"噪波"，如图 6.45 所示。

步骤 08 单击"确定"按钮，在"噪波参数"卷展栏中将"大小"设置为"0.3"，如图 6.46 所示。

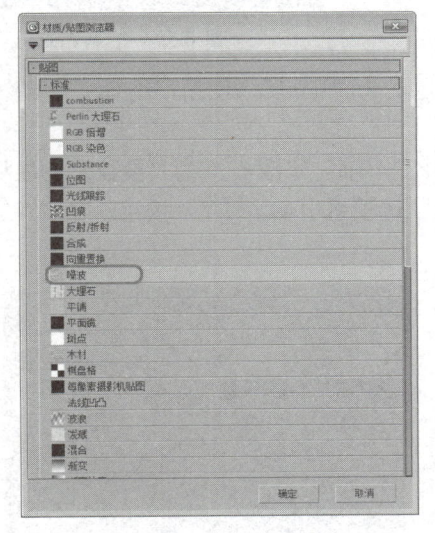

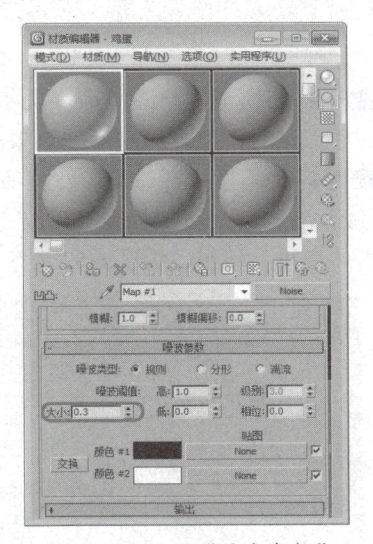

图 6.45 选择"噪波"　　　　　　　图 6.46 设置"噪波参数"

步骤 09 单击"将材质指定给选定对象"按钮和"在视口中显示标准贴图"按钮，然后将材质编辑器关闭，指定材质后的效果如图 6.47 所示。

步骤 10 在顶视图中选择该模型并按住 Shift 键向右进行拖动，在弹出的对话框中选择"复制"单选按钮，将"副本数"设置为"4"，如图 6.48 所示。

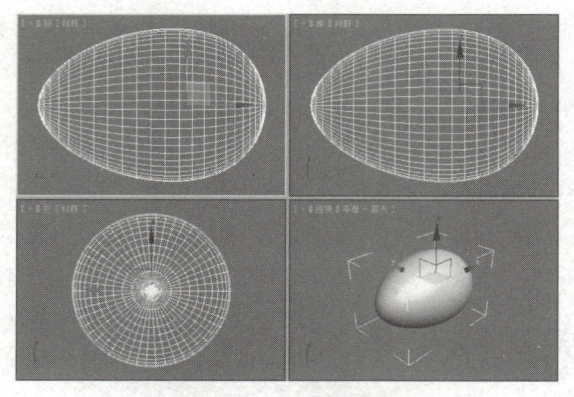

图 6.47 指定材质后的效果　　　　　　　　　图 6.48 "克隆选项"对话框

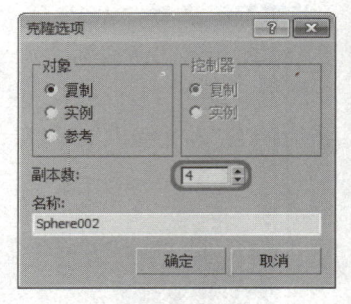

步骤 11 设置完成后，单击"确定"按钮，调整鸡蛋的位置及角度，调整后的效果如图 6.49 所示。

步骤 12 选择"创建"→"图形"→"样条线"→"线"命令，在前视图中绘制图 6.50 所示的图形，并将其命名为"盘子"。

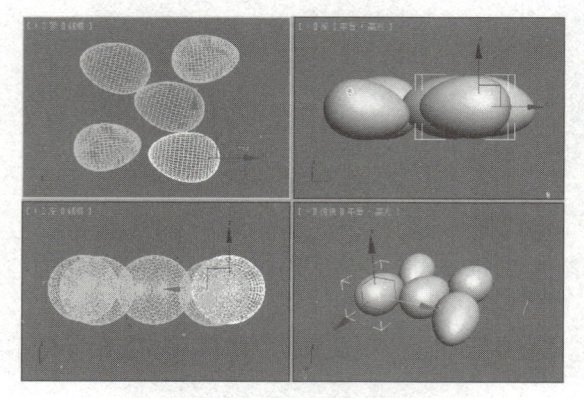

图 6.49 调整鸡蛋的位置及角度　　　　　　　图 6.50 绘制图形

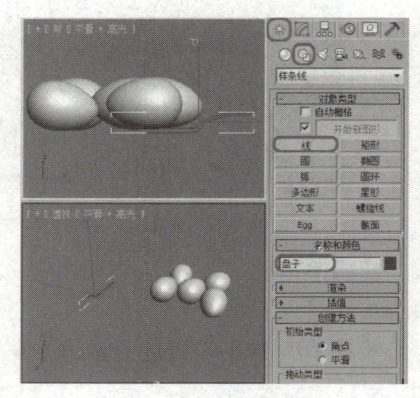

步骤 13 切换至"修改"命令面板，将当前选择集定义为"顶点"，使用"选择并移动"工具，对图形的顶点进行调整，调整后的效果如图 6.51 所示。

步骤 14 关闭当前选择集，在修改器下拉列表中选择"车削"修改器，在"参数"卷展栏中勾选"焊接内核"复选框，将"分段"设置为"50"，在"方向"选项组中单击"Y"按钮，在"对齐"选项组中单击"最小"按钮，如图 6.52 所示。

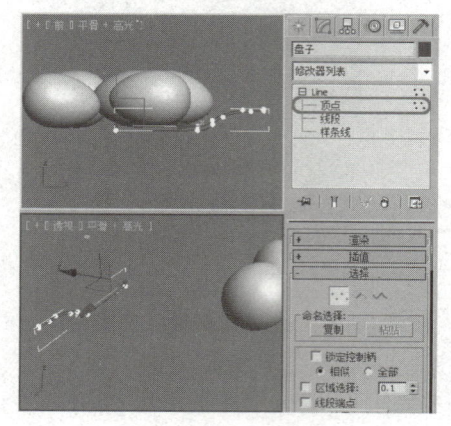

图 6.51 调整顶点　　　　　　　　　　　　　图 6.52 设置"车削"修改器参数

步骤 15 在修改器下拉列表中选择"编辑网格"修改器,将当前选择集定义为"多边形",在前视图中选择图 6.53 所示的多边形,在"曲面属性"卷展栏中的"设置 ID"文本框中输入"1",按 Enter 键确认。

步骤 16 在菜单栏中选择"编辑"→"反选"命令,如图 6.54 所示。

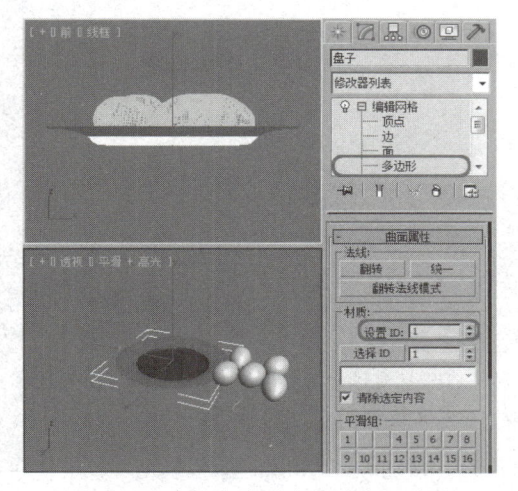

图 6.53 选择多边形后设置曲面属性　　　　　图 6.54 选择"反选"命令

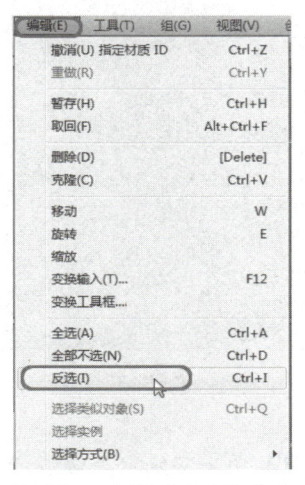

步骤 17 在"曲面属性"卷展栏中的"设置 ID"文本框中输入"2",按 Enter 键确认,如图 6.55 所示。

步骤 18 将当前选择集关闭,在修改器下拉列表中选择"UVW 贴图"修改器,在"参数"卷展栏中选择"长方体"单选按钮,将"长度""宽度""高度"分别设为"50.0""200.0""200.0",如图 6.56 所示。

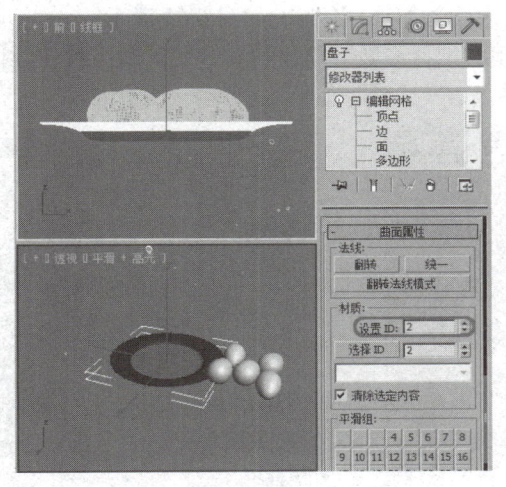

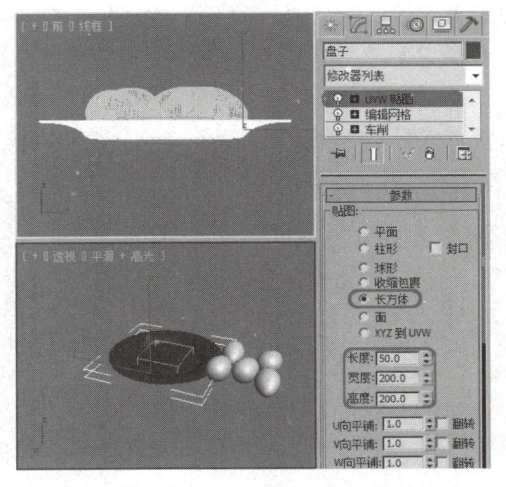

图 6.55 更改"设置 ID"　　　　　图 6.56 添加"UVW 贴图"修改器

步骤 19 按 M 键打开"材质编辑器"对话框,选择一个新的材质样本球,单击"Standard"按钮,在打开的对话框中选择"多维/子对象",如图 6.57 所示。

步骤 20 单击"确定"按钮,在弹出的"替换材质"对话框中选择"将旧材质保存为子材质?"单选按钮,如图 6.58 所示。

步骤 21 单击"确定"按钮,将材质命名为"盘子",在"多维/子对象基本参数"卷展栏中单击"设置数量"按钮,在弹出的"设置材质数量"对话框中将"材质数量"设置为"2",如图 6.59 所示。

151

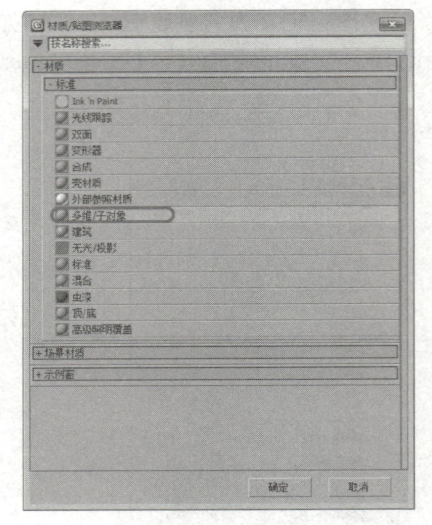

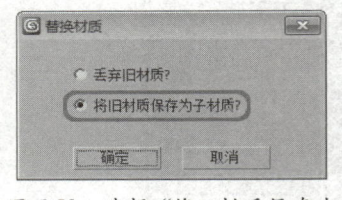

图6.57　选择"多维/子对象"　　图6.58　选择"将旧材质保存为子材质？"单选按钮　　图6.59　设置材质数量

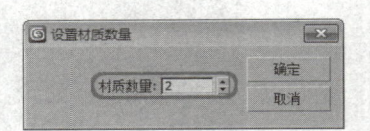

步骤22　单击"确定"按钮，单击ID1右侧的"无"按钮，在"Blinn基本参数"卷展栏中将"自发光"选项组中的"颜色"设置为"30"，在"反射高光"选项组中将"高光级别""光泽度"分别设置为"48""51"，如图6.60所示。

步骤23　在"贴图"卷展栏中单击"漫反射颜色"右侧的None按钮，在弹出的对话框中双击"位图"，再在弹出的对话框中选择本书配套资源中的Map\31.tif文件，单击"打开"按钮。在"材质编辑器"对话框中，单击"将材质指定给选定对象"按钮和"在视口中显示标准贴图"按钮。单击"转到父对象"按钮，在"贴图"卷展栏中单击"反射"右侧的None按钮，如图6.61所示。

步骤24　在弹出的对话框中双击"光线跟踪"，使用其默认参数。单击"转到父对象"按钮，将"反射"右侧的"数量"设置为"10"，如图6.62所示。

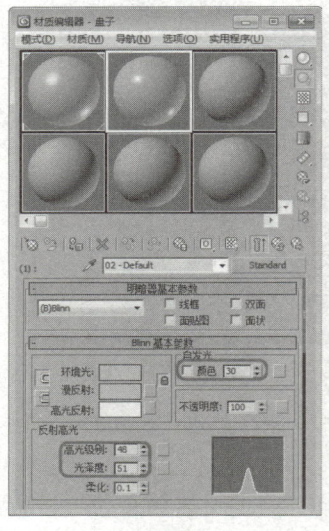

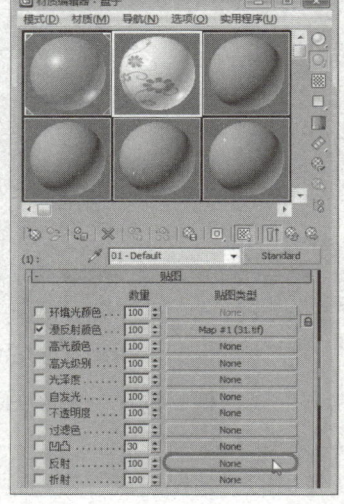

图6.60　Blinn基本参数设置　　图6.61　单击"反射"右侧的None按钮　　图6.62　设置反射数量

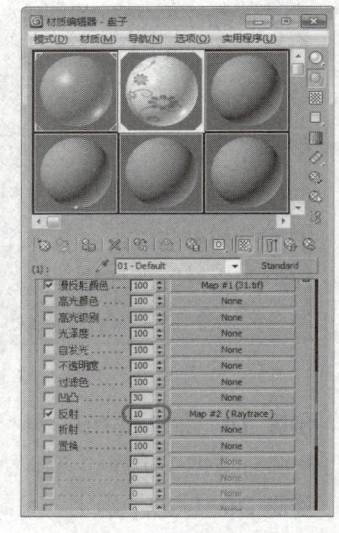

步骤25　单击"转到父对象"按钮，单击ID2右侧的"无"按钮，在弹出的对话框中双击"标准"，在"Blinn基本参数"卷展栏中将"环境光""漫反射"的RGB值都设为（255、255、255），将"自发光"选项组中的"颜色"设为"30"，将"高光级别""光泽度"分别设为"48""51"，如图6.63所示。

步骤 26 在"贴图"卷展栏中将"反射"的"数量"设置为"10",单击其右侧的 None 按钮,在打开的对话框中选择"光线跟踪"选项,如图 6.64 所示。

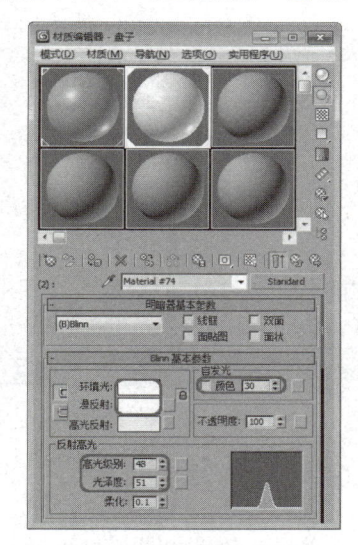

图 6.63 设置 ID2 材质

图 6.64 选择"光线跟踪"选项

步骤 27 单击"确定"按钮,将该对话框关闭,选择"创建"→"几何体"→"标准基本体"→"平面"命令,在顶视图中创建一个平面,在"参数"卷展栏中,将"长度""宽度""长度分段""宽度分段"分别设置为"6000.0""6000.0""1""1",并在其他视图中调整平面的位置,如图 6.65 所示。

步骤 28 确保平面处于选中状态,按 M 键打开材质编辑器,选择一个新的材质样本球,在"贴图"卷展栏中单击"漫反射颜色"右侧的 None 按钮,在弹出的对话框中双击"位图",再在弹出的对话框中选择本书配套资源中的 Map\009.jpg 文件,单击"打开"按钮,在"坐标"卷展栏中将"瓷砖"下的"U""V"都设置为"5.0",如图 6.66 所示。

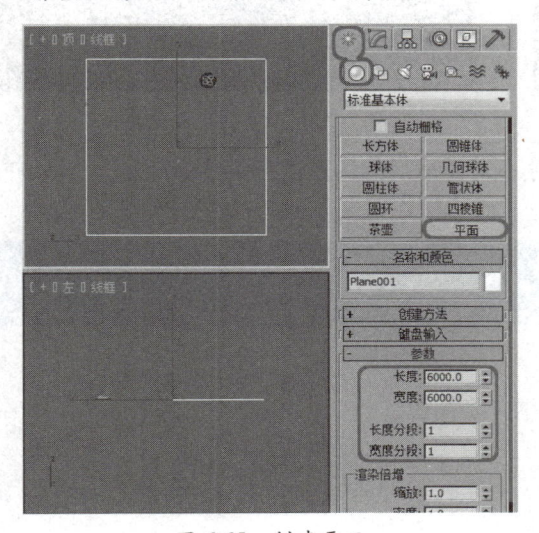

图 6.65 创建平面

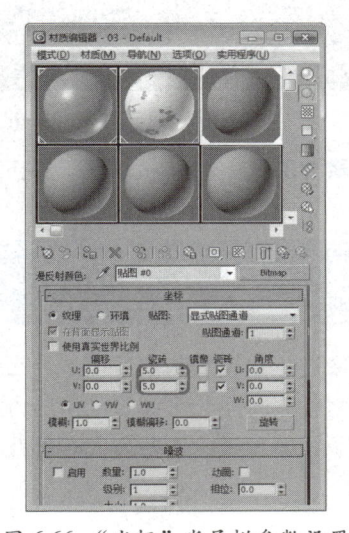

图 6.66 "坐标"卷展栏参数设置

步骤 29 单击"将材质指定给选定对象"按钮和"在视口中显示标准贴图"按钮,然后将材质编辑器关闭。选择"创建"→"摄影机"→"标准"→"目标"命令,在前视图中创建一架摄影机,并在其他视图中调整摄影机的位置,激活透视视图,按 C 键将其切换为摄影机视图,如图 6.67 所示。

步骤 30 选择"创建"→"灯光"→"标准"→"泛光"命令,在顶视图中创建一盏泛光灯,在

"常规参数"卷展栏中单击"排除"按钮,弹出"排除/包含"对话框,在左侧的列表框中选择"Plane001""盘子",单击 >> 按钮,将选中对象添加到右侧的列表框中,如图 6.68 所示。

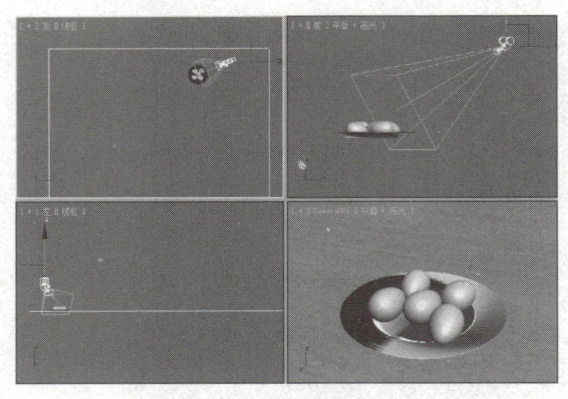

图 6.67 创建摄影机

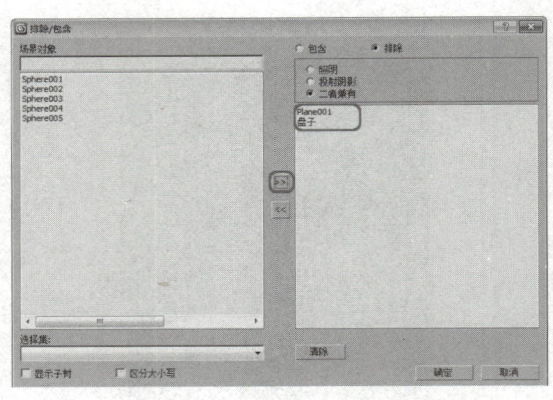

图 6.68 设置排除对象

步骤 31 单击"确定"按钮,在"强度/颜色/衰减"卷展栏中,将"倍增"设置为"0.5",并在视图中调整灯光的位置,如图 6.69 所示。

步骤 32 使用同样的方法创建一个天光,并调整其位置,调整后的效果如图 6.70 所示。

图 6.69 调整灯光的位置

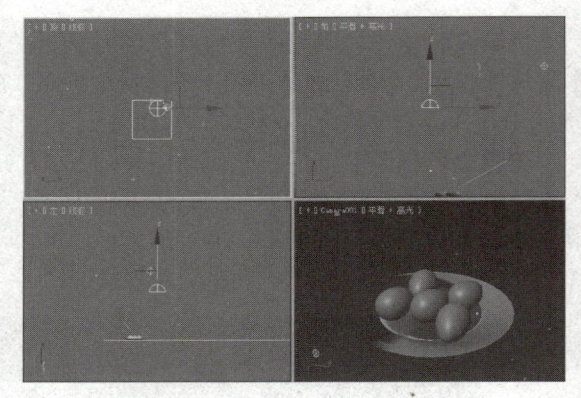

图 6.70 创建天光后效果

步骤 33 选择摄影机视图,按 F9 键进行渲染,对完成后的场景进行保存即可。

6.5 思考与练习

1. 多边形建模的基本原理是什么?
2. 将物体转换为可编辑网格的方法有几种?请分别简述。
3. 子物体层级的选择方式有哪几种?

模块 7 材质与贴图

材质是三维世界的一个重要概念，是对现实世界中各种材料视觉效果的模拟，这些视觉效果包含纹理、质感、颜色、感光特性、反射、折射、透明度以及表面粗糙程度等。3ds Max 提供了材质编辑器和材质/贴图浏览器。材质编辑器用于创建、调节材质，并最终将其指定到场景中；材质/贴图浏览器用于选择材质和贴图。本模块将详细介绍材质编辑器、材质/贴图浏览器的设置。

7.1 材质编辑器与材质/贴图浏览器

在 3ds Max 2014 中，主要通过材质编辑器和材质/贴图浏览器来为对象添加材质，材质编辑器提供创建和编辑材质及贴图的功能，而材质/贴图浏览器则用于选择材质并贴图。

7.1.1 材质编辑器

在工具栏中单击"材质编辑器"按钮，即可打开"材质编辑器"对话框。在材质编辑器中，包括菜单栏、材质示例窗、材质工具按钮和参数控制区四个部分，材质编辑器如图 7.1 所示。

> **提示**
> 除上述方法之外，用户还可以通过按 M 键打开"材质编辑器"对话框。

1. 菜单栏

菜单栏位于材质编辑器的顶端，包括"模式""材质""导航""选项""实用程序"五个菜单项，下面介绍各个菜单的功能。

- "模式"菜单：该菜单用于切换材质编辑器界面，共包括"精简材质编辑器"和"Slate 材质编辑器"两种界面。
- "材质"菜单：该菜单中提供了最常用的材质编辑器命令，如"获取材质""从对象选取""放置到库""更新活动材质"等命令，"材质"菜单如图 7.2 所示。

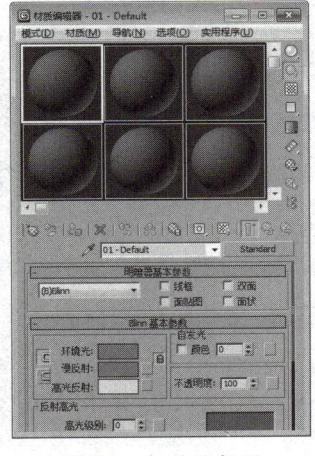

图 7.1 材质编辑器 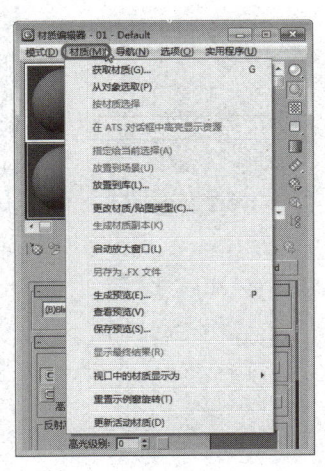　　　　　　　　　　图 7.2 "材质"菜单

- "导航"菜单：该菜单中提供了设置导航材质的层次的工具，其中包括"转到父对象""前进到同级""后退到同级"三项命令。
- "选项"菜单：提供了一些附加的工具和显示命令，"选项"菜单如图7.3所示。
- "实用程序"菜单：该菜单中提供了"清理多维材质""重置材质编辑器窗口"等命令，"实用程序"菜单如图7.4所示。

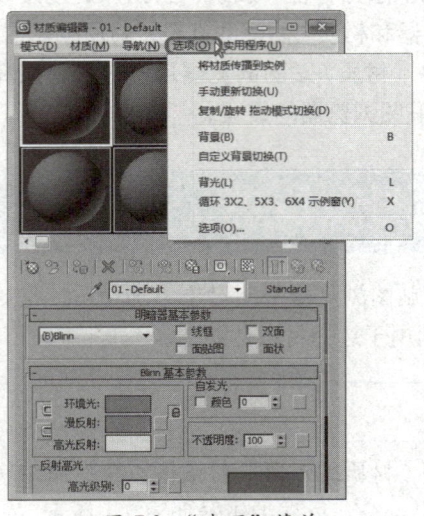

图7.3 "选项"菜单 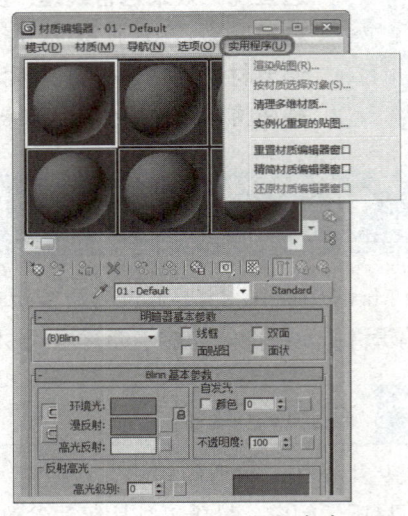　　　　图7.4 "实用程序"菜单

2. 材质示例窗

材质示例窗是显示材质效果的窗口，从这里可以看到所设置的材质。材质示例窗中默认显示六个示例球，在选中任意一个示例球并调整其参数时，效果会立刻反映到选中的示例球上。材质示例窗中的内容还可以以其他几何体显示，在3ds Max中，用户可以根据需要设置材质示例窗中内容的显示方式。

- 窗口类型：在材质示例窗中，所有未激活材质示例球都以黑色边框显示，如图7.5所示。当前正在编辑的材质示例球称为激活材质示例球，它具有白色边框，如图7.6所示。如果要对材质进行编辑，首先要在材质示例球上单击，将其激活。对于材质示例窗中的材质，有一种同步材质的概念，当把一个材质指定给场景中的对象后，它便成了同步材质，特征是材质示例球的四角有三角形标记，如图7.7所示。如果对同步材质进行编辑操作，场景中应用了该材质的对象也会随之发生变化，不需要再进行重新指定。

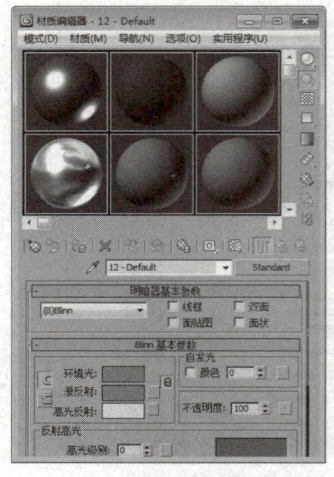

图7.5 未激活的材质示例球 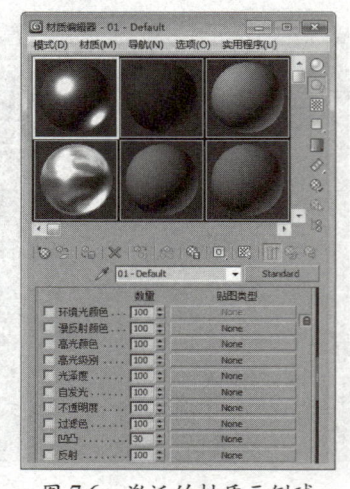　　图7.6 激活的材质示例球 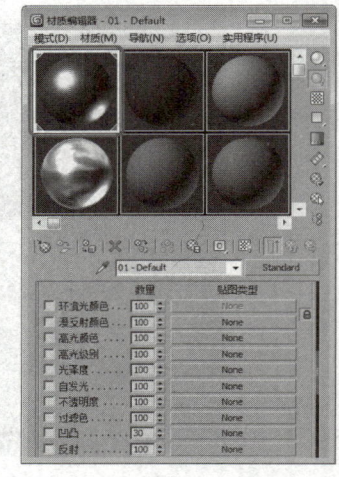　　图7.7 指定材质后的材质示例球

- 拖动操作：在材质示例窗中，可以随意对材质示例球进行拖动，从而进行各种复制和指定等操作。将一个材质示例球拖动到另一个材质示例球之上，可将其复制到新的材质示例球上。对于同步材质，复制后产生的新材质将不再属于同步材质，因为同一种材质只允许有一个同步材质出现在材质示例窗中。

在激活的材质示例球上单击鼠标右键，会弹出一个快捷菜单，如图7.8所示。在该快捷菜单中可以进行一些相应的设置。

- "拖动/复制"：这是默认的设置模式，选择该命令后，在材质示例窗中拖动材质示例球将会进行复制。
- "拖动/旋转"：选择该命令后，在材质示例窗中拖动，可以转动材质示例球，便于从其他角度观察材质效果。材质示例球内的旋转是在三维空间上进行的，而在材质示例球外旋转则是垂直于视平面方向进行的。用户可以在"拖动/复制"模式下按住鼠标中键来执行旋转操作。
- "重置旋转"：旋转材质后，可以通过执行该命令来恢复材质示例球的默认角度方位。
- "渲染贴图"：只对当前贴图层级的贴图进行渲染。如果是材质层级，那么该命令将不可用。当贴图渲染为静态或动态图像时，执行该命令后会弹出一个"渲染贴图"对话框，如图7.9所示。
- "选项"：该命令主要用于控制材质编辑器自身的属性，执行该命令后将会弹出图7.10所示的"材质编辑器选项"对话框，用户可以在该对话框中进行相应的设置。

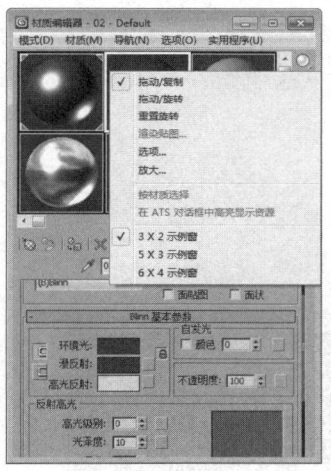

图7.8 快捷菜单 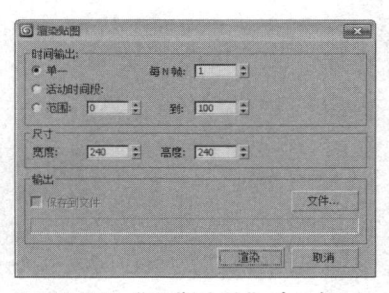　　　　图7.9 "渲染贴图"对话框 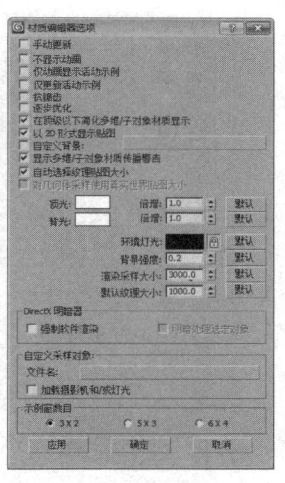　　　　图7.10 "材质编辑器选项"对话框

- "放大"：在快捷菜单中选择该命令时，可以将当前材质以一个放大的示例窗显示，它独立于材质编辑器，以浮动框的形式存在，这有助于更清楚地观察材质效果，如图7.11所示。
- "按材质选择"：执行该命令后，用户可以在弹出的对话框中选择对象，如图7.12所示。

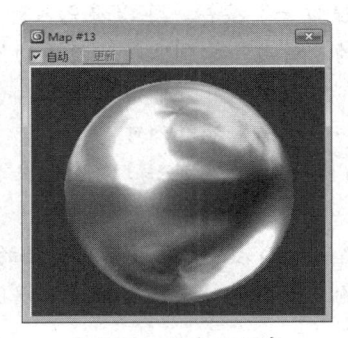

图7.11 放大示例窗 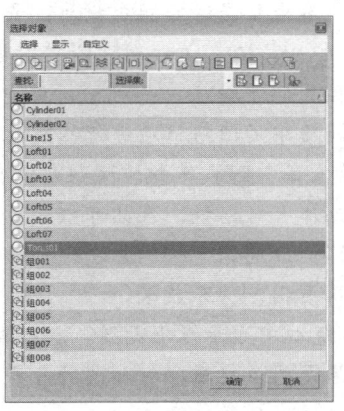　　　　图7.12 "选择对象"对话框

- "3×2示例窗/5×3示例窗/6×4示例窗"：用于切换材质示例窗的布局。材质示例窗中其实一共有24个小窗，当以6×4方式显示时，它们可以完全显示出来，只是每个示例窗都比较小；如果以5×3或3×2方式显示，可以使用拖动示例窗右侧的滚动条，显示出隐藏的其他示例窗。

3. 材质工具按钮

材质编辑器中的材质工具按钮如图7.13所示，其中部分按钮的功能与菜单栏中某些命令的功能基本相同。各个按钮的功能如下。

- "获取材质"：单击该按钮，打开"材质/贴图浏览器"对话框，可以进行材质和贴图的选择，也可以调出材质和贴图进行编辑修改。
- "将材质放入场景"：在编辑完材质之后，将它重新应用到场景中的对象上。在场景中有对象的材质与当前编辑的材质同名或当前材质不属于同步材质时，即可应用该按钮。
- "将材质指定给选定对象"：将当前激活的示例窗中的材质指定给当前选择的对象，同时此材质会变为一个同步材质。
- "重置贴图/材质为默认设置"：单击该按钮后，可对当前示例窗编辑的材质和贴图进行重新设置。单击该按钮后，会弹出图7.14所示的提示对话框。

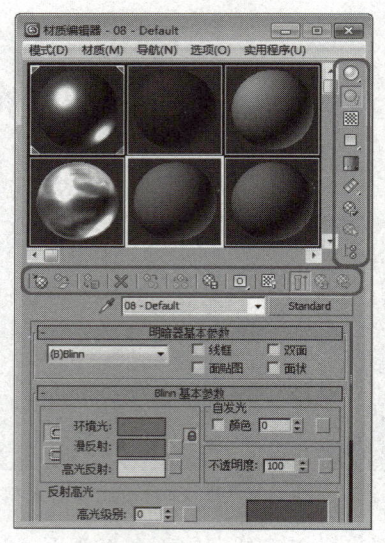

图7.13 材质工具按钮　　　　图7.14 提示对话框

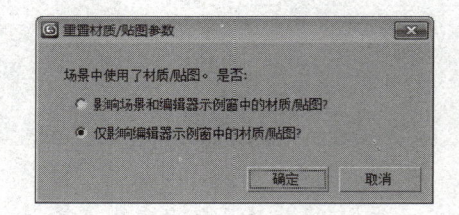

- "生成材质副本"：该按钮只针对同步材质起作用。单击该按钮，会将当前同步材质复制成一个参数相同的非同步材质，并且名称相同，以便在编辑时不影响场景中的对象。
- "使唯一"：该按钮可以将贴图关联复制为一个独立的贴图，也可以将一个关联子材质转换为独立的子材质，并对子材质重新命名。通过单击"使唯一"按钮，可以避免在对多维/子对象材质中的顶级材质进行修改时，影响到与其相关联的子材质，起到保护子材质的作用。
- "放入库"：单击该按钮可以将当前材质保存到当前的材质库中。单击该按钮后会弹出"放置到库"对话框，在此可以设置材质的名称，然后单击"确定"按钮即可。
- "材质ID通道"：通过材质的特效通道可以在Video Post视频合成器和Effects特效编辑器中为材质指定特殊效果。
- "在视口中显示标准贴图"：单击该按钮，可以将设置的材质在场景中显示出材质的贴图效果。如果是同步材质，对贴图的各种设置调节也会同步影响场景中的对象，这样就可以很轻松地进行贴图材质的编辑工作。

- "显示最终结果"：此按钮针对多维材质或贴图材质等具有多个层级嵌套的材质起作用，在子级层级中单击并激活该按钮，将会显示出最终材质的效果，取消激活该按钮会显示当前层级的效果。
- "转到父对象"：该按钮只在复合材质的子级层级有效，单击该按钮可以向上移动一个材质层级。
- "转到下一个同级项"：如果处在一个材质的子级材质中，并且还有其他子级材质，此按钮有效，可以快速移动到另一个同级材质中。
- "从对象拾取材质"：使用该按钮可以在场景中某一对象上获取其所包含的材质。
- "材质名称列表框" 08 - Default：用户可以在该列表框中输入相应材质的名称。
- "类型" Standard：用户可以通过单击该按钮打开"材质/贴图浏览器"对话框，在该对话框中可以选择各种材质或贴图类型。如果当前处于材质层级，则只允许选择材质类型；如果处于贴图层级，则只允许选择贴图类型。选择后按钮会显示当前的材质或者贴图类型的名称。

4. 参数控制区

材质编辑器下部是参数控制区，根据材质类型的不同以及贴图类型的不同，其内容也不同。一般的参数控制包括多个项目，分别放置在各自的控制面板上，通过伸缩条展开或收起。如果超出了材质编辑器的长度，可以通过滚动鼠标滚轮，以查看隐藏的参数。

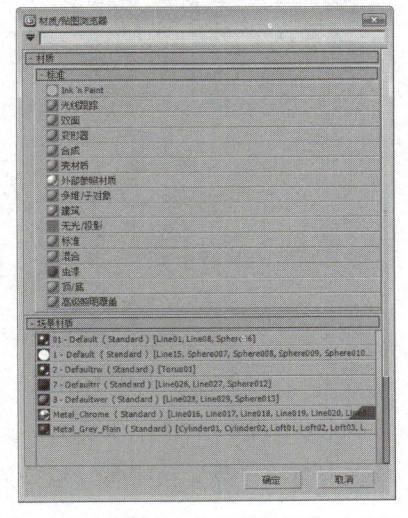

7.1.2 材质/贴图浏览器

"材质/贴图浏览器"对话框提供了材质和贴图浏览选择功能，它会根据当前的情况而变化，本节将简单介绍"材质/贴图浏览器"的功能，如图 7.15 所示。

- "文字条"：在该文本框中输入要搜索的材质和贴图的第一个文字，按 Enter 键即可查找相关的材质和贴图。例如在该文本框中输入"建"，按 Enter 键，则以"建"开头的材质和贴图将会被搜索出来，如图 7.16 所示。
- "名称栏"：文字条下方显示当前选择的材质或贴图的名称，子组内是其对应的类型。
- "示例窗"：与材质编辑器中的示例窗相同。每当选择一个材质或贴图后，它都会显示出效果，不过仅能以球体样本显示，它也支持拖动复制操作。
- "列表框"：中间最大的空白区域就是列表框，用于显示材质和贴图。

图 7.15 "材质/贴图浏览器"对话框   图 7.16 搜索结果

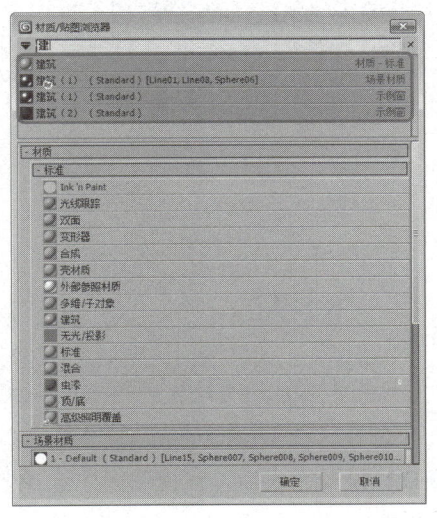

在名称栏上单击鼠标右键,在弹出的快捷菜单中选择"将组(和子组)显示为"命令,在其子菜单中提供了五种列表显示类型可供选择。

- "小图标":以小图标方式显示,并在小图标下显示其名称,当鼠标指针停留于其上时,也会显示它的名称。
- "中等图标":以中等图标方式显示,并在中等图标下显示其名称,当鼠标指针停留于其上时,也会显示它的名称。
- "大图标":以大图标方式显示,并在大图标下显示其名称,当鼠标指针停留于其上时,也会显示它的名称。
- "图标和文本":在文字方式显示的基础上,增加了小的彩色图标,可以模糊地观察材质或贴图的效果。
- "文本":以文字方式显示,按首字母的顺序排列。

7.2 标准材质

在现实生活中,对象的外观取决于它的反射光线。在 3ds Max 2014 中,标准材质用来模拟对象表面的反射属性。在不使用贴图的情况下,标准材质为对象提供了单一均匀的表面颜色效果。

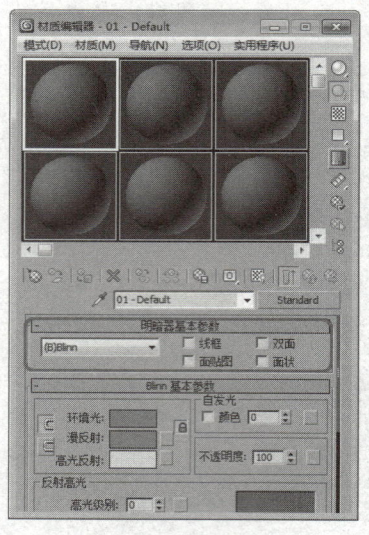

7.2.1 "明暗器基本参数"卷展栏

"明暗器基本参数"卷展栏如图 7.17 所示。

- "线框":是一种视口显示设置,用于以线框网格形式查看给定视口中的对象,勾选该复选框后,场景中的对象将以线框形式显示。

步骤 01 启动 3ds Max 2014,按 M 键打开材质编辑器,选择要设置为线框的材质球,在打开的"材质编辑器"对话框中勾选"明暗器基本参数"卷展栏中的"线框"复选框,如图 7.18 所示。

图 7.17 "明暗器基本参数"卷展栏   图 7.18 勾选"线框"复选框

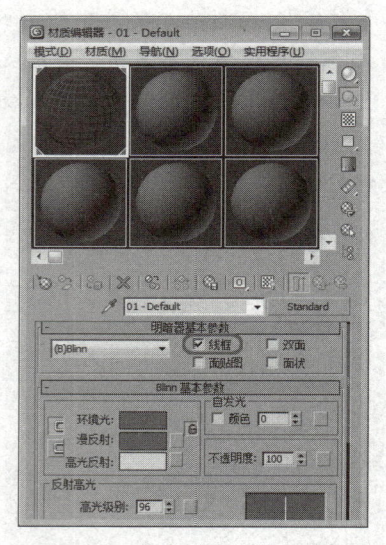

步骤 02 设置完成后,在视图区中选择要渲染的视图,单击"渲染产品"按钮,渲染后的效果如图 7.19 所示。

● "双面":勾选该复选框后,可以将对象法线相反的一面也进行渲染。通常计算机只渲染对象法线为正方向的表面(即可视的外表面),用户可以通过勾选该复选框渲染相反的一面。

步骤 01 启动 3ds Max 2014,选择"创建" → "几何体" → "标准基本体" → "茶壶"命令,在顶视图中创建一个茶壶,如图 7.20 所示。

图 7.19 以线框模式渲染后的效果

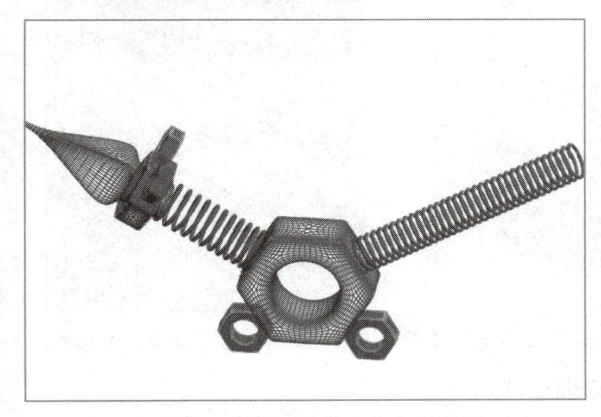

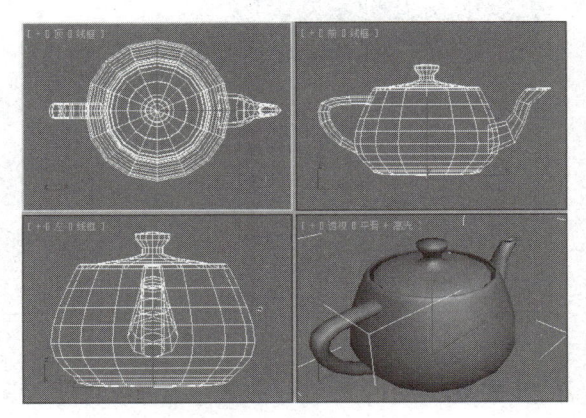

图 7.20 创建茶壶

步骤 02 选择"修改"命令面板,在"参数"卷展栏中将"半径"设置为"12.0"、"分段"设置为"64",取消勾选"壶嘴""壶盖"复选框,如图 7.21 所示。

步骤 03 单击工具栏中的"选择并均匀缩放"按钮,在视图中对茶壶进行调整,并使用"选择并旋转"工具旋转茶壶的角度,效果如图 7.22 所示。

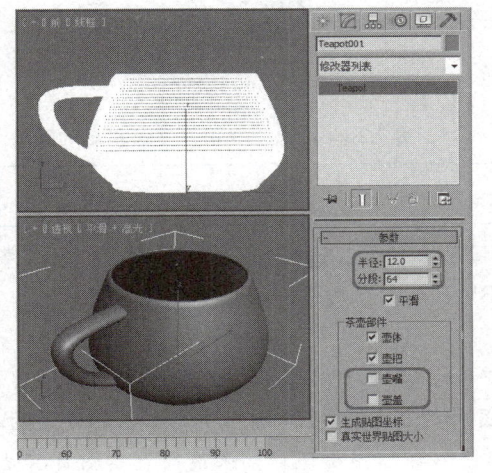

图 7.21 设置茶壶参数

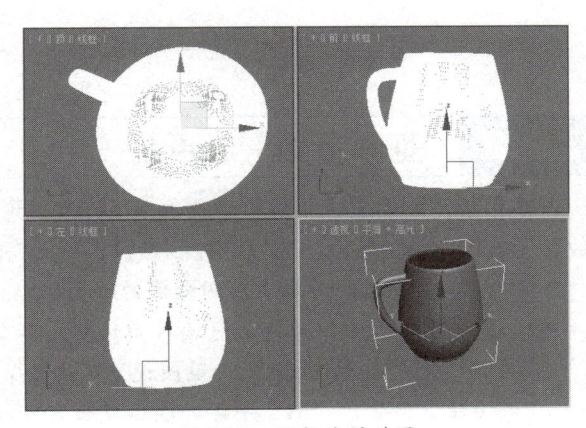

图 7.22 调整后的效果

步骤 04 按 M 键打开材质编辑器,选择一个材质样本球,在"Blinn 基本参数"卷展栏中将"环境光""漫反射""高光反射"的 RGB 值都设置为(255、255、255),在"自发光"选项组中的"颜色"文本框中输入"20",将"高光级别""光泽度"分别设置为"40""45",按 Enter 键确认,如图 7.23 所示。

步骤 05 设置完成后,单击"将材质指定给选定对象"按钮,按 F9 键进行渲染,未勾选"双面"复选框的效果如图 7.24 所示。

步骤 06 在材质编辑器中的"明暗器基本参数"卷展栏中勾选"双面"复选框,如图 7.25 所示。

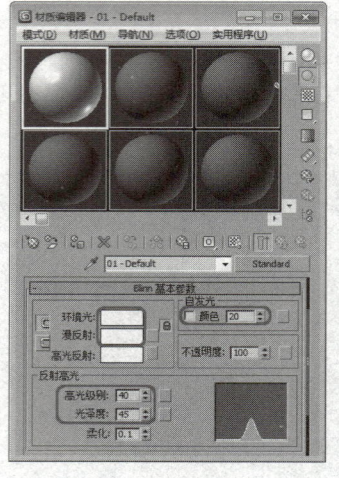

图 7.23 设置材质参数　　图 7.24 未勾选"双面"复选框的效果　　图 7.25 勾选"双面"复选框

步骤 07 按 F9 键进行渲染，勾选"双面"复选框后的效果如图 7.26 所示。

- "面贴图"：将材质指定给造型的全部面。含有贴图的材质，即使在没有指定贴图坐标的情况下，贴图也会均匀分布在对象的每一个表面上。
- "面状"：将对象的每个表面以平面化进行渲染，但是不会对相邻面的群组进行平滑处理。

图 7.26 勾选"双面"复选框后的效果

7.2.2 "基本参数"卷展栏

基本参数主要用于设置材质的颜色、反光度、透明度等基本属性。选择不同的明暗器类型，"基本参数"卷展栏中就会显示出相应的控制参数。下面将以"Blinn 基本参数"卷展栏为例进行讲解。

- "环境光"：控制对象表面阴影区的颜色。
- "漫反射"：控制对象表面过渡区的颜色。单击其右侧的■按钮可以直接进入该项目的贴图层级，为其指定相应的贴图，属于贴图设置的快捷操作，另外的几个■按钮与此相同。如果指定了贴图，■按钮上会显示"M"字样，以后单击它可以快速进入该贴图层级。如果该项目贴图目前是关闭状态，■按钮上则显示小写"m"。
- "高光反射"：控制对象表面高光区的颜色。

左侧有两个■按钮，该按钮用于锁定"环境光""漫反射""高光反射"三种材质中的两种（或三种全部锁定），锁定的目的是使被锁定的两个区域颜色保持一致，调节一个时另一个也会随之变化。当单击该按钮时，将会弹出图 7.27 所示的对话框进行提示，单击"确定"按钮后，即可将其进行锁定。

图 7.28 所示的三个标识区域分别指对象表面的三个明暗高光区域。通常我们所说的对象的颜色是指漫反射，它提供对象最主要的色彩，使对象在日光或人工光的照明下可视。环境光的颜色一般由灯光的光色决定，会依赖于漫反射。高光反射与漫反射相同，但高光反射的颜色具有更高的饱和度。

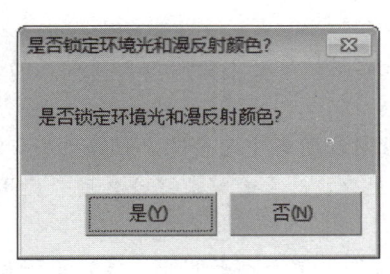

图 7.27 弹出的提示对话框　　　　　　　图 7.28 三个区域

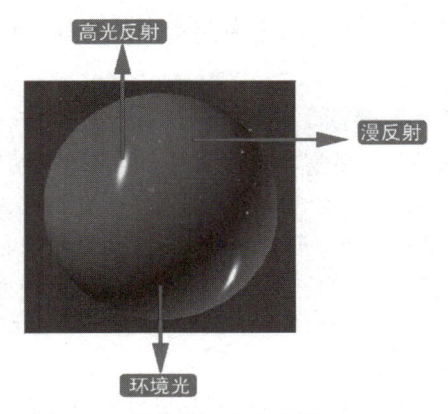

- "自发光"：使材质具备自身发光效果，指定自发光有两种方式。一种是选中前面的复选框，使用带有颜色的自发光；另一种是取消选中复选框，使用可以调节数值的单一颜色的自发光，对数值的调节可以看作是对自发光颜色的灰度比例进行调节。
- "不透明度"：设置材质的不透明度百分比，默认值为 100，即不透明材质。该值越低，所设置的材质就会越透明，当值为 0 时变为完全透明材质。对于透明材质，还可以调节它的不透明度衰减，这需要在扩展参数中进行调节。
- "高光级别"：该文本框用于设置高光的强度。
- "光泽度"：该文本框用于设置高光的范围。值越高，高光范围越小。
- "柔化"：该文本框可以对高光区的反光作柔化处理，使它变得模糊、柔和。如果材质"光泽度"值很低，"高光级别"值很高，这种尖锐的反光往往在背光处产生锐利的界线，增加"柔化"值可以很好地进行修饰。

7.2.3 "扩展参数"卷展栏

标准材质的所有"Standard"类型的扩展参数都是相同的，选项内容涉及透明度、反射、线框模式，以及透明材质真实程度的折射率设置。"扩展参数"卷展栏如图 7.29 所示。

1."高级透明"选项组

控制透明材质的透明衰减设置。

- "内"：由边缘向中心增加透明的程度，类似玻璃瓶的效果。
- "外"：由中心向边缘增加透明的程度，类似云雾、烟雾的效果。
- "数量"：用户可以在该文本框中指定衰减的程度。
- "类型"：确定以哪种方式来产生透明效果。
- "过滤"：计算经过透明对象背面颜色倍增的"过滤色"。单击色块改变过滤色；单击灰色方块用于指定贴图。
- "相减"：根据背景色作递减色彩的处理。
- "相加"：根据背景色作递增色彩的处理，常用作发光体。
- "折射率"：设置带有折射贴图的透明材质的折射率，用来控制材质折射被传播光线的程度。

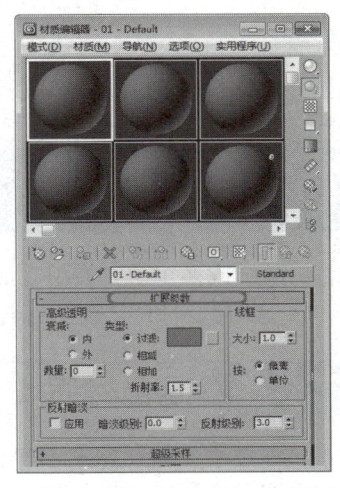

图 7.29 "扩展参数"卷展栏

2."线框"选项组

在该选项组中可以设置线框的特性。"大小"微调框用于设置线框的粗细，有"像素"和"单位"

两种度量单位可供选择，如果选中"像素"单选按钮，对象运动时与镜头距离的变化不会影响网格线的尺寸。

3. "反射暗淡"选项组

该选项组中的选项可使阴影中的反射贴图显得暗淡。

- "应用"：启用以使反射暗淡。禁用该复选框后，反射贴图材质就不会因为直接灯光的存在或不存在而受到影响。默认设置为禁用状态。
- "暗淡级别"：阴影中的暗淡量。该值为 0 时，反射贴图在阴影中为全黑。该值为 0.5 时，反射贴图为半暗淡。该值为 1 时，反射贴图没有经过暗淡处理，材质看起来好像禁用"应用"一样。默认设置是 0。
- "反射级别"：影响不在阴影中的反射的强度。"反射级别"值与反射明亮区域的照明级别相乘，用以补偿暗淡。在大多数情况下，默认值为 3 会使明亮区域的反射保持在与禁用反射暗淡时相同的级别上。

7.2.4 "贴图"卷展栏

"贴图"卷展栏如图 7.30 所示。"贴图"卷展栏包含每个贴图类型的按钮，单击 None 按钮可以打开"材质/贴图浏览器"对话框，但此时只能选择贴图，这里提供了三十多种贴图类型，都可以用在不同的贴图方式上。选择一个贴图类型后，会自动进入其贴图设置层级中，以便进行相应的参数设置。单击"转到父对象"按钮 可以返回贴图方式设置层级，这时该按钮上会出现贴图类型的名称。名称左侧的复选框被选中时，表示当前该贴图方式处于活动状态；如果左侧的复选框未被选中，该贴图方式则处于关闭状态。

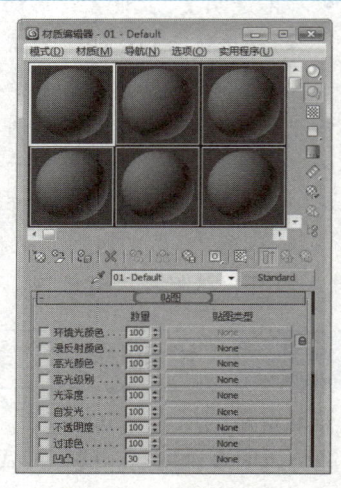

图 7.30 "贴图"卷展栏

7.3 复合材质

由两个或多个子材质组合而成的材质称为复合材质。复合材质包括"混合材质""多维/子对象材质""光线跟踪材质""双面材质"等。本节将对复合材质进行简单的介绍。

7.3.1 混合材质

混合材质是指在曲面的单个面上将两种材质进行混合的材质。可通过设置"混合量"参数来控制材质的混合程度。"混合"参数可以用来绘制材质变形功能曲线，以控制随时间混合两个材质的方式。

下面介绍"混合基本参数"卷展栏中各参数的功能。

- "材质1/材质2"：设置两个用来混合的材质。使用复选框来启用和禁用材质。

- "交互式"：该单选按钮用于在视图中以平滑+高光的方式，实时选择并显示渲染时哪一个材质应用于对象表面。
- "遮罩"：单击该通道可以在弹出的对话框中选择用作遮罩的贴图。两个材质之间的混合度取决于遮罩贴图的强度。遮罩的明亮（较白的）区域显示的主要为"材质1"，而遮罩的较暗（较黑的）区域显示的主要为"材质2"。使用复选框来启用或禁用遮罩贴图。
- "混合量"：该文本框可以设置混合的比例（百分比），0表示只有"材质1"在曲面上可见；100表示只有"材质2"可见。如果已经指定遮罩贴图，并且勾选了"遮罩"复选框，则该文本框不可用。
- "混合曲线"选项组：混合曲线影响进行混合的两种颜色之间变换的渐变或尖锐程度。只有指定遮罩贴图后，才会影响混合。
  - "使用曲线"：该复选框可以设置"混合曲线"是否影响混合。只有指定并激活遮罩时，该复选框才可用。
  - "转换区域"：用来调整"上部"和"下部"的级别。如果这两个值相同，那么两个材质会在一个确定的边上接合。

7.3.2 多维/子对象材质

在3ds Max 2014中，用户可以通过多维/子对象材质为一个对象赋予多种不同的材质。多维/子对象材质是根据对象的ID号进行设置的，在使用该材质之前，必须先为使用材质的对象设置ID号。下面以长方体为例介绍如何设置ID号，具体操作步骤如下。

步骤01 选择"创建"→"几何体"→"标准基本体"→"长方体"命令，在前视图中创建一个"长度""宽度""高度"分别为"234.0""234.0""45.0"的长方体，如图7.31所示。

步骤02 创建完成后，切换到"修改"命令面板，在修改器下拉列表中选择"编辑多边形"修改器，如图7.32所示。

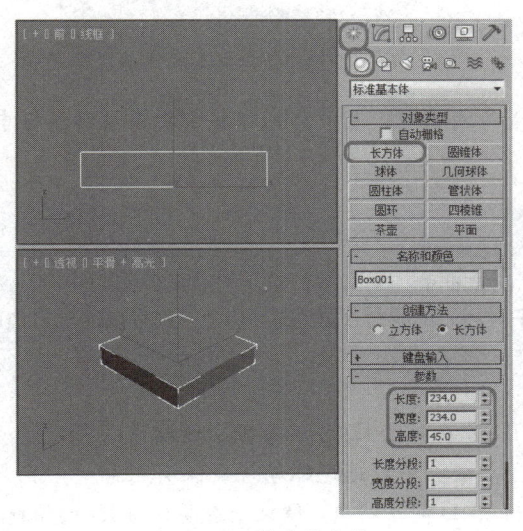

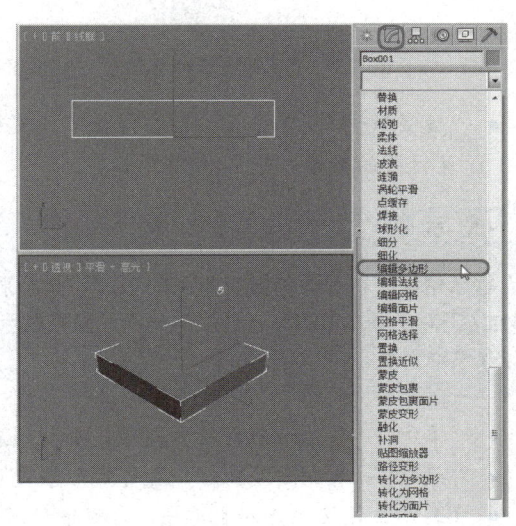

图7.31 创建长方体　　　　　图7.32 选择"编辑多边形"修改器

步骤03 将当前选择集定义为"多边形"，在透视视图中选择图7.33所示的多边形。

步骤04 在"多边形：材质ID"卷展栏中的"设置ID"文本框中输入"1"，按Enter键确认，即可为选中的多边形设置ID号，如图7.34所示。

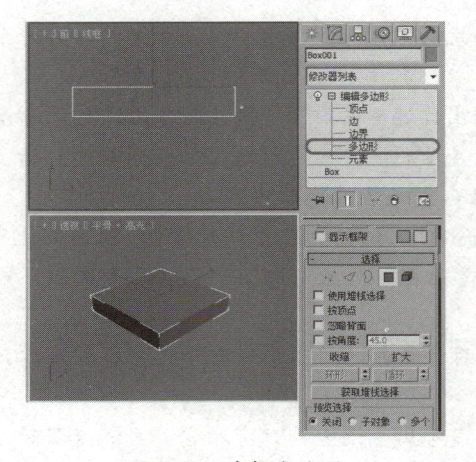

图 7.33 选择多边形　　　　　　　　　　图 7.34 设置 ID 号

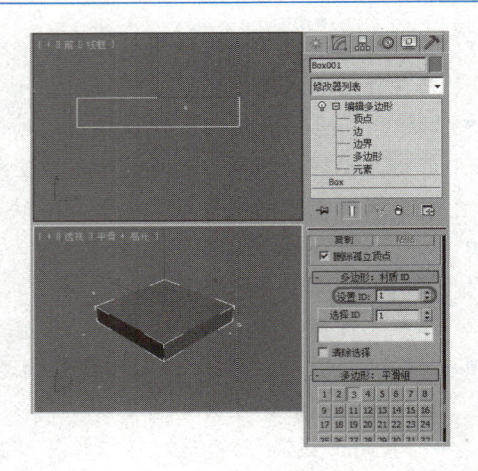

设置"多维/子对象材质"后的效果如图 7.35 所示。"多维/子对象基本参数"卷展栏如图 7.36 所示，下面将对"多维/子对象基本参数"卷展栏中各个参数的功能进行简单介绍。

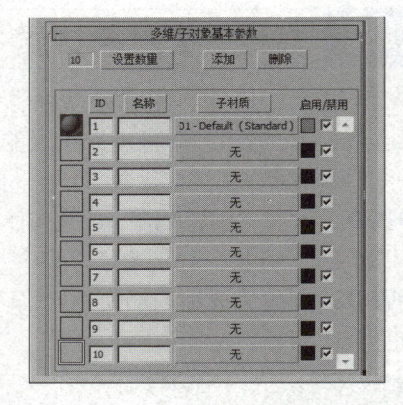

图 7.35 "多维/子对象材质"效果图　　　　　图 7.36 "多维/子对象基本参数"卷展栏

- "设置数量"：单击该按钮会弹出"设置材质数量"对话框，用户可以根据需要在该对话框中设置材质的数量，如图 7.37 所示。

> **提示**
>
> 默认情况下，材质的数量为 10。在"设置材质数量"对话框中，最高可将材质的数量设置为 1000。在"多维/子对象基本参数"卷展栏中一次最多可显示 10 个子材质；如果材质数超过 10 个，则可以通过右边的滚动条滚动列表。

- "添加"：添加一个新的子材质。新材质默认的 ID 号在当前 ID 号的基础上递增。
- "删除"：单击该按钮后，即可删除当前选择的子材质。可以通过撤销命令取消删除。
- ID：单击该按钮将列表排序，其顺序开始于最低材质 ID 的子材质，结束于最高材质 ID 的子材质。
- "名称"：单击该按钮后，列表按名称栏中指定的名称进行排序。
- "子材质"：单击该按钮后，列表按子材质的名称进行排序。
- 材质球：用户可以通过材质球查看子材质，单击材质球图标可以对子材质进行选择。
- ID 号文本框：显示指定给子材质的 ID 号，同时还可以在这里重新指定 ID 号。如果输入的 ID 号有重复，系统会弹出警告，例如将 ID7 改为 ID3，即会弹出警告，如图 7.38 所示。

| 模块7 | 材质与贴图

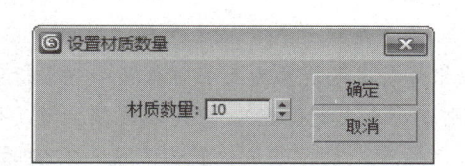

图 7.37 "设置材质数量"对话框

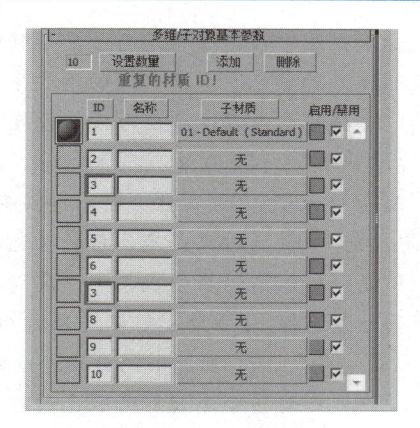

图 7.38 ID 号重复警告

- "子材质"按钮：该按钮用于选择不同的材质作为子级材质。该按钮右侧的颜色按钮用于确定材质的颜色，它实际上是该子级材质的"漫反射"值；最右侧的复选框是对单个子级材质进行启用和禁用的控制开关。

7.3.3 光线跟踪材质

在 3ds Max 中，光线跟踪材质包括标准材质所具备的全部特性，同时光线跟踪材质还可以创建真实的反射和折射效果。光线跟踪材质所产生的反射、折射效果要比"反射/折射"贴图更为准确，但是光线跟踪材质渲染的速度相对较慢。光线跟踪材质的效果如图 7.39 所示。

下面介绍"光线跟踪基本参数"卷展栏的各个参数的功能，"光线跟踪基本参数"卷展栏如图 7.40 所示。

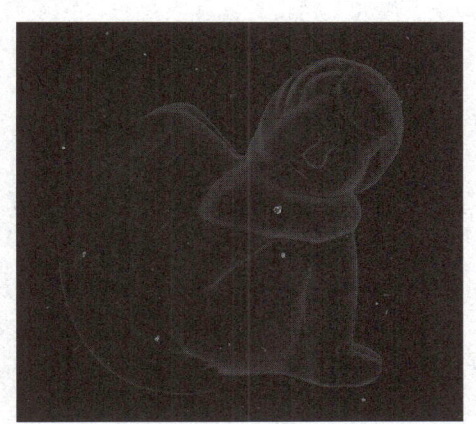

图 7.39 光线跟踪材质效果

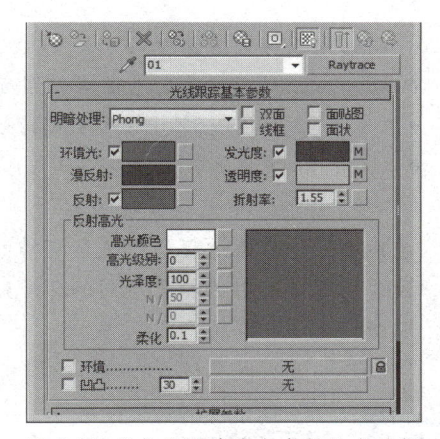

图 7.40 "光线跟踪基本参数"卷展栏

- "明暗处理"：该下拉列表中包含五种不同的明暗器，用户可以根据需要选择不同的明暗器。
- "双面"：勾选该复选框后，将会在面的两侧进行着色和光线跟踪。
- "面贴图"：将材质指定给模型的全部面。如果是一个贴图材质，则无须贴图坐标，贴图会自动指定给对象的每个表面。
- "线框"：勾选该复选框时，所设置的材质会以线框的形式进行渲染，用户可以根据需要在"扩展参数"卷展栏中设置线框的大小。
- "面状"：将对象的每个表面作为平面进行渲染。
- "环境光"：对于光线跟踪材质，它控制材质吸收环境光的多少，如果将其设为纯白色，则与在标准材质中锁定环境光与漫反射颜色相同。默认设置为黑色。启用环境光颜色复选框时，显示环境光的颜色，通过右侧的色块可以进行颜色调整；禁用该复选框时，环境光为灰度模式，可以直接输入或者通过调节按钮设置环境光的灰度值。

- "漫反射"：代表对象反射的颜色，不包括高光反射。反射与透明效果位于过渡区的最上层，当反射为100%（纯白色）时，漫反射颜色不可见，默认为50%的灰度。
- "反射"：设置对象高光反射的颜色，即经过反射过滤的环境颜色，颜色值控制反射的量。与环境光一样，通过启用或禁用"反射"复选框，可以设置反射的颜色或灰度值。此外，第二次启用该复选框，可以为反射应用Fresnel效果，它可以根据对象的视角为反射对象增加一些折射效果。
- "发光度"：与标准材质的自发光设置近似（禁用则变为自发光设置），只是不依赖于漫反射颜色。用户可以为一个漫反射为蓝色的对象指定一个红色的发光色。默认设置为黑色。右侧的灰色按钮用于指定贴图。禁用"发光度"复选框时，"发光度"选项变为"自发光"选项，通过微调按钮可以调节发光色的灰度值。
- "透明度"：与标准材质中的不透明度控件相结合，类似于基本材质的透射灯光的过滤色，它控制在光线跟踪材质背后经过颜色过滤所表现的色彩，黑色为完全不透明，白色为完全透明。将"漫反射"与"透明度"都设置为完全饱和的色彩，可以得到彩色玻璃的材质。如果光线跟踪已禁用（在"光线跟踪器控制"卷展栏中），对象仍折射环境光，但忽略场景中其他对象的影响。右侧的灰块按钮用于指定贴图。禁用"透明度"复选框后，可以通过微调按钮调整透明色的灰度值。
- "折射率"：设置材质折射光线的强度。
- "反射高光"选项组：控制对象表面反射区反射的颜色，根据场景中灯光颜色的不同，对象反射的颜色也会发生变化。
  - ◆ "高光颜色"：设置高光反射灯光的颜色，将它与"反射"颜色都设置为饱和度较高的色彩可以制作出彩色铬钢效果。
  - ◆ "高光级别"：设置高光区域的强度。值越高，高光越明亮。
  - ◆ "光泽度"：设置影响高光区域的大小。光泽度越高，高光区域越小，高光越锐利。
  - ◆ "柔化"：柔化高光效果。
- "环境"：允许指定一张环境贴图，用于覆盖全局环境。默认的反射和透明度都使用场景的环境贴图。一旦在"环境"进行环境贴图的设置，将会取代原来的设置。利用这个特性，可以单独为场景中的对象指定不同的环境贴图，或者在一个没有环境的场景中为对象指定虚拟的环境贴图。
- "凹凸"：这与标准材质的凹凸贴图相同。单击该按钮可以指定贴图。使用微调器可更改凹凸量。

7.3.4 双面材质

双面材质与"明暗器基本参数"卷展栏中的"双面"复选框的性质截然不同，双面材质是为同一个对象的正面和背面指定两种不同的材质，双面材质效果如图7.41所示。

"双面基本参数"卷展栏如图7.42所示。

- "半透明"：该文本框用于设置正面材质和背面材质的透明度，当该参数设置为100时，即可将正面材质和背面材质进行互换。
- "正面材质"：用于设置对象外表面的材质。
- "背面材质"：用于设置对象内表面的材质。

| 模块7 | 材质与贴图

图 7.41 双面材质效果

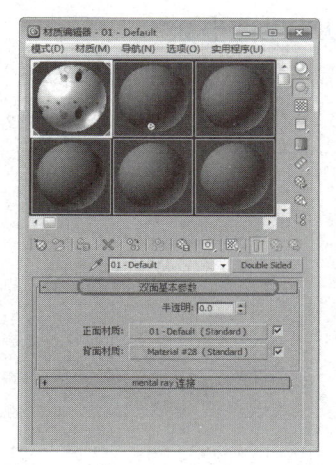

图 7.42 "双面基本参数"卷展栏

7.4 贴图的类型

贴图用于提高材质的真实程度，贴图与材质的层级结构有相似之处。在不同的贴图通道中使用不同的贴图类型，产生的效果也大不相同，在使用贴图之前首先要了解贴图坐标和贴图类型。在"贴图"卷展栏中单击任何一个 None 按钮都可以打开"材质/贴图浏览器"对话框，如图 7.43 所示。

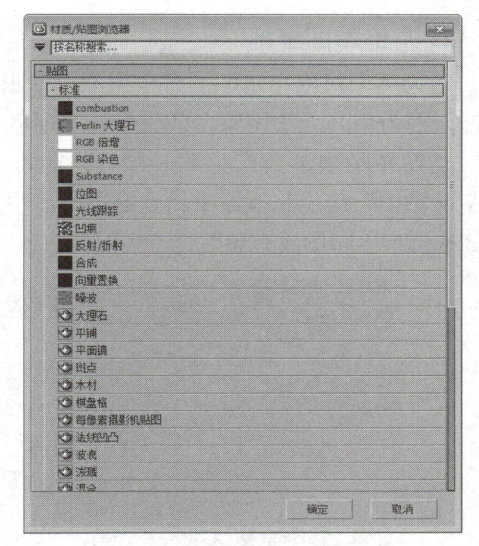

图 7.43 "材质/贴图浏览器"对话框

7.4.1 贴图坐标

贴图坐标用于指定几何体上贴图的位置、方向以及大小。坐标通常以 U、V 和 W 指定，其中，U 是水平维度，V 是垂直维度，W 是可选的第三维度，它表示深度。

如果将贴图材质应用到没有贴图坐标的对象上，渲染时就会指定其内置的贴图坐标。内置贴图坐标是针对每个对象类型而设计的：长方体贴图是在它的六个面上分别放置重复的贴图图像；对于圆柱体贴图，图像沿着它的面包裹一次，而图像副本则在末端封口进行扭曲；对于球体贴图，图像也会沿着它的球面包裹一次，然后在顶部和底部聚合；收缩包裹贴图也是球形的，但是它会截去贴图的各个角，然后在一个单独的极点将它们全部结合在一起，创建一个奇点。

169

1. 认识贴图坐标

在 3ds Max 2014 中，当对场景中的物体进行描述时，将会使用"XYZ 坐标空间"，而位图和贴图使用的是"UVW 坐标空间"。图 7.44 所示的分别为"UV""VW""WU"不同的表现效果。

图 7.44 "UV""VW""WU"不同的表现效果

在默认状态下，每创建一个对象，系统都会为它指定一个贴图坐标，该坐标的指定源于创建物体时在"参数"卷展栏中对"生成贴图坐标"复选框的勾选。

如果需要更好地控制贴图坐标，可以切换至"修改"命令面板，然后在修改器下拉列表中选择"UVW 贴图"修改器，即可为对象指定一个"UVW 贴图坐标"。当用户选择不同的贴图类型时，产生的效果也会大不相同，"UVW 贴图"修改器中的贴图类型如图 7.45 所示。

2. 调整贴图坐标

当为某个对象指定贴图时，用户可以根据需要调整贴图坐标。大部分参数化贴图使用 1×1 的瓷砖平铺，因为用户无法调整参数化坐标，所以需要用材质编辑器中的"瓷砖"参数控制来调整。

当贴图是由参数产生的时候，只能通过指定表面上的材质参数来调整贴图次数和方向；当选用"UVW 贴图"编辑修改器来指定贴图时，用户可以独立控制贴图位置、方向和重复值等。然而，通过编辑修改器产生贴图没有参数化产生贴图方便。"坐标"卷展栏如图 7.46 所示，其各参数的功能如下。

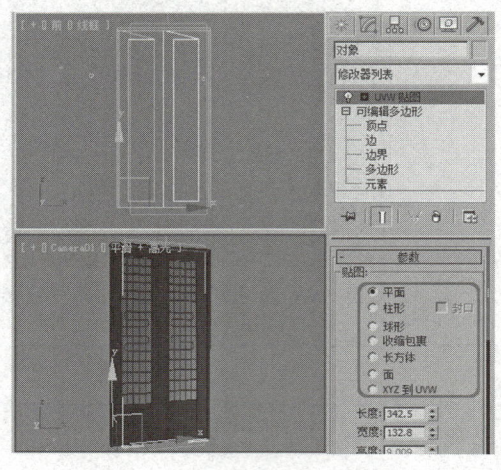

图 7.45 "UVW 贴图"修改器的贴图类型　　　　图 7.46 "坐标"卷展栏

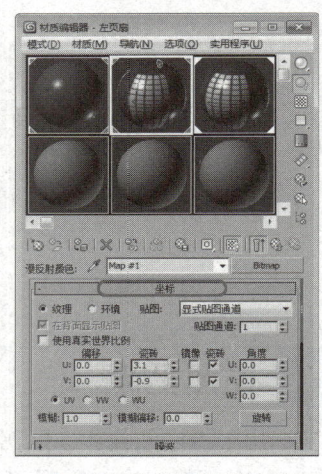

- "纹理"：单击该单选按钮后，可以将贴图作为纹理贴图对表面应用。

> **提示**
>
> 只有在选择"纹理"单选按钮后，其下方的"UV""VW""WU"三个单选按钮才可用，同时用户还可以根据需要在"贴图"下拉菜单中选择贴图类型。

- "环境"：使用贴图作为环境贴图。从"贴图"列表中选择坐标类型。
- "贴图"：在该下拉菜单中包含了四种贴图类型，该下拉菜单中的选项会因为选择"纹理"贴图和"环境"贴图而不同，当选择"纹理"贴图和"环境"贴图时，该下拉菜单中的命令如图 7.47 和图 7.48 所示。

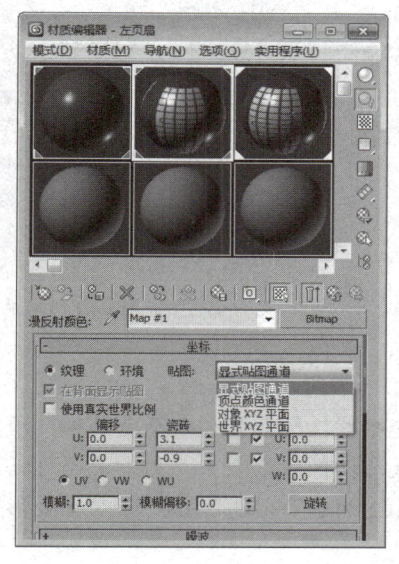

图 7.47 选择"纹理"时的贴图下拉菜单 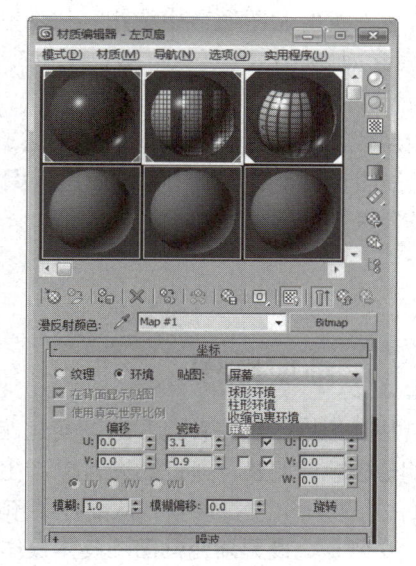　　　　图 7.48 选择"环境"时的贴图下拉菜单

- ◆ "显式贴图通道"：使用任意贴图通道。选择该选项后，"贴图通道"字段将处于活动状态，可选择 1~99 的任意通道。
- ◆ "顶点颜色通道"：使用指定的顶点颜色作为通道。
- ◆ "对象 XYZ 平面"：使用基于对象的本地坐标的平面贴图（不考虑轴点位置）。用于渲染时，除非启用"在背面显示贴图"复选框，否则平面贴图不会投影到对象背面。
- ◆ "世界 XYZ 平面"：使用基于场景的世界坐标的平面贴图（不考虑对象边界框）。用于渲染时，除非启用"在背面显示贴图"复选框，否则平面贴图不会投影到对象背面。
- ◆ "球形环境""柱形环境""收缩包裹环境"：将贴图投影到场景中与将其贴图投影到背景中的不可见对象一样。
- ◆ "屏幕"：投影为场景中的平面背景。
- "在背面显示贴图"：如果启用该复选框，平面贴图（"对象 XYZ 平面"，或使用"UVW 贴图"修改器）穿透投影，渲染在对象背面上。禁用时，平面贴图不会渲染在对象背面。默认设置为启用。
- "偏移"：用于指定贴图在模型上的位置。
- "瓷砖"：设置水平（U）和垂直（V）方向上贴图重复的次数，只有在右侧的"瓷砖"复选框勾选时才起作用，可以将纹理连续不断地贴在物体表面。值为 1 时，贴图在表面贴一次；值为 2 时，贴图会在表面各个方向上重复贴两次，贴图尺寸会相应地缩小一倍；值小于 1 时，贴图会进行放大。
- "镜像"：设置贴图在物体表面进行镜像复制，形成水平或垂直方向上两个镜像的贴图效果。
- "角度"：控制在相应的坐标方向上产生贴图旋转的效果，既可以在"角度"下的"U""V""W"文本框中输入数值，也可以按"旋转"按钮进行实时调节。
- "模糊"：影响图像的尖锐程度，模糊值主要用于位图的抗锯齿处理。
- "模糊偏移"：产生大幅度的模糊处理，常用于产生柔化和散焦效果。

7.4.2 位图贴图

每一张位图图像文件都可以作为贴图使用。位图贴图的使用范围广泛，通常在漫反射颜色贴图通道、凹凸贴图通道、反射贴图通道、折射贴图通道中使用。位图贴图可以支持各种类型的图像和动画格式，包括 AVI、BMP、CIN、JPG、TIF 和 TGA 等。

当使用位图贴图后，在相应的贴图通道中，用户可以根据需要在"位图参数"卷展栏中对位图进行调整。"位图参数"卷展栏如图 7.49 所示。

图 7.49 "位图参数"卷展栏

7.4.3 渐变贴图

渐变贴图是指产生三种色彩的渐变过渡效果，其渐变包括线性渐变和径向渐变两种。用户可以对三种色彩随意进行调整，通过贴图可以产生无限级别的渐变和图像嵌套效果；另外，还可以通过其下方的"噪波"选项组进行调整，从而控制不同颜色区域之间融合时产生的杂乱效果。"渐变参数"卷展栏如图 7.50 所示。设置渐变贴图的具体操作步骤如下。

步骤 01 按 M 键打开材质编辑器，在其中选择一个需要设置渐变贴图材质的样本球，在"贴图"卷展栏中单击"漫反射颜色"右侧的 None 按钮，如图 7.51 所示。

步骤 02 执行操作后，即可弹出"材质/贴图浏览器"对话框，在该对话框中选择"渐变"，如图 7.52 所示。

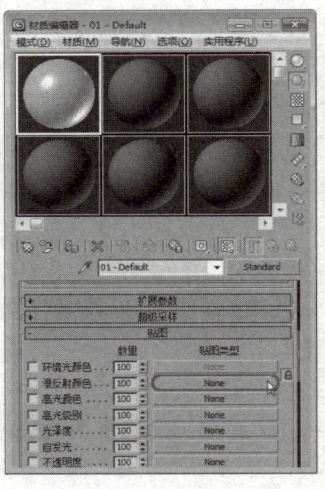

图 7.50 "渐变参数"卷展栏　　图 7.51 单击"漫反射颜色"右侧的 None 按钮　　图 7.52 选择"渐变"

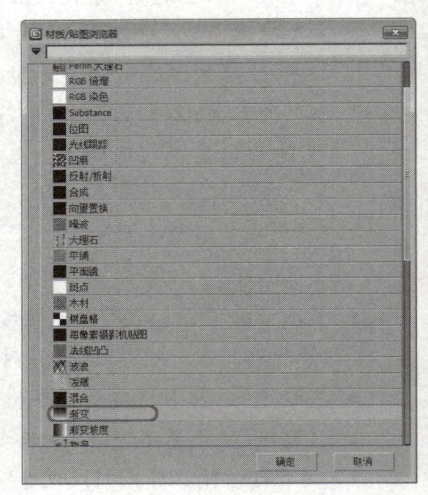

步骤 03 单击"确定"按钮，在"渐变参数"卷展栏中将"颜色 #1"的 RGB 值设置为（144、49、232），将"颜色 #2"的 RGB 值设置为（230、128、255），将"颜色 #3"的 RGB 值设置为（255、255、255），如图 7.53 所示。

步骤 04 设置完成后，将该材质指定给相应的对象即可。按 F9 键预览完成后的效果，如图 7.54 所示。

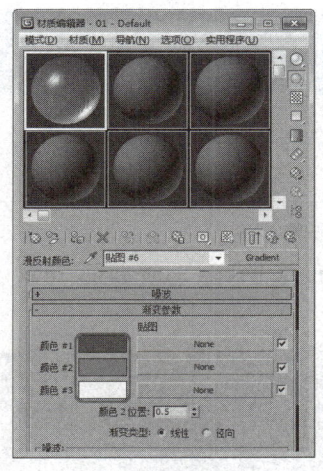

图 7.53 设置渐变颜色　　　　　　　图 7.54 使用渐变贴图后的效果

7.4.4 噪波贴图

噪波贴图一般在凹凸贴图通道中使用，可以通过设置"噪波参数"卷展栏制作出凹凸不平的表面。"噪波参数"卷展栏如图 7.55 所示，通过"噪波类型"可以定义噪波的类型，通过"噪波阈值"下的参数可以设置"大小""相位"等；下面的两个色块用于指定颜色，系统按照指定颜色的灰度值来决定凹凸起伏的程度，效果如图 7.56 所示。

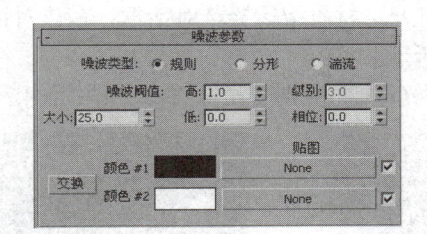

图 7.55 "噪波参数"卷展栏　　　　　　图 7.56 使用噪波贴图制作的水面效果

7.4.5 混合贴图

混合贴图和混合材质相似，是指将两个不同的贴图按照不同的比例混合在一起形成新的贴图，它常用在漫反射颜色贴图通道中。"混合参数"卷展栏如图 7.57 所示，在该卷展栏中有一个专门设置混合比例的参数"混合量"，它用于设置每种贴图在该混合贴图中所占的比重。

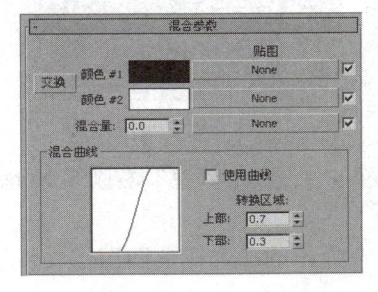

图 7.57 "混合参数"卷展栏

7.5 上机实训

7.5.1 设置木质材质

本例将介绍木质材质的设置，效果如图 7.58 所示。具体操作步骤如下。

步骤 01 启动 3ds Max 2014，打开本书配套资源中的 Scenes\Cha07\ 木质桌子 .max 文件，如图 7.59 所示。

图 7.58 木质材质效果图

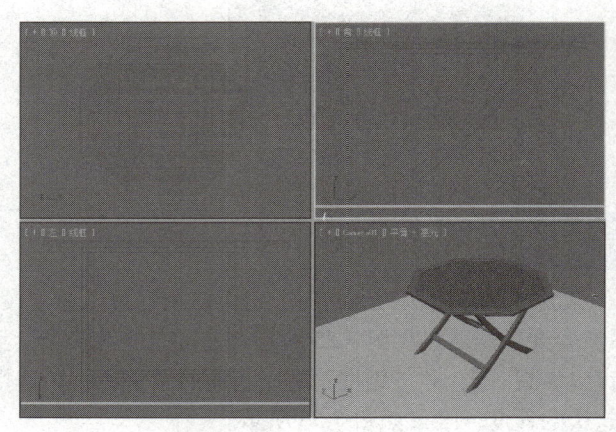

图 7.59 打开的场景文件

步骤 02 按 H 键打开"从场景选择"对话框，在该对话框中选择"桌面"和"桌腿"，如图 7.60 所示。

步骤 03 选择完成后，单击"确定"按钮。按 M 键打开"材质编辑器"对话框，在该对话框中选择一个材质样本球，将其命名为"木质材质"，如图 7.61 所示。

步骤 04 在"Blinn 基本参数"卷展栏中将"高光级别""光泽度"分别设置为"22""38"，如图 7.62 所示。

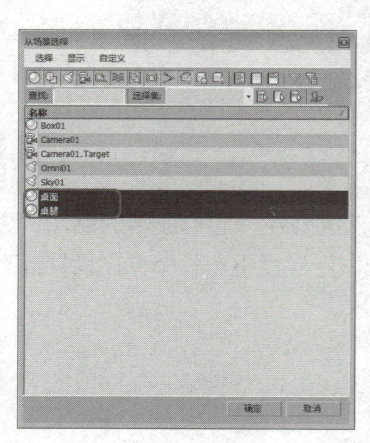

图 7.60 选择对象

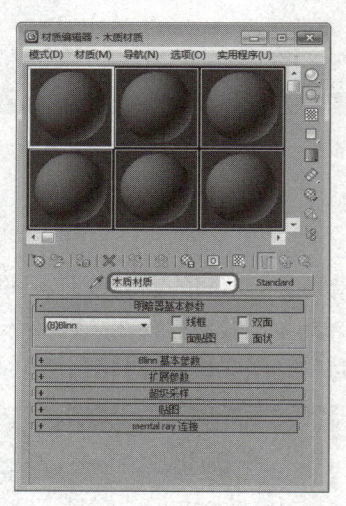

图 7.61 设置材质名称

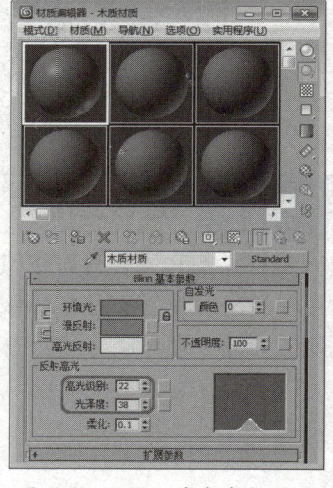

图 7.62 Blinn 基本参数设置

步骤 05 在"贴图"卷展栏中单击"漫反射颜色"右侧的 None 按钮，在弹出的对话框中选择"位图"，如图 7.63 所示。

步骤 06 单击"确定"按钮，在弹出的"选择位图图像文件"对话框中选择本书配套资源中的 Map\ 榉木 .jpg，如图 7.64 所示。

| 模块7 | 材质与贴图

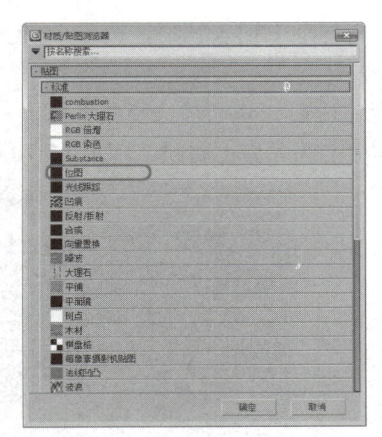

图 7.63 选择"位图"

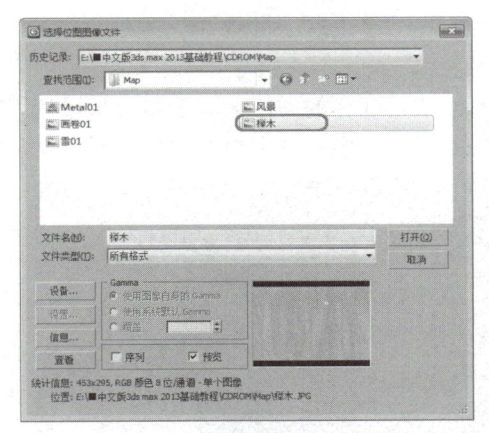

图 7.64 选择位图图像文件

步骤 07 单击"打开"按钮，再单击"将材质指定给选定对象"按钮和"在视口中显示标准贴图"按钮，将"材质编辑器"对话框关闭，即可在视图中查看指定的材质，如图 7.65 所示。最后对完成的场景进行保存。

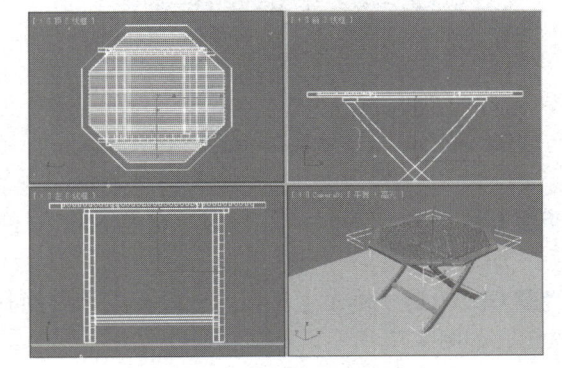

图 7.65 指定材质后的效果

7.5.2 设置多维 / 子对象材质

本例将介绍多维 / 子对象材质的设置，设置好的多维 / 子对象材质的效果如图 7.66 所示。具体操作步骤如下。

步骤 01 启动 3ds Max 2014，打开本书配套资源中的 Scenes\Cha07\ 多维子对象材质 .max 文件，如图 7.67 所示。

步骤 02 切换至"修改"命令面板，将当前选择集定义为"多边形"，在顶视图中按住 Ctrl 键选择图 7.68 所示的多边形。

图 7.66 多维 / 子对象材质效果图

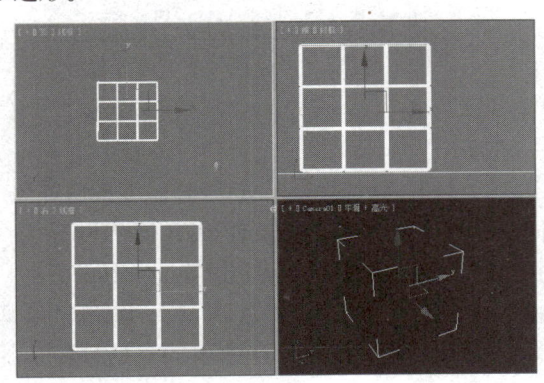

图 7.67 打开的场景文件

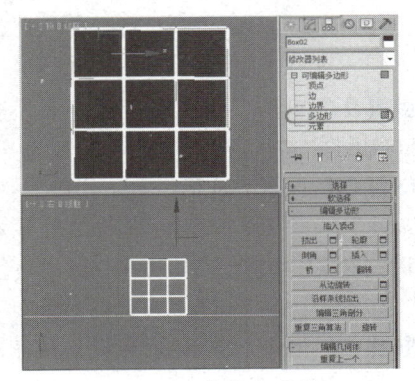

图 7.68 选择多边形

175

步骤 03　在"多边形：材质 ID"卷展栏中的"设置 ID"文本框中输入"2"，按 Enter 键确认，如图 7.69 所示。

步骤 04　使用同样的方法为其他多边形设置 ID 号，设置完成后，将当前选择集关闭。按 M 键打开"材质编辑器"对话框，在其中选择一个材质样本球，将其命名为"魔方材质"，如图 7.70 所示。

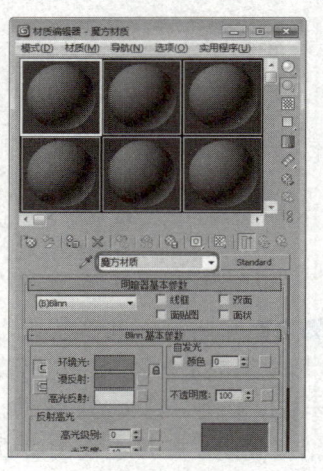

图 7.69　设置 ID 号　　　　　　　　　图 7.70　设置材质名称

步骤 05　单击"Standard"按钮，在弹出的"材质/贴图浏览器"对话框中选择"多维/子对象"，如图 7.71 所示。

步骤 06　单击"确定"按钮，在弹出的"替换材质"对话框中选择"将旧材质保存为子材质？"单选按钮，如图 7.72 所示。

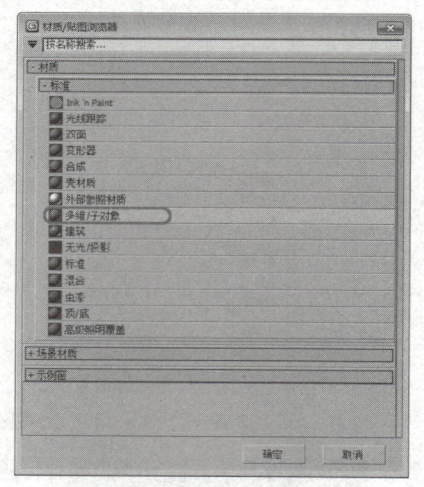

图 7.71　选择"多维/子对象"　　　　　　图 7.72　"替换材质"对话框

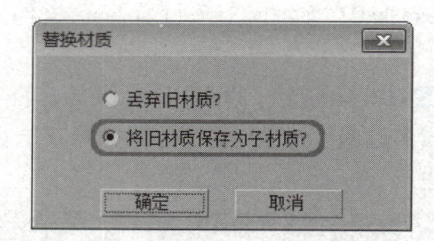

步骤 07　单击"确定"按钮。在"多维/子对象基本参数"卷展栏中单击"设置数量"按钮，在弹出的对话框中将"材质数量"设置为"7"，如图 7.73 所示。

步骤 08　设置完成后，单击"确定"按钮。单击 ID1 右侧的材质按钮，将明暗器类型设置为"(A)各向异性"；在"各向异性基本参数"卷展栏中将"环境光""漫反射"的 RGB 值都设置为（255、210、0），在"自发光"选项组中将"颜色"设置为"40"，将"漫反射级别"设置为"102"，在"反射高光"选项组中将"高光级别""光泽度""各向异性"分别设置为"96""65""86"，如图 7.74 所示。

步骤 09　单击"转到父对象"按钮。单击 ID2 右侧的材质按钮，在弹出的对话框中选择"标准"，如图 7.75 所示。

| 模块7 | 材质与贴图

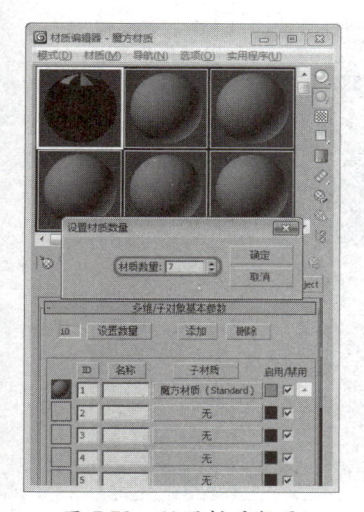

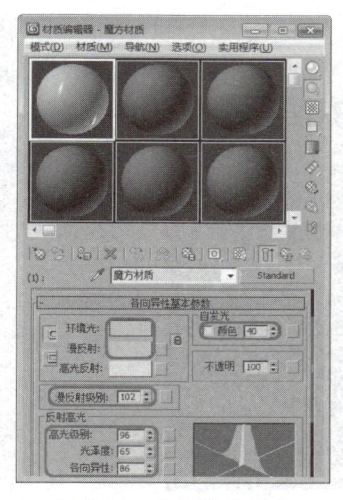

图 7.73 设置材质数量　　图 7.74 设置材质参数　　图 7.75 选择"标准"

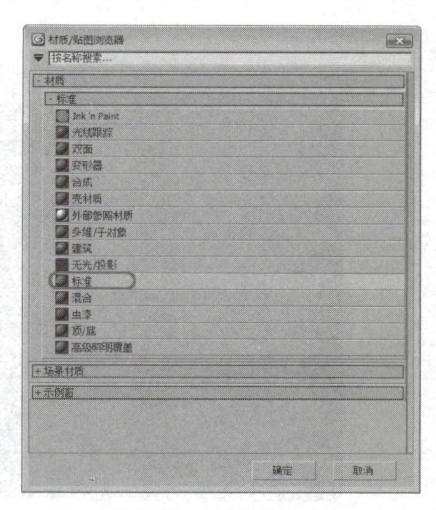

步骤 10 单击"确定"按钮。将明暗器类型设置为"(A) 各向异性",在"各向异性基本参数"卷展栏中将"环境光""漫反射"的 RGB 值都设置为 (255、0、0),在"自发光"选项组中将"颜色"设置为"40",将"漫反射级别"设置为"102",在"反射高光"选项组中将"高光级别""光泽度""各向异性"分别设置为"96""65""86",如图 7.76 所示。

步骤 11 单击"转到父对象"按钮。使用同样的方法设置其他材质,设置后的效果如图 7.77 所示。

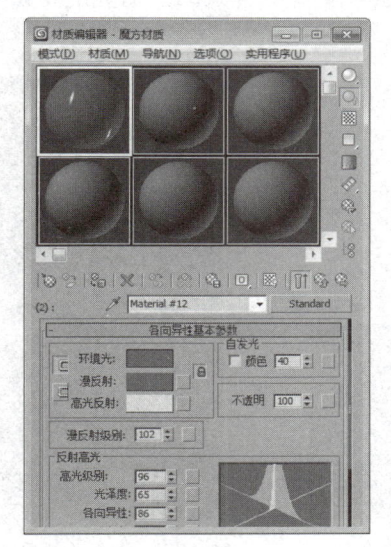

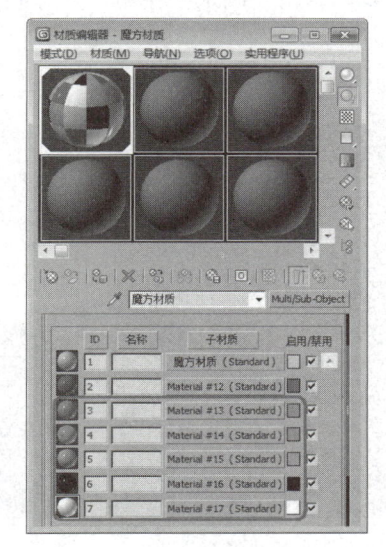

图 7.76 设置 ID2 材质　　　　　　图 7.77 设置多维/子对象材质后的效果

步骤 12 单击"将材质指定给选定对象"按钮,将"材质编辑器"对话框关闭,选择 Camera 01 视图,按 F9 键进行渲染,然后对完成的场景进行保存。

7.5.3 设置混合材质

本例介绍混合材质的设置,具体操作步骤如下。

步骤 01 启动 3ds Max 2014,打开素材混合材质 .max,如图 7.78 所示。

步骤 02 单击工具栏中的"选择并移动"按钮,在视图中选择"椅子座",按 M 键打开材质编辑器,如图 7.79 所示。

177

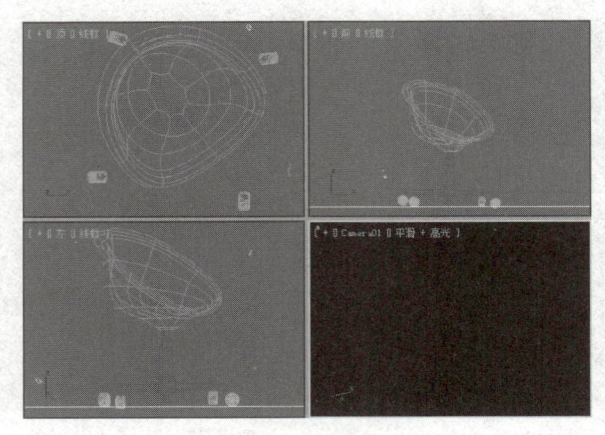

图 7.78　打开的场景文件 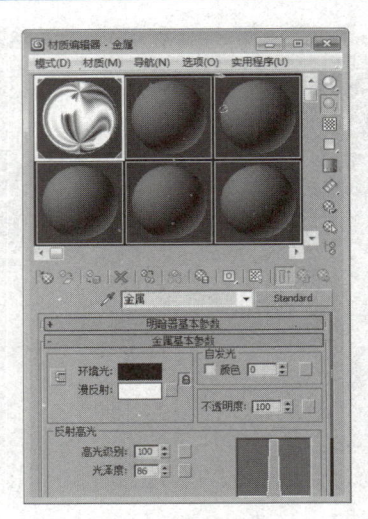　　　　　　　图 7.79　打开的材质编辑器

步骤 03　在材质编辑器中选择第二个材质样本球，单击"Standard"按钮，在弹出的对话框中选择"混合"，如图 7.80 所示。

步骤 04　选择完成后，单击"确定"按钮，在弹出的"替换材质"对话框中选择"将旧材质保存为子材质？"单选按钮，如图 7.81 所示。

步骤 05　单击"确定"按钮。在"混合基本参数"卷展栏中单击"材质 1"右侧的材质按钮，如图 7.82 所示。

图 7.80　选择"混合" 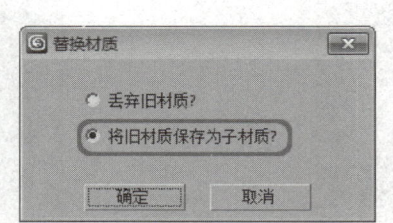　　　图 7.81　选择"将旧材质保存为子材质？"单选按钮 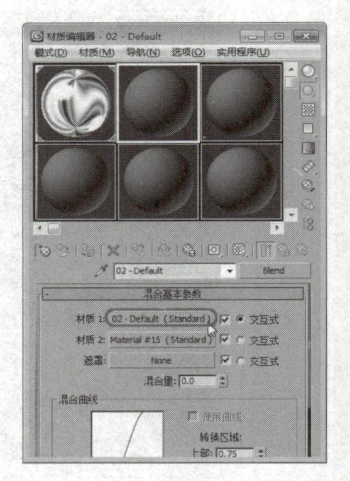　　　图 7.82　单击"材质 1"右侧的材质按钮

步骤 06　在"Blinn 基本参数"卷展栏中设置"环境光""漫反射"的 RGB 值都为（255、87、69），在"自发光"选项组的文本框中输入"45"，将"高光级别""光泽度"分别设置为"18""27"，如图 7.83 所示。

步骤 07　单击"转到父对象"按钮，在"混合基本参数"卷展栏中单击"材质 2"右侧的材质按钮。在"Blinn 基本参数"卷展栏中设置"环境光""漫反射"的 RGB 值都为（255、91、253），在"自发光"选项组的文本框中输入"45"，将"高光级别""光泽度"分别设置为"0""10"，如图 7.84 所示。

步骤 08　单击"转到父对象"按钮，在"混合基本参数"卷展栏中将"混合量"设置为"50.0"，如图 7.85 所示，按 Enter 键确认。

| 模块7 | 材质与贴图

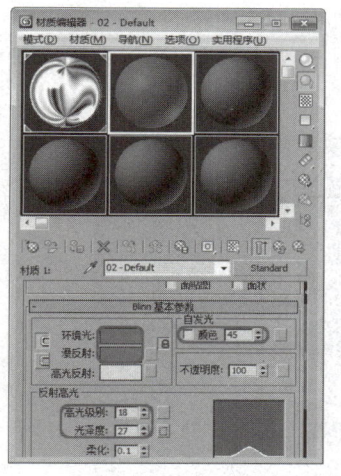

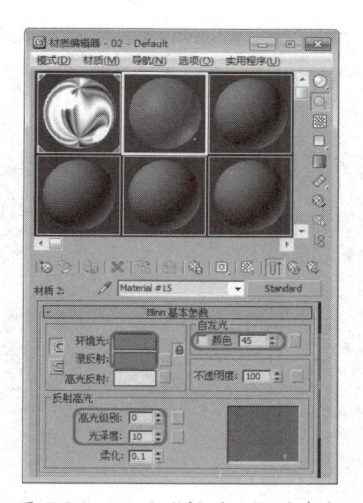

图 7.83 设置"材质1"的参数　　图 7.84 设置"材质2"的参数　　图 7.85 设置混合量

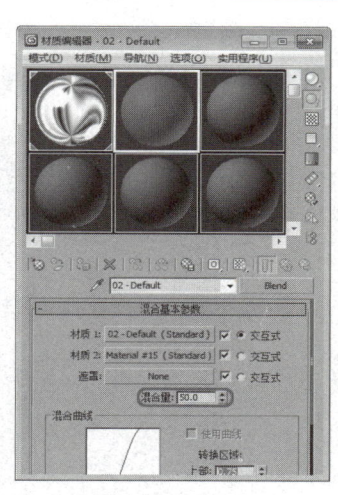

步骤 09 单击"将材质指定给选定对象"按钮，将材质编辑器关闭。选择 Camera01 视图，按 F9 键进行渲染。设置混合材质后的效果如图 7.86 所示。

图 7.86 设置混合材质后的效果

7.5.4 使用位图贴图

本例介绍位图贴图的使用，具体操作步骤如下。

步骤 01 启动 3ds Max 2014，按 Ctrl+O 组合键打开"位图贴图 .max"场景文件，如图 7.87 所示。
步骤 02 按 M 键打开材质编辑器，在其中选择"画"材质球，在"多维/子对象基本参数"卷展栏中单击 ID1 右侧的材质按钮，如图 7.88 所示。

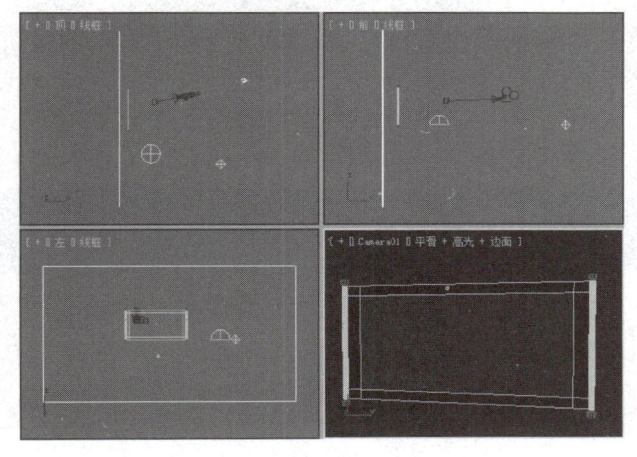

图 7.87 打开的场景文件　　　　　　　　图 7.88 单击材质按钮

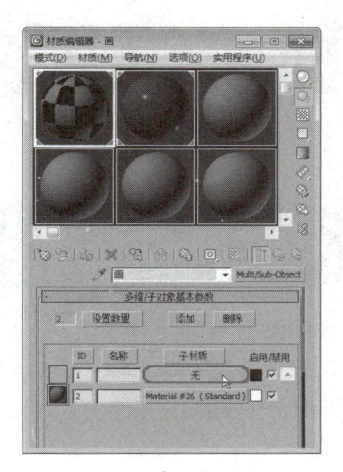

步骤 03 在弹出的"材质/贴图浏览器"对话框中选择"标准",如图 7.89 所示。

步骤 04 选择完成后,单击"确定"按钮。在"贴图"卷展栏中单击"漫反射颜色"右侧的 None 按钮,如图 7.90 所示。

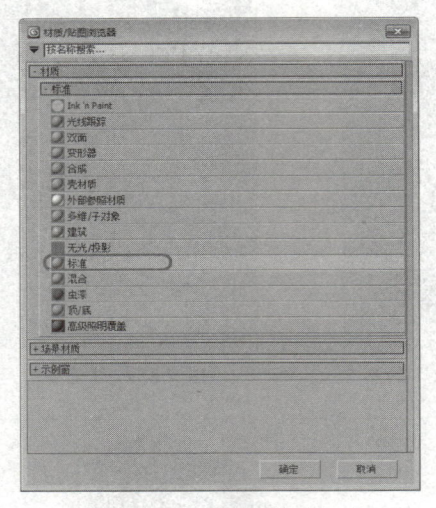

图 7.89 选择"标准"

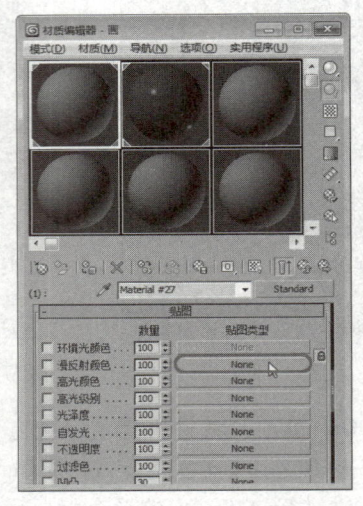

图 7.90 单击"漫反射颜色"右侧的 None 按钮

步骤 05 在弹出的对话框中双击"位图",再在弹出的对话框中选择"画卷 01.jpg"位图图像文件,如图 7.91 所示。

步骤 06 选择完成后,单击"打开"按钮。选择摄影机视图,按 F9 键进行渲染,效果如图 7.92 所示。

图 7.91 选择位图图像文件

图 7.92 渲染效果

7.6 思考与练习

1. 明暗器有哪几种类型?
2. 简单介绍一下多维/子对象材质。
3. 什么是贴图坐标?

模块 8　灯光与摄影机

光线是画面视觉信息与视觉造型的基础，没有光便无法体现物体的形状、质感和颜色。为当前场景创建平射式的白色照明或使用系统的默认设置是一件非常容易的事情，然而，平射式的照明通常对当前场景中对象的特别之处或奇特效果不会有任何帮助。如果调整场景的照明，使光线同当前的气氛或环境相配合，就可以强化场景的效果，使其更加真实地体现在我们的视野中。

8.1　照明的基础知识

在设置灯光时，应首先确定要模拟的是哪种灯光照明效果，然后在场景中创建灯光。下面介绍标准照明、区域照明及阴影的知识。

8.1.1　基本三光源

标准照明的方式在 3ds Max 中是最普通的。标准照明也就是三光源照明方案。从狭义上讲，它是使用三种光源来为当前场景中的对象提供照明的。

在场景中，最好以目标聚光灯作为主光灯。"目标聚光灯"是一个有方向的光源，可以独立移动目标点来调整光线的投射方向。目标点是聚光灯定位的辅助参考点，目标点到光源之间的距离会对亮度和衰减度产生影响。

目标聚光灯是 3ds Max 环境中基本的照明工具，与泛光灯不同，目标聚光灯的方向是可以控制的，形状可以是方形或是圆形。

在创建灯光时，使"目标聚光灯"与视平线之间的夹角为 30°～45°，与摄影机的夹角为 30°～45°，将其投向主物体，光照强度较大时，能把主物体从背景中充分地凸显出来，通常将其设置为投射阴影。

在场景中，背光的创建方向与主光的方向恰好相反。这个照明灯光在设置时可以在当前对象的上方（高于当前场景对象），并且此光源的光照强度要等于或者小于主光。背光的主要作用是在制作中使对象从背景中脱离出来，从而使物体显示其轮廓，并且展现场景的深度。

最后要讲的是辅光源。辅光的主要用途是控制场景中最亮的区域和最暗区域间的对比度。应当注意的是，设置中亮的辅光将产生平均的照明效果，而设置较暗的辅光则可增加场景效果的对比度，使场景产生不稳定的感觉。一般情况下，辅光源放置的位置要靠近摄影机，以便产生平面光和柔和的照射效果。另外，也可以使用泛光灯作为辅光源应用于场景中，而泛光灯在系统中设置的基本目的就是作为一个辅光源而存在的。在场景中，远距离设置大量不同颜色和低亮度的泛光灯是非常常见的，这些泛光灯混合在模型中将弥补主光灯照射不到的区域。

图 8.1 所示的场景显示的就是标准照明方式，渲染后的效果如图 8.2 所示。

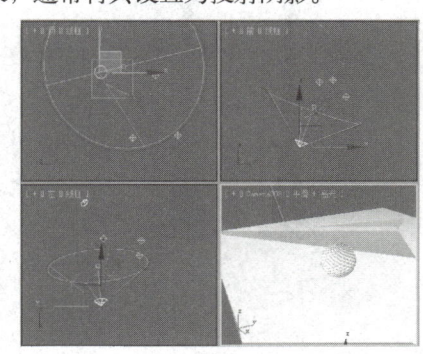

图 8.1　标准照明的灯光设置

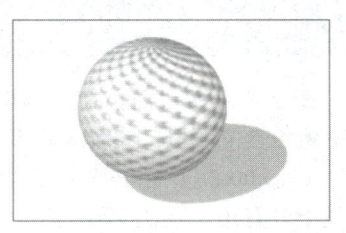

图 8.2　标准照明渲染后的效果

8.1.2 区域照明

三光源的设置在 3D 制作中是最为简单和基础的灯光设置。在一个几乎完美的效果图设计制作中，如果单凭这三种简单的光源来表现场景中的对象是远远不够的，并且，在三光源的设置中，也并不是局限在只使用一种光源照明类型。

处理一个大的场景时，如果再采用三点照明可能就不太合适了，这时可以使用其他的方法进行照明。例如把一个大的区域分成几个小的区域，这样每个小区域都会单独地被照明，这就是所谓的区域照明。用户可以根据重要性或相似性来选择区域，当一个区域被选择之后，可以使用基本三光源照明方法。但是，有些区域照明并不能产生合适的气氛，这时就需要使用一个自由照明方案。

8.1.3 阴影

阴影是对象后面灯光变暗的区域。3ds Max 支持几种类型的阴影，包括区域阴影、阴影贴图和光线跟踪阴影等。

区域阴影基于投射光的区域创建阴影。这种类型的阴影不需要太多的内存，支持透明度贴图。阴影贴图实际上是一种位图，由渲染器产生并与完成的场景组合产生图像。这些贴图可以有不同的分辨率，但是较高的分辨率则要求有更多的内存。阴影贴图通常能够创建出更真实、更柔和的阴影，但是不支持透明度贴图。

3ds Max 按照每个光线照射场景的路径来计算光线跟踪阴影，该过程会耗费大量的处理周期，但是能产生非常精确且边缘清晰的阴影。使用光线跟踪可以为对象创建出阴影贴图所无法创建的阴影，例如透明的玻璃。阴影类型下拉列表中还包括一个高级光线跟踪阴影选项。另外，还有一个选项是 VRay 阴影。

图 8.3 所示为使用了不同阴影类型渲染的图像，左起第一个图像没有设置阴影，然后依次为阴影贴图、区域阴影和光线跟踪阴影。

图 8.3　不同阴影类型的渲染效果

8.2　灯光类型

在学习灯光之前，先来认识一下灯光的类型，以及它们之间的不同用途。因为只有了解了当前软件中所包含的不同的灯光，以及它们之间所拥有的不同用途或功能，才能够准确、合理地应用它们。

3ds Max 提供了一个默认的照明设置，以方便用户更好地观看场景，这对于没有设置任何光源的场景十分有用。默认光源为工作提供了充足的照明，但它并不适合于最终的渲染结果。

| 模块8 | 灯光与摄影机

在 3ds Max 场景中，默认的灯光数量可以是 1 个，也可以是 2 个，并且可以将默认的灯光添加到当前场景中。当默认灯光被添加到场景中后，便可以同其他光源一样对它的参数及位置等进行调整。

设置默认的灯光数量并添加默认灯光到场景中的操作步骤如下。

步骤 01 在视图左上角单击鼠标右键，在弹出的快捷菜单中选择"视口背景"→"配置视口背景"命令，如图 8.4 所示。

步骤 02 弹出"视口配置"对话框，在"照明和阴影"选项卡中选中"照亮场景方法"选项组中的"默认灯光"单选按钮，然后选中"1 个灯光"或者"2 个灯光"单选按钮，单击"确定"按钮，如图 8.5 所示。

步骤 03 在菜单栏中选择"创建"→"灯光"→"标准灯光"→"添加默认灯光到场景"命令，如图 8.6 所示；弹出"添加默认灯光到场景"对话框，在对话框中可以设置加入场景的默认灯光名称以及距离缩放值，如图 8.7 所示。

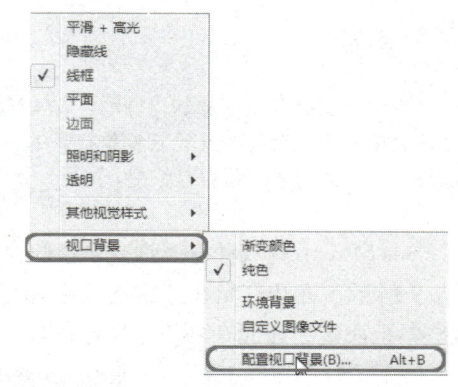

图 8.4　选择"配置视口背景"命令

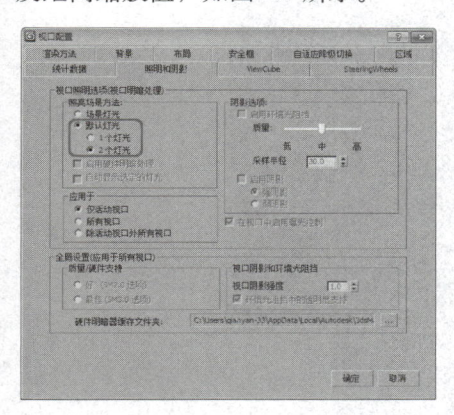

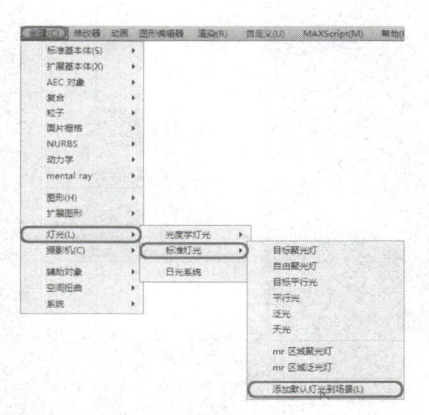

图 8.5　设置默认灯光的数量　　　　图 8.6　添加默认灯光　　　　图 8.7　添加默认灯光到场景

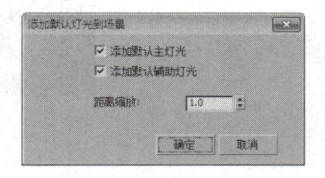

步骤 04 单击"确定"按钮，即可在场景中创建两个名为 DefaultKeyLight 和 DefaultFillLight 的灯光。最后单击 按钮，将所有视图最大化显示，此时在场景中就会看到设置的默认灯光。默认的灯光位于场景中对角线节点处。假设场景的中心（坐标系的原点），一盏灯光在前上方，另一盏灯光在后下方，如图 8.8 所示。

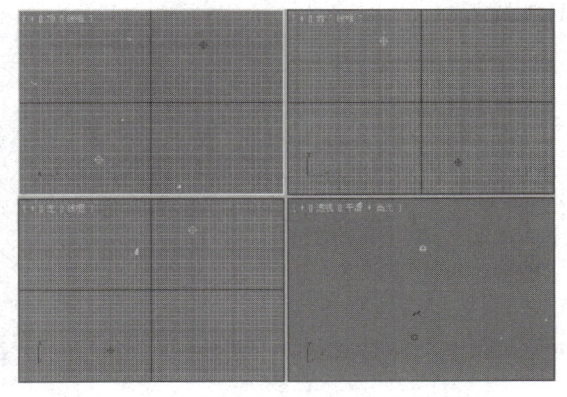

图 8.8　两盏默认灯光在场景中的位置

183

> **提示**
>
> 当第一次在场景中添加光源时，3ds Max 会关闭默认的光源，这样就可以看到我们所建立的灯光效果。只要场景中有灯光存在，无论它们是打开的，还是关闭的，默认的光源将一直被关闭。当场景中所有的灯光都被删除时，默认的光源将自动恢复。

  3ds Max 中有八种标准灯光：目标聚光灯、自由聚光灯、目标平行光、自由平行光和泛光灯等，如图 8.9 所示。这些灯光在三维场景中都可以设置、放置以及移动，并且都包含了一般光源的控制参数，这些参数决定了光照在环境中所起的作用。

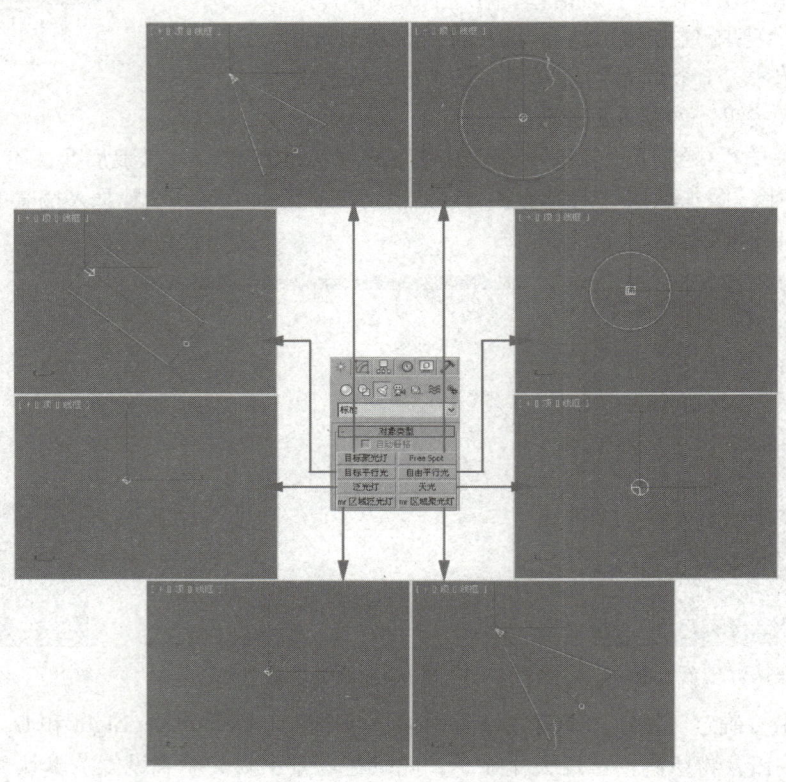

图 8.9 不同的标准灯光

8.2.1 聚光灯和泛光灯

1. 聚光灯

  聚光灯是能在一定程度上将光线聚集的灯，它有方向性，也有照射范围，利用它可以模拟探照灯、手电筒等光照设备。在 3ds Max 中，聚光灯包括目标聚光灯和自由聚光灯，它们的参数大致相同，不同的是目标聚光灯比自由聚光灯多一个目标点，这样能够较为方便地确定聚光灯的照射方向。聚光灯的很多参数与泛光灯的参数相同。

2. 泛光灯

  泛光灯包括泛光灯和 mr 区域泛光灯两种类型，下面分别对它们进行介绍。

（1）泛光灯

  泛光灯向四周投射光线，标准的泛光灯用于照亮场景，它的优点是易于建立和调节，不用考虑是否有对象在范围外而不被照射；缺点是不能创建太多，否则会使场景显得无层次感。泛光灯用于将"辅助照明"添加到场景中，或模拟点光源。

泛光灯可以投射阴影和投影，单个投射阴影的泛光灯等同于六盏聚光灯的效果，从中心指向外侧。另外，泛光灯常用于模拟灯泡、台灯等光源对象。

（2）mr区域泛光灯

当使用mental ray渲染器渲染场景时，区域泛光灯从球体或圆柱体体积发射光线，而不是从点源发射光线。使用默认的扫描线渲染器，区域泛光灯像其他标准的泛光灯一样从点源发射光线。

"区域灯光参数"卷展栏如图8.10所示。

- "启用"：用于开关区域泛光灯。
- "在渲染器中显示图标"：选中该复选框，当使用mental ray渲染器进行渲染时，区域泛光灯将按照其形状和尺寸显示在渲染图片中，并显示为白色。
- "类型"：可以在下拉列表框中选择区域泛光灯的形状，可以是"球体"或者"圆柱体"形状。
- "半径"：设置球体或圆柱体的半径。
- "高度"：仅当区域灯光类型为"圆柱体"时可用，用于设置圆柱体的高。

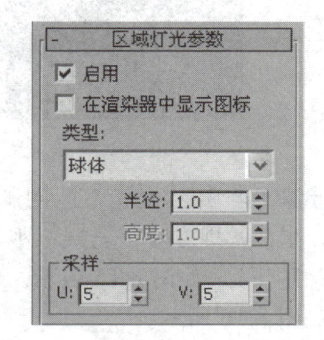

图8.10 "区域灯光参数"卷展栏

- "采样"：设置区域泛光灯的采样质量，可以分别设置U和V的采样数，值越高，照明和阴影效果越真实细腻，当然渲染时间也会增加。对于球形灯光，U值表示沿半径方向的采样值，V值表示沿角度采样值；对于圆柱形灯光，U值表示沿高度采样值，V值表示沿角度采样值。

下面将通过制作一个小实例对目标聚光灯和泛光灯的使用及参数进行介绍。

步骤01 打开本书配套资源中的Scenes\Cha08\灯光.max文件，如图8.11所示。

步骤02 激活顶视图，选择"创建" → "摄影机" → "标准" → "目标"命令，在顶视图中创建目标摄影机。在"参数"卷展栏中将"镜头"设置为50 mm，然后在视图中调整摄影机的位置，激活透视视图，按C键将其切换为Camera001视图，如图8.12所示。

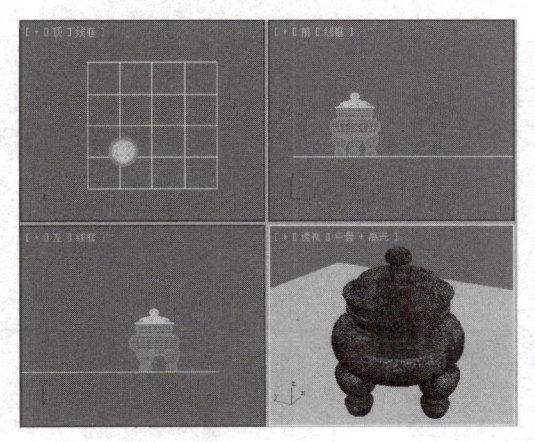

图8.11 打开的文件

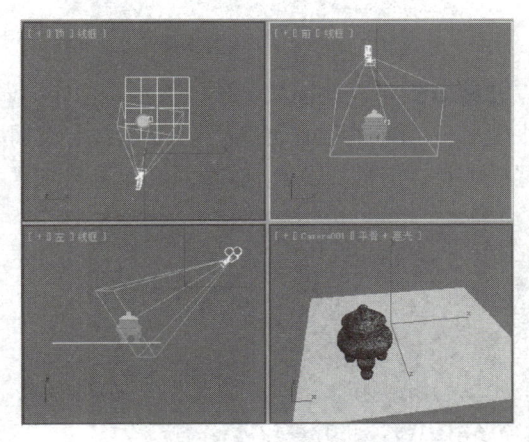

图8.12 调整摄影机

步骤03 在场景中添加一盏目标聚光灯。选择"创建" → "灯光" → "标准" → "目标聚光灯"命令，在顶视图中创建一盏目标聚光灯，然后在其他视图中调整其位置，如图8.13所示。对Camera001视图进行渲染，效果如图8.14所示。

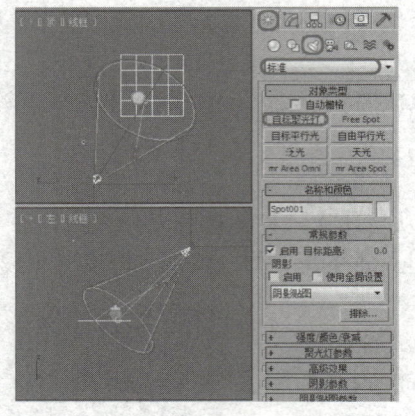

图 8.13 创建并调整目标聚光灯 　　　　　　　图 8.14 添加目标聚光灯后的渲染效果

步骤 04 开启聚光灯的阴影，并设置阴影类型。在视图中选中目标聚光灯，进入"修改"命令面板，在"常规参数"卷展栏中勾选"阴影"选项组下的"启用"复选框，并将阴影类型定义为"光线跟踪阴影"，如图 8.15 所示。使用"光线跟踪阴影"类型可以产生逼真的阴影，但渲染时比较慢，效果如图 8.16 所示。

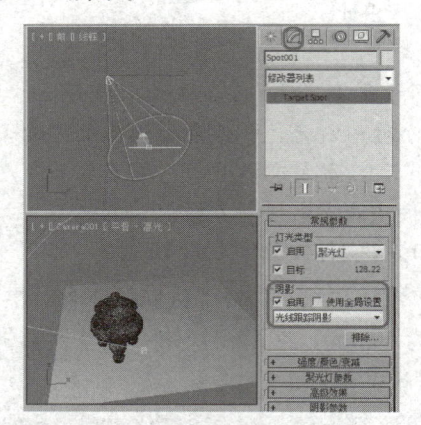

图 8.15 设置阴影 　　　　　　　　　　　　图 8.16 阴影效果

步骤 05 提高侧面的亮度。选择"创建"→"灯光"→"标准"→"泛光灯"命令，在顶视图中图 8.17 所示的位置创建泛光灯，并调整其位置。这盏泛光灯太亮了，可以在"强度/颜色/衰减"卷展栏中将"倍增"设置为"0.5"，如图 8.18 所示，渲染后的效果如图 8.19 所示。

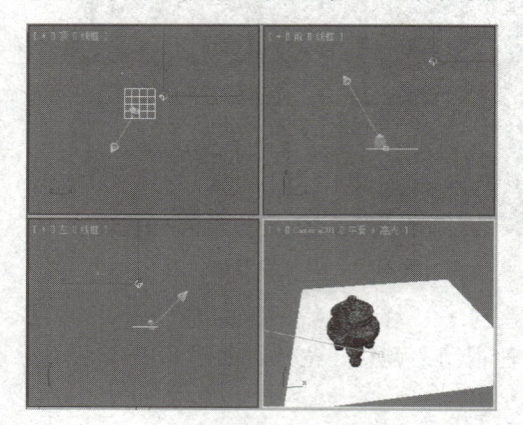

图 8.17 创建泛光灯 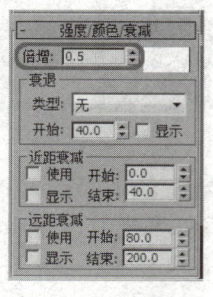　　　　　　图 8.18 降低倍增值 　　　　　　图 8.19 渲染后的效果

| 模块8 | 灯光与摄影机

> **提示**
>
> 在"倍增"下面还包括"衰退""近距衰减""远距衰减"。它们的主要作用:"衰退"可以提供剧烈的衰减效果;"近距衰减"/"远距衰减"用于指定贴近灯光时和远离灯光时的衰减范围,它们的设置一样,不过"远距衰减"最为常用。在衰减起始位置和衰减结束位置之间的衰减范围内的物体,将被不完全照射,并随着远离灯光而变得越来越弱。如果物体在衰减结束位置以外的范围,它们将不被照射。

步骤 06 提高物体暗部的亮度。选择"创建"→"灯光"→"标准"→"泛光灯"命令,在顶视图中图 8.20 所示的位置创建第二盏泛光灯,渲染后的效果如图 8.21 所示。

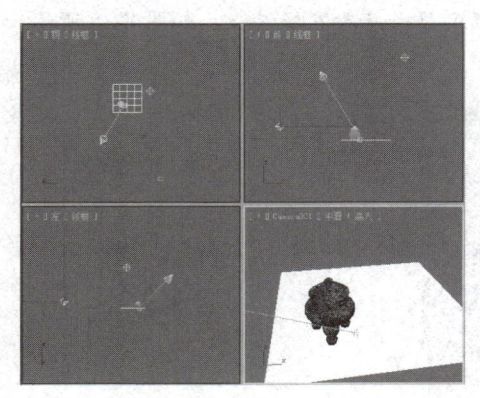

图 8.20 创建第二盏泛光灯

图 8.21 再次渲染后的效果

8.2.2 平行光

目标平行光和自由平行光发出的光线都是平行的,所以可以用于模拟太阳光。

1. 目标平行光

目标平行光产生单方向的平行照射区域,它与目标聚光灯的区别是照射区域呈圆柱形或矩形,而不是锥形。平行光主要用于模拟阳光的照射,对于户外场景尤为适用。如果作为体积光,可以产生一个光柱,常用于模拟探照灯、激光光束等特殊效果。与目标聚光灯一样,可以在"运动"命令面板中改变注视目标,如图 8.22 所示。

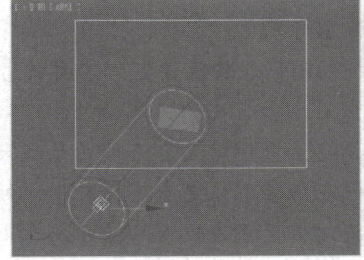

图 8.22 目标平行光效果图

> **提示**
>
> 只有当平行光处于场景几何体边界盒之外,且指向下方的时候,才支持"光能传递"计算。

2. 自由平行光

自由平行光产生平行的照射区域。它其实是一种受限制的目标平行光,在视图中,它的投射点和目标点不可分别调节,只能进行整体移动或旋转,这样可以保证照射范围不发生改变。如果对灯光的范围有固定要求,尤其是在灯光的动画中,这是一个非常好的选择。

8.2.3 天光

天光可以把日光的效果模拟得很相似。在 3ds Max 中，有很多模拟日光照射效果的方法，但相对来讲，如果配合"照明追踪"渲染方式的话，天光是最为合适的，如图 8.23 所示。本节只是简单介绍天光的参数，如图 8.24 所示，关于与"照明追踪"渲染方式有关的使用技巧，将在模块 9 中详细介绍。

- "启用"：用于结束与开始天光对象。
- "倍增"：用于控制光的强度，数值越大，亮度越强。通常，将"倍增"保持为默认值 1.0，特殊效果和特殊情况除外。
- "天空颜色"选项组：天空被模拟成一个圆屋顶的样子覆盖在场景上，如图 8.25 所示。用户可以在这里指定天空的颜色或贴图。

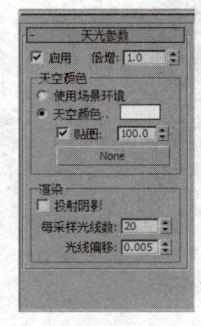

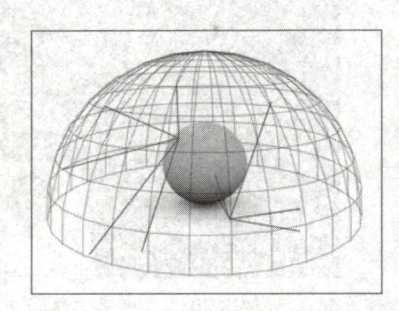

图 8.23 天光结合照明追踪方式渲染的模型　　图 8.24 "天光参数"卷展栏　　图 8.25 模拟成圆屋顶的天空

- ◆ "使用场景环境"：使用"环境"面板上设置的环境灯光颜色。只在"照明追踪"方式下才有效。
- ◆ "天空颜色"：单击右侧的色块，显示颜色选择器，可适当调色。
- ◆ "贴图"：通过指定贴图影响天空颜色。左侧的复选框用于设置是否使用贴图，下方的 None 按钮用于指定贴图，右侧的文本框用于控制贴图的使用程度（低于 100.0 时，贴图会与天空颜色进行混合）。
- "渲染"选项组：用于定义天光的渲染属性，只有在使用默认扫描线渲染器，并且不使用高级照明渲染引擎时，该组参数才有效。
- ◆ "投射阴影"：使天光投射阴影。默认设置为禁用状态。当使用光能传递或光跟踪时，"投射阴影"切换无效。
- ◆ "每采样光线数"：计算场景中指定点上天光的光线数。
- ◆ "光线偏移"：对象可以在场景中指定点上投射阴影的最短距离。将该值设置为 0 可以使该点在自身上投射阴影，将该值设置为较大的值可以防止指定点附近的对象在该点上投射阴影。

8.3 灯光的共同参数卷展栏

在 3ds Max 场景中，除天光以外，其他不同的灯光对象都共享同样的控制参数，它们控制着灯光的最基本特征，包括"常规参数""强度/颜色/衰减""高级效果""阴影参数""阴影贴图参数"及"大气和效果"等卷展栏。

8.3.1 "常规参数"卷展栏

"常规参数"卷展栏主要控制灯光的开启与关闭、排除或包含场景中的对象以及选择阴影方式。在

"修改" 命令面板中,"常规参数"卷展栏还可以用于控制灯光的目标对象、改变灯光类型。"常规参数"卷展栏如图 8.26 所示。

- "灯光类型"选项组
  - ◆ "启用":用于启用和禁用灯光。当"启用"复选框处于选中状态时,使用灯光着色和渲染以照亮场景。当"启用"复选框处于未选中状态时,进行着色或渲染时不使用该灯光。默认设置为选中。
  - ◆ 聚光灯 :对当前灯光的类型进行改变,可以在聚光灯、平行灯和泛光灯之间进行转换。
  - ◆ "目标":选中该复选框,灯光将成为目标。灯光与其目标之间的距离显示在复选框的右侧。对于自由灯光,可以设置该值。对于目标灯光,可以通过取消选中该复选框,或者移动灯光或灯光的目标对象对其进行更改。
- "阴影"选项组
  - ◆ "启用":在视口中,交互式渲染器显示启用或禁用灯光的阴影效果。
  - ◆ "使用全局设置":当启用"使用全局设置"后,切换阴影参数显示全局设置的内容。该数据由此类别的其他的每个灯光共享。当禁用"使用全局设置"后,阴影参数将针对特定灯光。
  - ◆ 阴影贴图 :阴影贴图是活动的阴影类型。
  - ◆ "排除":单击该按钮,可在打开的"排除 / 包含"对话框中,设置场景中不受当前灯光影响的对象,如图 8.27 所示。

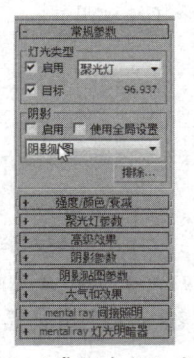

图 8.26 "常规参数"卷展栏

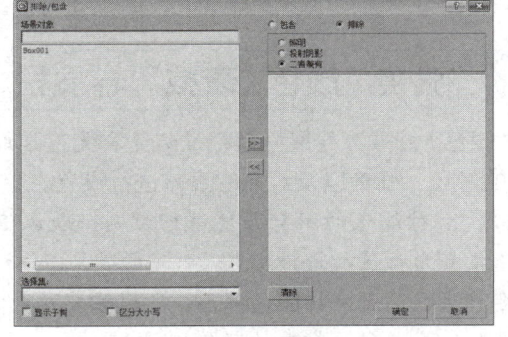

图 8.27 "排除 / 包含"对话框

排除的具体操作步骤如下。

步骤 01 打开一个需要添加灯光的场景,选择"创建" → "灯光" → "标准" → "目标聚光灯"命令,在视图中创建一盏目标聚光灯,如图 8.28 所示。

步骤 02 单击"常规参数"卷展栏中的"排除"按钮,弹出"排除 / 包含"对话框,选择 plane001,单击 >> 按钮,再单击"确定"按钮,即可将 plane001 排除,如图 8.29 所示。

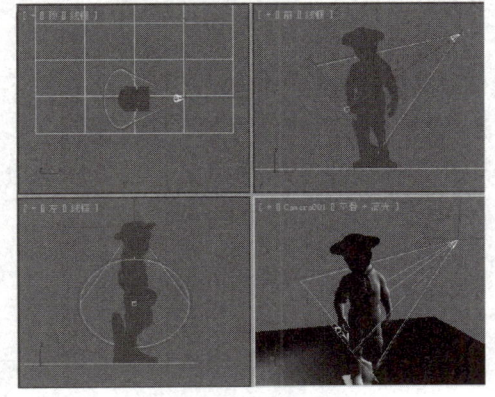

图 8.28 创建目标聚光灯

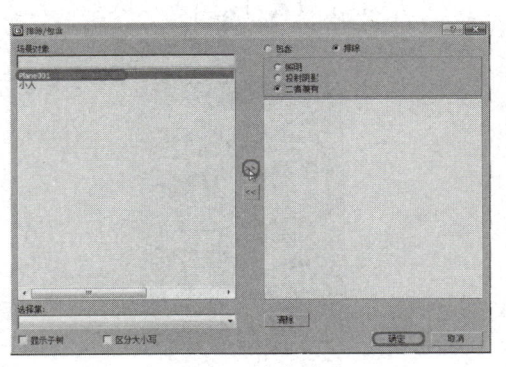

图 8.29 排除对象

如果要设置个别物体不产生或不接收阴影。可以在物体上单击鼠标右键，在弹出的快捷菜单中选择"对象属性"命令，如图 8.30 所示，在弹出的"对象属性"对话框中取消选中"接收阴影"或"投射阴影"复选框，如图 8.31 所示。

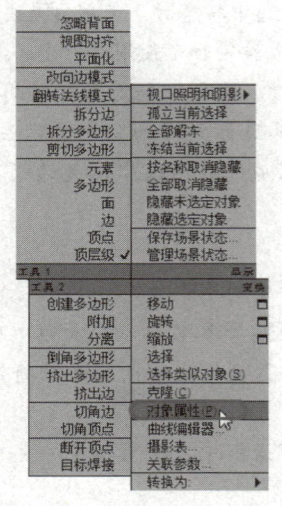

图 8.30　选择"对象属性"命令

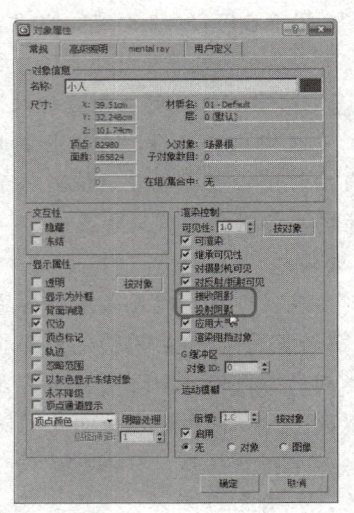

图 8.31　设置不产生和不接收阴影

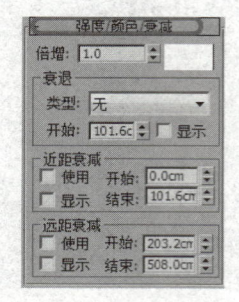

8.3.2　"强度/颜色/衰减"卷展栏

"强度/颜色/衰减"卷展栏是标准灯光和光度学灯光的附加参数卷展栏，如图 8.32 所示。它主要用于对灯光的颜色、强度以及灯光的衰减进行设置。

- "倍增"：对灯光的照射强度进行控制，默认值为 1，如果设置为 2，则照射强度会增加一倍。如果设置为负值，将会产生吸收光的效果。通过这个选项增加场景的亮度可能会造成场景过曝，还会产生视频无法接受的颜色，所以除非是特殊效果或特殊情况，否则应尽量设置为 1。
- 颜色块：用于设置灯光的颜色。
- "衰退"选项组：设置灯光随着距离的加长而减弱的效果。
  - ◆ "类型"：在下拉列表框中有三个衰减选项，分别是"无""倒数""平方反比"。
  - ◆ "开始"：该微调框定义了灯光不发生衰减的范围。
  - ◆ "显示"：显示灯光进行衰减的范围。
- "近距衰减"选项组：用于设置灯光从开始衰减到衰减程度最强的区域。
  - ◆ "使用"：指定灯光，使其使用已设置的衰减参数。
  - ◆ "开始"：设置灯光开始淡入的距离。
  - ◆ "显示"：如果选中该复选框，在视口中显示近距衰减范围，如图 8.33 所示。

图 8.32　"强度/颜色/衰减"卷展栏

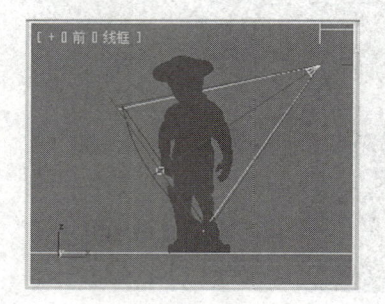

图 8.33　显示衰减区

- "结束"：设置灯光衰减结束的地方，也就是灯光停止照明的距离。在开始衰减和结束衰减之间，灯光按线性衰减。
- "远距衰减"选项组：用于设置灯光从衰减开始到完全消失的区域。
  - "使用"：决定灯光是否使用指定的衰减范围。
  - "开始"：该微调框定义了灯光不发生衰减的范围，只有在比开始照明更远的照射范围，灯光才开始发生衰减。
  - "显示"：选中该复选框会出现表示灯光远距衰减开始和结束的圆圈。
  - "结束"：设置灯光衰减结束的地方，也就是灯光停止照明的距离。

8.3.3 "高级效果"卷展栏

"高级效果"卷展栏提供了灯光影响曲面方式的控件，也包括很多微调和投影灯的设置，如图 8.34 所示。

- "影响曲面"选项组
  - "对比度"：指漫反射区域与环境光区域的对比度。一般默认值为 0。
  - "柔化漫反射边"：增加"柔化漫反射边"的值，可以柔化曲面的漫反射部分与环境光部分之间的边缘。默认值为 0。

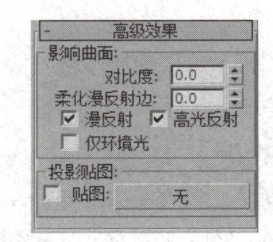

图 8.34 "高级效果"卷展栏

- "漫反射"：漫反射区域就是灯光将影响对象曲面的漫反射属性。默认设置为启用，如果复选框没有被选中，则灯光不会影响漫反射区域。
- "高光反射"：此复选框用于控制灯光是否影响对象的高光区域。默认状态下，此复选框为选中状态。如果在禁用状态下，高光将不会影响效果。
- "仅环境光"：选中该复选框，灯光只影响照射的环境光组件，照射对象将反射环境光的颜色。默认状态下，该复选框为未选中状态。
- "投影贴图"选项组
  - "贴图"：勾选该复选框可以设置投影的贴图。可以通过右侧的"无"按钮为灯光指定一个投影图形，它可以像投影机一样将图形投影到照射的对象表面。当使用一个黑白位图进行投影时，黑色将光线完全挡住，白色对光线没有影响。

8.3.4 "阴影参数"卷展栏

"阴影参数"卷展栏用于控制阴影的颜色、密度以及是否使用贴图来代替颜色作为阴影，如图 8.35 所示，其各项目的功能说明如下。

- "对象阴影"选项组：用于控制对象的阴影效果。
  - "颜色"：用于设置阴影的颜色。
  - "密度"：设置较大的值时，产生一个粗糙、有明显的锯齿状边缘的阴影，而且值越大阴影的色彩越重；设置较小的值时，阴影的边缘会变得比较平滑。

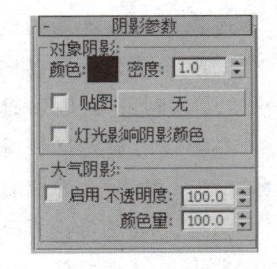

图 8.35 "阴影参数"卷展栏

- "贴图"：选中该复选框可以对对象的阴影投射图像，但不影响阴影以外的区域。阴影贴图是一种渲染器在预渲染场景通道时生成的位图。阴影贴图不会显示透明或半透明对象投射的颜色。另一方面，阴影贴图可以拥有边缘模糊的阴影，但光线跟踪阴影无法做到这一点。

- "灯光影响阴影颜色"：选中该复选框，将混合灯光和阴影的颜色。
- "大气阴影"选项组：用于控制是否允许大气效果投射阴影。
  - "不透明度"：调节大气阴影的不透明度的数值。
  - "颜色量"：调整大气的颜色和阴影混合的数值。

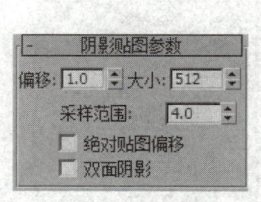

8.3.5 "阴影贴图参数"卷展栏

"阴影贴图参数"卷展栏主要是对阴影的大小、采样范围、贴图偏移等选项进行控制，如图 8.36 所示，其各项目的功能说明如下。

- "偏移"：用于确定阴影贴图与投射对象之间的精确性。偏移值越高，阴影离对象越远；偏移值越低，阴影离对象越近，如图 8.37 所示。

图 8.36 "阴影贴图参数"卷展栏　　图 8.37 不同的"偏移"值产生的效果

- "大小"：用于确定阴影贴图的大小。如果阴影面积较大，应提高此值，否则阴影将会像素化，边缘将会产生锯齿。如图 8.38 所示，左图为"大小"设置为"50"的效果，右图为"大小"设置为"512"的效果。设定一个较高的数值，可以优化阴影的质量。

图 8.38 设置不同的"大小"值所得到的效果

- "采样范围"：设置阴影中边缘区域的模糊程度，值越高，阴影边界越模糊。采样范围的原理就是在阴影边界周围的几个像素中取样，进行模糊处理，以便产生模糊的边界。因此，阴影边界的质量是由阴影贴图偏移、大小和采样范围共同决定的。
- "绝对贴图偏移"：选中该复选框后，阴影贴图的偏移将不以标准化比例显示，而是以场景的世界单位为固定比例进行计算。在设置动画时，无法更改该值。
- "双面阴影"：选中该复选框，计算阴影时背面将不被忽略。从内部看到的对象不由外部的灯光照亮，这样将花费更多的渲染时间。取消选中该复选框后，计算阴影时将忽略背面，渲染速度更快，但外部灯光将照亮对象的内部。默认设置为启用。

8.3.6 "大气和效果"卷展栏

"大气和效果"卷展栏用于指定、删除和设置与灯光有关的大气及渲染特效参数，如图 8.39 所示。单击"添加"按钮，弹出"添加大气或效果"对话框，如图 8.40 所示，用于为灯光添加大气或效果。

"添加大气或效果"对话框和"大气和效果"卷展栏的各项内容介绍如下。

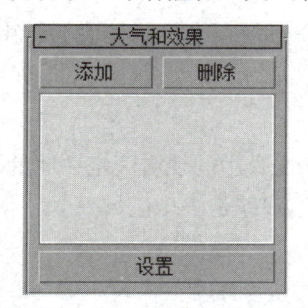

图 8.39 "大气和效果"卷展栏

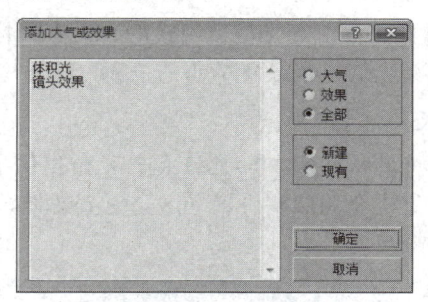

图 8.40 "添加大气或效果"对话框

- "添加大气或效果"对话框
  ◆ "大气":在列表中只显示关于大气的内容。
  ◆ "效果":在列表中只显示渲染特效。
  ◆ "全部":在列表中显示关于大气与效果的全部内容。
  ◆ "新建":在列表中只显示新建的大气或渲染效果。
  ◆ "现有":在列表中只显示已选中的大气或渲染效果。

- "大气和效果"卷展栏
  ◆ "删除":列表中会显示当前灯光所指定的所有大气和渲染效果。单击此按钮可以删除列表中选中的大气或渲染效果。
  ◆ "设置":单击此按钮可以对列表中选中的大气或渲染效果进行设置。

8.4 光度学灯光

光度学灯光使用光度学(光能)值,通过这些值,用户可以更精确地定义灯光,就像在真实世界里一样。使用光度学灯光时,会显示出"常规参数"卷展栏。这些控件用于启用和禁用灯光,并且排除或包含场景中的对象。通过这些控件,用户还可以设置灯光分布的类型。

> **提示**
> 光度学灯光使用平方反比衰减持续衰减,并依赖于使用实际单位的场景。

8.4.1 光度学灯光的类型

光度学灯光的类型有三种:"目标灯光""自由灯光""mr Sky 门户",如图 8.41 所示。

1. 目标灯光

目标灯光具有用于指向灯光的目标子对象,可采用球形分布、聚光灯分布以及 Web 分布方式。

图 8.41 光度学灯光的类型

> **提示**
> 当添加目标灯光时,3ds Max 会自动为其指定注视控制器,且灯光目标对象指定为"注视"目标。用户可以使用"运动"命令面板上的控制器将场景中的任何其他对象指定为"注视"目标。

193

2. 自由灯光

顾名思义，自由灯光是自由式的，没有目标子对象，但可以通过使用变换瞄准它。自由灯光采用球形分布、聚光灯分布以及 Web 分布。

3. mr Sky 门户

mr (mental ray) Sky（天空）门户对象提供了一种"聚集"内部场景中的现有天空照明的有效方法，无须最终聚集或全局照明设置（这会使渲染时间过长）。实际上，门户就是一个区域灯光，从环境中导出其亮度和颜色。

> **提示**
> 为使 mr Sky 门户正确工作，场景必须包含天光组件。此组件可以是 IES 天光、mr 天光，也可以是天光。

8.4.2 用于生成阴影的灯光图形

当所选分布影响灯光在场景中的扩散方式时，灯光图形会影响对象投射阴影的方式。此设置需单独进行选择。通常，较大区域的投射阴影较柔和。在"图形/区域阴影"卷展栏中，可以设置生成阴影的灯光图形，如图 8.42 所示。

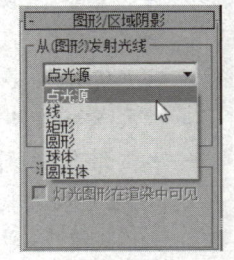

- "点光源"：效果就像几何点（如裸灯泡）在发射灯光一样，如图 8.43 所示。
- "线"：效果就像线形（如荧光灯）在发射灯光一样，如图 8.44 所示。
- "矩形"：效果就像矩形区域（如天光）在发射灯光一样，如图 8.45 所示。

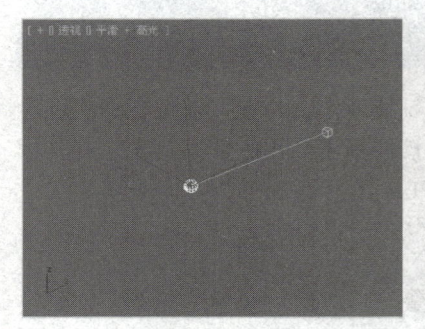

图 8.42 "图形/区域阴影"卷展栏

图 8.43 点光源 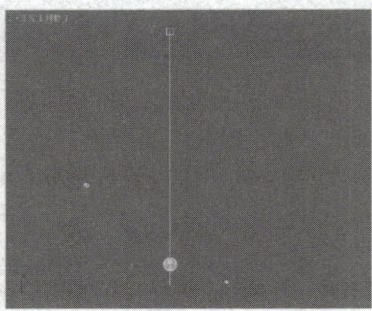　　　　图 8.44 线 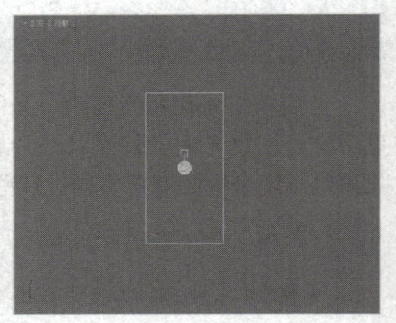　　　　图 8.45 矩形

- "圆形"：效果就像圆形（如圆形舷窗）在发射灯光一样，如图 8.46 所示。
- "球体"：效果就像球体（如球形照明器材）在发射灯光一样，如图 8.47 所示。
- "圆柱体"：效果就像圆柱体（如管形照明器材）在发射灯光一样，如图 8.48 所示。

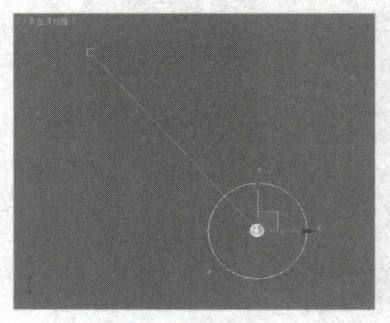

图 8.46 圆形 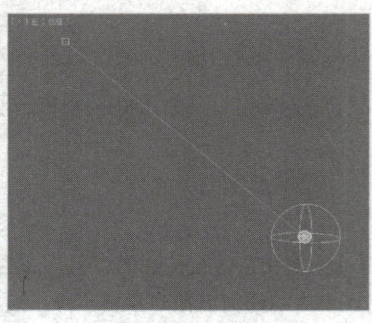　　　　图 8.47 球体 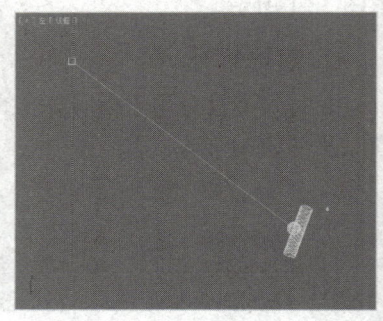　　　　图 8.48 圆柱体

8.5 摄影机

摄影机是三维世界中必不可少的组成单位，摄影机就像人的瞳孔，能否有效地使用摄影机对整个场景中的图像效果或动画的影响非常大。摄影机的角度、焦距、视图以及摄影机本身的移动，对于任何动画设计都非常重要，如图 8.49 所示。

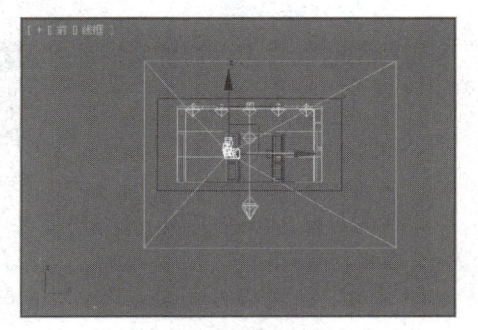

图 8.49 创建的摄影机

8.5.1 初识摄影机

3ds Max 中的摄影机与现实中的摄影机在使用原理上基本相同，但比现实中的摄影机功能更强大。它能实现镜头瞬间切换，提供真实摄影机难以企及的无级变焦功能，并通过直观的范围参数设置景深，无需进行复杂的光圈计算。

对于摄影机的动画，除设置位置、旋转、缩放等基本变动外，还可以表现焦距、视角、景深等动画效果。可以将"自由摄影机"绑定到运动目标上，随目标在运动轨迹上一同运动；也可以将目标摄影机的目标点连接到运动的物体上，表现目标跟随的动画效果。对于室内外建筑的环游动画，摄影机是必不可少的。

选择"创建"→"摄影机"命令，进入"摄影机"命令面板，可以看到目标摄影机和自由摄影机两种类型，如图 8.50 所示。

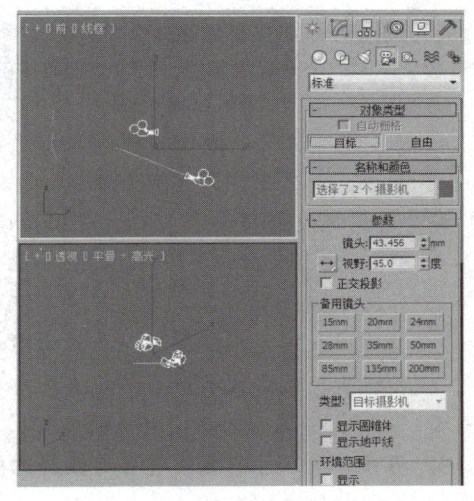

图 8.50 "摄影机"命令面板

- "目标摄影机"：用于观察目标对象周围的场景内容。它包括摄影机、目标点两部分，调整目标摄影机的位置时，只需要直接将目标点移动到需要的位置上即可，如图 8.51 所示。
- "自由摄影机"：用于查看摄影机注视方向的区域。与目标摄影机不同的是，它没有目标点，不能单独进行调整，它可以用于制作室内外装潢的环游动画，如图 8.52 所示。

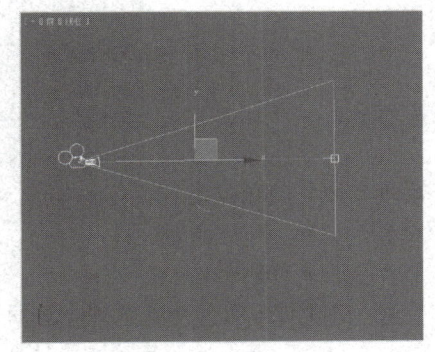

图 8.51 目标摄影机

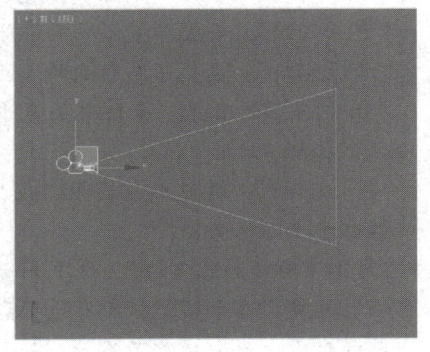

图 8.52 自由摄影机

8.5.2 摄影机的公共参数

1. "参数"卷展栏

目标摄影机和自由摄影机的绝大部分参数设置是相同的，"参数"卷展栏如图8.53所示。下面详细介绍"参数"卷展栏中的参数。

- "镜头"：以毫米为单位设置摄影机的焦距。焦距的长短决定了视角、视野、景深范围的大小，是摄影机调整的重要参数。3ds Max 2014默认设置为43.456 mm，即人眼的焦距，其观察效果接近于人眼的正常感觉。
- "视野"：决定摄影机在场景中所看到的区域，以"度"为单位。当"视野方向"为水平（默认设置）时，视野参数直接设置摄影机的地平线的弧线。也可以设置"视野方向"来垂直或沿对角线测量视野（FOV）。

> **提示**
> 因为摄影机的拍摄范围是通过"镜头""视野"这两个值来确定的，并且这两个参数描述同一个摄影机属性，所以改变其中的一个值也就改变了另一个参数值。

- →↓↗：这三个按钮分别代表水平、垂直和对角线三种调节"视野"的方式，这三种方式不会影响摄影机的效果，一般使用水平方式。
- "备用镜头"：提供了15 mm、20 mm、24 mm、28 mm、35 mm、50 mm、85 mm、135 mm和200 mm共九种常用镜头，可以直接选用镜头参数，如图8.54所示。它与在"镜头"微调框中输入数值设置镜头参数起到的作用相同。在视图中，场景相同，摄影机也不移动，只改变摄影机的镜头值就会展示出不同的场景效果。
- "类型"：用于选择摄影机的类型，包括"目标摄影机""自由摄影机"两种。用户可以随时对当前选择的摄影机的类型进行更改，而不需要再重新创建摄影机。
- "显示圆锥体"：显示表示摄影机视野的锥形框。锥形框只会出现在其他视图中，不会出现在摄影机视图中。
- "显示地平线"：在摄影机视图中显示出一条深灰色的水平线条。
- "环境范围"选项组：主要设置环境大气的影响范围。
  - "显示"：以线框的形式显示环境存在的范围。
  - "近距范围"：设置环境影响的近距距离。
  - "远距范围"：设置环境影响的远距距离。
- "剪切平面"选项组：剪切平面是平行于摄影机镜头的平面，以红色交叉的矩形表示。
  - "手动剪切"：选中该复选框将使用"近距剪切/远距剪切"的数值控制水平面的剪切。
  - "近距剪切/远距剪切"：分别用于设置近距剪切平面与远距剪切平面的距离。每个摄影机都有近距和远距两个剪切平面，近于近距剪切平面或远于远距剪切平面的对象，摄影机都不显示。如果剪切平面与一个对象相交，则该平面将穿过该对象，并创

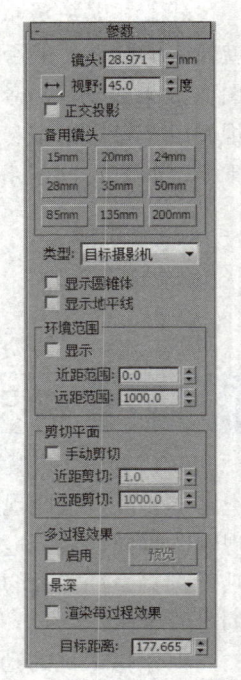

图8.53 "参数"卷展栏

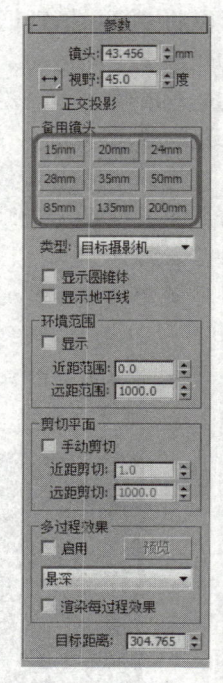

图8.54 备用镜头

建剖面视图，对于想生成楼房、车辆、人体等的剖面图或带切口的视图时，可以使用该选项。
- "多过程效果"选项组：用于给摄影机指定景深或运动模糊效果。它的模糊效果是通过对同一帧图像的多次渲染、计算并重叠结果产生的，因此会增加渲染的时间。景深和运动模糊效果是相互排斥的，由于它们基于多个渲染通道，所以不能将它们同时应用于一个摄影机；如果需要在场景中同时应用这两种效果，应为摄影机设置多过程景深（使用此摄影机参数），并将其与对象运动模糊组合。
  - "启用"：控制景深或运动模糊效果是否有效。勾选该复选框，使用效果预览或渲染。取消该复选框的勾选则不渲染景深或运动模糊效果。
  - "预览"：单击该按钮后，能够在激活的摄影机视图中预览景深或运动模糊效果。
  - "渲染每过程效果"：勾选该复选框时，多过程效果的每次渲染、计算都进行渲染效果的处理，速度慢，但效果真实，不会出问题；取消该复选框的勾选时，只对多过程效果计算完成后的图像进行渲染效果处理，这样可以提高渲染速度。默认为禁用状态。
- "目标距离"：对于自由摄影机，该选项将为其设置一个不可见的目标点，以便可以围绕该目标点旋转摄影机。对于目标摄影机，该选项表示摄影机和其目标对象之间的距离。

2. "景深参数"卷展栏

在"参数"卷展栏的"多过程效果"选项组中，包括两个景深选项："景深（mental ray/iray）"和"景深"。

其中，"景深（mental ray/iray）"是景深效果中唯一的多重过滤版本。此外，mental ray/iray 渲染器还支持摄影机的运动模糊，但相关控件选项并不位于摄影机的"参数"卷展栏上，需要通过摄影机的"对象属性"对话框中的"运动模糊"开关进行设置。此设置对默认的 3ds Max 扫描线渲染器没有影响。"景深（mental ray/iray）"的参数卷展栏如图 8.55 所示。

- "f 制光圈"：设置摄影机的 f 制光圈。增加 f 制光圈的值可使景深变短，减小 f 制光圈的值可使景深变长。默认设置是 2.0。f 制光圈的值小于 1.0 时，对于真实的摄影机来说是不现实的，但是在场景比例没有使用现实单位的情况下，可以用这个值帮助调整场景的景深。

图 8.55 "景深（mental ray/iray）"的参数卷展栏

摄影机可以产生景深效果，景深是多重过滤效果。通过在摄影机与其焦点（即目标点或目标距离）的距离上产生模糊来模拟摄影机的景深效果。在"参数"卷展栏的"多过程效果"选项组中选择"景深"选项后，出现的"景深参数"卷展栏如图 8.56 所示。

- "焦点深度"选项组
  - "使用目标距离"：勾选该复选框，将以摄影机的目标距离进行摄影机偏移。取消该复选框的勾选时，以"焦点深度"的值进行摄影机偏移。默认为开启状态。
  - "焦点深度"：当"使用目标距离"处于禁用状态时，设置距离偏移摄影机的深度。

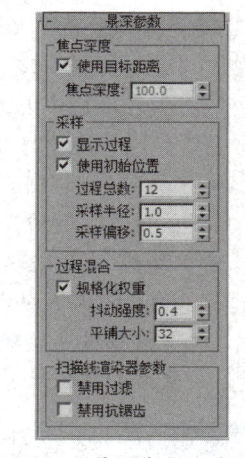

图 8.56 "景深参数"卷展栏

- "采样"选项组
  - "显示过程"：勾选该复选框，渲染帧窗口显示多个渲染通道。取消该复选框的勾选时，该帧窗口只显示最终结果。此控件对于在摄影机视图中预览景深无效。默认为启用。
  - "使用初始位置"：勾选该复选框时，摄影机在渲染第一个过程时会基于其初始位置计算景深效果；取消勾选时，摄影机的第一个渲染过程会被偏移，与后续渲染过程一致，不再以初始位置为起点。默认为启动。
- "过程总数"：用于生成效果的过程数。增加此值可以增加效果的精确性，但也会相应地增加渲染时间。默认值为 12。
- "采样半径"：通过移动场景生成模糊的半径。增加该值将增加整体模糊效果。减小该值将减少模糊。默认值为 1。
- "采样偏移"：设置模糊靠近或远离"采样半径"的权重值。增加该值，将增加景深模糊的数量级，提供更均匀的效果。减小该值，将减小数量级，提供更随机的效果。偏移的范围为 0~1，默认值为 0.5。
- "过程混合"选项组：通过参数可以对抖动进行控制，这里的参数只在渲染时对景深效果有效，对视图预览无效。
  - "规格化权重"：使用随机权重混合的过程可以避免出现如条纹等异常效果。当勾选"规格化权重"复选框后，将权重规格化，会获得比较平滑的结果。当取消该复选框的勾选后，效果会显得清晰一些，但通常颗粒效果更明显。默认为启用。
  - "抖动强度"：设置用于渲染通道的抖动程度。增加此值会增加抖动量，并且生成颗粒效果，尤其是在对象的边缘上。默认值为 0.4。
  - "平铺大小"：使用百分比设置抖动时图案的大小，0 是最小的平铺，100 是最大的平铺。默认值为 32。
- "扫描线渲染器参数"选项组：用于在渲染多重过滤场景时取消过滤和抗锯齿效果，提高渲染速度。
  - "禁用过滤"：勾选该复选框，禁用过滤过程。默认为禁用状态。
  - "禁用抗锯齿"：勾选该复选框，禁用抗锯齿。默认为禁用状态。

3. "运动模糊参数"卷展栏

摄影机可以产生运动模糊效果，运动模糊是多重过滤效果，运动模糊通过在场景中基于移动的偏移渲染通道，模拟摄影机的运动模糊。在"参数"卷展栏的"多过程效果"选项组中选择"运动模糊"选项后，出现的"运动模糊参数"卷展栏如图 8.57 所示。

该参数卷展栏中的大部分参数与"景深参数"卷展栏的参数相同，这里主要介绍"持续时间（帧）""偏移"两个选项。

- "持续时间（帧）"：设置动画中运动模糊效果所应用的帧数。值越多，运动模糊的帧越多，模糊效果越强烈，默认值为 1。
- "偏移"：指向或偏离当前帧进行模糊的权重值，范围为 0.01～0.99，默认值为 0.5。默认情况下,模糊在当前帧前后是均匀的，即模糊对象出现在模糊区域的中心，这与真实摄影机捕捉的模糊最接近。增加该值，模糊会向随后的帧偏斜；减少该值，模糊会向前面的帧偏斜。

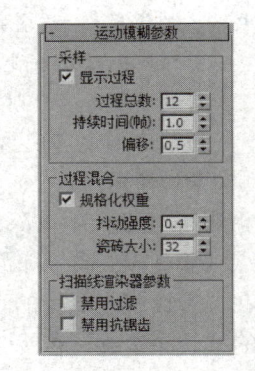

图 8.57 "运动模糊参数"卷展栏

8.5.3 摄影机对象的命名

当用户在视图中创建多个摄影机时，系统会以 Camera01、Camera02 等名称自动为摄影机命名。在制作一个大型场景时，如一个大型建筑效果图或复杂动画的表现时，随着场景变得越来越复杂，要记住哪个摄影机聚焦于哪个镜头也变得越来越困难。这时如果按照摄影机表现的角度或方位进行命名，如 Camera 正视、Camera 左视、Camera 鸟瞰等，在进行视图切换的过程中会减少失误，提高工作效率。

| 模块8 | 灯光与摄影机

8.5.4 摄影机视图的切换

摄影机视图就是被选中的摄影机的视图。在一个场景中，可以创造若干个摄影机，激活任意一个视图，按键盘上的 C 键，从弹出的"选择摄影机"对话框中选择摄影机，如图 8.58 所示，这样该视图就变成当前摄影机视图。

> **提示**
> 如果场景中只有一个摄影机，那么这个摄影机将自动被选中，不会出现"选择摄影机"对话框。

在一个多摄影机的场景中，如果其中的一个摄影机被选中，那么按下 C 键，该摄影机会自动被选中，不会出现"选择摄影机"对话框；如果没有选中的摄影机，将会出现"选择摄影机"对话框。

要切换摄影机视图时，也可以在某个视图标签上单击鼠标右键，在弹出的快捷菜单中选择"摄影机"选项，在其子菜单中选择摄影机，如图 8.59 所示。

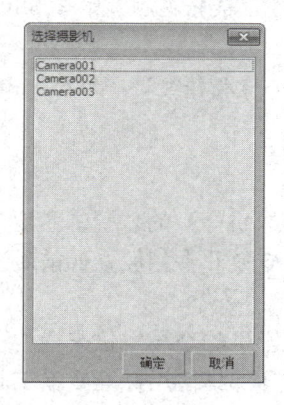

图 8.58 "选择摄影机"对话框

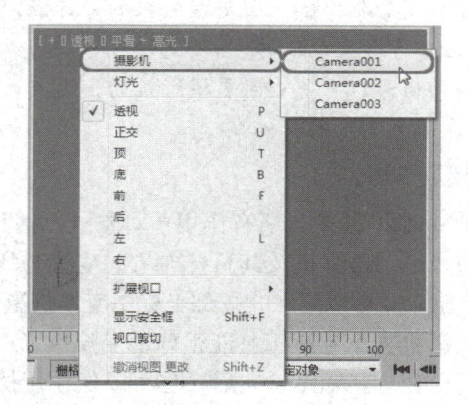

图 8.59 在"摄影机"子菜单中选择摄影机

8.5.5 放置摄影机

创建摄影机后，通常需要将摄影机或其目标对象移到固定的位置。可以用各种变换给摄影机定位，但多数情况下，在摄影机视图中调节会简单灵活一些。下面分别讲述使用摄影机视图导航控制和变换摄影机的操作方法。

1. 摄影机视图导航控制

对于摄影机视图，系统在视图控制区提供了专门的导航工具，用于控制摄影机视图的各种属性，如图 8.60 所示。使用摄影机视图导航控制可以提供许多控制功能。

摄影机视图导航工具的功能说明如下。

图 8.60 摄影机视图导航工具

- "推拉摄影机"：沿视线移动摄影机的出发点，保持出发点与目标点之间连线的方向不变，使出发点在此线上滑动。这种方式不改变目标点的位置，只改变出发点的位置。

- "推拉目标"：沿视线移动摄影机的目标点，保持出发点与目标点之间连线的方向不变，使目标点在此线上滑动。这种方式不会改变摄影机视图中的影像效果，但有可能使摄影机反向。

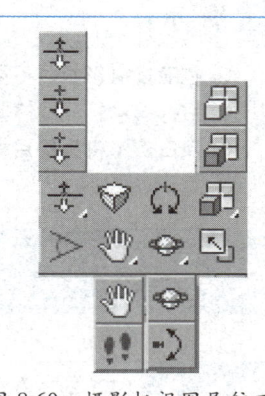

- "推拉摄影机+目标"：沿视线同时移动摄影机的目标点与出发点。这种方式产生的效果与"推拉摄影机"方式相同，只是保证了摄影机本身形态不发生改变。
- "透视"：以推拉出发点的方式来改变摄影机的"视野"和"镜头"值，配合 Ctrl 键可以增加变化的幅度。
- "视野"：在固定摄影机的目标点与出发点的情况下，通过改变视野取景的大小来改变"视野"和"镜头"值，这是一种调节镜头效果的好方法，起到的效果其实与 Perspective（透视）+ Dolly Camera（推拉摄影机）相同。
- "侧滚摄影机"：沿着垂直于视平面的方向旋转摄影机的角度。
- "平移摄影机"：在平行于视平面的方向上同时平移摄影机的目标点与出发点，配合 Ctrl 键可以加速平移变化，配合 Shift 键可以锁定在垂直或水平方向上平移。
- "穿行"：启用穿行导航。使用穿行导航，可通过按下包括箭头方向键在内的一组快捷键，在视图中移动，正如在众多视频游戏中的 3D 世界中导航一样。
- "环游摄影机"：固定摄影机的目标点，使出发点围绕它进行旋转观测，配合 Shift 键可以锁定在单方向上的旋转。
- "摇移摄影机"：固定摄影机的出发点，使目标点围绕它进行旋转观测，配合 Shift 键可以锁定在单方向上的旋转。

2. 变换摄影机

在 3ds Max 2014 中，所有作用于对象（包括几何体、灯光、摄影机等）的位置、角度、比例的改变都被称为变换。摄影机及其目标对象的变换与场景中其他对象的变换非常相像。如前所述，许多摄影机视图导航命令可以用在其局部坐标中变换摄影机来代替。

虽然摄影机视图导航工具能很好地变换摄影机参数，但对于摄影机的全局定位来说，一般使用标准变换工具更合适。锁定轴向后，也可以像使用摄影机视图导航工具那样使用标准变换工具。摄影机视图导航工具与标准变换工具最主要的区别是，标准变换工具可以同时在两个轴上变换摄影机，而摄影机视图导航工具只允许沿一个轴进行变换。

> **提示**
> ① 在变换摄影机时不要缩放摄影机，缩放摄影机会使摄影机的基本参数显示错误值。
> ② 目标摄影机只能绕其局部 Z 轴旋转才有效果，绕其局部坐标 X 或 Y 轴旋转没有效果。
> ③ 自由摄影机不像目标摄影机那样受旋转限制。

8.6 上机实训

8.6.1 日光效果

步骤 01 打开本书配套资源中的素材文件 Scenes\Cha08\ 日光效果 .max，如图 8.61 所示。

步骤 02 选择"创建"→"灯光"→"标准"→"目标聚光灯"命令，在前视图中创建目标聚光灯；选择工具栏中的"选择并移动"工具，在视图中调整目标聚光灯的位置；切换至"修改"命令面板，在"常规参数"卷展栏的"阴影"选项组中选中"启用"复选框，将阴影模式定义为"光线跟踪阴影"，如图 8.62 所示。

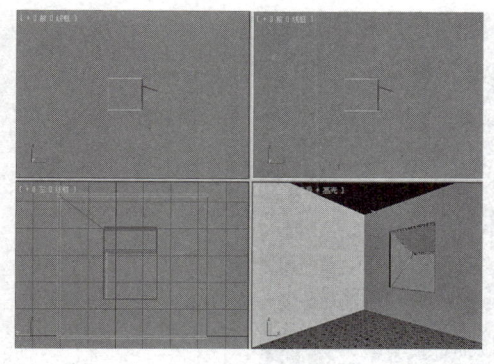

图 8.61　打开"日光效果.max"素材文件

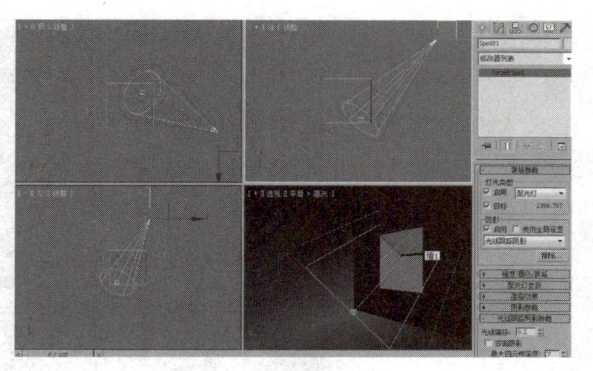

图 8.62　创建目标聚光灯

步骤 03 选择"创建"→"灯光"→"标准"→"泛光"命令，在前视图中创建泛光灯；选择工具栏中的"选择并移动"工具，在视图中调整泛光灯的位置，如图 8.63 所示。

步骤 04 选择"创建"→"摄影机"→"标准"→"目标"命令，在前视图中创建摄影机；选择工具栏中的"选择并移动"工具，在视图中调整摄影机的位置；在"参数"卷展栏的"镜头"文本框中输入"43.456"，"视野"文本框中输入"45.0"；激活透视视图，按 C 键将其切换为摄影机视图，如图 8.64 所示。

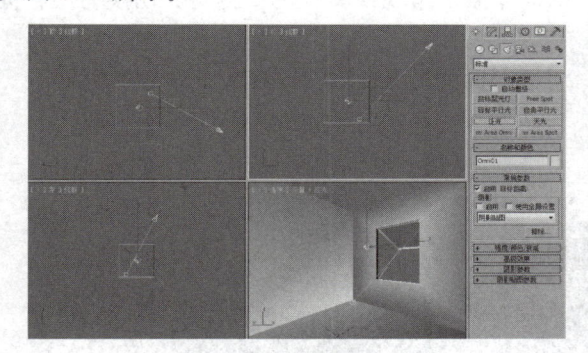

图 8.63　在前视图中创建泛光灯

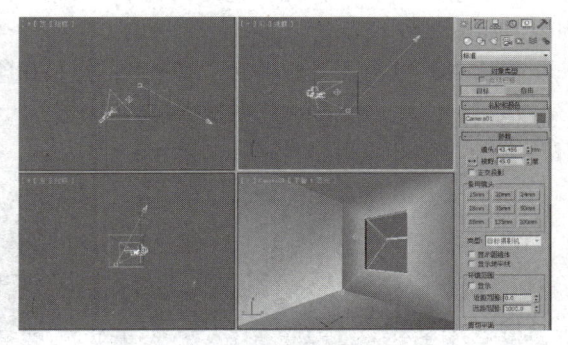

图 8.64　创建摄影机并进行调整

步骤 05 单击工具栏中的"渲染产品"按钮，对摄影机视图进行渲染，效果如图 8.65 所示。

图 8.65　日光效果图

8.6.2　创建摄影机

步骤 01 打开本书配套资源中的素材文件 Scenes\Cha08\ 会议室.max，如图 8.66 所示。

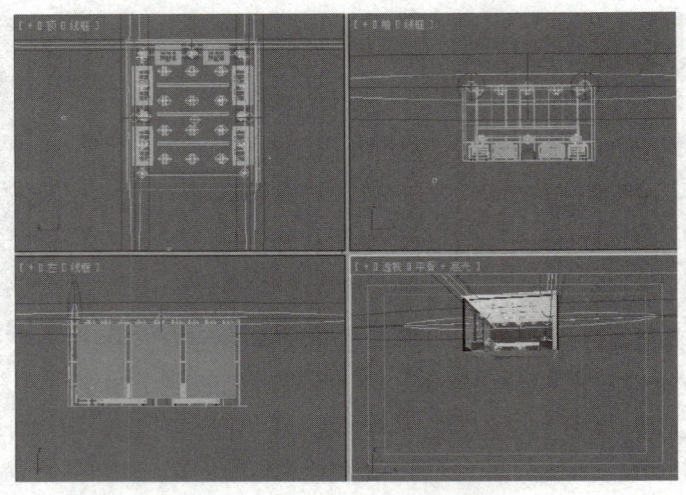

图 8.66 打开"会议室.max"素材文件

步骤 02 选择"创建" → "摄影机" → "标准" → "目标"命令，在前视图中创建摄影机；选择工具栏中的"选择并移动"工具，在视图中调整摄影机的位置；在"参数"卷展栏的"镜头"文本框中输入"24.0"，在"视野"文本框中输入"73.74"；激活透视视图，按 C 键将其切换为摄影机视图，如图 8.67 所示。

步骤 03 单击工具栏中的"渲染产品"按钮，对摄影机视图进行渲染，效果如图 8.68 所示。

图 8.67 创建摄影机并进行调整 　　　　图 8.68 摄影机视图渲染效果

8.7 思考与练习

1. 如何布置标准的照明方式？
2. 灯光包括几种类型？它们各自的作用是什么？
3. 哪种灯光可以用于模拟日光？

模块 9 特效与渲染

在渲染过程中，用户可以根据需要添加一些特殊的效果，利用这些特效来模拟现实生活中的视觉效果。本模块将介绍特效与渲染的应用。

9.1 环境特效

在三维场景中，经常要用到一些特殊的环境效果，例如对背景的颜色与图片进行设置，对大气在现实中产生的各种影响效果进行设置等。这些效果的使用会大大提升作品的真实感，无疑会增强作品的吸引力。下面介绍这些环境特效的创建方法。

9.1.1 背景颜色设置

在 3ds Max 2014 中，渲染时默认的背景颜色为黑色，用户可以根据需要对背景颜色进行设置。下面介绍如何设置背景颜色，具体操作步骤如下。

步骤 01 打开一个制作好的场景文件，选择透视视图，在菜单栏中选择"渲染"→"环境"命令，如图 9.1 所示。

步骤 02 执行该命令后，即可打开"环境和效果"对话框，在该对话框中选择"环境"选项卡，即可发现其"背景"选项组中的颜色为黑色，如图 9.2 所示。

步骤 03 单击"背景"选项组中"颜色"下方的色块，在弹出的"颜色选择器：背景色"对话框中选择一种背景颜色，如图 9.3 所示。

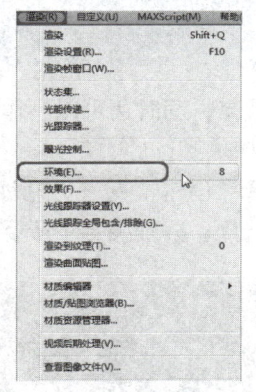

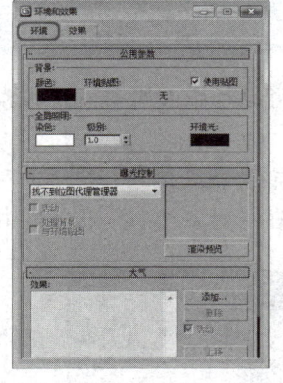

图 9.1 选择"环境"命令　　图 9.2 "环境和效果"对话框　　图 9.3 选择背景色

步骤 04 设置完背景颜色后，单击"确定"按钮，即可更改背景颜色，按 F9 键渲染效果。

> **提示**
> 在 3ds Max 中，用户还可以按键盘上的 8 键打开"环境和效果"对话框。

9.1.2 设置环境贴图

在 3ds Max 中，用户除可以调整背景颜色外，还可以在"环境"选项卡中启用环境贴图。下面介绍如何设置环境贴图，具体操作步骤如下。

203

步骤01 启动 3ds Max 2014，打开要启用环境贴图的场景，按键盘上的 8 键，在弹出的对话框中选择"环境"选项卡，在"公用参数"卷展栏中单击"环境贴图"下方的"无"按钮，如图 9.4 所示。

步骤02 在弹出的"材质/贴图浏览器"对话框中选择"位图"选项，如图 9.5 所示。

步骤03 选择完成后，单击"确定"按钮，在弹出的"选择位图图像文件"对话框中选择一张位图图像文件，将其打开，按 F9 键进行渲染，查看添加环境贴图后的效果，如图 9.6 所示。

图 9.4　单击"无"按钮 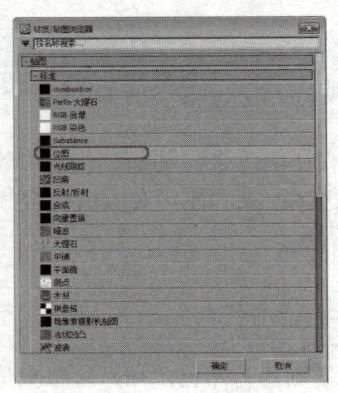　　图 9.5　"材质/贴图浏览器"对话框 　　图 9.6　添加环境贴图后的效果

> **提示**
> 选择了一幅图片作为背景图像后，"环境"选项卡中的"使用贴图"复选框将同时被选中，表示将使用背景图像。如果此时取消选中"使用贴图"复选框，渲染时将不会显示出背景图像。

9.2　火焰效果

在 3ds Max 2014 中，使用"火焰"效果可以制作火焰动画、烟雾和爆炸效果，同时还可以制作火炬、烟火、火球和星云等效果。

如果要在场景中创造出一个燃烧的效果，首先需要创建一个辅助对象。选择"创建"→"辅助对象"→"大气装置"命令，如图 9.7 所示。在"对象类型"卷展栏中有三个选项，分别决定了所要建立的燃烧设备的基本外形，有长方体 Gizmo、球体 Gizmo 和圆柱体 Gizmo 三种。选择其中的一项后，在场景中的适当位置绘制出燃烧设备。绘制完成后，在相应的参数卷展栏中设置参数，然后再对其进行变形和缩放等调整，以适应周围的场景。在菜单栏中选择"渲染"→"效果"命令，在"环境和效果"对话框中添加火焰效果，在"火效果参数"卷展栏中对具体参数进行设置，如图 9.8 所示。将火焰效果的设置指定给场景中的燃烧设备，然后在摄影机视图或透视视图中渲染场景即可。

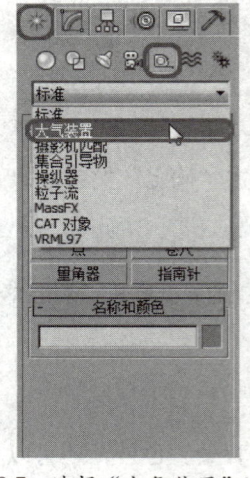

图 9.7　选择"大气装置"选项 　　图 9.8　"火效果参数"卷展栏

- "拾取 Gizmo"：单击该按钮可以在场景中拾取某个大气装置，拾取完成后，会在其右侧的列表框中显示该装置的名称，如图 9.9 所示。

> 提示
>
> 在 3ds Max 中，可以根据需要选择多个 Gizmo。单击"拾取 Gizmo"按钮，然后按键盘上的 H 键，将会打开"拾取对象"对话框，用户可以在该对话框中选择多个大气装置。

- "移除 Gizmo"：单击该按钮后，会将其右侧列表框中的大气装置删除。

> 提示
>
> 移除 Gizmo 只可以将列表中所选的 Gizmo 删除，而场景中的 Gizmo 仍然存在，但是在渲染时，该 Gizmo 不会再显示火焰效果。

- "颜色"选项组：用户可以在该选项组中设置火焰从内到外以及烟雾的颜色。

> 提示
>
> 如果启用了"爆炸""烟雾"复选框，则内部颜色和外部颜色将对烟雾颜色设置动画。如果禁用了"爆炸""烟雾"复选框，将会忽略烟雾颜色。

- "火舌"：选中该单选按钮后，火焰效果会沿着中心使用纹理创建带方向的火焰。"火舌"适用于创建类似篝火的火焰。
- "火球"：选中该单选按钮后，即可创建圆形的爆炸火焰。"火球"适用于制作爆炸效果。
- "拉伸"：将火焰沿着大气装置的 Z 轴缩放。"拉伸"最适合火舌火焰，可以使用拉伸为火球提供椭圆形状。如果值小于 1.0，将压缩火焰，使火焰更短更粗。如果值大于 1.0，将拉伸火焰，使火焰更长更细。当"拉伸"设置为 0.2 和 0.9 时的效果如图 9.10 所示。

图 9.9 所拾取大气装置的名称　　图 9.10 当"拉伸"为 0.2 和 0.9 时的效果

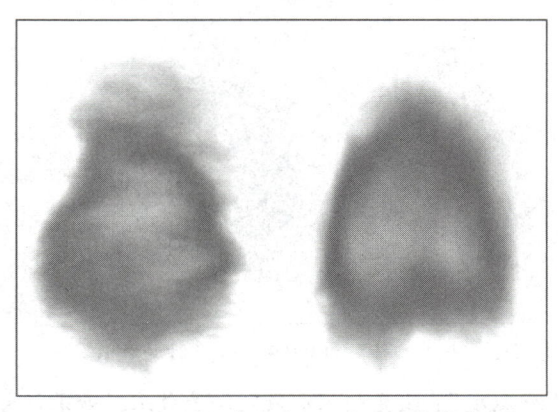

- "规则性"：用户可以通过该文本框修改火焰填充装置的方式。范围为 0.0 ～ 1.0。如果值为 1.0，则填满装置。效果在装置边缘附近衰减，但是总体形状仍然非常明显。如果值为 0.0，则生成很不规则的效果，有时可能会到达装置的边界，但是通常会被修剪得小一些。当"规则性"设置为 0.5 和 1.0 时的效果如图 9.11 所示。
- "火焰大小"：该文本框用于设置装置中各个火焰的大小。装置的大小会影响火焰的大小。装置越大，需要的火焰也越大，当"火焰大小"设置为 5.0 和 35.0 时的效果如图 9.12 所示。

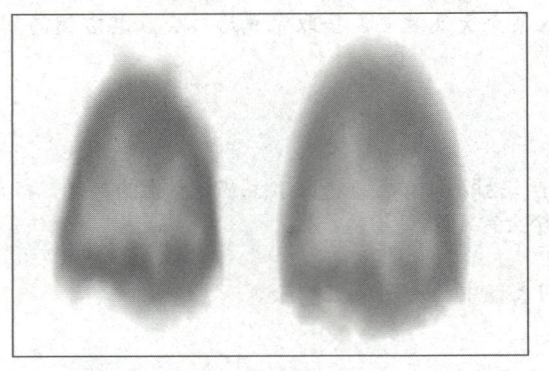

图 9.11　当"规则性"为 0.5 和 1.0 时的效果 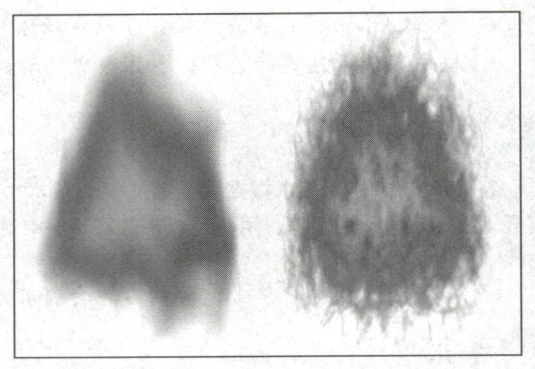　　　图 9.12　当"火焰大小"为 5.0 和 35.0 时的效果

- "密度":设置火焰效果的不透明度和亮度。装置大小会影响密度。

> **提示**
>
> 如果启用了"爆炸"复选框,则"密度"从爆炸起始值 0.0 开始变化到所设置爆炸的密度值。

- "采样数":设置效果的采样率。值越高,生成的结果越准确,渲染所需的时间也越长。
- "相位":用户可以通过该文本框控制火焰效果的速率。如果启用"自动关键点",系统会将更改的相位值记录下来,形成动画。
- "漂移":主要用于设置火焰沿着大气装置的 Z 轴的渲染方式。当"漂移"设置为 0.0 和 200.0 时的效果如图 9.13 所示。
- "爆炸":勾选该复选框,系统将会根据相位值自动设置大小、密度和颜色的动画。当勾选该复选框后,其右侧的"设置爆炸"按钮才可用,单击该按钮后会弹出图 9.14 所示的对话框。
- "烟雾":勾选该复选框可以使爆炸产生烟雾。

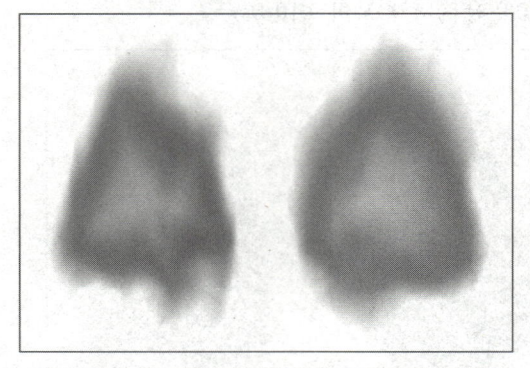

图 9.13　当"漂移"为 0.0 和 200.0 时的效果 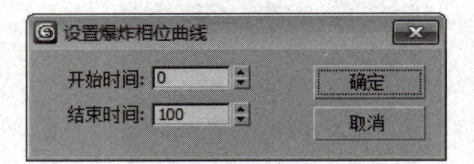　　　图 9.14　"设置爆炸相位曲线"对话框

- "剧烈度":改变相位参数的涡流效果。如果值大于 1.0,会加快涡流速度。如果值小于 1.0,会减慢涡流速度。

9.3　雾效果

　　在环境特效中,使用雾效果可以营造出层雾、蒸汽和大气等效果。雾效果包括"标准""分层"两种类型,标准雾依靠摄影机的衰减范围进行设置,用户可以根据需要设置远近的淡入淡出效果;分层雾是根据地平面高度的设置而产生的雾效果。用户可以通过在"环境和效果"对话框中添加"雾",为场景添加雾效果。"雾参数"卷展栏如图 9.15 所示。添加雾效果的具体操作步骤如下。

步骤 01 重置场景,创建一个长方体,为其设置一张背景贴图,并创建摄影机,如图 9.16 所示。

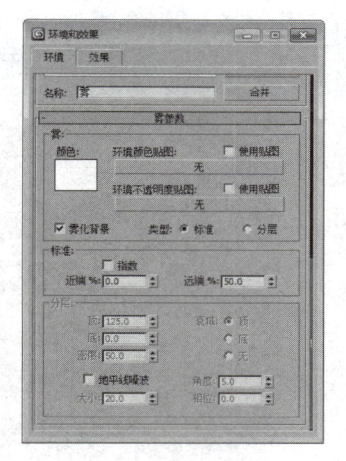

图 9.15 "雾参数"卷展栏　　　　图 9.16 创建长方体及摄影机

步骤 02 选择菜单栏中的"渲染"→"环境"命令,如图 9.17 所示,或者按键盘上的 8 键。

步骤 03 在弹出的"环境和效果"对话框中选择"环境"选项卡,在"大气"卷展栏中单击"添加"按钮,如图 9.18 所示。

步骤 04 在弹出的"添加大气效果"对话框中选择"雾"选项,如图 9.19 所示。

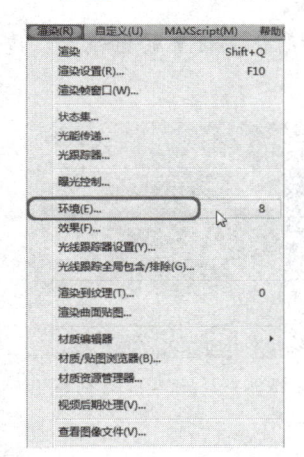

图 9.17 选择"环境"命令　　图 9.18 单击"添加"按钮　　图 9.19 选择"雾"选项

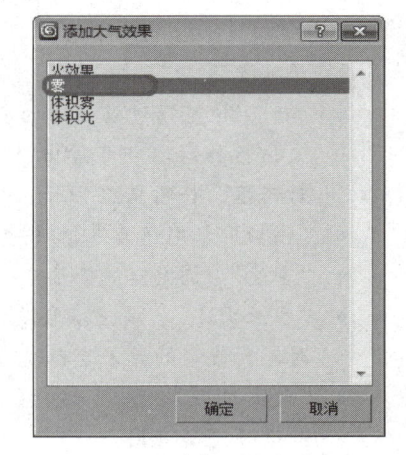

步骤 05 选择完成后,单击"确定"按钮,在"雾参数"卷展栏中将"类型"设置为"标准",然后对其他参数进行相应的设置。设置完成后,对摄影机视图进行渲染,标准雾效果添加前与添加后的效果如图 9.20 所示。

图 9.20 标准雾效果添加前与添加后的效果

如果在"环境和效果"对话框中选择"雾参数"卷展栏中的"分层"单选按钮，然后在"分层"选项组中进行相应的设置，就可以为该场景创建分层雾效果。

9.4 体积雾效果

"体积雾"可以在三维空间中以真实的体积存在。体积雾的使用方法有两种，一种是基于大气装置 Gizmo 创建体积雾；另一种可以直接应用于整个场景，但是场景中必须有物体存在。如果要应用体积雾效果，可以在"环境和效果"对话框中添加体积雾，然后对其进行相应的设置。"体积雾参数"卷展栏如图 9.21 所示。

> **提示**
>
> 如果场景中没有对象，渲染将仅显示单一的雾颜色。此外，如果没有对象，并且启用了"雾化背景"复选框，体积雾会使背景变模糊。

"体积雾参数"卷展栏中各参数的功能如下。

- "拾取 Gizmo"：单击该按钮后，可以在场景中选择一个要添加体积雾的大气装置。

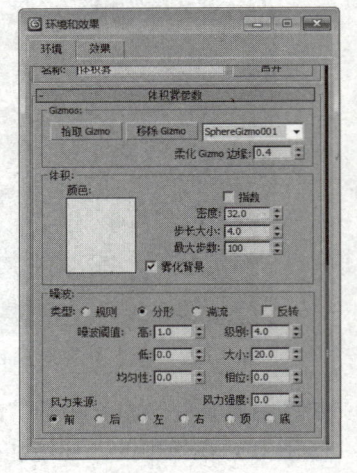

图 9.21 "体积雾参数"卷展栏

- "移除 Gizmo"：单击该按钮后，可将其右侧列表中选择的 Gizmo 移除。
- "柔化 Gizmo 边缘"：用户可以通过调整该参数对体积雾的边缘进行羽化，设置的值越大，边缘越柔化。
- "颜色"：可通过其下方的色块设置雾的颜色。单击该按钮后，即可弹出"颜色选择器：雾颜色"对话框，如图 9.22 所示。
- "指数"：禁用该复选框时，密度随距离线性增大。
- "密度"：调整雾的密度。
- "步长大小"：调整雾采样的粒度。步长大小较大时，会使雾的效果变粗糙。

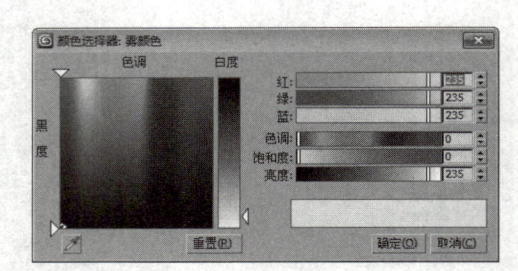

图 9.22 "颜色选择器：雾颜色"对话框

- "最大步数"：限制采样量。如果雾的密度较小，此选项尤其有用。
- "规则"：标准的噪波图案。
- "分形"：迭代分形噪波图案。
- "湍流"：迭代湍流图案。
- "反转"：勾选该复选框后，会将设置的噪波效果进行反转。
- "噪波阈值"：用户可以通过设置噪波阈值来限制噪波效果。
- "级别"：设置噪波迭代应用的次数。
- "大小"：用于设置雾的大小。
- "相位"：该参数设置用于控制风的种子。
- "风力强度"：控制烟雾远离风向（相对于相位）的速度。
- "风力来源"：用户可以在该选项中选择风来自哪个方向。

9.5 体积光效果

"体积光"根据灯光与大气（雾、烟雾等）的相互作用提供灯光效果。用它可以制作出各种光束、光斑、光芒等效果，而其他的灯光只能起照亮的作用。添加体积光效果的具体操作步骤如下。

步骤 01 打开一个要添加体积光的场景。

步骤 02 在场景中添加必要的照明灯光，在顶部设置一个聚光灯，并创建一个摄影机，切换视图为摄影机视图，渲染效果如图 9.23 所示。

步骤 03 在菜单栏中选择"渲染"→"环境"命令，弹出"环境和效果"对话框，在"大气"卷展栏中的"效果"选项组中单击"添加"按钮。

步骤 04 在弹出的"添加大气效果"对话框中选择"体积光"选项，如图 9.24 所示，单击"确定"按钮。

图 9.23 添加体积光前的效果 　　　　图 9.24 选择"体积光"

步骤 05 在"体积光参数"卷展栏中的"灯光"选项组中单击"拾取灯光"按钮，并在视图中选择聚光灯。

步骤 06 在"体积光参数"卷展栏中设置相应的参数，如图 9.25 所示。

步骤 07 参数设置完成后，单击"渲染产品"按钮 进行快速渲染，得到的最终效果如图 9.26 所示。从图中可以看出，由于使用了体积光，聚光灯产生了光柱效果。

图 9.25 设置体积光的相应参数 　　　　图 9.26 添加体积光后的效果

9.6 渲染

渲染是三维制作中最后输出的环节。渲染是指由计算机根据三维场景中的物体外观尺寸、材质设置、灯光分布等信息自动进行计算，生成二维图像的过程。经过渲染，才能将前面设置的材质、灯光、环境等效果更好地表达出来。图 9.27 所示为视图中的显示效果和经过渲染后的显示效果。

图 9.27 视图中和渲染后的显示效果

9.6.1 渲染输出

渲染输出是将场景文件进行渲染并输出，用户可以将输出的文件储存为不同的格式，例如可以将渲染结果保存为 *.avi、*.bmp、*.jpg、*.mov、*.tif 等格式。

在菜单栏中选择"渲染"→"渲染设置"命令，如图 9.28 所示，或者按 F10 快捷键，也可单击工具栏上的"渲染设置"按钮，弹出图 9.29 所示的"渲染设置：默认扫描线渲染器"对话框。该对话框中的"公用参数"卷展栏中的常用参数如下。

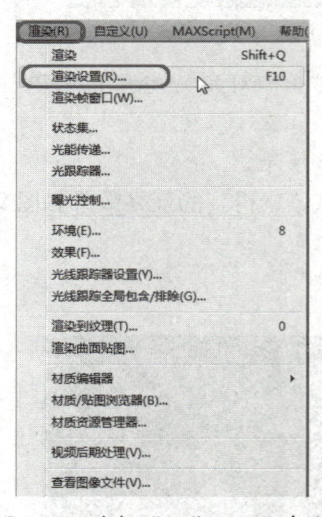

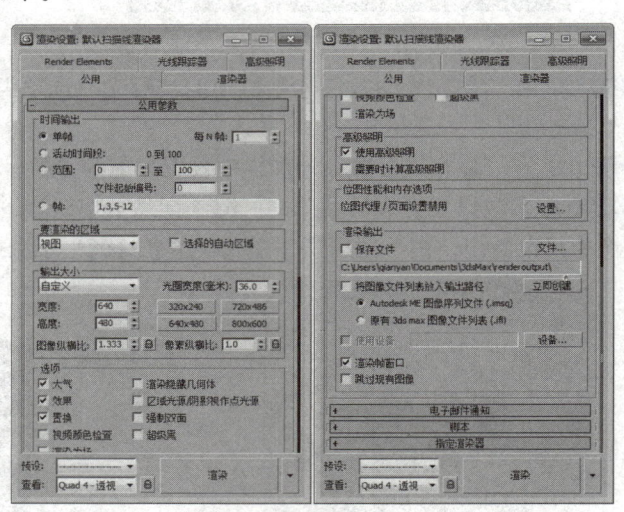

图 9.28 选择"渲染设置"命令　　图 9.29 "渲染设置：默认扫描线渲染器"对话框

> **提示**
> 通常，选择透视视图或摄影机视图来进行渲染。可先选择视图再渲染，也可以在"渲染设置"对话框中设置视图。

- "时间输出"选项组：用于确定所要渲染的帧的范围。
  ◆ "单帧"：选中该单选按钮，表示只渲染当前帧，并将结果以静态图像的形式输出。

- "活动时间段"：选中该单选按钮，表示可以渲染已经提前设置好时间长度的动画。系统默认的动画长度为 0～100 帧，选中该单选按钮来进行渲染，就会渲染 100 帧的动画。"活动时间段"可以由用户自己更改。
- "范围"：选中该单选按钮，表示可以渲染指定起始帧和结束帧之间的所有帧，在前面的微调框中输入起始帧数，在后面的微调框中输入结束帧帧数。例如，输入 5 至 95 表示对第 5 帧到第 95 帧之间的动画进行渲染。
- "帧"：选中该单选按钮，表示可以从所有帧中选出一个或多个帧来进行渲染。在右侧的文本框中输入所选帧的序号，单个帧之间以逗号隔开，多个连续的帧以连字符隔开。例如，1,3,5-12 表示渲染第 1、3 帧和 5～12 帧。
- "输出大小"选项组：用于确定渲染输出的图像的大小及分辨率。在"宽度"微调框中可以设置图像的宽度值，在"高度"微调框中可以设置图像的高度值。右侧的四个按钮是系统根据"自定义"下拉列表框中的选项对应给出的常用图像尺寸，可直接单击选择。调整"图像纵横比"微调框里的数值可以更改图像尺寸的长宽比。
- "选项"选项组：用于确定进行渲染时的各个渲染选项，如大气、效果、置换等，可同时选中一项或多项。
- "渲染输出"选项组：用于设置渲染输出时的文件格式。单击"文件"按钮，系统将弹出"渲染输出文件"对话框，选择输出路径，在"文件名"文本框中输入文件名，在"保存类型"下拉列表中选择要保存的文件格式，如图 9.30 所示，然后单击"保存"按钮。

在"渲染设置：默认扫描线渲染器"对话框中设置完成后，单击该对话框底部的"渲染"按钮，进行渲染输出。

图 9.30 "渲染输出文件"对话框

9.6.2 渲染到纹理

渲染到纹理是指根据物体在渲染场景中的外观创建纹理贴图，然后将贴图"烘焙"到物体上。用户可以通过在菜单栏中选择"渲染"→"渲染到纹理"命令打开"渲染到纹理"对话框，如图 9.31 所示。

在"常规设置"卷展栏中，用户可以利用"输出"选项组为渲染纹理后的材质指定存储位置，"渲染设置"选项组用于设置渲染参数。单击"常规设置"卷展栏中的"设置"按钮，系统将弹出"渲染设置"对话框，可以进行渲染参数调整。

"自动贴图"卷展栏中的"自动展开贴图"选项组用于设置平展贴图的参数，这一设置将会使物体的 UV 坐标被自动平展开；"自动贴图大小"选项组用于设置贴图尺寸以及如何根据物体需要自动计算被映射的所有表面。

"渲染到纹理"对话框中的"烘焙对象"卷展栏用于设置要进行材质烘焙的物体。列表中列出了被激活的物体，可以烘焙被选中的物体，也可以烘焙以前准备好的所有物体。

"输出"卷展栏用于设置烘焙材质时所要保存的各种贴图组件。单击"添加"按钮后，系统会弹出

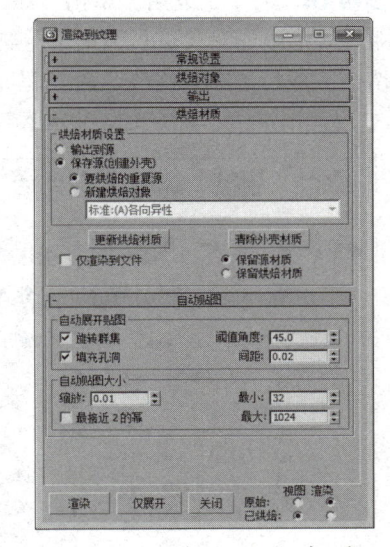

图 9.31 "渲染到纹理"对话框

"添加纹理元素"对话框，在列表中选择一个或多个想要添加的贴图，凡是添加过的贴图下次将不会在该对话框中显示，而会在"输出"卷展栏中列出来。单击"文件名和类型"文本框右侧的……按钮，系统会弹出保存文件的对话框，在该对话框中可以更改所生成的贴图的文件名和文件类型。如果"使用自动贴图大小"复选框没有被选中，则可以通过下面的"宽度""高度"微调框来调整各种贴图的尺寸；这样可以使场景中重要的物体生成更大和更细致的贴图，减小背景和边角物体贴图的尺寸。在"选定元素唯一设置"选项组中，可以确定是否选中"阴影""启用直接光""启用间接光"复选框。

下面通过一个例子来学习纹理烘焙的操作方法。

步骤01 首先打开一个场景文件，在场景中选择一个需要渲染到纹理的对象，选择菜单栏中的"渲染"→"渲染到纹理"命令，如图9.32所示。

步骤02 执行该命令后，弹出"渲染到纹理"对话框，在"常规设置"卷展栏中指定文件的输出路径，然后在"输出"卷展栏中单击"添加"按钮，如图9.33所示。

步骤03 在弹出的"添加纹理元素"对话框中选择一种纹理元素，如图9.34所示。

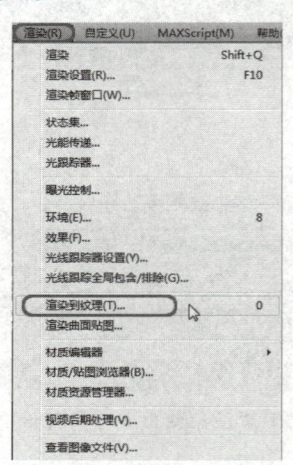

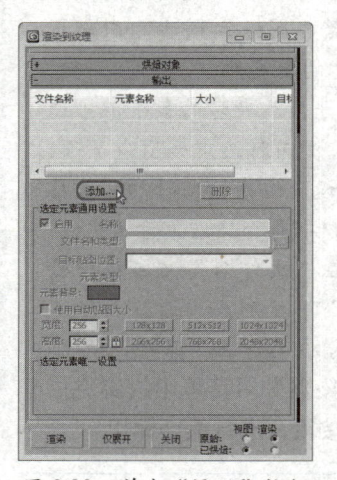

图9.32 选择"渲染到纹理"命令　　图9.33 单击"添加"按钮　　图9.34 添加纹理元素

步骤04 选择完成后，单击"添加元素"按钮，然后在"渲染到纹理"对话框中单击"渲染"按钮，即可对选中的对象进行渲染，渲染效果如图9.35所示。

渲染完成后，在"修改"命令面板中会自动添加一个"自动展平UVs"修改器，用户可以在"编辑UV"卷展栏中单击"打开UV编辑器"按钮，在弹出的对话框中进行相应的设置，如图9.36所示。

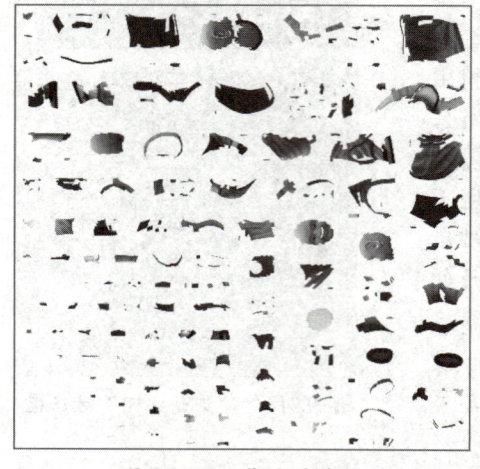

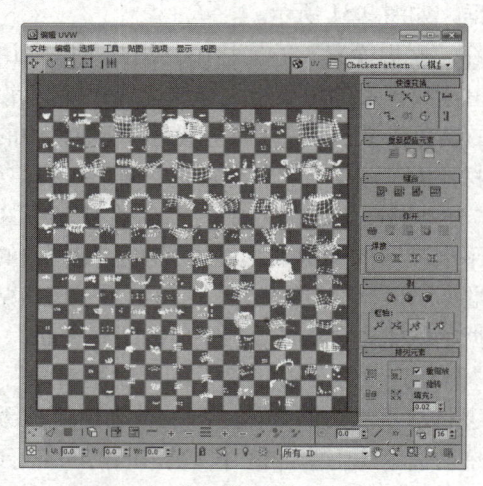

图9.35 渲染后的效果　　图9.36 "编辑UVW"对话框

9.7 渲染特效

在 3ds Max 2014 中，共有九种渲染特效，包括 Hair 和 Fur、镜头效果、模糊、亮度和对比度、色彩平衡、景深、文件输出、胶片颗粒和运动模糊。下面简单介绍两种常用的特效。

9.7.1 胶片颗粒特效

胶片颗粒特效用于在渲染场景中重新创建胶片颗粒的效果。下面介绍胶片颗粒特效的应用。

在菜单栏中选择"渲染"→"环境"命令，在弹出的"环境和效果"对话框中选择"效果"选项卡，然后在该选项卡中添加"胶片颗粒"特效即可。"胶片颗粒参数"卷展栏如图 9.37 所示。

在"胶片颗粒参数"卷展栏中包括两个参数设置，用户可以通过"颗粒"文本框来设置添加到图像中的颗粒数。当在"胶片颗粒参数"卷展栏中勾选"忽略背景"复选框后，将会屏蔽背景，使颗粒仅应用于场景中的几何体和效果。应用胶片颗粒特效的具体操作步骤如下。

步骤 01 打开一个需要添加胶片颗粒特效的场景，在菜单栏中选择"渲染"→"环境"命令，如图 9.38 所示。

步骤 02 执行该命令后，即可弹出"环境和效果"对话框，在该对话框中选择"效果"选项卡，如图 9.39 所示。

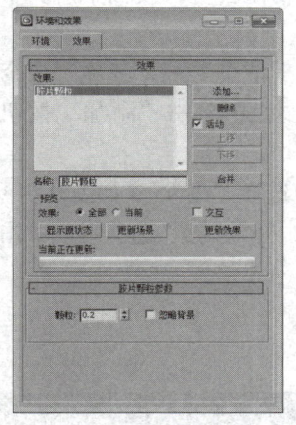

图 9.37 "胶片颗粒参数"卷展栏 　　图 9.38 选择"环境"命令 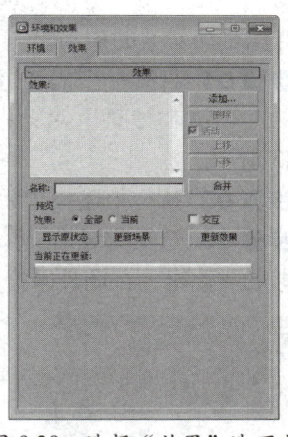　　图 9.39 选择"效果"选项卡

步骤 03 在"效果"卷展栏中单击"添加"按钮，在弹出的对话框中选择"胶片颗粒"，如图 9.40 所示。

步骤 04 选择完成后，单击"确定"按钮，再在"胶片颗粒参数"卷展栏中将"颗粒"设置为"1.0"，如图 9.41 所示。

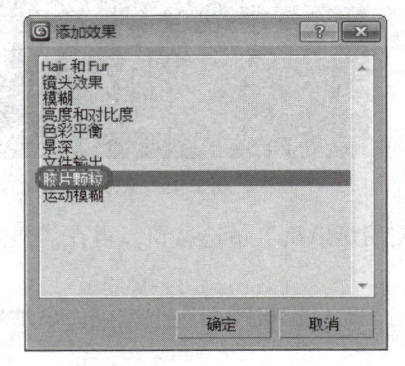

图 9.40 选择"胶片颗粒" 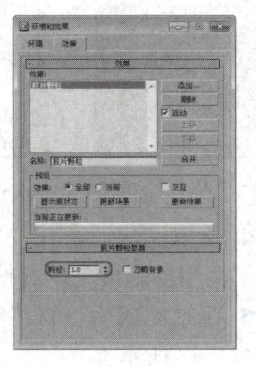　　图 9.41 设置"颗粒"

步骤 05 设置完成后,将"环境和效果"对话框进行关闭;选择摄影机视图,按 F9 键进行渲染。添加胶片颗粒特效前与添加胶片颗粒特效后的效果如图 9.42 所示。

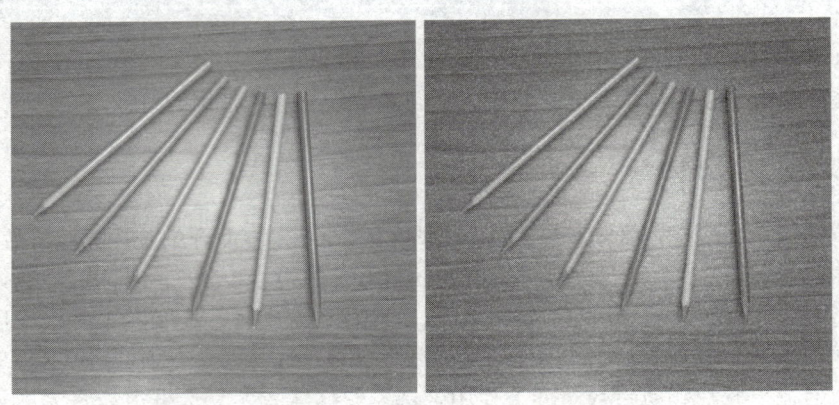

图 9.42　添加胶片颗粒的前后效果

9.7.2　景深特效

景深特效是根据物体离摄影机的远近距离对图像进行不同程度上的模糊处理。景深特效限定了物体的聚焦范围,位于摄影机焦点平面上的物体会很清晰,距离焦点远的物体会变得模糊不清。下面将简单介绍景深特效的应用。

步骤 01 打开一个需要进行景深特效处理的场景,在菜单栏中选择"渲染"→"环境"命令,在弹出的"环境和效果"对话框中选择"效果"选项卡,在"效果"卷展栏中单击"添加"按钮,如图 9.43 所示。

步骤 02 执行上述操作后,弹出"添加效果"对话框,在该对话框中选择"景深",如图 9.44 所示。

步骤 03 选择完成后,单击"确定"按钮,在"景深参数"卷展栏的"摄影机"选项组中单击"拾取摄影机"按钮,在场景中拾取一个摄影机,如图 9.45 所示。

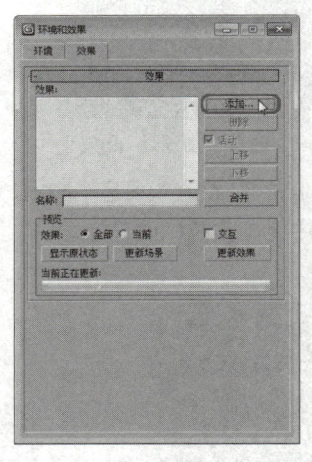

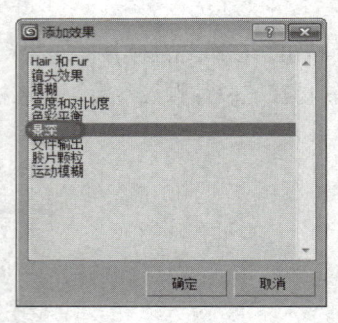

图 9.43　单击"添加"按钮　　　图 9.44　选择"景深"　　　图 9.45　拾取摄影机

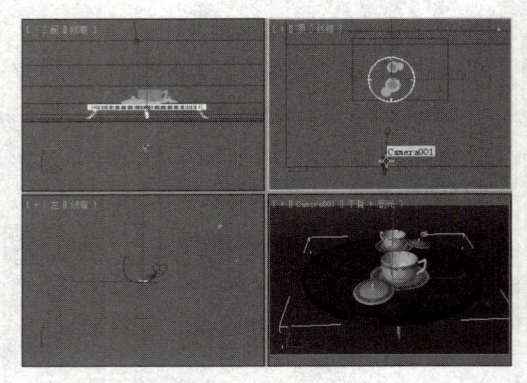

步骤 04 拾取完成后,在"焦点"选项组中选择"使用摄影机"单选按钮,再在"焦点参数"选项组中选择"使用摄影机"单选按钮,如图 9.46 所示。

步骤 05 设置完成后,将"环境和效果"对话框关闭,对摄影机视图进行渲染。添加景深特效前后的效果如图 9.47 所示。

| 模块9 | 特效与渲染

图 9.46 "景深参数"卷展栏

图 9.47 添加景深前后的效果

9.8 上机实训

9.8.1 光晕效果

本例介绍光晕效果的制作，效果如图 9.48 所示。案例主要通过"镜头"特效产生光晕效果，具体操作步骤如下。

步骤 01 启动 3ds Max 2014，选择"创建"→"灯光"→"标准"→"泛光"命令，在透视视图中创建一个泛光灯，如图 9.49 所示。

步骤 02 在菜单栏中选择"渲染"→"环境"命令，如图 9.50 所示。

步骤 03 在弹出的"环境和效果"对话框中选择"环境"选项卡，在"公用参数"卷展栏中单击"环境贴图"下方的"无"按钮，在弹出的"材质/贴图浏览器"对话框中选择"位图"，如图 9.51 所示。

图 9.48 光晕效果

图 9.49 创建泛光灯

图 9.50 选择"环境"命令

215

步骤 04 单击"确定"按钮,在弹出的对话框中选择本书配套资源中的 Map\P1000938.jpg 文件,单击"打开"按钮,即可将其设置为环境贴图,如图 9.52 所示。

步骤 05 在"环境和效果"对话框中选择"效果"选项卡,在"效果"卷展栏中单击"添加"按钮,在弹出的"添加效果"对话框中选择"镜头效果",如图 9.53 所示。

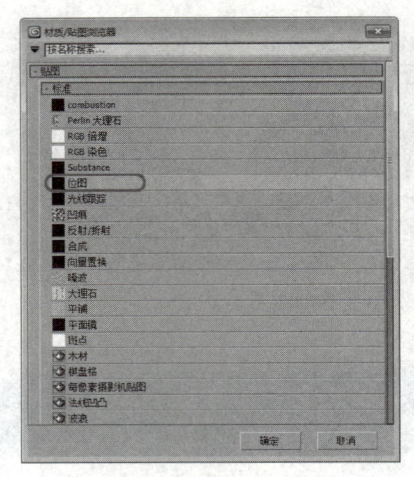

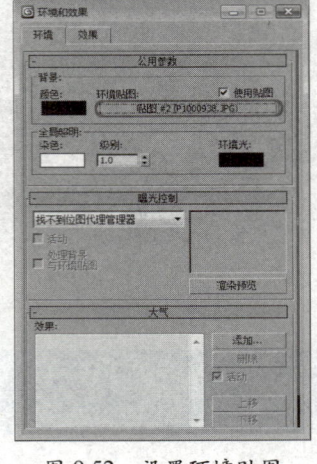

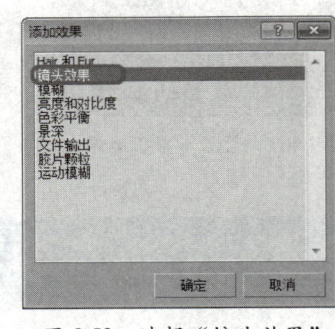

图 9.51 选择"位图"　　图 9.52 设置环境贴图　　图 9.53 选择"镜头效果"

步骤 06 单击"确定"按钮,在"镜头效果参数"卷展栏左侧的列表框中选择"Glow",单击 > 按钮,将其添加到右侧的列表框中,如图 9.54 所示。

步骤 07 在"镜头效果全局"卷展栏中单击"拾取灯光"按钮,在视图中拾取泛光灯。在"光晕元素"卷展栏中将"强度"设置为"40.0",在"径向颜色"选项组中将左侧色块的 RGB 值设置为(255、240、204),如图 9.55 所示。

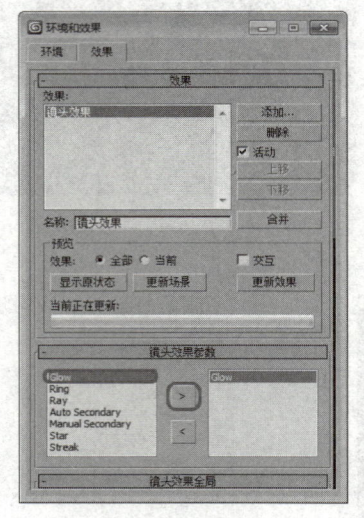

图 9.54 "镜头效果参数"卷展栏　　图 9.55 "光晕元素"卷展栏

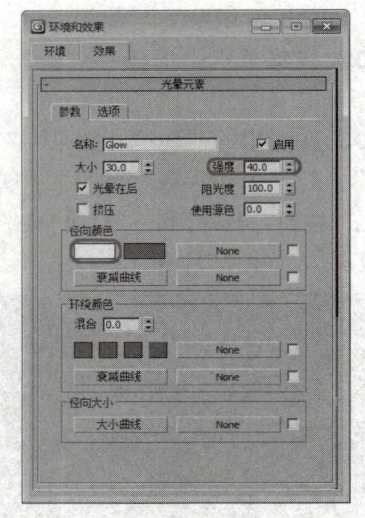

步骤 08 在"镜头效果参数"卷展栏左侧的列表框中选择"Auto Secondary",单击 > 按钮,将其添加到右侧的列表框中,如图 9.56 所示。

步骤 09 在"自动二级光斑元素"卷展栏中将"最小""数量""最大""强度"分别设置为"0.1""5""20.0""90.0",如图 9.57 所示。

步骤 10 按 F9 键对透视视图进行渲染,预览渲染后的效果,对完成后的场景进行保存即可。

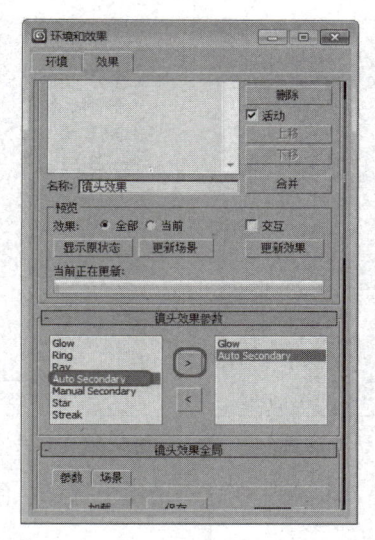

图 9.56　将 "Auto Secondary" 添加到右侧列表框中 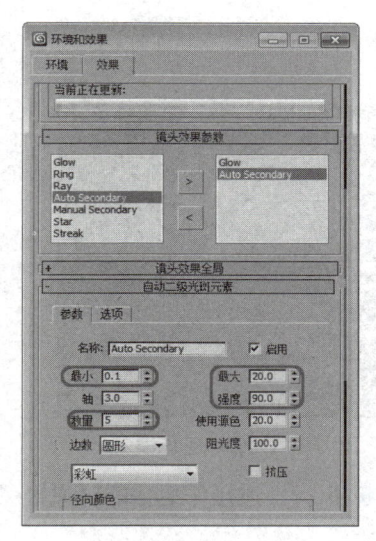　　图 9.57　"自动二级光斑元素"卷展栏

9.8.2　体积雾效果

步骤 01　启动 3ds Max 2014，选择 "创建" → "辅助对象" → "大气装置" → "球体 Gizmo" 命令，如图 9.58 所示。

步骤 02　在视图区中创建一个大气装置，在 "球体 Gizmo 参数" 卷展栏中将 "半径" 设置为 "100.0"，勾选 "半球" 复选框，如图 9.59 所示。

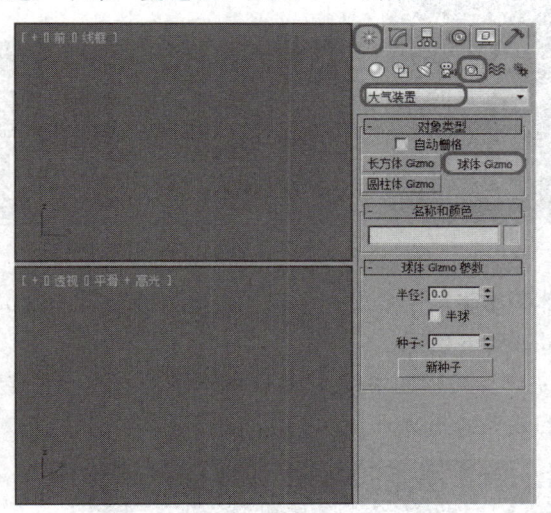

图 9.58　单击 "球体 Gizmo" 工具 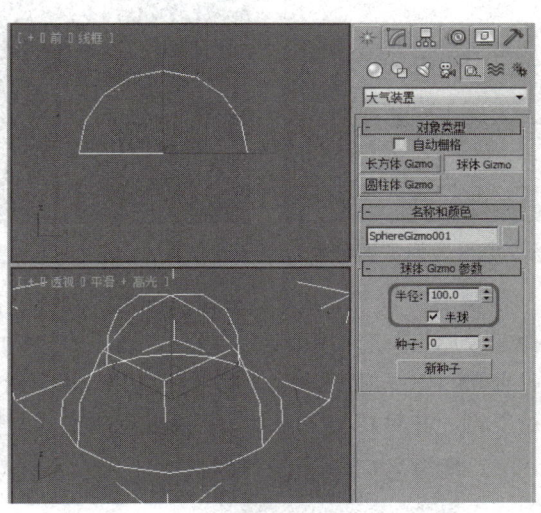　　图 9.59　设置球体 Gizmo 参数

步骤 03　创建完成后，在工具栏中单击 "选择并均匀缩放" 按钮，在视图中对球体 Gizmo 进行调整，调整后的效果如图 9.60 所示。

步骤 04　按 8 键打开 "环境和效果" 对话框，在该对话框中选择 "环境" 选项卡，在 "公用参数" 卷展栏中单击 "环境贴图" 下方的 "无" 按钮，在弹出的 "材质/贴图浏览器" 对话框中选择 "位图"，如图 9.61 所示。

步骤 05　单击 "确定" 按钮，在弹出的 "选择位图图像文件" 对话框中选择 "风景.jpg" 图像文件，单击 "打开" 按钮，在 "环境和效果" 对话框中的 "大气" 卷展栏中单击 "添加" 按钮，如图 9.62 所示。

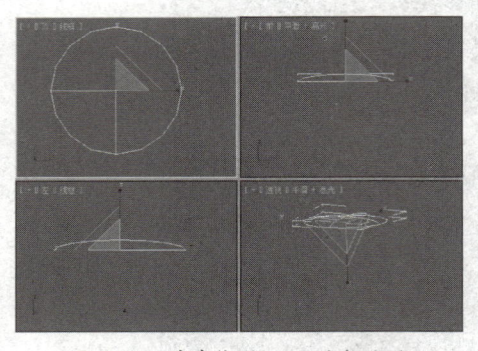

3ds Max 2014动画制作

图 9.60　对球体 Gizmo 进行缩放 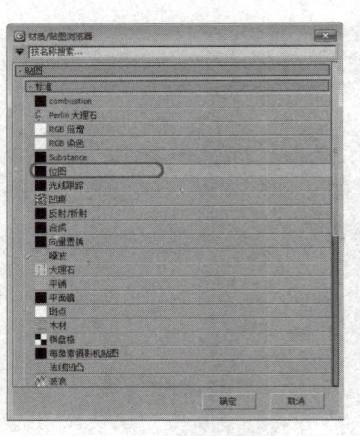　　　图 9.61　选择"贴图" 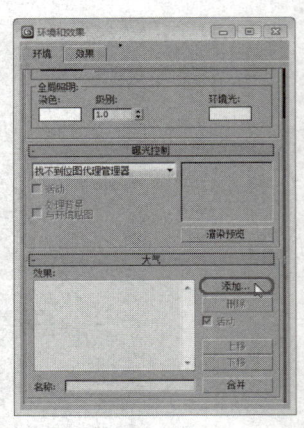　　　图 9.62　单击"添加"按钮

步骤 06　执行上述操作后，即可弹出"添加大气效果"对话框，在该对话框中选择"体积雾"，如图 9.63 所示。

步骤 07　选择完成后，单击"确定"按钮，在"体积雾参数"卷展栏中单击"拾取 Gizmo"按钮，在场景中拾取 Gizmo，如图 9.64 所示。

步骤 08　在"体积雾参数"卷展栏中将"柔化 Gizmo 边缘"设置为"0.4"；单击"颜色"下方的色块，在弹出的"颜色选择器：雾颜色"对话框中将 RGB 值设置为（235、235、235），如图 9.65 所示。

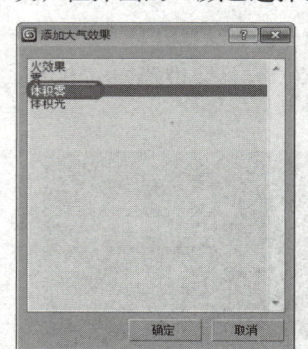

图 9.63　选择"体积雾" 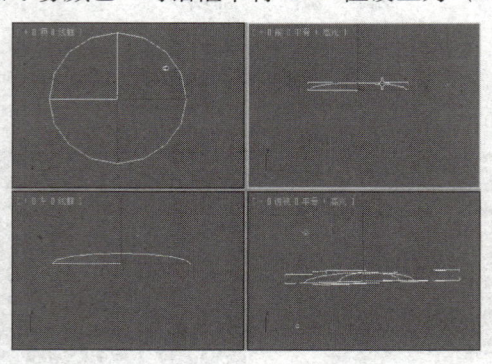　　　图 9.64　拾取 Gizmo 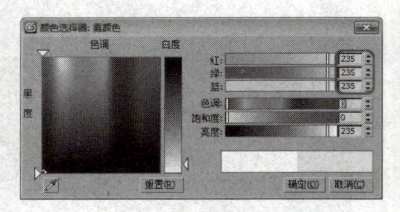　　　图 9.65　设置雾颜色

步骤 09　设置完成后，单击"确定"按钮。在"体积雾参数"卷展栏中将"密度"设置为"32.0"，选择"分形"单选按钮，将"级别"设置为"4.0"，如图 9.66 所示。

步骤 10　设置完成后，将"环境和效果"对话框关闭。在视图中按住 Shift 键对场景中的大气装置进行复制，并对复制出的大气装置进行调整，调整后的效果如图 9.67 所示。

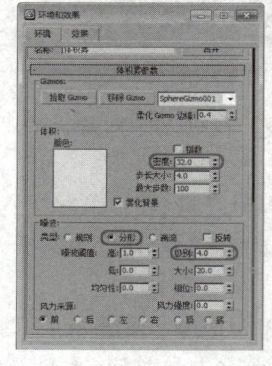

图 9.66　设置体积雾参数 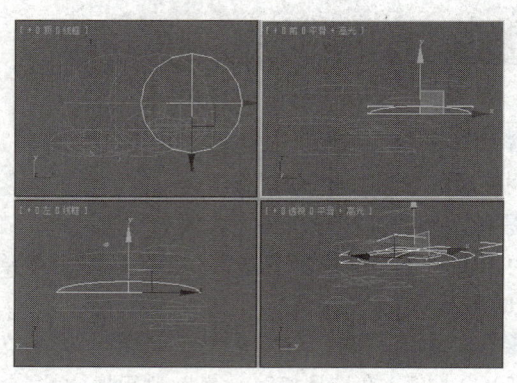　　　图 9.67　复制大气装置并进行调整

218

步骤 11 选择"创建" → "摄影机" → "标准" → "目标"命令，在前视图中创建一个摄影机，如图 9.68 所示。

步骤 12 选择透视视图，按 C 键切换为摄影机视图，在其他视图中调整摄影机的位置，调整后的效果如图 9.69 所示。

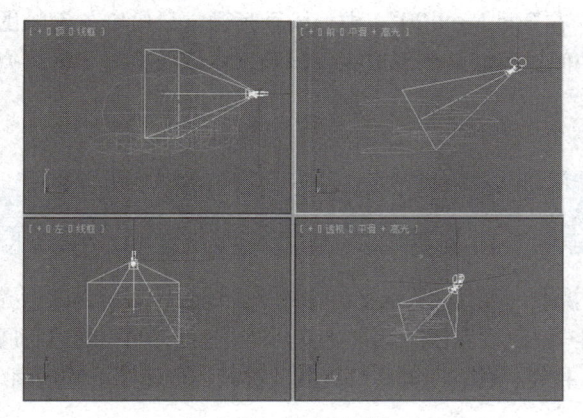

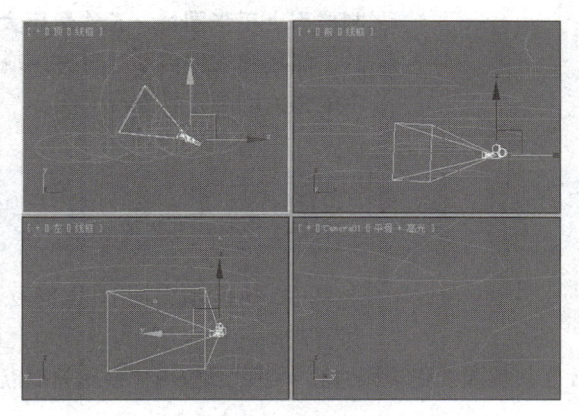

图 9.68　创建摄影机　　　　　　　　　图 9.69　调整摄影机的位置

步骤 13 调整完成后，按 F9 键对摄影机视图进行渲染。添加体积雾前与添加体积雾后的效果如图 9.70 所示。

图 9.70　添加体积雾前与添加体积雾后的效果

9.9　思考与练习

1. 如何设置环境贴图？
2. 简述雾效果的使用方法。
3. 如何渲染到纹理？

模块 10 动画制作技术

动画是由一系列连续播放的静态画面构成的。即使是制作一段基础动画也需要绘制成百上千张图片，工作量巨大。在 3ds Max 2014 中，绘画师通常只绘制关键帧图片，然后由软件自动计算并生成中间过渡帧从而形成完整动画。本模块将对 3ds Max 中的强大动画工具进行介绍。

10.1 动画的概念和方法

在 3ds Max 中创建的 3D 动画可以应用在电影或电视中，可以设置很多特殊效果，还可以模拟真实世界的下雨、下雪效果。设置动画的基本方式非常简单，用户可以设置任何对象变换参数的动画，可以随着时间改变其位置、旋转和缩放；还可以应用"自动关键点"按钮，移动时间滑块设置关键帧，创建简单的动画。

10.1.1 动画的概念

动画原理基于人类视觉暂留特性。人们在观看一组快速连续播放的图片时，每张图片都会在人眼中产生短暂的停留，当图片播放的速度快于图片在人眼中停留的时间时，人们就会感觉到图片好像真的在运动一样。这种组成动画的每张图片都叫做一个"帧"，帧在 3ds Max 中是非常重要的概念。

10.1.2 制作动画的一般过程

在制作动画前，一定要确定中心思想，要考虑在有限的动画时间内，如何将动画作品的思想表达出来。场景中的布局要进行规划，确定摄影机的位置以及在制作过程中镜头如何切换等。

建模是动画制作中不可缺少的，也是用户最熟悉的步骤。模型要符合场景的设计风格，灯光、色调要协调等。

建模完成后，还要对模型进行动画编辑、组合、输出。只有掌握动画的制作过程，才能制作出一个完整的动画。如图 10.1 所示，在所有的关键帧和过渡帧绘制完毕之后，这些图像按照顺序连接在一起并被渲染生成最终的动画图像。

图 10.1 动画图像

10.2 帧与时间的概念

默认的 NTSC 格式的帧速率为每秒 30 帧。如果在创建动画时需要设置时间的长度和精度，用户可以在动画控制区中单击"时间配置"按钮，打开"时间配置"对话框，在"时间配置"对话框中进行设置，如图 10.2 所示。

- "帧速率"选项组：用于设置动画的播放速度。不同的视频格式，帧速率也不同。其中，默认的 NTSC 格式的帧速率是每秒 30 帧，电影格式的帧速率是每秒 24 帧，PAL 格式的帧速率是每秒 25 帧，用户还可以选择"自定义"格式来设置帧速率。
- "时间显示"选项组
  - ◆ "帧"：时间转换为帧的数目取决于当前帧速率的设置。
  - ◆ "SMPTE"：使用帧和系统内部的计时增量来显示时间。是许多专业动画制作工作中使用的标准时间显示方式。表示方式为"小时:分钟:秒:帧"。
  - ◆ "帧:TICK"：可以将动画时间间隔精确到 1/4800 秒。
  - ◆ "分:秒:TICK"：以分钟、秒和十字叉（TICK）来显示时间，中间用冒号分隔。
- "播放"：用于控制如何播放动画，并选择播放速度。
- "动画"：用于设置动画激活的时间段和调整动画的长度。
- "关键点步幅"：用于控制如何在关键帧之间移动时间滑块。

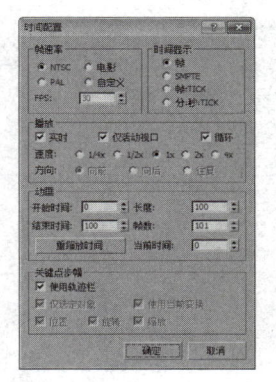

图 10.2 "时间配置"对话框

10.3 "运动"命令面板与动画控制区

动画创建过程中要经常使用"运动"命令面板，该命令面板提供了对动画物体的控制，打开的"运动"命令面板如图 10.3 所示。

图 10.3 "运动"命令面板

10.3.1 参数设置

在"运动"命令面板中的"参数"设置中，主要包括"指定运动控制器""PRS 参数""关键点信息（基本）""关键点信息（高级）"卷展栏。

- "指定控制器"卷展栏

该卷展栏可以为选择的物体指定需要的动画控制器，完成对物体的运动控制。在该卷展栏中可以看到为物体指定的动画控制器项目，有一个主项目为变换，有三个子项目分别为位置、Rotation（旋转）和缩放。卷展栏左上角的 按钮用于给子项目指定不同的动画控制器，可以指定一个，也可以指定多个或不指定。例如，选择"位置"子项目，然后单击 按钮，弹出"指定位置控制器"对话框，选择"位置列表"，如图 10.4 所示。单击"确定"按钮后可在卷展栏中看到新指定的动画控制器的名称，如图 10.5 所示。

> **提示**
>
> 在指定动画控制器时，选择的子项目不同，弹出的对话框也不同。选择"位置"子项目时，会弹出图 10.4 所示的对话框；选择 Rotation 子项目时，会弹出图 10.6 所示的对话框；选择"缩放"子项目时，会弹出图 10.7 所示的对话框。

- "PRS 参数"卷展栏

"PRS 参数"卷展栏用于创建和删除关键点。"PRS 参数"卷展栏控制三种基本的动画变换控制器："位置""旋转""缩放"，如图 10.8 所示。
  - ◆ "位置"按钮：用于创建或删除一个记录位置变化信息的关键点。
  - ◆ "旋转"按钮：用于创建或删除一个记录旋转角度变化信息的关键点。
  - ◆ "缩放"按钮：用于创建或删除一个记录缩放变形信息的关键点。

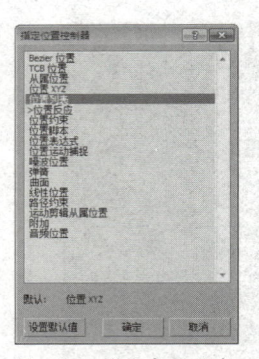

3ds Max 2014动画制作

图 10.4 "指定位置控制器"对话框 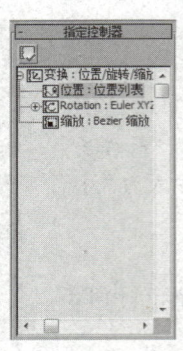　　图 10.5 动画控制器的名称 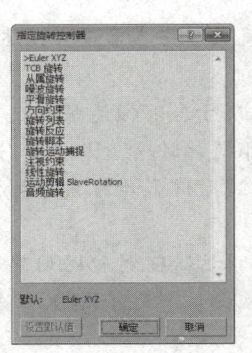　　图 10.6 "指定旋转控制器"对话框 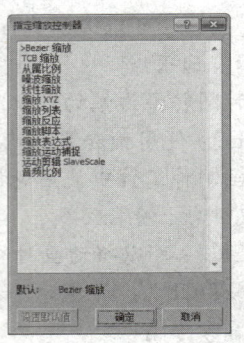　　图 10.7 "指定缩放控制器"对话框 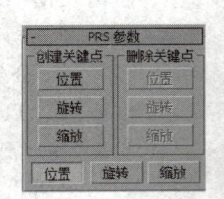　　图 10.8 "PRS 参数"卷展栏

> **提示**
>
> 如果当前帧已经有了某种变换控制器的关键点，那么"创建关键点"选项组中对应变换控制器的按钮将变为不可用，而右侧"删除关键点"选项组中的对应按钮将变为可用。

- "关键点信息（基本）"卷展栏

"关键点信息（基本）"卷展栏用于查看和控制当前关键点的基本信息，如图10.9 所示。

- ◆ 3 文本框：显示当前关键点的序号，单击左侧的 ← 按钮，可以定位到前一个关键点，单击 → 按钮，可以定位到后一个关键点。
- ◆ "时间"文本框：显示当前关键点所在的时间位置，可以通过右侧的微调按钮来更改关键点的时间位置。L按钮是一个锁定按钮，用于在轨迹视图编辑模式下禁止关键点产生水平移动。
- ◆ "值"文本框：用于以数值的方式精确调整当前关键点的数据。
- ◆ 关键点切线：通过"输入"按钮 ↙ 确定入点切线形态，"输出"按钮 ↗ 确定出点切线形态。
  - ◆ ⌒ ：建立平滑的插补值穿过此关键点。
  - ◆ ╱ ：建立线性的插补值穿过此关键点。
  - ◆ ⌐ ：将曲线在关键点处以水平线控制形状，在接触关键点处垂直切下。
  - ◆ ⌒ ：插补值改变的速度围绕关键点逐渐增加。越接近关键点，插补越快，曲线越陡峭。
  - ◆ ⌒ ：插补值改变的速度围绕关键点缓慢下降。越接近关键点，插补越慢，曲线越平缓。
  - ◆ /\/ ：在曲线关键点两侧显示可调节曲线的滑杆，通过它们可以随意调节曲线的形态。
- "关键点信息（高级）"卷展栏

该卷展栏可以查看和控制当前关键点的更为高级的信息，如图10.10 所示。

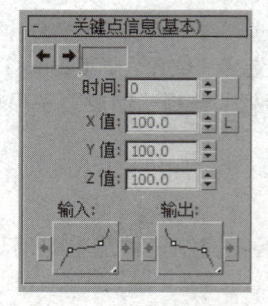

图 10.9 "关键点信息（基本）"卷展栏 　　图 10.10 "关键点信息（高级）"卷展栏

- ◆ "输入"：显示接近关键点时改变的速度。
- ◆ "输出"：显示离开关键点时改变的速度。

◆ "规格化时间": 将关键点的时间平均,得到光滑均衡的运动曲线。
◆ "自由控制柄": 选中该复选框,切线的手柄会按时间长度自动更新;取消选中时,切线的手柄长度被自动锁定。

10.3.2 运动轨迹

创建完成一个动画后,如果想看物体的运动轨迹或是要对轨迹进行修改,可在"运动"命令面板中单击"轨迹"按钮,展开"轨迹"卷展栏,如图10.11所示。

在场景中选择要观察的物体,就能够看到它的运动轨迹,如图10.12所示。使用物体运动轨迹可以显示被选择物体位置的三维变化路径;可以对路径进行修改变换,实现对路径的精确控制。

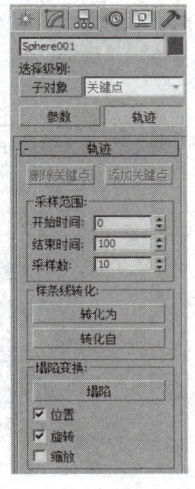

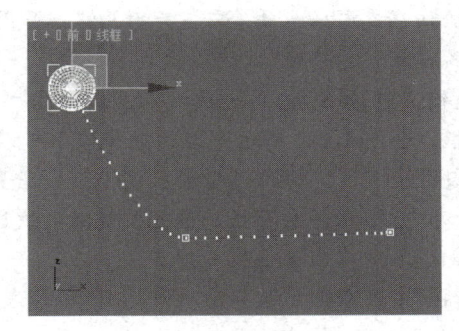

图 10.11 "轨迹"卷展栏　　　　图 10.12 物体的运动轨迹

- "删除/添加关键点": 用于在运动路径中删除和增加关键点,关键点的减少和增加会影响到运动轨迹的形状。
- "采样范围"选项组: 用于对"样条线转化"选项组进行控制。"开始时间"为采样开始时间,"结束时间"为采样结束时间,"采样数"用于设置采样样本的数目。
- "样条线转化"选项组: 用于在运动轨迹和样条线之间进行转换。
  ◆ "转化为"按钮: 将运动轨迹转换为样条线,转换时依照"采样范围"选项组中设置的时间范围和采样样本数进行转换。
  ◆ "转化自"按钮: 将选择的样条线转换为当前选择物体的运动轨迹,转换时同样受采样范围的限制。
- "塌陷变换"选项组中的"塌陷"按钮: 用于将当前选择物体进行塌陷变换,"位置""旋转""缩放"复选框用于选择要进行塌陷变换的方法。

10.3.3 动画控制区

动画控制区如图10.13所示,可以控制视图中的时间显示。

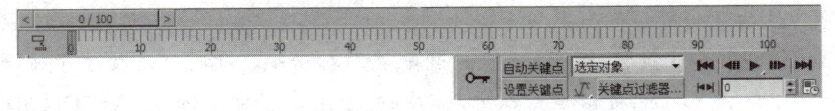

图 10.13 动画控制区

- 动画和时间控件

动画和时间控件包括"时间滑块""播放动画""设置关键点"等。

- ◆ "时间滑块" ：可以左右滑动以显示动画中的时间。默认情况下为第 0 帧。
- ◆ "设置关键点" ：为轨迹栏添加关键点。
- ◆ "设置关键点模式"：设置关键点模式允许对所选对象的多个独立轨迹进行调整，可以在任何时间对任何对象进行关键点的设置。
- ◆ "选定对象"：启用该列表，可以快速访问命名选择集和轨迹集，可以在不同的选择集和轨迹集之间轻松地切换。

> **提示**
>
> 从列表中选择选择集时，不会选择视口中的对象；如果要完成选择视口中对象的操作，须使用命名选择集。选择集显示在大括号之间（例如：{ 圆柱 }），而轨迹集显示在中括号之间（例如：[轨迹 01]）。

- ◆ "新建关键点的默认内/外切线"：为新的关键点提供快速设置默认切线类型的方法，这些新的关键点是用"设置关键点"或"自动关键点"创建的。
- ◆ "关键点过滤器"：单击该按钮可以弹出"设置关键点过滤器"对话框，如图 10.14 所示。在该对话框中可以定义哪些类型的轨迹可以设置关键点，哪些类型的轨迹不可以设置关键点。
- ◆ "全部"：可以对所有轨迹设置关键点的快速方式。
- ◆ "位置"：可以创建位置关键点。
- ◆ "旋转"：可以创建旋转关键点。
- ◆ "缩放"：可以创建缩放关键点。
- ◆ "IK 参数"：可以设置反向运动学参数关键帧。
- ◆ "对象参数"：可以设置对象参数关键帧。
- ◆ "自定义属性"：可以设置自定义属性关键帧。
- ◆ "修改器"：可以设置修改器关键帧。
- ◆ "材质"：可以设置材质属性关键帧。
- ◆ "其他"：可以使用"设置关键点"设置其他未归入以上类别的参数关键帧，包括辅助对象属性、跟踪目标摄影机以及灯光的注视控制器等。
- ◆ "转至开头" ：单击该按钮，时间滑块将回到活动时间段的起始帧。
- ◆ "上一帧" ：将时间滑块向前移动一帧。
- ◆ "播放动画" ：单击该按钮，将在视口中播放动画。
- ◆ "下一帧" ：将时间滑块向后移动一帧。
- ◆ "转至结尾" ：单击该按钮，时间滑块将回到活动时间段的最后一帧处。
- ◆ "关键点模式切换" ：单击该按钮，"上一帧" 和"下一帧" 按钮将会变为"上一关键点" 和"下一关键点" 按钮，连同时间滑块两侧的箭头都发生了改变，由在轨迹栏上逐渐移动变为了关键帧之间的移动。
- ◆ ：显示时间滑块的当前位置。
- ◆ "时间配置" ：单击此按钮，弹出"时间配置"对话框，此对话框提供了帧速率、时间显示、播放和动画的设置。此对话框可以更改动画的长度、拉伸和缩放，还可以用于设置活动时间段、动画的起始帧和结束帧，如图 10.15 所示。

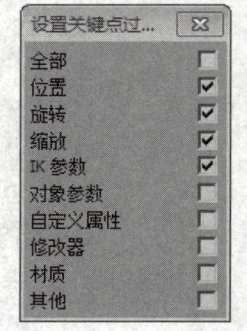

图 10.14 "设置关键点过滤器"对话框

- "NTSC"：是北美、大部分中南美国家和日本使用的电视标准名称。
- "电影"：电影胶片的时间计数标准，帧速率为 24 fps。
- "PAL"：在我国和欧洲大部分地区使用的电视制式，帧速率为 25 fps。
- "自定义"：单击该按钮，可以在"FPS"文本框中输入自定义的帧速率，它的单位为"fps"。
- "FPS"：采用每秒帧数来设置动画的帧速率。
- "帧"：默认的时间显示方式，单个帧代表的时间长度取决于所选择的当前帧速率。NTSC 制式中每帧为 1/30 秒。
- "SMPTE"：广播级编辑机使用的时间计数方式，对电视录像的编辑都是在它的时间计数下进行的，表示方式为"小时:分钟:秒:帧"。
- "帧:TICK"：使用帧和 3ds Max 内定的时间增量"十字叉（TICK）"来显示时间。十字叉是 3ds Max 查看时间增量的方式。每秒有 4 800 个十字叉，所以访问时间实际上可以减少到 1/4 800 秒。

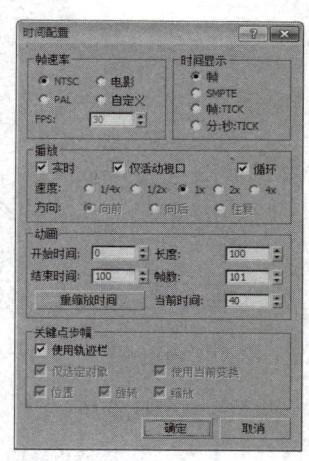

图 10.15 "时间配置"对话框

- "分:秒:TICK"：以分钟、秒和十字叉显示时间。
- "实时"：选择此单选按钮，在视口中播放动画时，会保证实时播放；当达不到此要求时，系统会跳帧播放，省略一些中间帧来保证时间的正确。
- "仅活动视口"：可以使播放只在活动视口中进行。
- "循环"：控制动画只播放一次，还是反复播放。
- "速度"：设置播放时的速度。
- "方向"：将动画设置为向前播放、反转播放或反复播放。
- "开始/结束时间"：分别设置动画的开始/结束时间。
- "长度"：设置动画的时间长度，它其实是由"开始时间""结束时间"设置得出的结果。
- "帧数"：被渲染的帧数，通常是设置数量再加上一帧。
- "重缩放时间"：对目前的动画进行时间缩放，以加快或减慢动画的节奏，同时会改变所有的关键点的位置。
- "当前时间"：显示和设置当前帧在时间滑块上的位置。
- "使用轨迹栏"：使关键点模式能够遵循轨迹栏中的所有关键点。
- "仅选定对象"：在使用"关键点步幅"时只考虑选定对象的变换。
- "使用当前变换"：禁用"位置""旋转""缩放"，并在"关键点模式"中使用当前变换。
- "位置、旋转和缩放"：指定"关键点模式"所使用的变换。

● 轨迹栏

轨迹栏提供了显示帧数的时间线，可以在其中查看关键点。轨迹栏还具有方便的快捷菜单。在轨迹栏上单击鼠标右键，弹出快捷菜单，选择"过滤器"选项，显示其子菜单，如图 10.16 所示；选择"配置"选项，显示其子菜单，如图 10.17 所示。

- "关键点属性"：显示当前所有类型的关键点信息，选择相应的选项就可以对其进行调整。
- "控制器属性"：显示一个子菜单，列出指定给所选对象的程序控制器，可以调整其属性。
- "删除关键点"：删除单个或所有的关键点。
- "删除选定关键点"：可以将选择的关键点删除。
- "过滤器"：可以过滤在轨迹栏上显示的关键点。
- "所有关键点"：显示所有的关键点。
- "所有变换关键点"：显示所有的变换关键点。

225

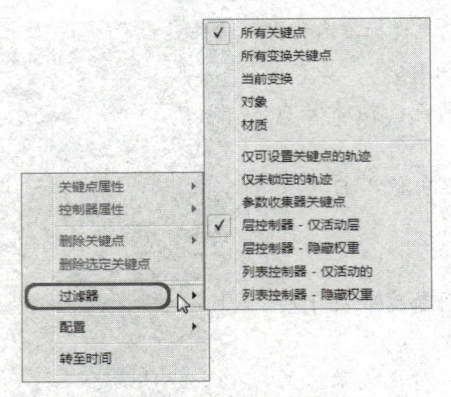

图10.16 "过滤器"子菜单 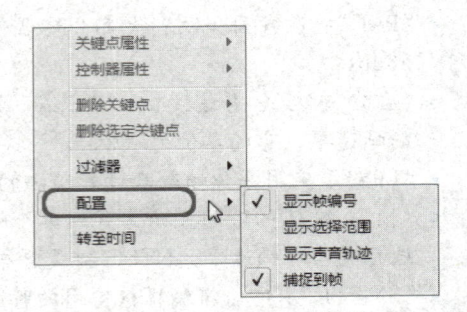 　　　　　　　　　图10.17 "配置"子菜单

- "当前变换"：显示当前变换中所有的关键点。
- "对象"：显示对象修改器关键点，不包括变换关键点和材质关键点。
- "材质"：显示材质关键点。
- "配置"：控制轨迹栏的显示。
- "显示帧编号"：在轨迹栏中显示帧编号。
- "显示选择范围"：只要选择多个关键点，就会在轨迹栏下面显示选择范围栏。
- "显示声音轨迹"：在"轨迹视图"中显示指定给声音对象的波形。
- "捕捉到帧"：将关键点吸附到帧。
- "转至时间"：将时间滑块移动到鼠标指针所在的位置。

单击轨迹栏左侧的"打开迷你曲线编辑器"按钮，打开图10.18所示的轨迹栏扩展，它与轨迹视图相同。

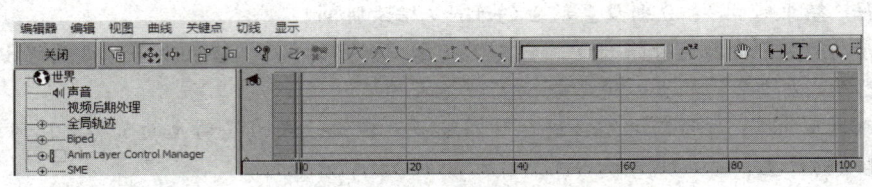

图10.18 轨迹栏扩展

10.3.4 轨迹视图

使用"轨迹视图"可以精确地修改动画。轨迹视图中有两种不同的模式："曲线编辑器""摄影表"。

单击工具栏中的"曲线编辑器"按钮，弹出"轨迹视图 - 曲线编辑器"窗口，如图10.19所示。在"轨迹视图 - 曲线编辑器"窗口中选择"编辑器"→"摄影表"命令，即可打开"轨迹视图 - 摄影表"窗口，如图10.20所示。

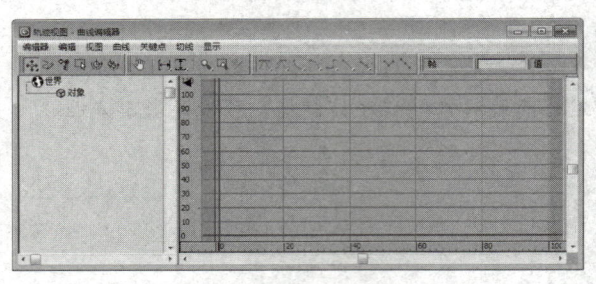

图10.19 "轨迹视图 - 曲线编辑器"窗口 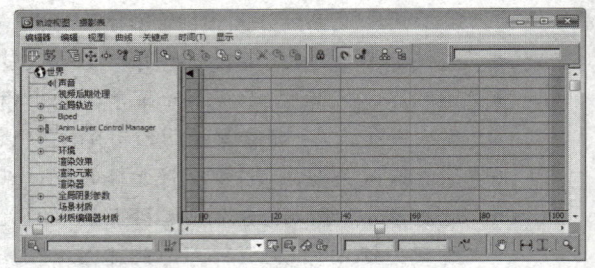　　　　　图10.20 "轨迹视图 - 摄影表"窗口

"轨迹视图 - 摄影表"窗口将动画的所有关键点和范围显示在一张数据表格上，用户在其中可以很方便地编辑关键点和子帧等。

下面介绍"轨迹视图 - 曲线编辑器"工具栏和"轨迹视图 - 摄影表"工具栏。

- "移动关键点"按钮：任意移动选定的关键点，如果在移动的同时按住 Shift 键，则可以复制关键点。
- "编辑关键点"按钮：将动画显示作为一系列关键点，这些关键点在"关键点"窗口的栅格上以方框的形式显示。
- "编辑范围"按钮：单击此按钮，在编辑窗口中显示的是有效的活动时间段。
- "过滤器"按钮：允许对控制器窗口中的列表类型和编辑窗口中的动画曲线进行过滤或限制显示。单击此按钮，弹出"过滤器"对话框，如图 10.21 所示。
- "滑动关键点"按钮：在"摄影表"中使用"滑动关键点"来移动一组关键点，并根据移动来滑动相邻的关键点。
- "添加关键点"按钮：在曲线编辑器中的参数曲线上或"摄影表"中的轨迹上增加关键点。
- "缩放关键点"按钮：可以在两个关键帧之间压缩或扩大时间量。
- "缩放值"按钮：根据一定的比例增加或减小关键点的值，而不是在时间段内移动关键点。
- "将切线设置为自动"按钮：选择关键点，单击该按钮可以把关键点切线设置为自动切线，后面的两个按钮可以分别设置内切线和外切线。
- "将切线设置为样条线"按钮：将关键点切线设置为样条线切线。
- "将切线设置为快速"按钮：将关键点切线设置为快速内切线、快速外切线或二者均有，这取决于在弹出按钮中的选择。
- "将切线设置为慢速"按钮：将关键点切线设置为慢速内切线、慢速外切线或二者均有，这取决于在弹出按钮中的选择。
- "将切线设置为阶梯式"按钮：将关键点切线设置为阶梯内切线、阶梯外切线或二者均有，这取决于在弹出按钮中的选择。
- "将切线设置为线性"按钮：将关键点切线设置为线性变化。
- "将切线设置为平滑"按钮：将关键点切线设置为平滑变化。
- "选择时间"按钮：用于选择时间范围。时间选择包含时间范围内的任意关键点。
- "缩放时间"按钮：在选择的时间段内缩放选择轨迹上的关键点。
- "插入时间"按钮：以时间插入的方式插入一个范围内的帧。
- "锁定当前选择"按钮：单击此按钮，将锁定选择的关键点，而不会误选其他关键点。
- "捕捉帧"按钮：单击此按钮，可以强制改变所有的关键点和范围栏完成单帧增量，适用于多关键点选择集。
- "显示可设置关键点的图标"按钮：在可以设置关键点的轨迹前显示一个图标。
- "修改子树"按钮：单击此按钮，在父对象轨迹上操作关键点来将轨迹放到层级底部。
- "修改子对象关键点"按钮：允许对整个层级的关键点进行编辑，可以对整个链接在一起的结构、组或者角色进行时间编辑，只用于"摄影表"模式。
- "参数曲线超出范围类型"按钮：设置动画物体在超出用户定义的关键帧范围时的运动情况。合理地选择参数曲线越界类型可以缩短制作周期。单击此按钮将弹出"参数曲线超出范围类型"对话框，如图 10.22 所示。
- "恒定"方式：把确定的关键帧范围的两端部分设置为常量，使物体在关键帧范围以外不产生动画。默认情况下，使用常量方式。

- "周期"方式：使当前关键帧范围的动画呈周期性重复播放。
- "循环"方式：使当前关键帧范围的动画重复播放。此方式会将动画的起始帧和结束帧平滑连接，不会产生跳跃效果。
- "往复"方式：使当前关键帧范围的动画播放后再反向播放。
- "线性"方式：使物体在关键帧范围的两端呈线形运动。
- "相对重复"方式：在一个范围内重复相同的动画，但是每个重复会根据范围末端的值有一个偏移。使用相对重复来创建在重复时彼此构建的动画。

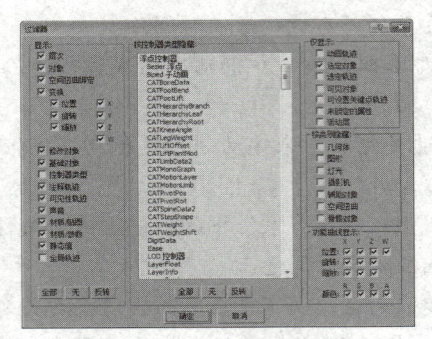

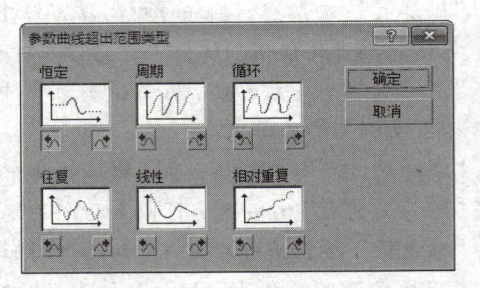

图 10.21 "过滤器"对话框　　　图 10.22 "参数曲线超出范围类型"对话框

10.3.5 列表控制器

列表控制器是一个树形列表，用于显示场景物体和对象的名称，甚至包括材质以及控制器的轨迹名称。层级中的每一项都可以展开，也可以重新整理。使用手动浏览模式可以塌陷或展开轨迹项。列表控制器如图 10.23 所示。

10.3.6 编辑窗口

编辑窗口显示轨迹或曲线的关键点，这些关键点显示为条形图表，在这里可以非常方便地创建、添加和删除关键点，可以用几乎所有的操作来实现目的，如图 10.24 所示。

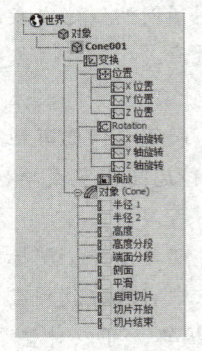

图 10.23 列表控制器　　　图 10.24 编辑窗口

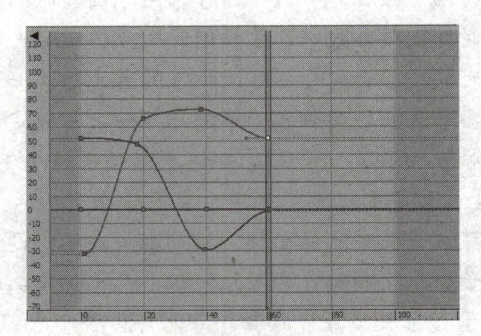

10.4 动画控制器

制作完成的动画在进行修改时，需要在动画控制器中完成。动画控制器中存储着物体的各种变换动作和动画关键帧数据，并且能在关键帧之间计算出过渡帧。

添加关键帧后，物体所作的改变就被自动添加到相应的动画控制器中。例如，对于制作的动画，3ds Max 系统自动添加"位置 XYZ"动画控制器，可以通过以下两种方法来查看并修改动画控制器。

- 单击工具栏中的"曲线编辑器"按钮，在打开的"轨迹视图 - 曲线编辑器"窗口中会显示动画控制器，可以对其进行修改，如图 10.25 所示。
- 在"运动"命令面板中的"指定控制器"卷展栏中对动画控制器进行修改和添加。

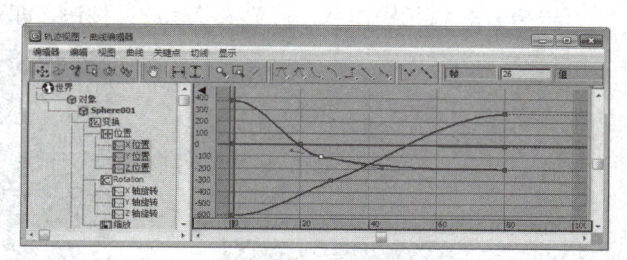

图 10.25 "轨迹视图 - 曲线编辑器"窗口

动画控制器有两种类型，分别是单一属性的动画控制器和复合属性的动画控制器。单一属性的动画控制器只控制 3ds Max 2014 中物体的单一属性；复合属性的动画控制器结合并管理多个动画控制器，如 PRS 动画控制器、变换脚本动画控制器和列表动画控制器等。

每个参数都有与之对应的默认动画控制器，用户可以在设置动画之后修改参数的动画控制器。修改或指定动画控制器可以通过以下两种方式。

- 在"运动"命令面板中的"指定控制器"卷展栏中选择要修改的动画控制器，然后单击"指定控制器"按钮，在打开的对话框中选择其他动画控制器。
- 如果使用"轨迹视图"窗口，同样可以选择要修改的动画控制器，然后单击"轨迹视图"窗口中工具栏中的"过滤器"按钮，在打开的对话框中选择其他动画控制器。

提示

当需要为多个参数选择相同的动画控制器时，可以将多个参数选中，然后为它们指定相同的动画控制器。

10.4.1 Bezier 动画控制器

Bezier 动画控制器是一个比较常用的动画控制器。它可以在两个关键帧之间进行插值计算，并可以使用一个可编辑的样条线进行动作插补计算。下面来介绍怎样调整 Bezier 动画控制器。

步骤 01 重置场景，选择"创建"→"几何体"→"标准基本体"→"球体"命令，在视图区中创建一个球体，如图 10.26 所示。

步骤 02 在视图区中选择球体，然后在动画控制区中单击"自动关键点"按钮，然后将时间滑块移动到 50 帧处，并调整球体的位置及大小，如图 10.27 所示。

步骤 03 将时间滑块移动到 100 帧处，并在视图区中调整球体的位置，如图 10.28 所示。

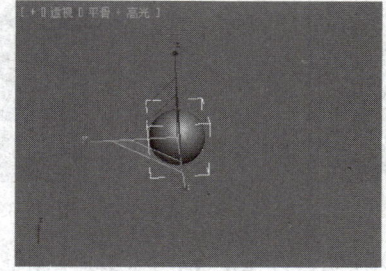

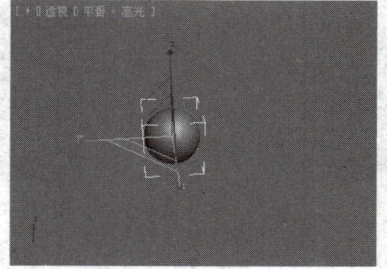

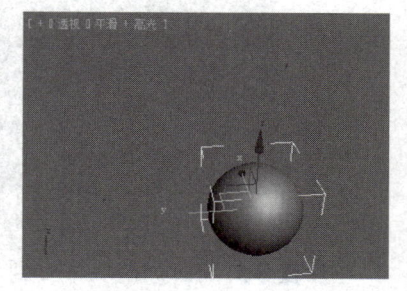

图 10.26 创建球体　　图 10.27 在 50 帧处调整球体位置和大小　　图 10.28 在 100 帧处调整球体位置

步骤 04 设置完成后单击"自动关键点"按钮，然后进入"运动"命令面板，单击"轨迹"按钮，即可显示运动轨迹，如图 10.29 所示。

步骤 05 将时间滑块拖曳到 100 帧处，在"运动"命令面板中单击"参数"按钮，在"关键点信息（基本）"卷展栏中单击"输出"下方的切线方式按钮，在弹出的列表中选择图 10.30 所示的切线方式。

步骤 06 执行操作后，再单击"轨迹"按钮，即可发现运动轨迹已经发生了变化，如图 10.31 所示。

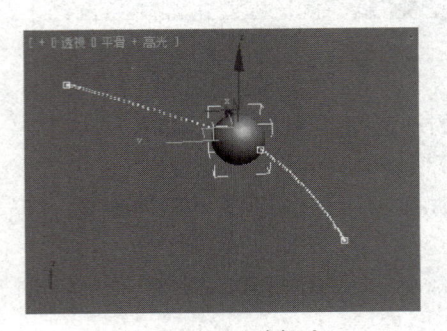

图 10.29 运动轨迹 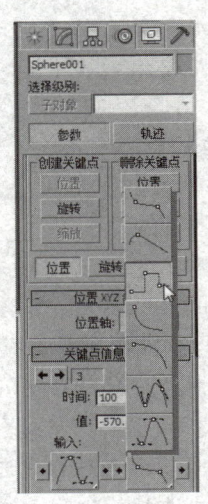　　　　图 10.30 选择切线方式 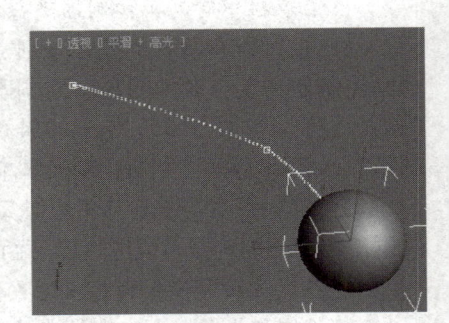　　　　图 10.31 运动轨迹已发生变化

10.4.2 线性动画控制器

线性动画控制器可以均匀分配关键帧之间的数值变化，产生均匀变化的插补过渡帧。

> **提示**
>
> 使用线性动画控制器时并不会显示"属性"对话框，保存在线性关键帧中的信息只是动画的时间以及动画数值。

下面通过一个例子来学习添加和使用线性动画控制器的方法。

步骤 01 重置场景，选择"创建"→"几何体"→"标准基本体"→"球体"命令，在视图区中创建一个球体，如图 10.32 所示。

步骤 02 单击"运动"命令面板中的"轨迹"按钮，然后单击动画控制区中的"自动关键点"按钮，将时间滑块拖曳到 20 帧处，在视图区拖动球体调整其位置，如图 10.33 所示。

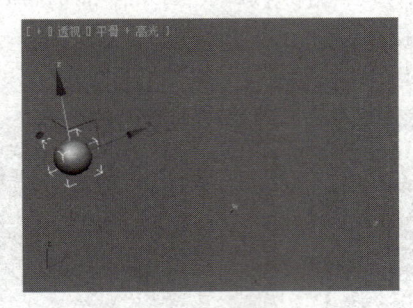

图 10.32 创建球体 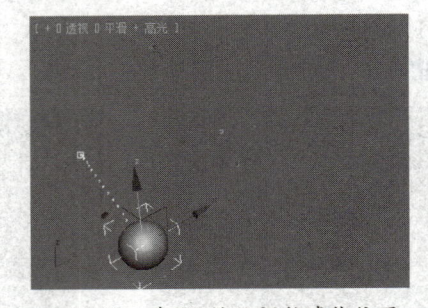　　　　图 10.33 在 20 帧处调整球体位置

步骤 03 将时间滑块拖曳到 40 帧处，再在视图中拖动球体调整其位置，如图 10.34 所示。

步骤 04 设置完成后，在"运动"命令面板中单击"参数"按钮，在"指定控制器"卷展栏中选择"位置"控制器，然后单击卷展栏左上角的"指定控制器"按钮，在弹出的"指定位置控制器"对话框中选择"线性位置"，如图 10.35 所示。单击"确定"按钮。

步骤05 在"运动"命令面板中单击"轨迹"按钮，即可发现运动轨迹的变化，如图10.36所示。

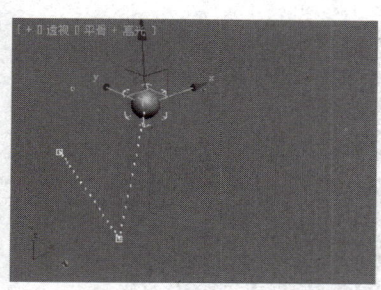

图10.34　在40帧处调整球体位置 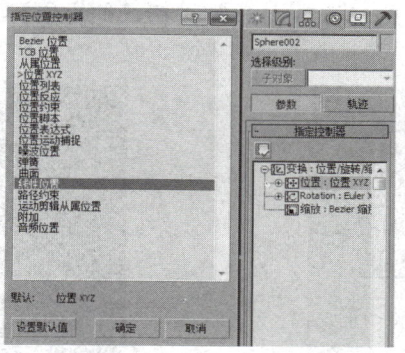　　图10.35　选择"线性位置"控制器 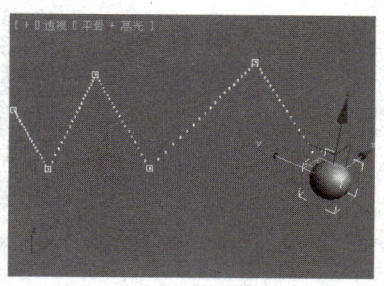　　图10.36　线性动画控制器效果

10.4.3 噪波动画控制器

噪波动画控制器可以模拟振动运动的效果。噪波动画控制器能够产生随机的动作变化，用户可以使用一些控制参数来控制噪波曲线，模拟出极为真实的振动运动。

在"指定控制器"卷展栏中选择"位置"，然后单击卷展栏左上角的"指定控制器"按钮，在弹出的"指定位置控制器"对话框中选择"噪波位置"；单击"确定"按钮，弹出"噪波控制器：Sphere001\位置"对话框，如图10.37所示。

- "种子"：产生随机的噪波曲线，用于设置各种不同的噪波效果。
- "频率"：设置单位时间内噪波振动的次数。频率越大，振动次数越多。
- "分形噪波"：利用分形算法计算噪波的波形，使噪波曲线更加不规则。
- "粗糙度"：启用"分形噪波"后，改变噪波曲线的粗糙度。粗糙度数值越大，曲线越不规则。
- "X向/Y向/Z向强度"：分别控制噪波波形在三个方向上的范围。
- "渐入/渐出"：可以设置在动画的开始处和结束处，噪波强度由浅到深或由深到浅的渐入渐出效果。
- "特征曲线图"：显示所设置的噪波波形。

下面介绍如何使用噪波动画控制器。

步骤01 重置场景，选择"创建"→"几何体"→"标准基本体"→"球体"命令，在视图区中创建球体，如图10.38所示。

步骤02 在"运动"命令面板中单击"参数"按钮，在"指定控制器"卷展栏中选择"位置"控制器，然后单击卷展栏左上角的"指定控制器"按钮，在弹出的"指定位置控制器"对话框中选择"噪波位置"，如图10.39所示。

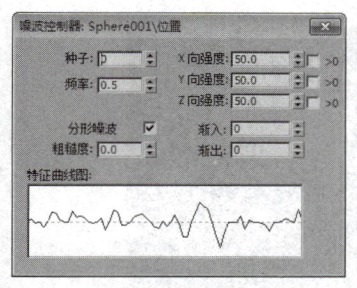

图10.37　"噪波控制器：Sphere001\位置"对话框 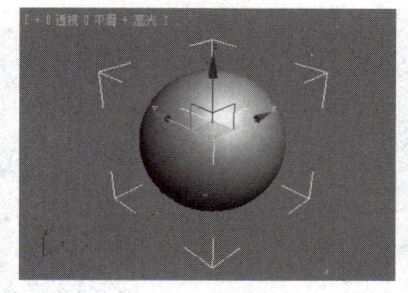　　图10.38　创建球体 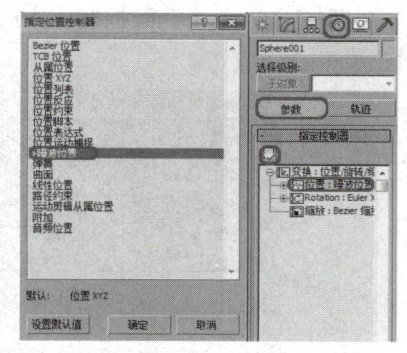　　图10.39　选择"噪波位置"

231

步骤 03 单击"确定"按钮,弹出"噪波控制器:Sphere001\ 位置"对话框,如图 10.40 所示。

步骤 04 单击动画控制区中的"播放动画"按钮,即可看到球体进行无规则运动的动画,如图 10.41 所示。

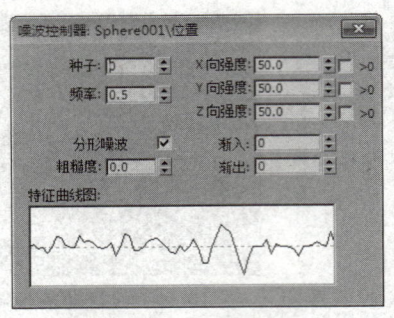

图 10.40 "噪波控制器:Sphere001\ 位置"对话框

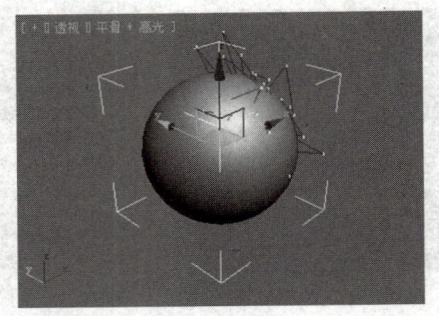

图 10.41 球体进行无规则运动的动画

10.4.4 "位置 XYZ"动画控制器

"位置 XYZ"动画控制器是将位置控制器细分为"X""Y""Z"三个独立的选项,使用户可以控制场景中物体在各个方向上的细微运动。

下面介绍"位置 XYZ"动画控制器的使用方法。

步骤 01 重置场景,在视图区中创建一个球体,如图 10.42 所示。

步骤 02 单击"运动"命令面板中的"参数"按钮,在"指定控制器"卷展栏中,展开"位置:位置 XYZ"控制器,分别对三个方向进行控制;选择"Z 位置"控制器,然后单击卷展栏左上角的"指定控制器"按钮,在弹出的"指定位置控制器"对话框中选择"噪波浮点",如图 10.43 所示。

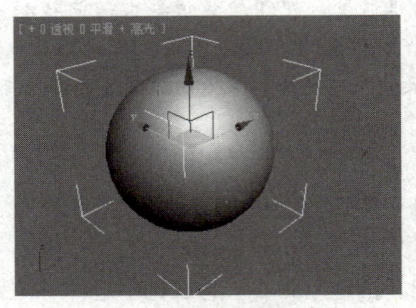

图 10.42 在视图区中创建球体

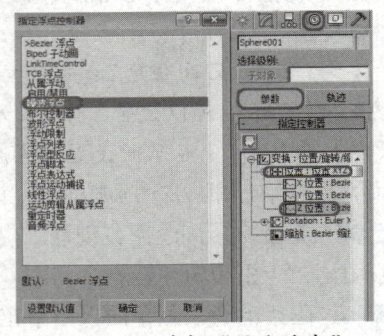

图 10.43 选择"噪波浮点"

步骤 03 单击"确定"按钮,弹出"噪波控制器:Sphere001\Z 位置"对话框,如图 10.44 所示。

步骤 04 单击动画控制区中的"播放动画"按钮,即可看到球体在 Z 轴方向上做无规则运动,如图 10.45 所示。

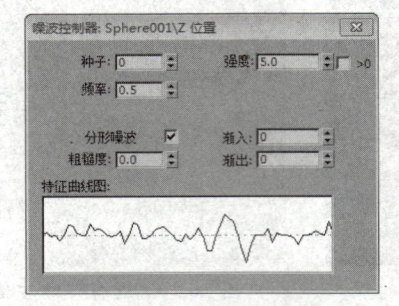

图 10.44 "噪波控制器:Sphere001\Z 位置"对话框

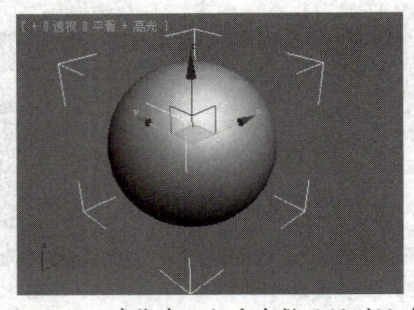

图 10.45 球体在 Z 轴方向做无规则运动

10.4.5 列表动画控制器

列表动画控制器可以将多个动画控制器结合成一个动画控制器，从而实现复杂的动画控制效果。
下面我们来学习列表动画控制器的使用方法。

步骤 01 重置场景，在视图区中创建一个球体，在动画控制区中单击"自动关键点"按钮，将时间滑块移动到100帧处，调整球体位置，然后单击"自动关键点"按钮将其关闭，如图10.46所示。

步骤 02 在"运动"命令面板中单击"参数"按钮，在"指定控制器"卷展栏中选择"位置"控制器，然后单击卷展栏左上角的"指定控制器"按钮，在弹出的"指定位置控制器"对话框中选择"位置列表"，如图10.47所示。

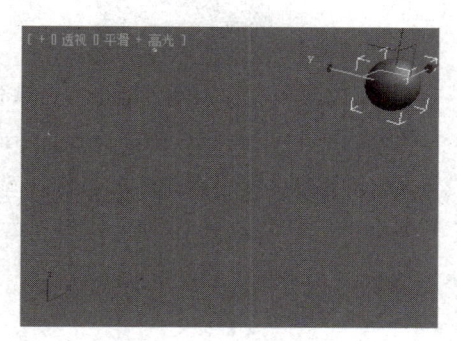

图10.46 在100帧处调整球体位置　　　　图10.47 选择"位置列表"

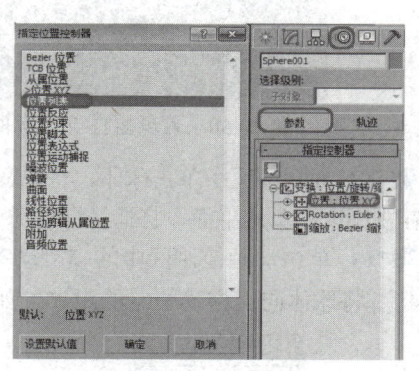

步骤 03 单击"位置：位置列表"控制器左侧的"+"展开控制器，选择"可用"控制器；再次单击卷展栏左上角的"指定控制器"按钮，在弹出的"指定位置控制器"对话框中选择"噪波位置"，如图10.48所示。单击"确定"按钮。

步骤 04 在弹出的噪波控制器对话框中，设置控制器的参数，然后单击动画控制区中的"播放动画"按钮，即可看到模型按照原始的运动路径运动，同时还产生小幅的随机振动变化，如图10.49所示。

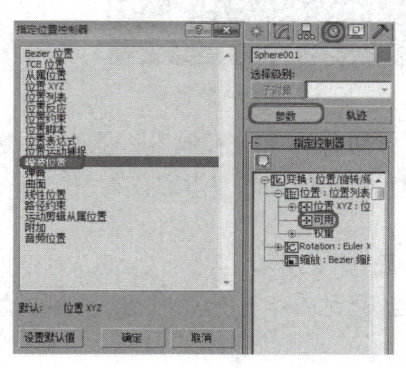

图10.48 选择"噪波位置"　　　　图10.49 列表动画控制器效果

10.4.6 弹簧动画控制器

将弹簧动画控制器应用到一个运动物体上之后，该物体原有的运动仍然保留，同时还增加了一个基于速率变化的动力学效果，结果是产生弹簧动力学效果。
下面介绍弹簧动画控制器的使用方法。

步骤 01 重置场景，在视图区中创建一个弹簧、一个球体和一个平面，并调整它们的位置，如图10.50所示。

步骤 02 选择弹簧，选择"修改"命令面板，在"弹簧参数"卷展栏的"端点方法"选项组中选择"绑定到对象轴"单选按钮，然后单击"绑定对象"选项组中的"拾取顶部对象"按钮，如图 10.51 所示。

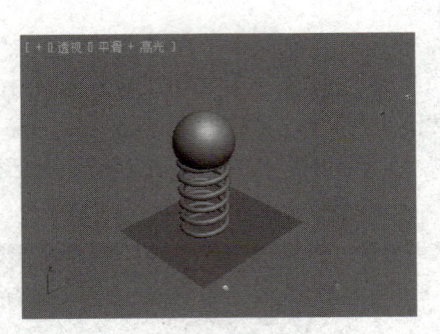

图 10.50　在视图区中创建物体 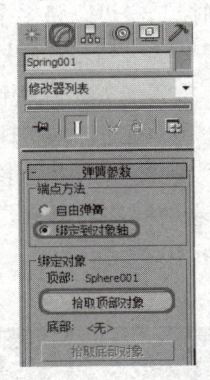　　　　　图 10.51　单击"拾取顶部对象"按钮

步骤 03 在视图区中单击球体，将弹簧绑定到球体。单击"绑定对象"选项组中的"拾取底部对象"按钮，在视图区中单击平面，将弹簧绑定到平面，此时弹簧将会自动将球体和平面连接，如图 10.52 所示。

步骤 04 单击动画控制区中的"自动关键点"按钮，将时间滑块移动到第 10 帧，使用"选择并移动"工具 将球体向上拖动一定的距离，如图 10.53 所示。

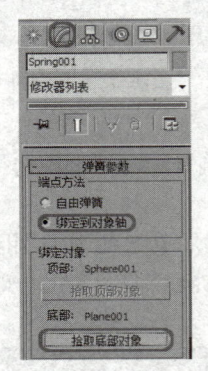

图 10.52　单击"拾取底部对象"按钮 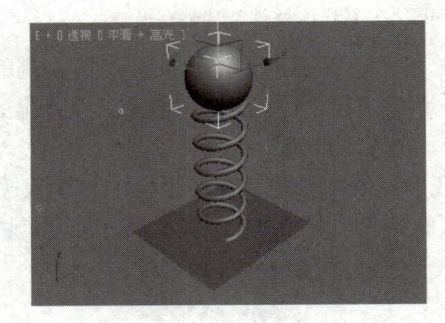　　　　　图 10.53　在 10 帧处调整位置

步骤 05 选择球体，在"运动"命令面板中单击"参数"按钮，在"指定控制器"卷展栏中选择"位置"控制器，然后单击卷展栏左上角的"指定控制器"按钮 ，在弹出的"指定位置控制器"对话框中选择"弹簧"，单击"确定"按钮，如图 10.54 所示。

步骤 06 在弹出的"弹簧属性"对话框中设置参数，如图 10.55 所示。

步骤 07 单击动画控制区中的"播放动画"按钮，会看到球体开始做往复运动的动画，如图 10.56 所示。

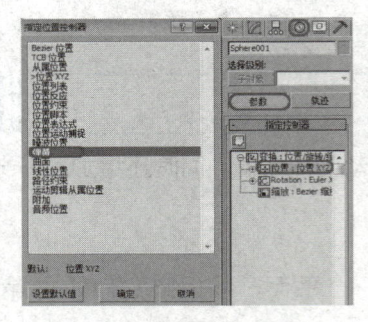

图 10.54　选择"弹簧"选项 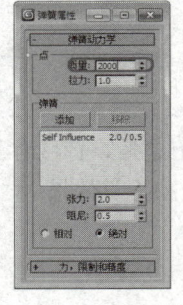　　　图 10.55　设置参数 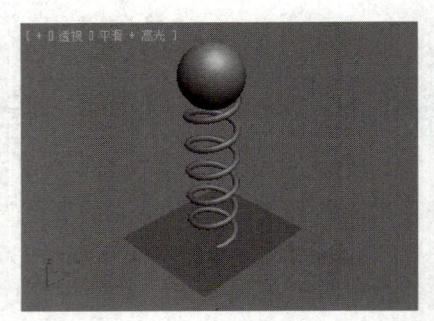　　　图 10.56　球体做往复运动

> **提 示**
>
> 动画创建完成后，如果对制作的动画不满意，可以对动画控制器的参数进行修改。方法是在"指定控制器"卷展栏中相应的动画控制器中单击鼠标右键，在弹出的快捷菜单中选择"属性"命令，打开相应的动画控制器对话框，在其中设置参数即可。

10.5 上机实训——火焰拖尾

本案例将介绍如何通过"路径约束"控制器为粒子系统添加运动路径，并通过"视频后期处理"对话框中的特效事件为粒子制作光效，效果如图 10.57 所示。具体操作步骤如下。

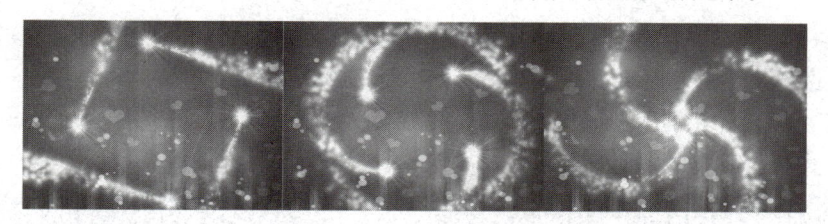

图 10.57 火焰拖尾效果

步骤 01 启动 3ds Max 2014，选择"创建" → "几何体" → "粒子系统" → "超级喷射"命令，在顶视图中创建一个超级喷射粒子系统，如图 10.58 所示。

步骤 02 切换至"修改"命令面板，在"基本参数"卷展栏中将"粒子分布"选项组中的"轴偏离"设置为"8.0"、"平面偏离"下的"扩散"设置为"90.0"，将"显示图标"选项组中的"图标大小"设置为"10.0"，将"视口显示"选项组中的"粒子数百分比"设置为"20.0"%，按 Enter 键确认，如图 10.59 所示。

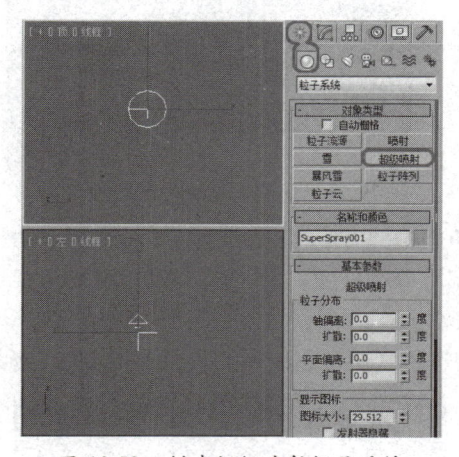

图 10.58 创建超级喷射粒子系统　　　　图 10.59 修改基本参数

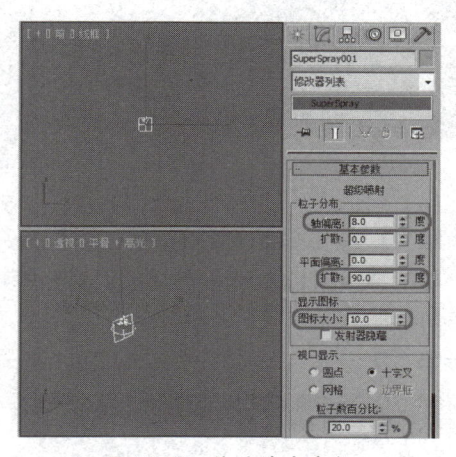

步骤 03 在"粒子生成"卷展栏中选择"粒子数量"选项组中的"使用总数"单选按钮，并在其下方的文本框中输入"4000"；将"粒子运动"选项组中的"速度"设置为"8.0"，将"粒子计时"选项组中的"发射开始""发射停止""显示时限""寿命""变化"分别设置为"-152""226""226""39""23"，按 Enter 键确认，如图 10.60 所示。

步骤 04 在"粒子生成"卷展栏中，将"粒子大小"选项组的"大小"设置为"2.5"、"变化"设置为"30.0"%、"增长耗时"设置为"8"、"衰减耗时"设置为"17"，按 Enter 键确认，如图 10.61 所示。

235

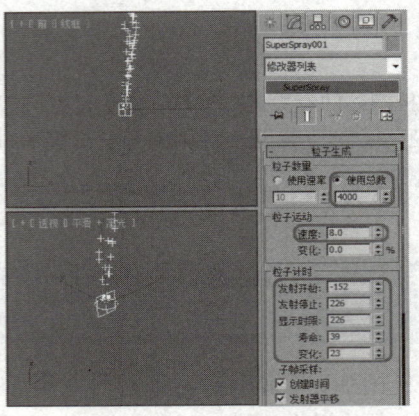

图 10.60 "粒子生成"卷展栏参数设置　　　　　图 10.61 设置粒子大小

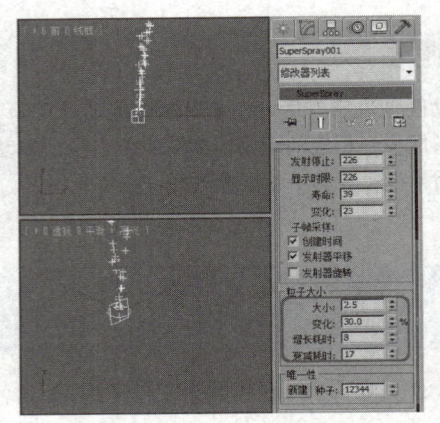

步骤 05 在"粒子类型"卷展栏中，选择"标准粒子"选项组中的"六角形"单选按钮，将"材质贴图和来源"选项组中的"时间"设置为"45"，如图 10.62 所示。

步骤 06 在"旋转和碰撞"卷展栏中，将"自旋速度控制"选项组中的"自旋时间"设置为"44"，将"气泡运动"卷展栏中的"周期"设置为"150533"，如图 10.63 所示。

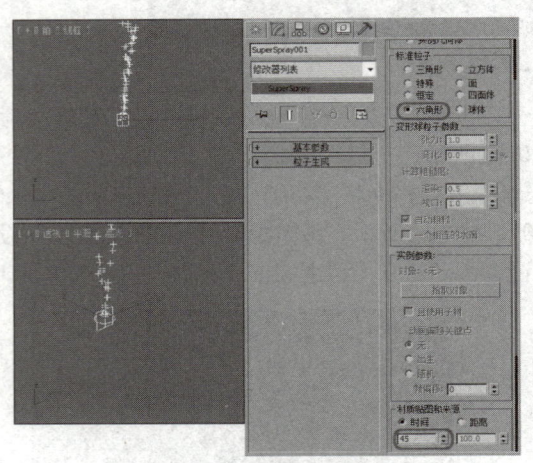

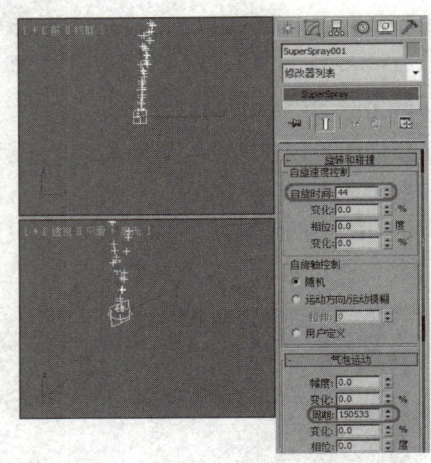

图 10.62 设置粒子类型　　　　　图 10.63 设置"自旋时间"和"周期"

步骤 07 按住 Shift 键，使用"选择并移动"工具 在顶视图中将粒子系统沿 Y 轴进行拖动，在合适的位置上释放鼠标左键，在弹出的对话框中选择"复制"单选按钮，将"副本数"设置为"3"，如图 10.64 所示。

步骤 08 单击"确定"按钮，即可对选中的粒子系统进行复制，复制后的效果如图 10.65 所示。

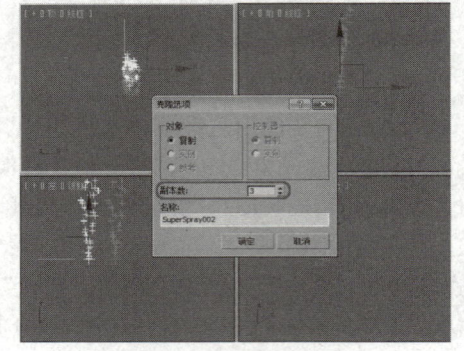

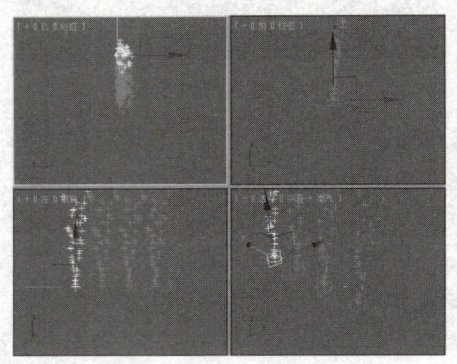

图 10.64 设置副本数　　　　　图 10.65 复制粒子系统后的效果

步骤 09 选择"创建"→"图形"→"样条线"→"弧"命令，在顶视图中创建弧，作为粒子系统运动的路径，如图 10.66 所示。

步骤 10 选择创建的弧，按住 Shift 键使用"选择并移动"工具 在顶视图中沿 X 轴进行拖动，在合适的位置上释放鼠标左键，在弹出的对话框中选择"复制"单选按钮，将"副本数"设置为"3"，如图 10.67 所示。

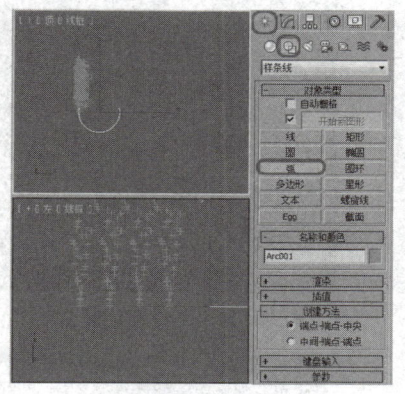

图 10.66 创建弧 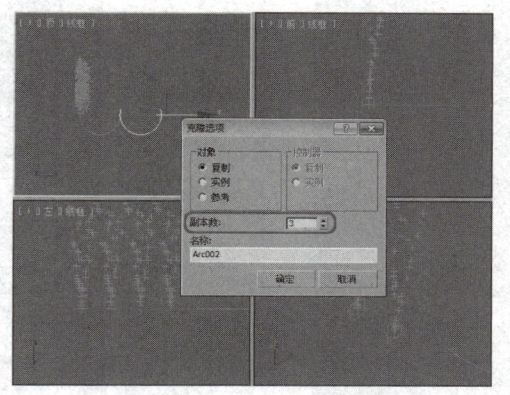　　　　　　　　　　图 10.67 "克隆选项"对话框

步骤 11 单击"确定"按钮，在视图中调整弧形的位置及角度，调整后的效果如图 10.68 所示。
步骤 12 在菜单栏中选择"渲染"→"环境"命令，如图 10.69 所示。
步骤 13 在弹出的"环境和效果"对话框中选择"环境"选项卡，在"公用参数"卷展栏中单击"环境贴图"下方的"无"按钮，在弹出的"材质/贴图浏览器"对话框中选择"位图"，如图 10.70 所示。

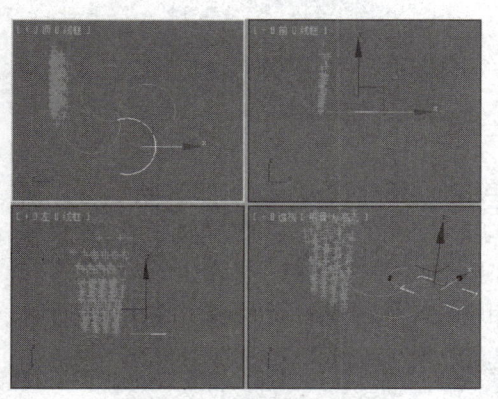

图 10.68 调整弧形的位置及角度 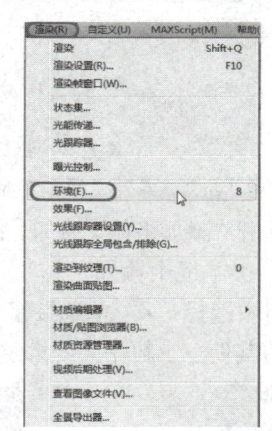　　图 10.69 选择"环境"命令 　　图 10.70 选择"位图"

步骤 14 单击"确定"按钮，在弹出的对话框中选择本书配套资源中的 Map\ 背景 .jpg 文件，单击"打开"按钮，即可将其指定为环境贴图，如图 10.71 所示。

步骤 15 将"环境和效果"对话框关闭，选择透视视图，在菜单栏中选择"视图"→"视口背景"→"环境背景"命令，如图 10.72 所示。

步骤 16 执行该操作后，即可将透视视图的视口背景以环境贴图显示，如图 10.73 所示。

步骤 17 在动画控制区中单击"时间配置"按钮，在弹出的"时间配置"对话框中将"结束时间"设置为"110"，如图 10.74 所示。

步骤 18 单击"确定"按钮，在视图中选择第一个粒子系统，切换至"运动"命令面板，单击"参数"按钮，在"指定控制器"卷展栏中选择"位置"控制器，再单击"指定控制器"按钮，在弹出的对话框中选择"路径约束"，如图 10.75 所示。

237

步骤 19 单击"确定"按钮,在"路径参数"卷展栏中单击"添加路径"按钮,在视图中拾取路径,如图 10.76 所示。

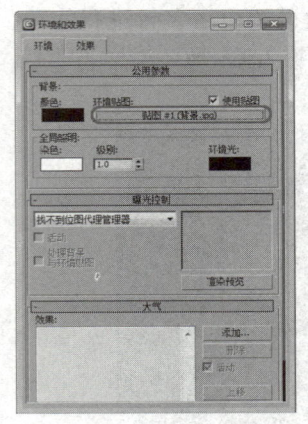

图 10.71 添加贴图

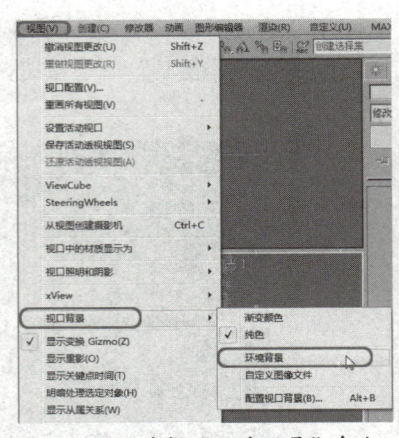

图 10.72 选择"环境背景"命令

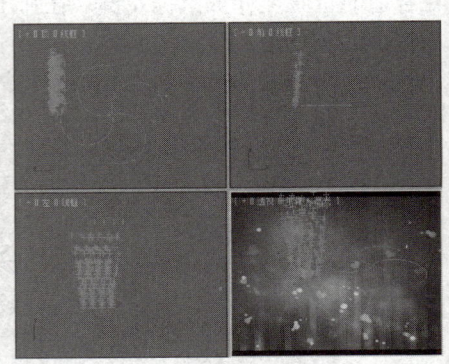

图 10.73 设置视口背景的显示方式

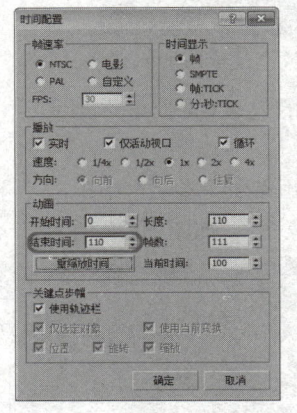

图 10.74 "时间配置"对话框

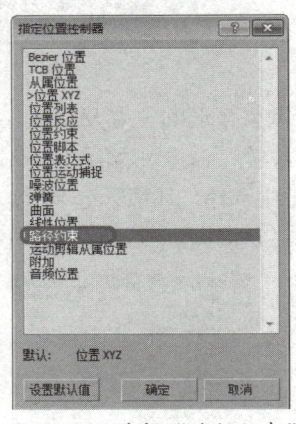

图 10.75 选择"路径约束"

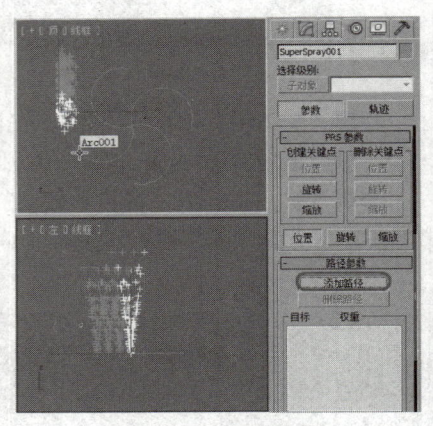

图 10.76 拾取路径

步骤 20 拾取完成后,再次单击"添加路径"按钮,将其关闭。将时间滑块拖曳至 100 帧处,在"路径选项"选项组中的"% 沿路径"文本框中输入"100.0",勾选"跟随""倾斜"复选框,再勾选"允许翻转"复选框;在"轴"选项组中选择"Z"单选按钮,勾选"翻转"复选框,如图 10.77 所示。

步骤 21 使用同样的方法,将其他三个粒子系统绑定到相应的弧上,绑定后的效果如图 10.78 所示。

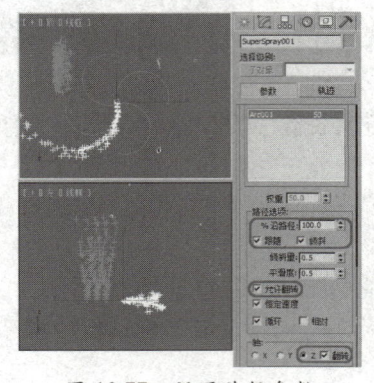

图 10.77 设置路径参数

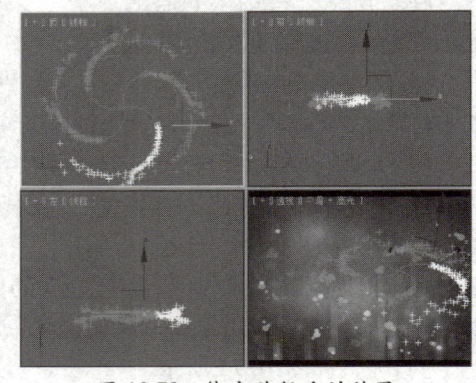

图 10.78 绑定路径后的效果

步骤 22 在视图中选择所有的粒子系统并右击,在弹出的快捷菜单中选择"对象属性"命令,如图 10.79 所示。

| 模块10 | 动画制作技术

步骤23 在弹出的"对象属性"对话框中，将"对象ID"值设置为"1"，勾选"运动模糊"选项组中的"启用"复选框，然后选中"图像"单选按钮，如图10.80所示。设置完成后，单击"确定"按钮即可。

步骤24 选择"创建"→"摄影机"→"标准"→"目标"命令，在左视图中创建一架摄影机，如图10.81所示。

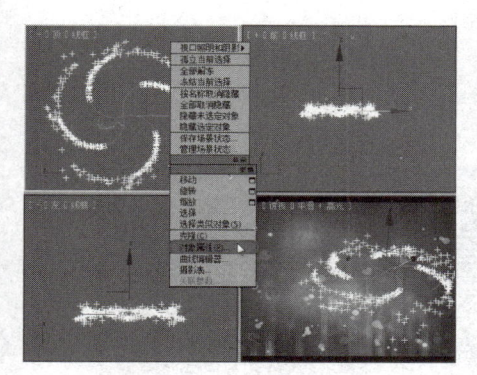

图10.79 选择"对象属性"命令 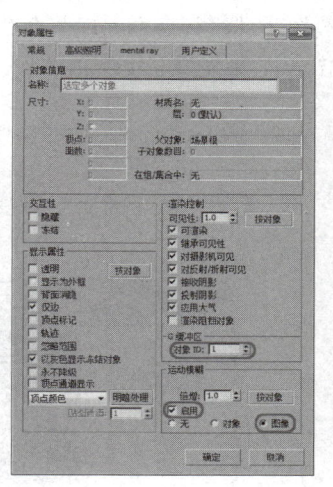　　图10.80 "对象属性"对话框 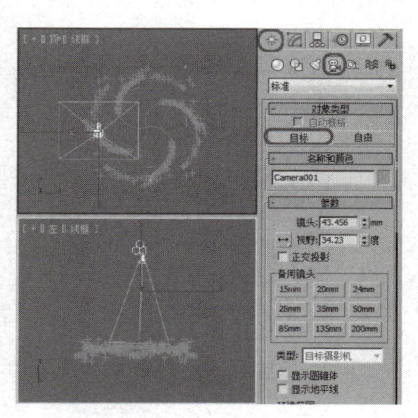　　图10.81 创建摄影机

步骤25 切换至"修改"命令面板，在"参数"卷展栏中将"视野"设置为"34.23"，按Enter键确认。激活透视视图，按C键将该视图切换为摄影机视图，然后在其他视图中调整摄影机的位置，调整后的效果如图10.82所示。

步骤26 在视图中选择所有的粒子系统，在"材质编辑器"对话框中选择一个材质样本球。在"明暗器基本参数"卷展栏中将明暗器类型定义为"(M)金属"，在"金属基本参数"卷展栏中单击 C 按钮，取消"环境光""漫反射"的锁定，将"环境光"的RGB值设置为（0、0、0）、"漫反射"的RGB值设置为（49、99、173），将"自发光"选项组中的"颜色"设置为"100"，将"反射高光"选项组中的"高光级别""光泽度"分别设置为"5""25"，如图10.83所示。

步骤27 在"扩展参数"卷展栏中的"高级透明"选项组中，选择"衰减"下面的"外"单选按钮，将"数量"设置为"100"，将"类型"下面的"过滤"色块设置为白色，将"折射率"设置为"1.5"，如图10.84所示。

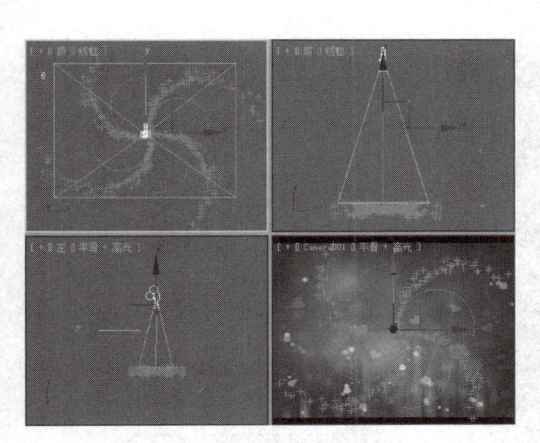

图10.82 调整摄影机后的效果 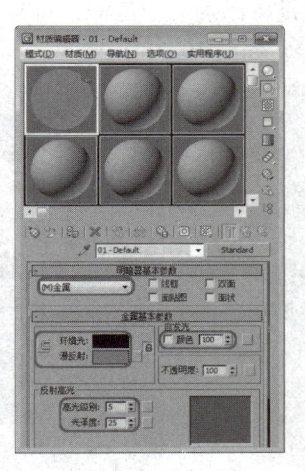　　图10.83 设置金属材质 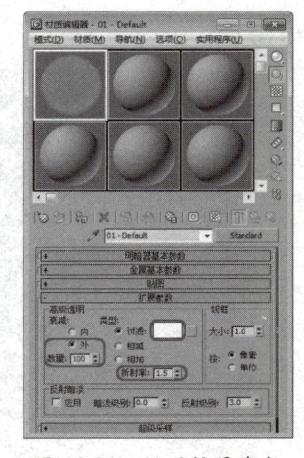　　图10.84 设置扩展参数

步骤28 在"贴图"卷展栏中单击"漫反射颜色"通道右侧的None按钮，在打开的"材质/贴

239

图浏览器"对话框中选择"粒子年龄",单击"确定"按钮。在"粒子年龄参数"卷展栏中,将"颜色#1"的 RGB 值设置为(255、248、134),将"颜色#2"的 RGB 值设置为(255、114、0),将"年龄#2"设置为"50.0"%,将"颜色#3"的 RGB 值设置为(229、15、0),将"年龄#3"设置为"100.0"%,如图 10.85 所示。然后单击"将材质指定给选定对象"按钮,将材质指定给选定的粒子系统。

步骤 29 在菜单栏中选择"渲染"→"视频后期处理"命令,打开"视频后期处理"对话框,在该对话框中添加一个场景事件、两个"镜头效果光晕"事件和一个"镜头效果光斑"事件,如图 10.86 所示。

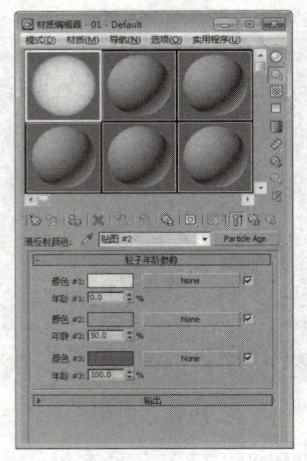

图 10.85 设置粒子年龄参数 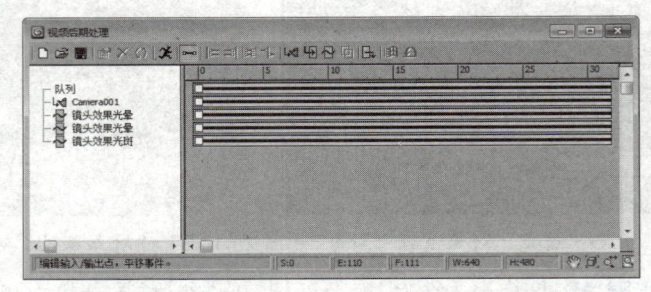　　图 10.86 在"视频后期处理"对话框中添加事件

步骤 30 双击第一个"镜头效果光晕"事件,在打开的对话框中单击"设置"按钮,打开"镜头效果光晕"对话框,单击"预览""VP 队列"按钮,在"属性"选项卡中使用默认的参数设置。选择"首选项"选项卡,将"效果"选项组中的"大小"设置为"1.2",在"颜色"选项组中选择"用户"单选按钮,将"强度"设置为"32.0",如图 10.87 所示。

步骤 31 单击"确定"按钮,返回到视频合成器中,双击第二个"镜头效果光晕"事件,在打开的对话框中单击"设置"按钮,打开"镜头效果光晕"对话框,单击"预览""VP 队列"按钮,在"属性"选项卡中使用默认的参数设置。选择"首选项"选项卡,将"效果"选项组中的"大小"设置为"3.0",在"颜色"选项组中选择"渐变"单选按钮,如图 10.88 所示。

步骤 32 选择"渐变"选项卡,将"径向颜色"最左侧色标的 RGB 值设置为(255、255、0);在轴上的位置 36 处单击鼠标左键,添加一个色标,将其 RGB 值设置为(255、40、0);将最右侧色标的 RGB 值设置为(255、47、0),如图 10.89 所示。

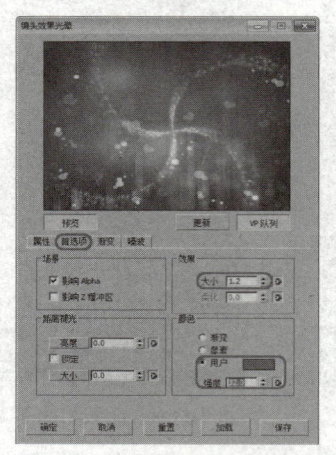

图 10.87 设置第一个镜头效果光晕参数 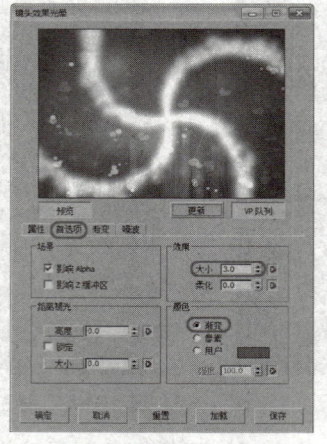　图 10.88 设置第二个镜头效果光晕参数 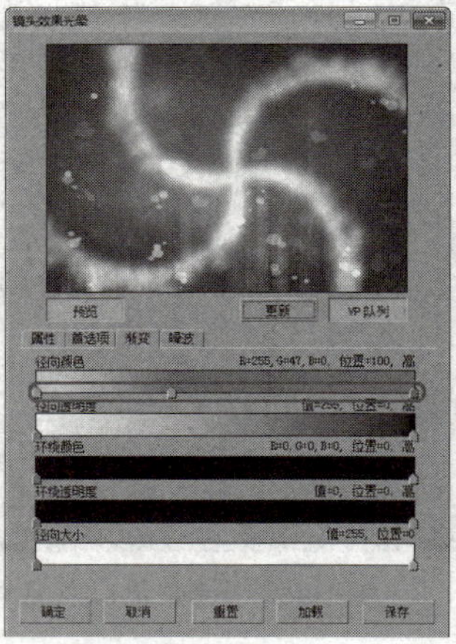　图 10.89 设置径向颜色

| 模块10 | 动画制作技术

步骤33 选择"噪波"选项卡,将"设置"选项组中的"运动"设置为"0.0",分别勾选"红""绿""蓝"三个复选框,将"参数"选项组中的"大小"设置为"20.0",如图10.90所示。

步骤34 单击"确定"按钮,返回视频合成器中,双击"镜头效果光斑"事件,在打开的对话框中单击"设置"按钮,打开"镜头效果光斑"对话框,单击"预览""VP队列"按钮。在"镜头光斑属性"选项组中,将"大小"设置为"30.0",单击"节点源"按钮,在打开的对话框中选择四个粒子系统,单击"确定"按钮;退出对话框后,在"首选项"选项卡中只保留"光晕""射线""星形"后面的"渲染""场景外"两个复选框的勾选,将其他的复选框取消勾选,如图10.91所示。

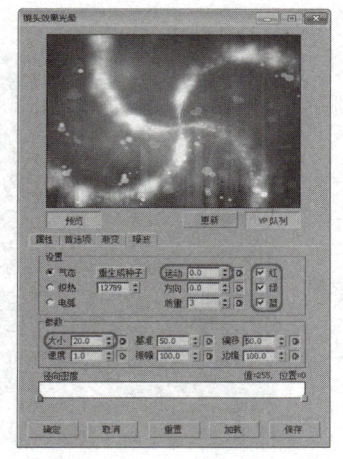

图10.90 "噪波"选项卡参数设置 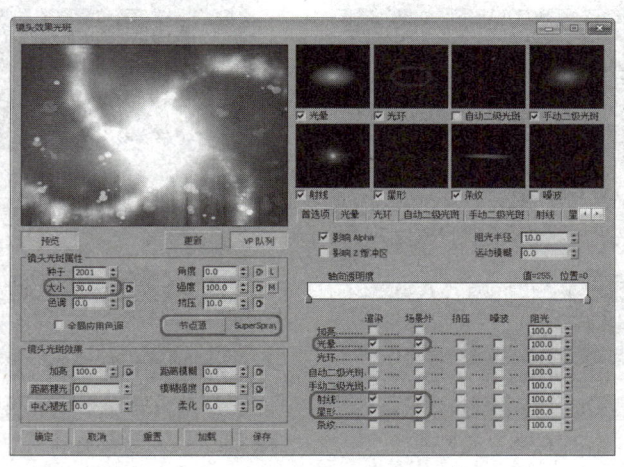　　　图10.91 "镜头效果光斑"对话框参数设置

步骤35 切换到"光晕"选项卡中,将"大小"设置为"30.0",将"径向颜色"左侧的色标的RGB值设置为(255、255、255);将轴上的位置93处的色标移至位置21处,将其RGB值设置为(255、242、207);将右侧的色标的RGB值设置为(255、115、0),如图10.92所示。

步骤36 切换到"射线"选项卡,将"大小""数量""锐化"分别设置为"100.0""125""9.9";将"径向颜色"左侧的色标的RGB值设置为(255、255、167),将右侧的色标的RGB值设置为(255、155、47),如图10.93所示。

步骤37 在"径向透明度"轴上的位置9处单击鼠标左键,添加一个色标,将其RGB值设置为(71、71、71);再在位置25处单击鼠标左键,添加一个色标,将其RGB值设置为(47、47、47),如图10.94所示。

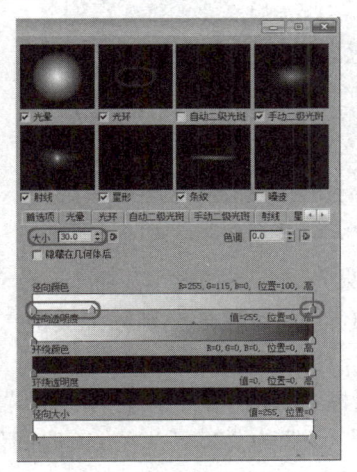

图10.92 设置光晕 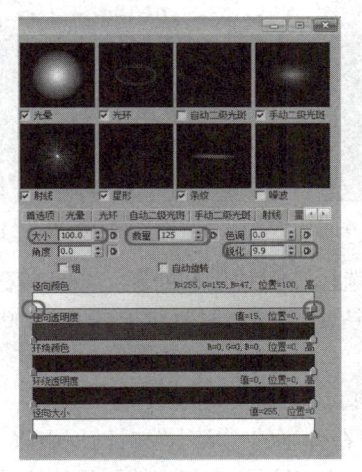　　　图10.93 设置射线 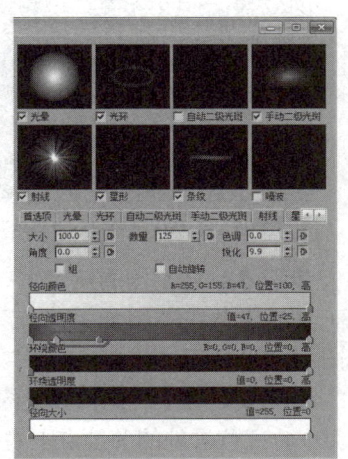　　　图10.94 在"径向透明度"轴上添加两个色标并设置颜色

241

步骤 38 切换到"星形"选项卡,将"大小""数量""宽度""锐化"分别设置为"75.0""8""3.5""8.2";将"径向颜色"右侧的色标的 RGB 值设置为(255、216、0),如图 10.95 所示。

步骤 39 在"截面颜色"轴上的位置 25 和位置 75 处分别添加色标,将 RGB 值都设置为(255、90、0);将轴上的位置 50 处的色标的 RGB 值设置为(255、255、255),如图 10.96 所示。

步骤 40 单击"确定"按钮,返回视频合成器中,在"视频后期处理"对话框中单击"添加图像输出事件"按钮,在弹出的"添加图像输出事件"对话框中单击"文件"按钮,如图 10.97 所示。

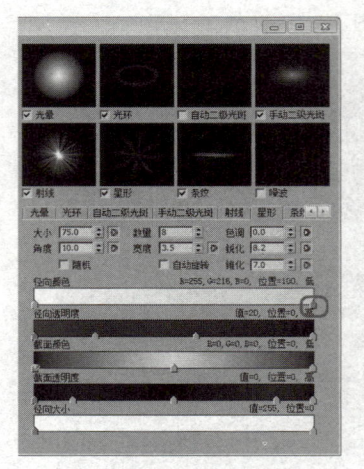

图 10.95　设置星形 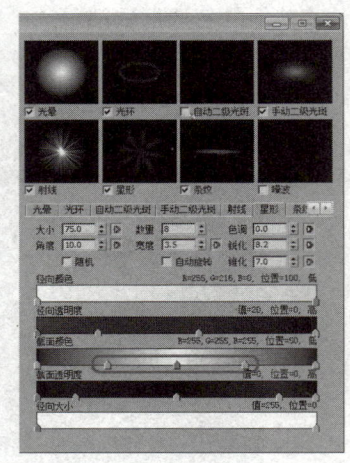　　　图 10.96　在"截面颜色"轴上添加　　　图 10.97　单击"文件"按钮
　　　　　　　　　　　　　　　　　色标并设置颜色

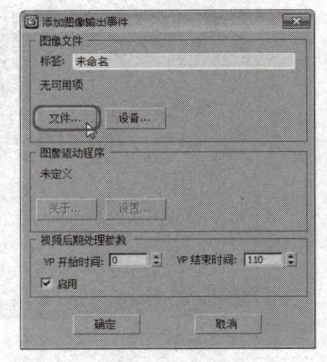

步骤 41 在弹出的对话框中为文件输出指定路径,并将其"保存类型"设置为 AVI 文件(*.avi),单击"保存"按钮;在弹出的"AVI 文件压缩设置"对话框中使用默认参数设置,如图 10.98 所示。

步骤 42 单击"确定"按钮,再在"添加图像输出事件"对话框中单击"确定"按钮。在工具栏中单击"曲线编辑器"按钮,打开"轨迹视图-曲线编辑器"窗口,在该窗口的菜单栏中选择"编辑器"→"摄影表"命令,切换至"轨迹视图-摄影表"窗口,如图 10.99 所示。

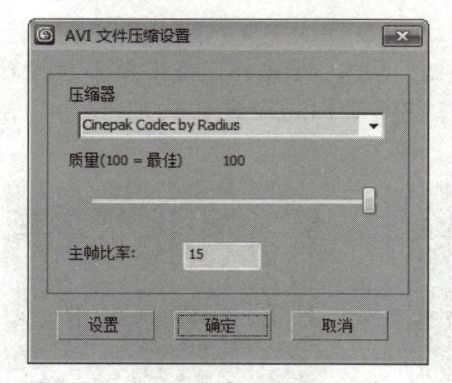

图 10.98　"AVI 文件压缩设置"对话框 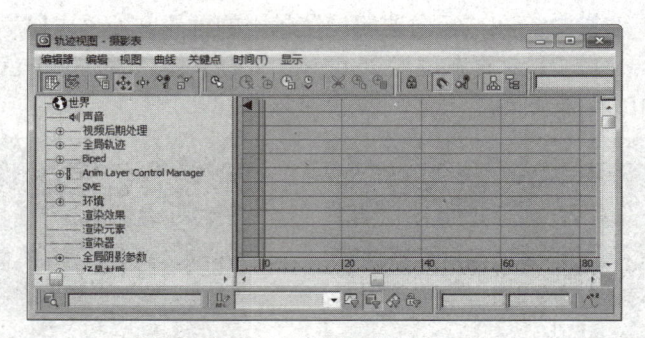　　　图 10.99　"轨迹视图-摄影表"窗口

步骤 43 在左侧的编辑窗口中选择"视频后期处理"→"镜头效果光斑"→"大小"命令,然后在工具栏中单击"添加关键点"按钮,在右侧曲线上的 0、100、110 时间位置处分别添加关键点,如图 10.100 所示。

步骤 44 在 0 时间位置处的关键点上右击,在弹出的"大小"对话框中,将"值"设置为"20.0";在 100 时间位置处的关键点上右击,在弹出的"大小"对话框中将"值"设置为"20.0";在 110 时间位置处的关键点上右击,在弹出的"大小"对话框中将"值"设置为"100.0",如图 10.101 所示。

| 模块10 | 动画制作技术

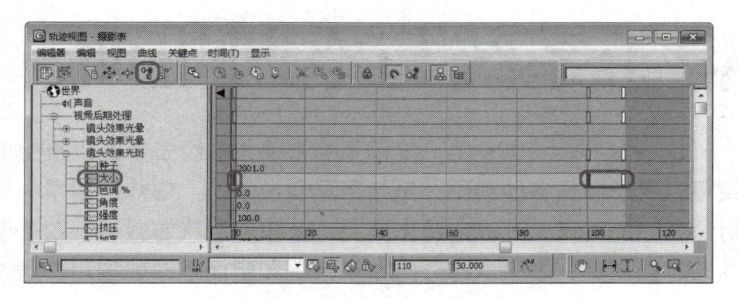

图 10.100　添加关键点

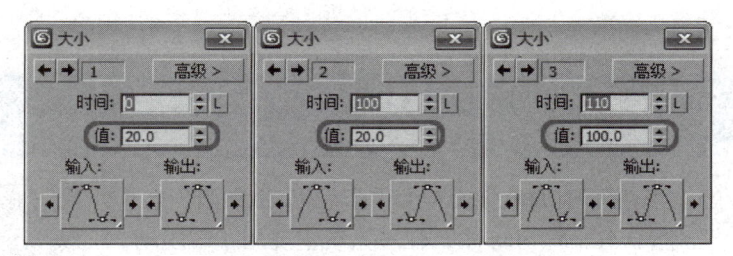

图 10.101　设置不同时间位置处的"值"

步骤 45　关闭"轨迹视图 - 摄影表"窗口,然后在视频合成器中选择图像输出事件,单击"执行序列"按钮 ；在弹出的"执行视频后期处理"对话框中的"时间输出"选项组中选择"范围"单选按钮,在"输出大小"选项组中,将"宽度""高度"分别设置为"800""600",如图 10.102 所示。然后单击"渲染"按钮进行渲染。

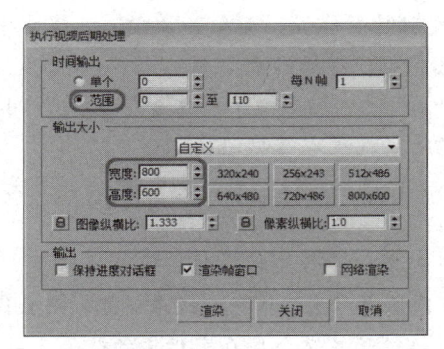

图 10.102　"执行视频后期处理"对话框参数设置

步骤 46　渲染完成后,将场景保存即可。

10.6　思考与练习

1. "PRS 参数"卷展栏控制几种基本的动画变换控制器？
2. 动画的概念是什么？
3. 常用的动画控制器包括哪几种类型？

模块 11 粒子系统与空间扭曲

在 3ds Max 2014 中，提供了非常强大的粒子系统以及空间扭曲功能。粒子系统可以用于制作各种动画，例如暴风雪、水流、爆炸等效果，而空间扭曲是使其他对象变形的力场，可以创建出涟漪、波浪和风吹等效果。粒子系统和空间扭曲是辅助的建模工具，本模块将介绍粒子系统和空间扭曲的应用。通过本模块的学习，读者对粒子系统和空间扭曲将会有一个简单的了解。

11.1 粒子系统

3ds Max 2014 中的粒子系统可以模拟自然界中的现象，例如雨、雪、灰尘、泡沫、火花、气流等。在 3ds Max 中，粒子系统主要用于表现动态的效果，与时间、速度的关系非常紧密，一般用于动画制作。

选择"创建"→"几何体"→"粒子系统"命令，在"对象类型"卷展栏中包括了多种粒子系统类型，如图 11.1 所示。粒子系统除自身特性外，还有一些共同的属性。

- "发射器"：用于发射粒子，所有的粒子都由它喷出，它的位置、面积和方向决定了粒子发射时的位置、面积和方向；在视图中不被选中时显示为橘红色，不可以被渲染。
- "计时"：控制粒子的时间参数，包括粒子产生和消失的时间，粒子存在的时间，粒子的流动速度以及加速度。
- "粒子参数"：控制粒子的大小、速度。不同类型的粒子系统，设置也不同。
- "渲染"：用于控制粒子在视图中和渲染时分别表现出的形态。由于粒子系统中的粒子数量大且属性各不相同，所以通常以简单的点、线或交叉来显示，而且设置数目也只用于操作观察之用，不用过多。对于渲染效果，粒子系统会按真实指定的粒子类型和数目进行着色计算。

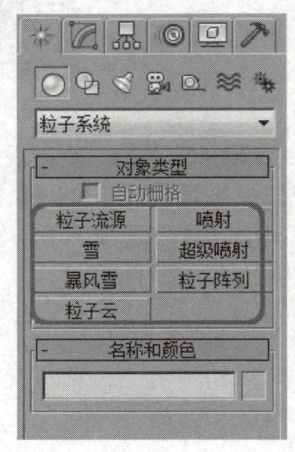

图 11.1 粒子系统类型

11.2 不同的粒子系统类型

粒子系统用于各种动画任务，主要是在使用程序方法为大量的小型对象设置动画时使用。3ds Max 2014 提供了两种不同类型的粒子系统：事件驱动粒子系统和非事件驱动粒子系统。事件驱动粒子系统又称粒子流源，它测试粒子属性，并根据测试结果将其发送给不同的事件；粒子位于事件中时，每个事件都指定粒子的不同属性和行为。在非事件驱动粒子系统中，粒子通常在动画过程中显示一致的属性。下面简单地对不同的粒子系统类型进行介绍。

11.2.1 粒子流源

"粒子流源"是一种多功能且强大的 3ds Max 粒子系统。它通过一种称为"粒子视图"的特殊对话框来构建基于事件驱动模型的粒子系统。在"粒子视图"中，用户可将一定时期内描述粒子属性（如形状、速度、方向和旋转）的单独操作符合并到称为"事件"的组中。每个操作符都提供一组参数，其中多数参数可以设置动画，以便更改事件发生期间的粒子行为。随着事件的触发，"粒子流"会不断地计算列表中的每个操作符，并相应地更新粒子系统的状态。

创建粒子流源的具体操作步骤如下。

步骤 01 启动 3ds Max 2014，选择"创建" → "几何体" → "粒子系统" → "粒子流源"命令，如图 11.2 所示。

步骤 02 选择顶视图，在该视图中按住鼠标左键进行拖动，在合适的位置上释放鼠标左键，即可完成创建，如图 11.3 所示。

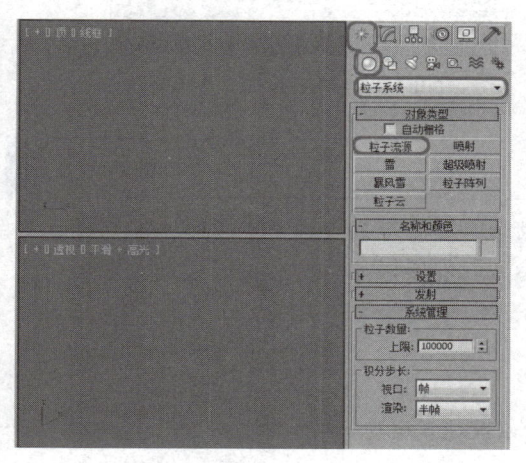

图 11.2 选择"粒子流源"命令

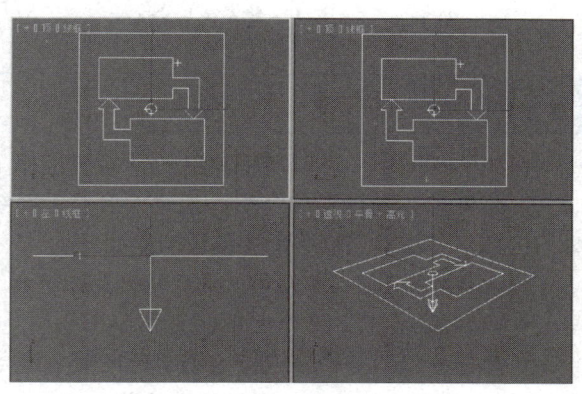

图 11.3 创建"粒子流源"

步骤 03 切换至"修改"命令面板，在"设置"卷展栏中单击"粒子视图"按钮，如图 11.4 所示。

步骤 04 执行该操作后，即可打开"粒子视图"对话框，如图 11.5 所示。

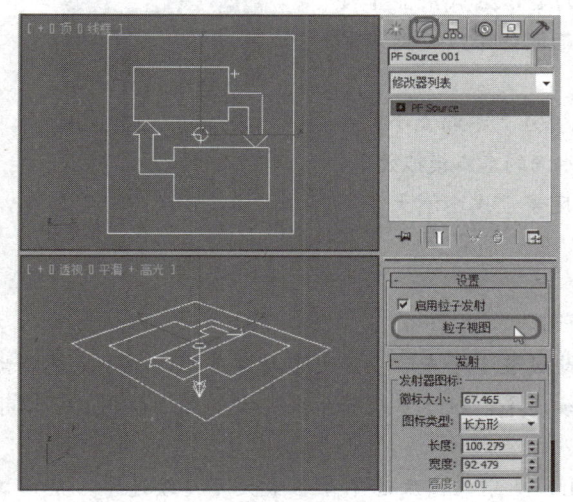

图 11.4 单击"粒子视图"按钮

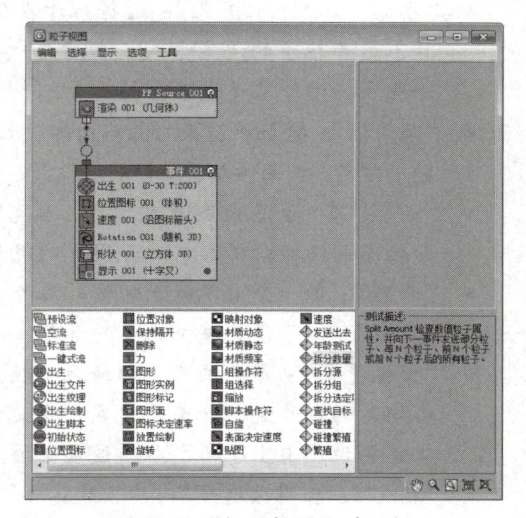

图 11.5 "粒子视图"对话框

步骤 05 在"粒子视图"对话框中，用户可以根据需要新建"粒子系统"。例如选择"编辑" → "新建" → "粒子系统" → "一键式流"命令，如图 11.6 所示。

步骤 06 执行该操作后，即可创建一个粒子系统，如图 11.7 所示，用户可以根据需要在该对话框中进行其他相应的设置。

245

图 11.6 选择"一键式流"命令　　　　图 11.7 创建的粒子系统

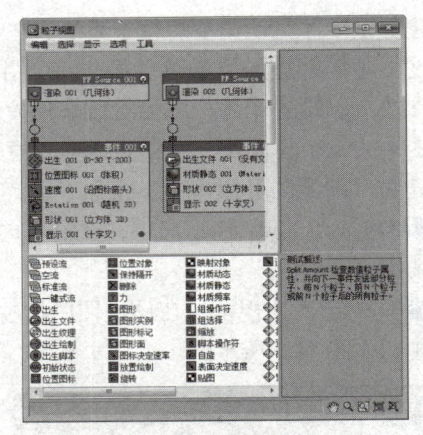

11.2.2 喷射

在 3ds Max 中，可以利用喷射粒子系统模拟下雨、喷泉、瀑布等效果，下面将对其进行简单介绍。创建喷射粒子系统的"参数"卷展栏如图 11.8 所示。该卷展栏中的各参数功能如下。

- "视口计数"：在视口中显示的最大粒子数。
- "水滴大小"：用于设置粒子的大小。
- "速度"：每个粒子离开发射器时的初始速度。粒子以此速度运动，除非受到粒子系统空间扭曲的影响。
- "变化"：改变粒子的初始速度和方向。"变化"的值越大，喷射越强且范围越广。
- "水滴/圆点/十字叉"：选择粒子在视口中的显示方式。显示设置不影响粒子的渲染方式。水滴是一些类似雨滴的条纹，圆点是一些点，十字叉是一些小的加号。
- "四面体"：将粒子渲染为长四面体，长度由用户在"水滴大小"参数中指定。四面体是渲染的默认设置。它提供水滴的基本模拟效果。
- "面"：将粒子渲染为正方形面，其宽度和高度等于"水滴大小"。面粒子始终面向摄影机（即用户的视角）。

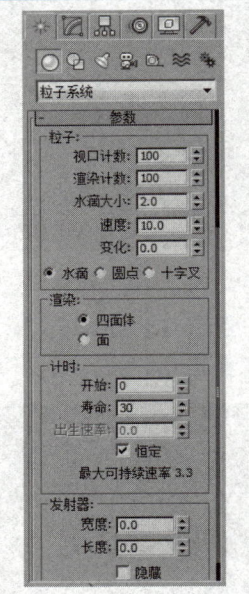

图 11.8 "参数"卷展栏

- "开始"：第一个出现粒子的帧的编号。
- "寿命"：用于设置每个粒子的寿命（以帧数计算）。
- "出生速率"：每个帧产生的新粒子数。如果此设置小于或等于最大可持续速率，粒子系统将生成均匀的粒子流。如果此设置大于最大可持续速率，粒子系统将生成突发的粒子。用户可以根据需要为"出生速率"参数设置动画。
- "恒定"：启用该选项后，"出生速率"不可用，所用的出生速率等于最大可持续速率。禁用该选项后，"出生速率"可用。默认设置为启用。
- "宽度/长度"：在视口中拖动以创建发射器时，即隐性设置了这两个参数的初始值。可以在卷展栏中调整初始值。
- "隐藏"：启用该选项可以在视口中隐藏发射器。禁用"隐藏"后，在视口中显示发射器。发射器从不会被渲染。默认设置为禁用状态。

246

11.2.3 雪

"雪"模拟降雪或投撒的纸屑。雪粒子系统与喷射类似，但是雪粒子系统提供了其他参数来生成翻滚的雪花，渲染选项也有所不同。

选择"创建"→"几何体"→"粒子系统"→"雪"命令，在视图按住鼠标左键进行拖动，在合适的位置上释放鼠标左键，即可创建一个雪粒子系统发射器，如图 11.9 所示。在时间轴上按住鼠标左键拖动时间滑块，就可以看到从发射器中发射出的粒子，如图 11.10 所示。

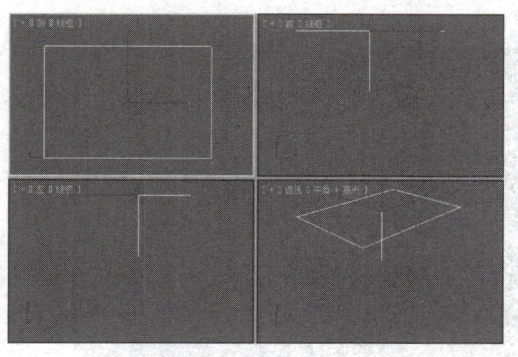

图 11.9　创建雪粒子系统发射器

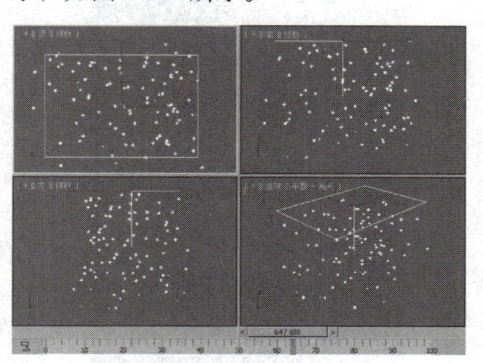

图 11.10　发射出的粒子

11.2.4 暴风雪

暴风雪粒子系统与雪粒子系统有相似之处，暴风雪粒子系统是一种高级粒子系统，用户可以通过设置其参数，模拟更加真实的下雪效果。创建暴风雪粒子系统的参数卷展栏如图 11.11 所示。

选择"创建"→"几何体"→"粒子系统"→"暴风雪"命令，按住鼠标左键在视图中拖动即可创建一个暴风雪粒子系统发射器，如图 11.12 所示。拖动时间滑块，就可以看到从发射器中发射出的粒子。

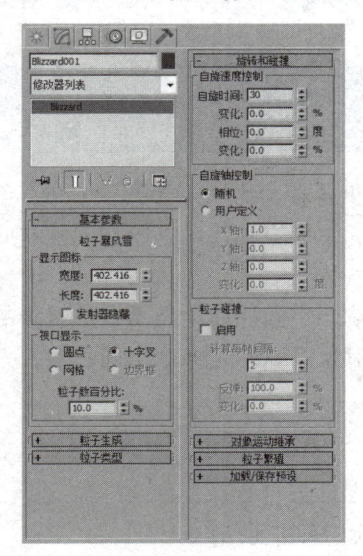

图 11.11　暴风雪粒子系统的参数卷展栏

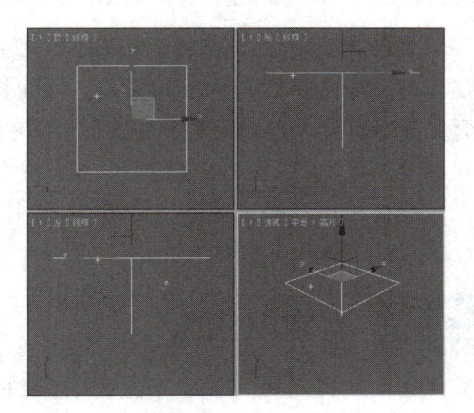

图 11.12　创建暴风雪粒子系统发射器

11.2.5 超级喷射

超级喷射粒子系统与喷射粒子系统相似，但是相对喷射粒子系统来说，超级喷射粒子系统的功能更为强大，能够喷射出可控制的水滴状粒子。创建超级喷射粒子系统的参数卷展栏如图11.13所示。

选择"创建"→"几何体"→"粒子系统"→"超级喷射"命令，按住鼠标左键在视图中拖动即可创建一个超级喷射粒子系统发射器，如图11.14所示。拖动时间滑块，就可以看到从发射器中发射出的粒子。

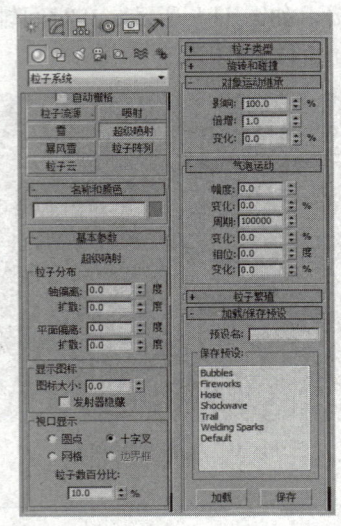

图 11.13　超级喷射粒子系统的参数卷展栏 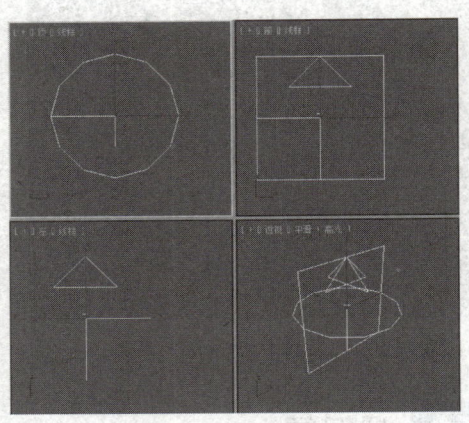　　　图 11.14　创建超级喷射粒子系统发射器

> **提示**
>
> 创建超级喷射粒子系统后，粒子发射器的方向取决于用户在哪个视图创建的超级喷射粒子系统。例如，如果在顶视图中创建超级喷射粒子系统，那么粒子就会向上进行喷射。

11.3　空间扭曲

在 3ds Max 2014 中，空间扭曲可以为场景中的其他对象提供各种"力场"效果。本节介绍空间扭曲类型及各类型中常用的几种空间扭曲。空间扭曲是一类特殊的辅助工具，可以影响周围空间中的其他对象而自身不可见，其作用是改变其他对象的形态和方向等。

当对象被绑定到空间扭曲上之后，才会受到空间扭曲的影响。空间扭曲会显示在该对象的修改器堆栈中。一般在应用变换或修改器之后才应用空间扭曲。一个对象可以绑定多个空间扭曲，一个空间扭曲也可以同时应用在多个对象上。

11.3.1　力空间扭曲

力空间扭曲共有九种，下面简单介绍常用的漩涡、重力、风空间扭曲。

1. 漩涡

"漩涡"空间扭曲将力应用于粒子系统，使它们在急转的漩涡中旋转，然后让它们向下移动成一个长而窄的喷流或者旋涡井。漩涡在创建黑洞、涡流、龙卷风和其他漏斗状对象时很有用。

步骤 01 选择"创建"→"空间扭曲"→"力"→"漩涡"命令，在顶视图中按住鼠标左键拖动，创建一个漩涡空间扭曲，如图 11.15 所示。

步骤 02 切换至"修改"命令面板，用户可以根据需要在"参数"卷展栏中进行相应的设置，如图 11.16 所示。

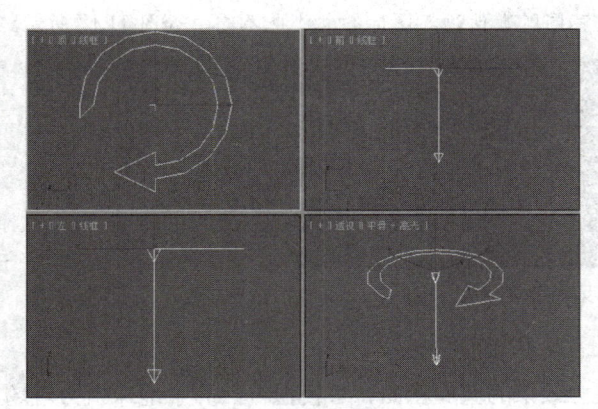

图 11.15 创建漩涡空间扭曲

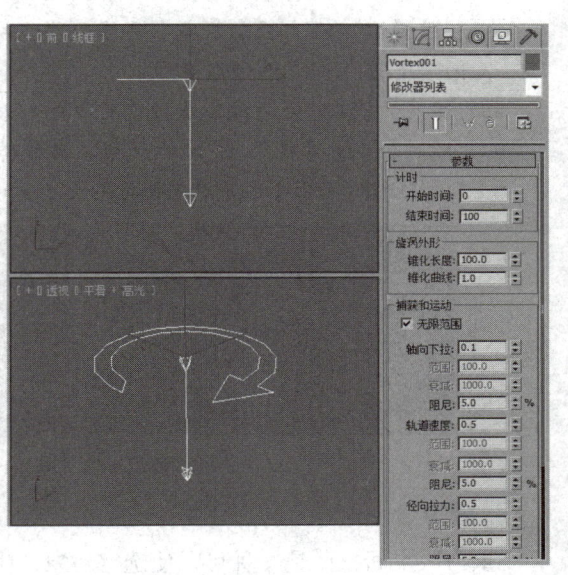

图 11.16 "参数"卷展栏

- "开始时间/结束时间"：用于控制空间扭曲的活动时间。
- "锥化长度"：控制漩涡的长度及其外形。较低的设置产生"较紧"的漩涡，而较高的设置产生"较松"的漩涡。默认值为 100。
- "锥化曲线"：控制漩涡的外形。低数值创建的漩涡口宽而大，而高数值创建的漩涡的边几乎呈垂直状。默认值为 1.0。范围需要控制在 1.0～4.0。
- "无限范围"：打开该选项时，漩涡会在无限范围内施加全部阻尼强度。关闭该选项时，"范围""衰减"设置生效。
- "轴向下拉"：指定粒子沿下拉轴方向移动的速度。
- "范围"：用于控制距漩涡图标中心的距离。以系统单位数表示的该距离内的轴向阻尼为全效阻尼。仅在关闭"无限范围"选项时生效。
- "衰减"：指定在"轴向范围"外应用轴向阻尼的距离。轴向阻尼在距离为"范围"值所在处的强度最大，在"轴向衰减"界限处线性地降至最低，在超出界限的部分没有任何效果。仅在关闭"无限范围"选项时生效。
- "阻尼"：控制平行于下落轴的粒子运动每帧受抑制的程度。默认设置为 5。范围为 0~100。
- "轨道速度"：用于控制粒子旋转的速度。
- "范围"：以系统单位数表示的距漩涡图标中心的距离，该距离内的轴向阻尼为全效阻尼。仅在关闭"无限范围"选项时生效。
- "衰减"：指定在"轨道范围"外应用轨道阻尼的距离。轨道阻尼在距离为"范围"值所在处的强度最大，在"轨道衰减"界限处线性地降至最低，在超出界限的部分没有任何效果。仅在关闭"无限范围"选项时生效。
- "阻尼"：控制轨道粒子运动每帧受抑制的程度。较小的数值产生的螺旋较宽，而较大的数值产生的螺旋较窄。默认设置为 5。范围为 0~100。
- "径向拉力"：指定粒子旋转距下落轴的距离。

- "范围"：以系统单位数表示的距漩涡图标中心的距离，该距离内的轴向阻尼为全效阻尼。仅在关闭"无限范围"选项时生效。
- "衰减"：指定在"径向范围"外应用径向阻尼的距离。径向阻尼在距离为"范围"值所在处的强度最大，在"径向衰减"界限处线性地降至最低，在超出界限的部分没有任何效果。仅在关闭"无限范围"选项时生效。
- "阻尼"：控制径向拉力每帧受抑制的程度。默认设置为5。范围为0~100。
- "顺时针/逆时针"：决定粒子顺时针旋转还是逆时针旋转。
- "图标大小"：用于指定漩涡图标的大小。设置不同的数值时，图标的大小也不同，如图11.17所示。

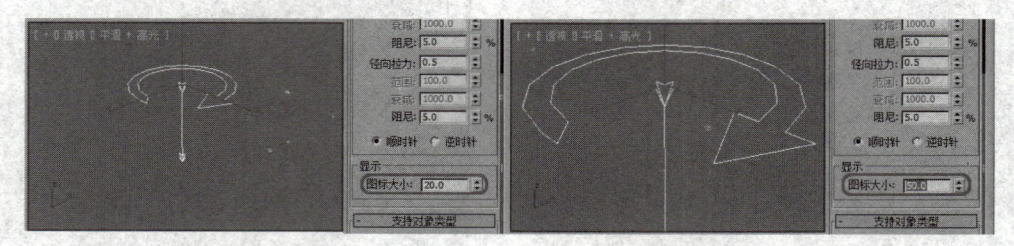

图11.17 图标大小不同时的效果对比

2. 重力

"重力"空间扭曲是一种可以使选定对象产生重力效果的空间扭曲，可模拟自然界中地球引力对场景中的对象施加的引力效果。下面对重力空间扭曲进行简单的介绍。

步骤01 选择"创建" → "几何体" → "粒子系统" → "喷射"命令，在视图中按住鼠标左键拖动，创建一个喷射粒子系统发射器，如图11.18所示。

步骤02 选择"创建" → "空间扭曲" → "力" → "重力"命令，在视图中按住鼠标左键拖动，此时会出现一个重力空间扭曲，如图11.19所示。

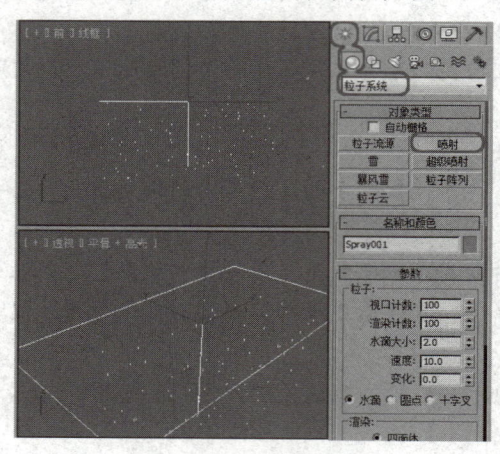

图11.18 创建喷射粒子系统发射器

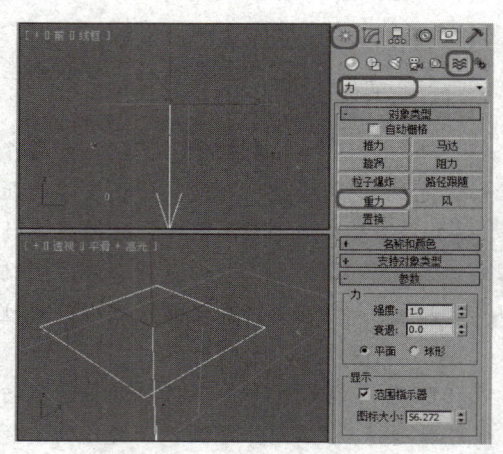

图11.19 创建重力空间扭曲

步骤03 选中喷射粒子系统发射器，在工具栏中单击"绑定到空间扭曲"按钮，拖动喷射粒子系统到重力空间扭曲上，完成绑定操作，如图11.20所示。

下面介绍重力空间扭曲"参数"卷展栏中各参数的功能。

- "强度"：增加"强度"会增加重力的效果，即重力扭曲对象的移动与重力图标的方向箭头的相关程度。小于0的强度会创建负向重力，该重力会排斥以相同方向移动的粒子，而吸引以相反方向移动的粒子。设置"强度"为0时，"重力"空间扭曲没有任何效果。设置"强度"为30.0时的效果如图11.21所示。

| 模块11 | 粒子系统与空间扭曲

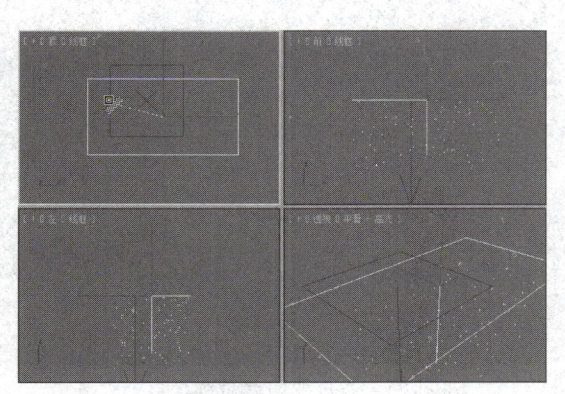

图 11.20　将喷射粒子系统绑定到空间扭曲上

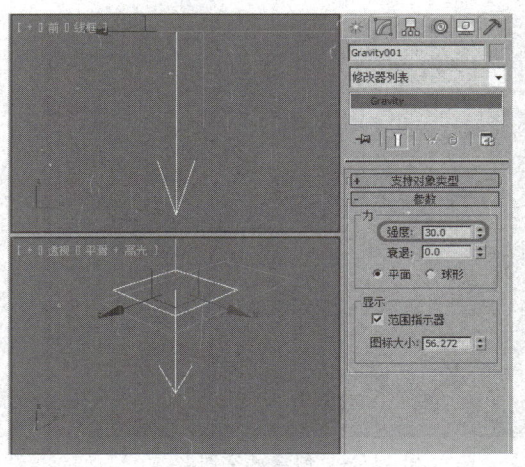

图 11.21　将"强度"设置为 30.0

- "衰退"：设置"衰退"为 0 时，重力空间扭曲用相同的强度贯穿于整个世界空间。增加"衰退"值会导致重力强度从重力扭曲对象的所在位置开始随距离的增加而减弱。默认设置是 0。
- "平面"：重力效果垂直于贯穿场景的重力扭曲对象所在的平面。
- "球形"：重力效果为球形，以重力扭曲对象为中心。该选项能够有效地创建喷泉或行星效果。

3. 风

"风"空间扭曲仅影响粒子系统，可以模拟风吹粒子系统的效果。下面对风空间扭曲进行简单介绍。

步骤01 选择"创建"→"几何体"→"粒子系统"→"雪"命令，在视图中按住鼠标左键进行拖动，创建一个雪粒子系统发射器，如图 11.22 所示。

步骤02 切换至"修改"命令面板，在"参数"卷展栏中将"视口计数""渲染计数"均设置为"500"，如图 11.23 所示。

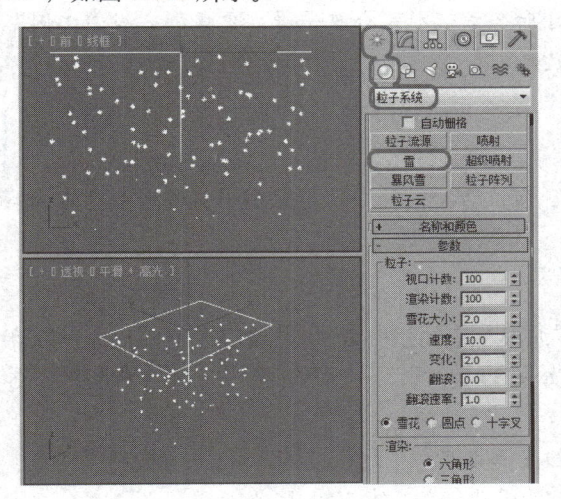

图 11.22　创建雪粒子系统发射器

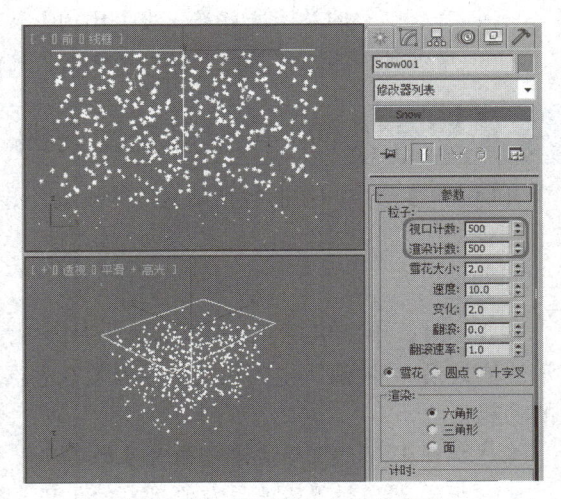

图 11.23　设置雪粒子系统参数

步骤03 选择"创建"→"空间扭曲"→"力"→"风"命令，在前视图中创建一个风空间扭曲，如图 11.24 所示。

步骤04 在工具栏中单击"绑定到空间扭曲"按钮，将雪粒子系统绑定到风空间扭曲上。在左视图中即可发现，该粒子系统会真的像受到风吹一样偏移，效果如图 11.25 所示。

251

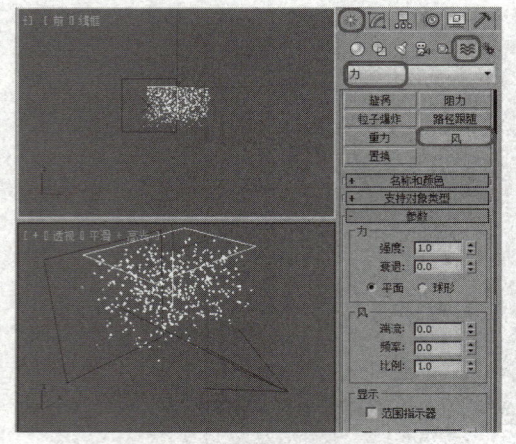

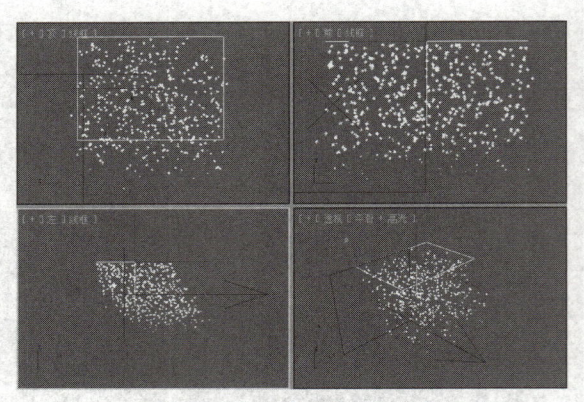

图 11.24　创建风空间扭曲　　　　　　　图 11.25　与风空间扭曲绑定后的效果

风空间扭曲的"参数"卷展栏中各参数的功能如下。
- "力"选项组
  - "强度"：增加"强度"会增加风力效果。小于 0 的强度会产生吸力，它会排斥以相同方向运动的粒子，而吸引以相反方向运动的粒子。强度为 0 时，"风"空间扭曲无效。
  - "衰退"：设置"衰退"为 0 时，风空间扭曲在整个世界空间内有相同的强度。增加"衰退"值会导致风力强度从风力扭曲对象的所在位置开始随距离的增加而减弱。默认设置是 0。
  - "平面"：风力效果垂直于贯穿场景的风扭曲对象所在的平面。
  - "球形"：风力效果为球形，以风扭曲对象为中心。
- "风"选项组
  - "湍流"：使粒子在被风吹动时随机改变路线。该数值越大，湍流效果越明显。
  - "频率"：当设置为大于 0 时，会使湍流效果随时间呈周期变化。这种微妙的湍流效果可能无法看见，除非绑定的粒子系统生成大量粒子。
  - "比例"：缩放湍流效果。当"比例"值较小时，湍流效果会更平滑、更规则。当"比例"值增加时，湍流效果会变得更不规则、更混乱。

11.3.2　几何／可变形空间扭曲

几何／可变形空间扭曲包括最常用的波浪、涟漪、爆炸等空间扭曲，可以用于对场景中物体的形状产生影响。

1. 波浪

在 3ds Max 中，用户可以根据需要为对象添加"波浪"空间扭曲效果。"波浪"空间扭曲可以产生线形波浪效果。"波浪"空间扭曲的"参数"卷展栏如图 11.26 所示。下面介绍"参数"卷展栏中各参数的功能。
- "振幅 1"：设置沿波浪扭曲对象的局部 X 轴的波浪振幅。
- "振幅 2"：设置沿波浪扭曲对象的局部 Y 轴的波浪振幅。
- "波长"：以活动单位数设置每个波浪沿其局部 Y 轴的长度。
- "相位"：从其在波浪对象中央的原点开始偏移波浪的相位。值为整数时无效，仅在值为小数时有效。设置该参数的动画会使波浪看起来像是在空间中传播。
- "衰退"：当设置为 0 时，波浪空间扭曲在整个世界空间中有相同的一个或多个振幅。增加"衰退"值会导致振幅从波浪扭曲对象的所在位置开始随距离的增加而减弱。默认设置为 0。

| 模块11 | 粒子系统与空间扭曲

- "边数":设置沿波浪扭曲对象的局部 X 维度的边的分段数。
- "分段":设置沿波浪扭曲对象的局部 Y 维度的分段数目。
- "尺寸":在不改变波浪效果(缩放则会)的情况下调整波浪图标的大小。

下面通过一个小案例来介绍"波浪"空间扭曲的使用方法。

步骤 01 启动 3ds Max 2014,选择"创建"→"图形"→"样条线"→"文本"命令,在"参数"卷展栏中将字体设置为"华文新魏",在"文本"文本框中输入"Music",在前视图中单击并创建文字,如图 11.27 所示。

步骤 02 切换至"修改"命令面板,在修改器下拉列表中选择"倒角"修改器,在"倒角值"卷展栏中将"级别 1"的"高度""轮廓"分别设置为"2.0""2.5";勾选"级别 2"复选框,将"高度"设置为"8.0";勾选"级别 3"复选框,将"高度""轮廓"分别设置为"2.0""-2.5",如图 11.28 所示。

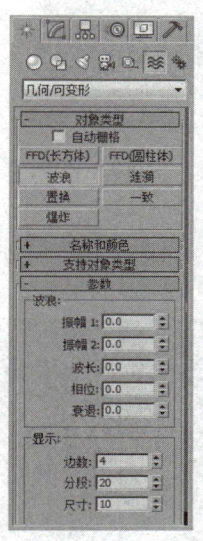

图 11.26 "参数"卷展栏　　图 11.27 创建文本　　图 11.28 设置文字倒角

步骤 03 选择透视视图,按住鼠标中键并按住 Alt 键对透视视图进行调整,调整后的效果如图 11.29 所示。

步骤 04 选择"创建"→"空间扭曲"→"几何/可变形"→"波浪"命令,在前视图中按住鼠标左键进行拖动,创建一个波浪空间扭曲,如图 11.30 所示。

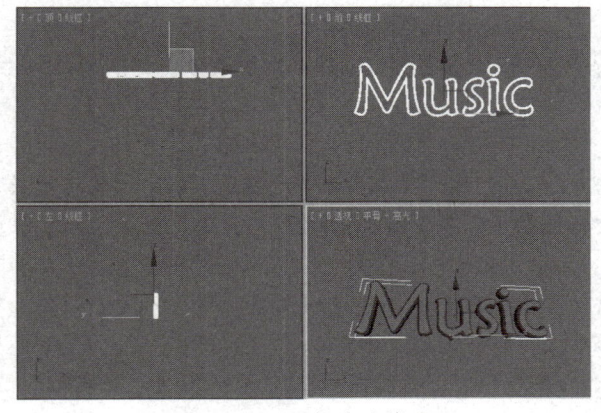

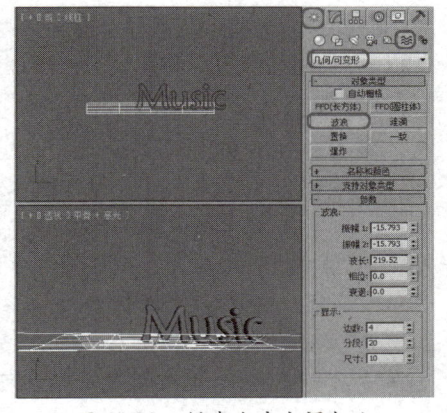

图 11.29 调整后的效果　　图 11.30 创建波浪空间扭曲

步骤 05 将时间滑块拖曳至 0 帧处,切换至"修改"命令面板,在"参数"卷展栏中将"振幅 1""振幅 2"都设置为"-10.0"、"波长"设置为"110.0",如图 11.31 所示。

253

步骤 06 将时间滑块拖曳至 100 帧处，单击动画控制区中的"自动关键点"按钮，然后在"参数"卷展栏中将"相位"设置为"2.0"，如图 11.32 所示，再次单击"自动关键点"按钮将其关闭。

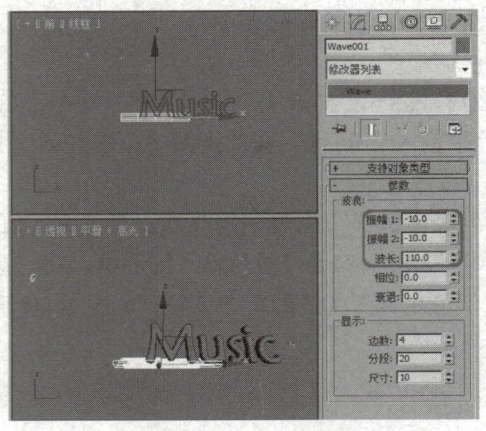

图 11.31　修改波浪空间扭曲 　　　　　　　图 11.32　设置"相位"

步骤 07 在工具栏中单击"选择并旋转"按钮，对波浪空间扭曲进行旋转，旋转后的效果如图 11.33 所示。

步骤 08 在工具栏中单击"绑定到空间扭曲"按钮，将文字绑定到波浪空间扭曲上。在动画控制区中单击"播放动画"按钮，预览完成后的效果，如图 11.34 所示。

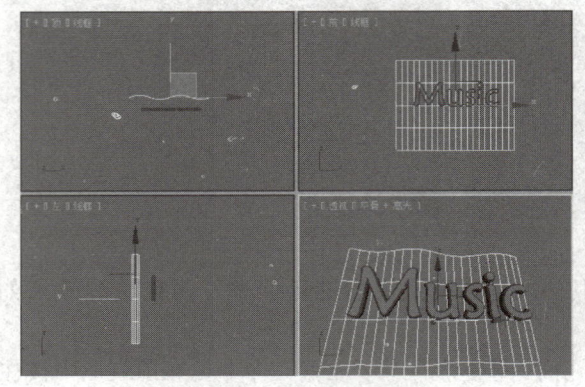

图 11.33　调整波浪空间扭曲的角度 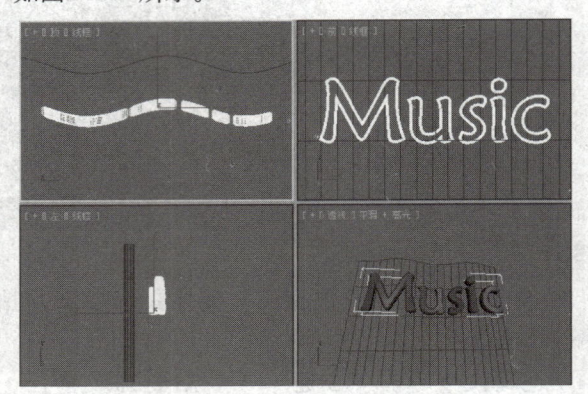　　　　图 11.34　绑定空间扭曲后的效果

2. 爆炸

"爆炸"空间扭曲可以将选定对象爆炸为单独的碎片。添加爆炸空间扭曲前后的效果如图 11.35 所示。"爆炸参数"卷展栏如图 11.36 所示。

- "爆炸"选项组
  - ◆ "强度"：设置爆炸力。较大的数值能使粒子飞得更远。对象离爆炸点越近，爆炸的效果越强烈。
  - ◆ "自旋"：设置碎片旋转的速率，以每秒转数表示。碎片旋转的速率也会受"混乱"和"衰退"设置的影响。
  - ◆ "衰退"：爆炸效果距爆炸点的距离，以世界单位数表示。超过该距离的碎片不受"强度""自旋"设置的影响，但会受"重力"设置的影响。
  - ◆ "启用衰减"：选中该复选框即可使用"衰减"设置。在透视视图中可以看到，衰减范围显示为一个黄色的、带有三个环箍的球体。
- "分形大小"选项组：该选项组中的两个参数决定每个碎片的面数。任何给定碎片的面数都是"最小值"和"最大值"之间的一个随机数。

- "常规"选项组
  - "重力":指定由重力产生的加速度。注意,重力的方向总是世界坐标系Z轴方向。重力可以为负值。
  - "混乱":增加爆炸的随机变化,使其不太均匀。设置为0表示完全均匀;设置为1则具有真实感;设置大于1的数值会使爆炸效果特别混乱。取值范围为0～10。
  - "起爆时间":指定爆炸开始的帧。在该时间之前绑定对象不受影响。
  - "种子":更改该设置可以改变爆炸中随机生成的结果。在保持其他设置不变的情况下更改"种子"值,可以实现不同的爆炸效果。

图 11.35　添加爆炸空间扭曲前后的效果

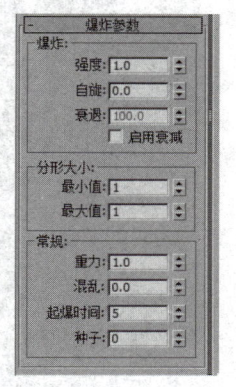

图 11.36　"爆炸参数"卷展栏

11.4　上机实训

11.4.1　制作飘雪效果

步骤01　启动 3ds Max 2014,选择"创建"→"几何体"→"粒子系统"→"雪"命令,在前视图中创建一个雪粒子系统发射器,如图 11.37 所示。

步骤02　切换至"修改"命令面板,在"参数"卷展栏中,将"粒子"选项组中的"视口计数""渲染计数""雪花大小""速度""变化"分别设置为"1500""1500""1.5""8.5""2.0",在"渲染"选项组中选择"面"单选按钮,如图 11.38 所示。

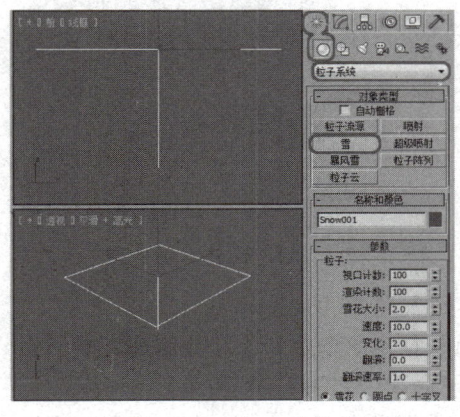

图 11.37　创建雪粒子系统发射器

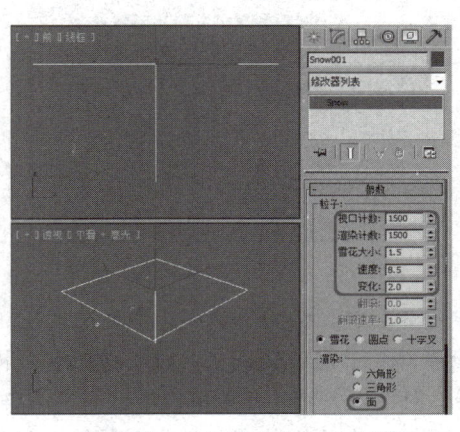

图 11.38　雪粒子系统参数设置

步骤 03 在"计时"选项组中将"开始""寿命"分别设置为"-60""100",在"发射器"选项组中将"宽度""长度"均设置为"400.0",如图 11.39 所示。

步骤 04 选择创建的雪粒子系统发射器,按 M 键打开"材质编辑器"对话框,在该对话框中选择一个材质样本球,将其命名为"雪粒子";在"Blinn 基本参数"卷展栏中,将"环境光""漫反射"的 RGB 值都设置为(45、45、45),在"自发光"选项组中勾选"颜色"复选框,并将其右侧的色块的 RGB 值设置为(196、196、196),如图 11.40 所示。

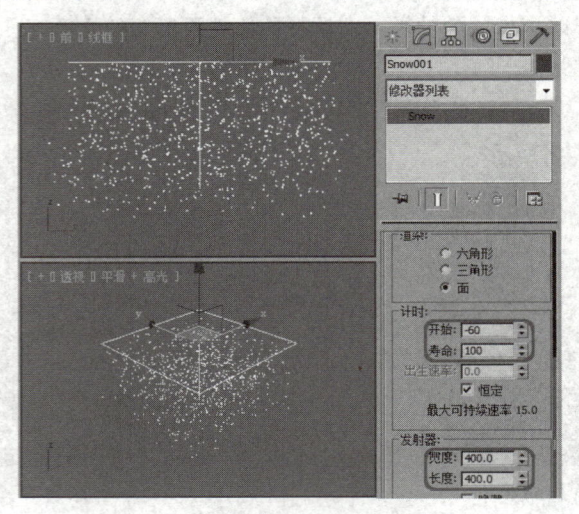

图 11.39 设置"计时"及"发射器"参数 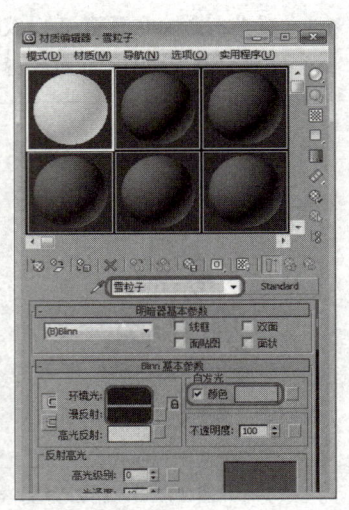　　图 11.40 设置"Blinn 基本参数"

步骤 05 在"贴图"卷展栏中单击"不透明度"右侧的 None 按钮,在弹出的"材质/贴图浏览器"对话框中选择"渐变坡度",如图 11.41 所示。

步骤 06 单击"确定"按钮,在"渐变坡度参数"卷展栏中将"渐变类型"设置为"径向"、"插值"设置为"线性",如图 11.42 所示。

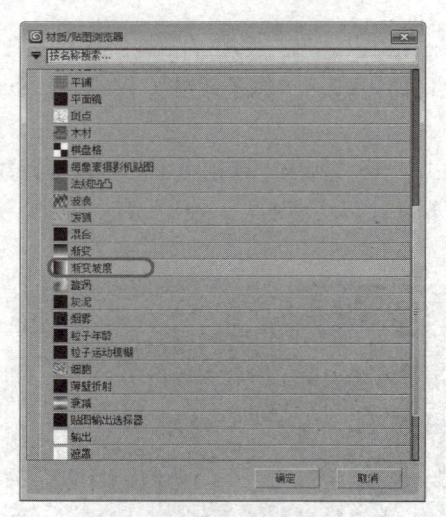

图 11.41 选择"渐变坡度"选项 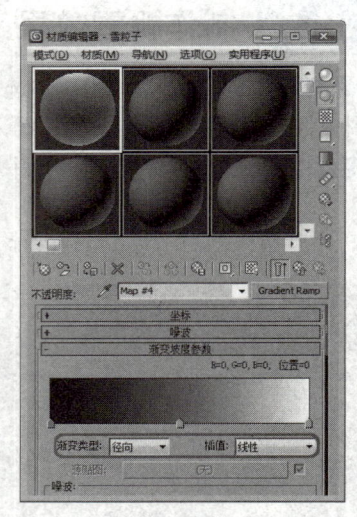　　图 11.42 设置"渐变坡度参数"

步骤 07 在"输出"卷展栏中勾选"反转"复选框,如图 11.43 所示。

步骤 08 单击"转到父对象"按钮,再单击"将材质指定给选定对象"按钮,然后将"材质编辑器"对话框关闭。在菜单栏中选择"渲染"→"环境"命令,如图 11.44 所示。

步骤 09 在弹出的"环境和效果"对话框中选择"环境"选项卡,在"公用参数"卷展栏中单击

"环境贴图"下方的"无"按钮，在弹出的"材质/贴图浏览器"对话框中选择"位图"，如图11.45所示。

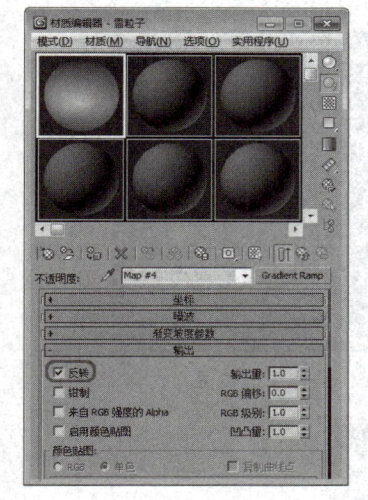

图11.43 勾选"反转"复选框

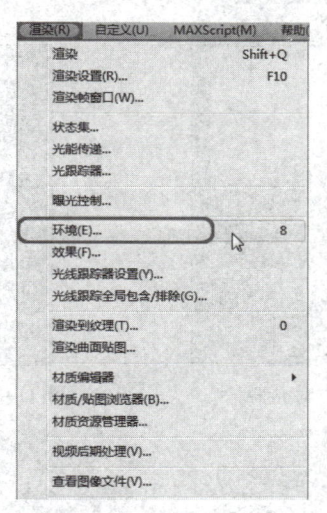

图11.44 选择"环境"命令

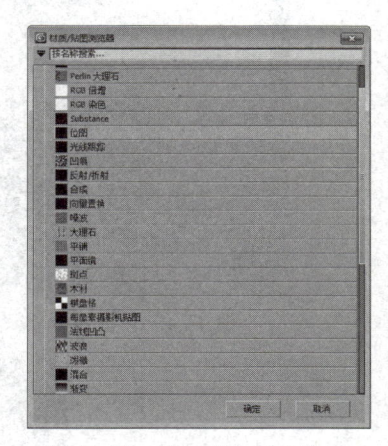

图11.45 选择"位图"选项

步骤 10 单击"确定"按钮，在弹出的"选择位图图像文件"对话框中选择本书配套资源中的Map\雪01.jpg文件，单击"打开"按钮，即可将其添加到"环境和效果"对话框中，如图11.46所示。

步骤 11 按F10键打开"渲染设置：默认扫描线渲染器"对话框，在该对话框中选择"公用"选项卡，在"公用参数"卷展栏中选择"时间输出"选项组中的"活动时间段"单选按钮，在"输出大小"选项组中，将"宽度""高度"分别设置为"640""480"，如图11.47所示。

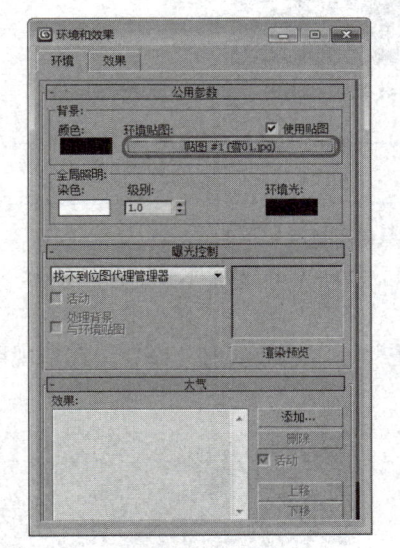

图11.46 添加贴图

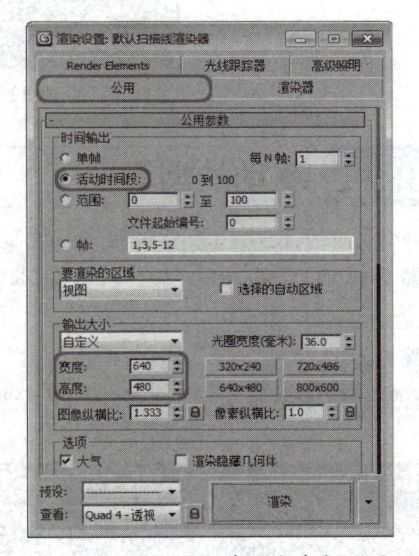

图11.47 "公用"选项卡参数设置

步骤 12 在"渲染输出"选项组中单击"文件"按钮，在弹出的"渲染输出文件"对话框中为文件指定输出路径；将"文件名"设置为"制作飘雪效果"，将"保存类型"设置为"AVI文件(*.avi)"，如图11.48所示。

步骤 13 设置完成后，单击"保存"按钮，即可弹出"AVI文件压缩设置"对话框，在此使用其默认参数，如图11.49所示。

步骤 14 单击"确定"按钮，在"渲染设置：默认扫描线渲染器"对话框中单击"渲染"按钮进行渲染，效果如图11.50所示。渲染完成后，对完成的场景进行保存即可。

257

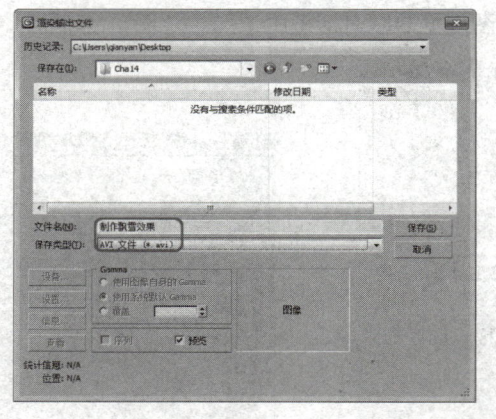

图 11.48 "渲染输出文件"对话框 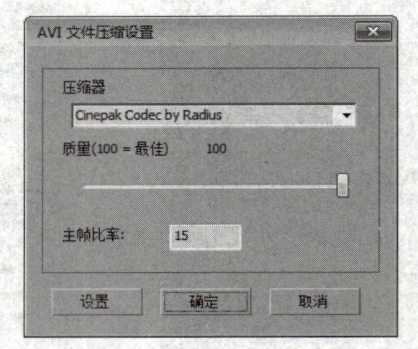　　　　图 11.49 "AVI 文件压缩设置"对话框

图 11.50　渲染完成后的效果

11.4.2　飘动的烟雾

下面介绍如何使用超级喷射粒子系统制作飘动的烟雾，具体操作步骤如下。

步骤 01　启动 3ds Max 2014，打开本书配套资源中的 Scenes\Cha11\ 飘动的烟雾 .max 文件，如图 11.51 所示。

步骤 02　选择"创建" → "几何体" → "粒子系统" → "超级喷射"命令，在顶视图中创建一个超级喷射粒子系统发射器，如图 11.52 所示。

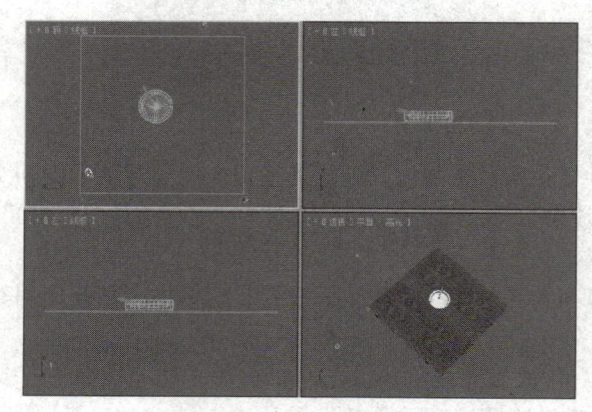

图 11.51　打开的场景文件 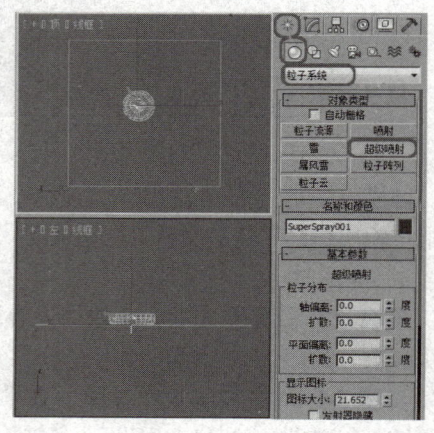　　　　图 11.52　创建超级喷射粒子系统发射器

| 模块11 | 粒子系统与空间扭曲

步骤 03 切换至"修改"命令面板，在"基本参数"卷展栏中分别将"轴偏离""平面偏离"选项下的"扩散"设置为"1.0""180.0"，按 Enter 键确认；将"显示图标"选项组中的"图标大小"设置为"7.738"，在"视口显示"选项组中选择"网格"单选按钮，将"粒子数百分比"设置为"50.0"%，按 Enter 键确认，如图 11.53 所示。

步骤 04 在"粒子生成"卷展栏中，选择"粒子数量"选项组中的"使用速率"单选按钮，在其下方的文本框中输入"10"；在"粒子运动"选项组中将"速度"设置为"1.0"、"变化"设置为"10.0"%；在"粒子计时"选项组中将"发射开始""发射停止""显示时限""寿命""变化"分别设置为"-90""300""301""180""5"，按 Enter 键确认，如图 11.54 所示。

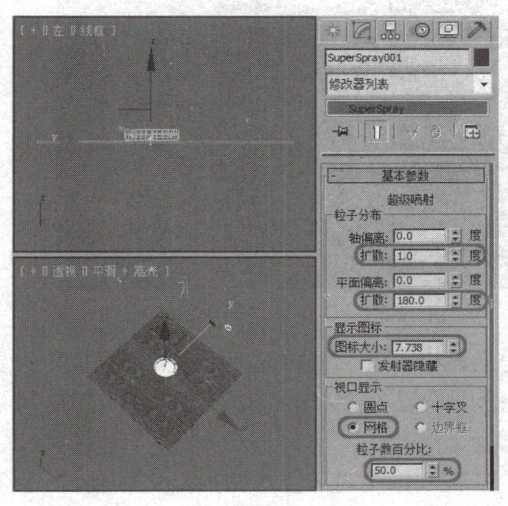

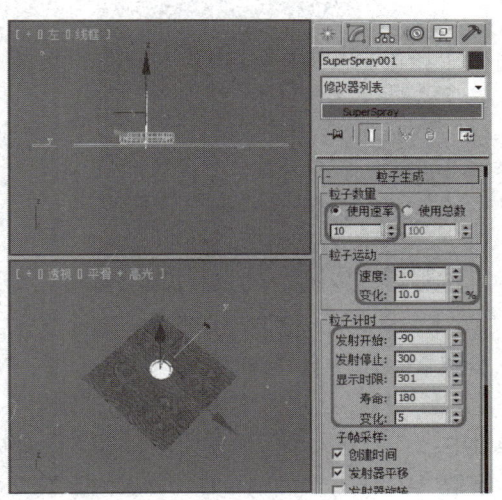

图 11.53 设置"基本参数"　　　　　　　　图 11.54 设置"粒子生成"参数

步骤 05 将"粒子大小"选项组中的"大小"设置为"4.0"、"变化"设置为"25.0"、"增长耗时"设置为"100"、"衰减耗时"设置为"10"，按 Enter 键确认，如图 11.55 所示。

步骤 06 在"粒子类型"卷展栏中选择"标准粒子"选项组中的"面"单选按钮。在"旋转和碰撞"卷展栏中，将"自旋速度控制"选项组中的"自旋时间"设置为"0"；在"自旋轴控制"选项组中选择"运动方向/运动模糊"单选按钮，将"拉伸"设置为"0"，按 Enter 键确认，如图 11.56 所示。

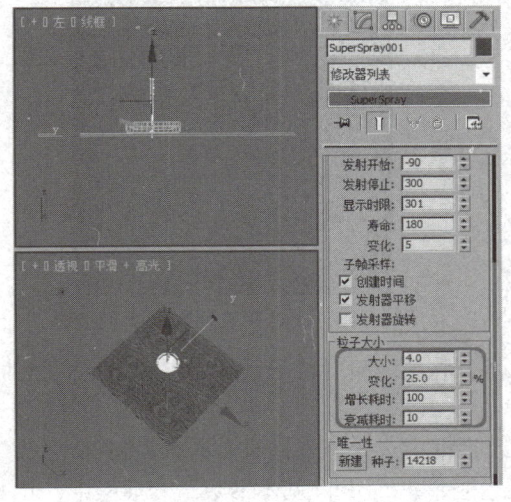

图 11.55 设置"粒子大小"选项组　　　　　　图 11.56 设置其他参数

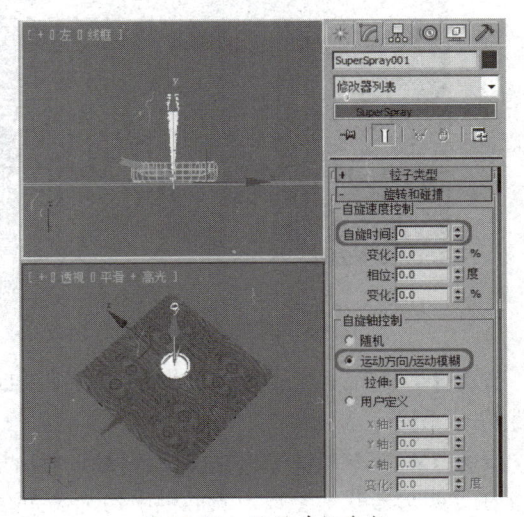

步骤 07 在工具栏中单击"选择并旋转"按钮，在视图中对超级喷射粒子系统进行旋转，旋转

259

后的效果如图 11.57 所示。

步骤 08 选择"创建" → "空间扭曲" → "力" → "风"命令,在前视图中创建一个风空间扭曲,如图 11.58 所示。

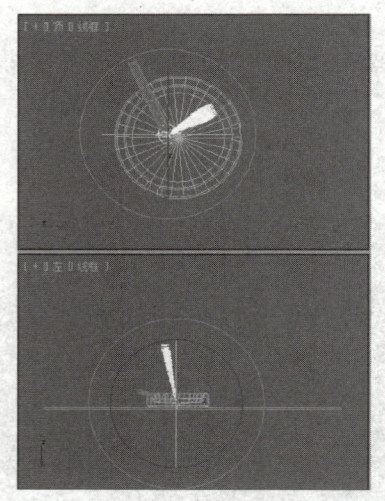

图 11.57　旋转后的效果

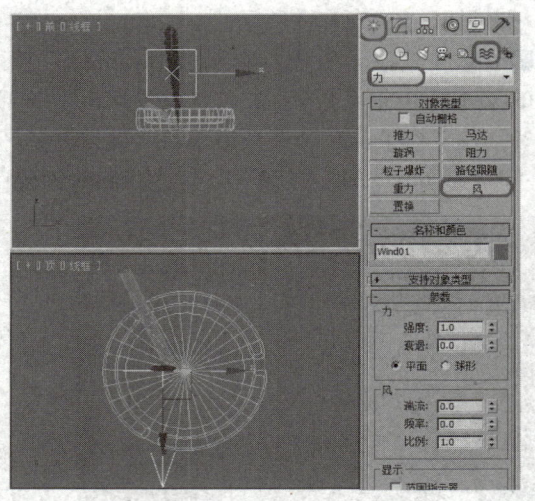

图 11.58　创建风空间扭曲

步骤 09 切换至"修改"命令面板,在"参数"卷展栏中,将"力"选项组中的"强度"设置为"0.01",在"风"选项组中将"湍流""频率""比例"分别设置为"0.04""0.26""0.03",在"显示"选项组中将"图标大小"设置为"11.327",如图 11.59 所示。

步骤 10 在工具栏中单击"选择并旋转"按钮,在顶视图中将风空间扭曲沿 Z 轴旋转 -180°,旋转后的效果如图 11.60 所示。

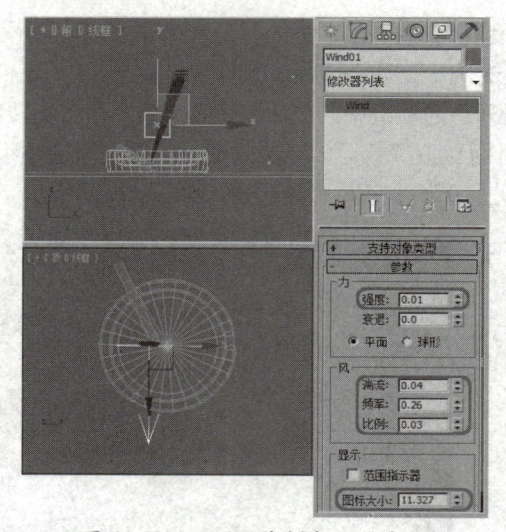

图 11.59　设置风空间扭曲的参数

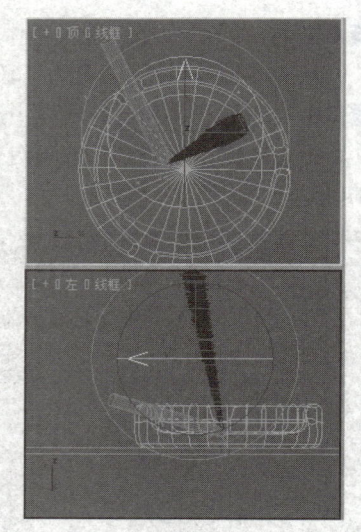

图 11.60　旋转风空间扭曲后的效果

步骤 11 在工具栏中单击"绑定到空间扭曲"按钮,将超级喷射粒子系统绑定到风空间扭曲上,如图 11.61 所示。

步骤 12 按 M 键打开"材质编辑器"对话框,在该对话框中选择一个材质样本球,将其命名为"烟雾";在"明暗器基本参数"卷展栏中勾选"面贴图"复选框,在"Blinn 基本参数"卷展栏中,将"环境光""漫反射"的 RGB 值都设置为 (255、255、255),在"自发光"选项组中勾选"颜色"复选框,并将其右侧的色块的 RGB 值设置为 (229、229、229),将"不透明度"设置为"0",在"反射高光"

选项组中将"高光级别""光泽度"都设置为"0",如图11.62所示。

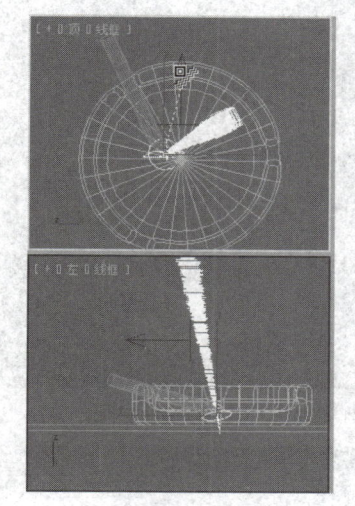

图11.61 完成绑定

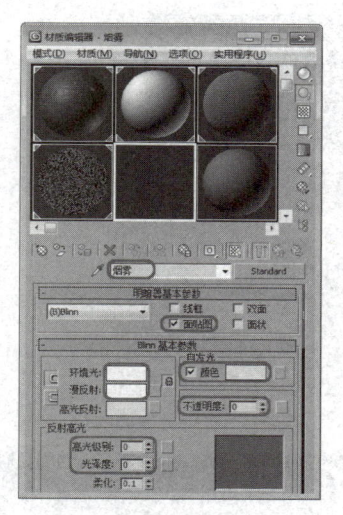

图11.62 烟雾材质设置

步骤13 在"贴图"卷展栏中将"不透明度"右侧的"数量"设置为"5",并单击其右侧的None按钮,在弹出的"材质/贴图浏览器"对话框中选择"渐变",如图11.63所示。

步骤14 单击"确定"按钮,在"坐标"卷展栏中取消勾选"瓷砖"下方的两个复选框,再取消勾选"在背面显示贴图"复选框,如图11.64所示。

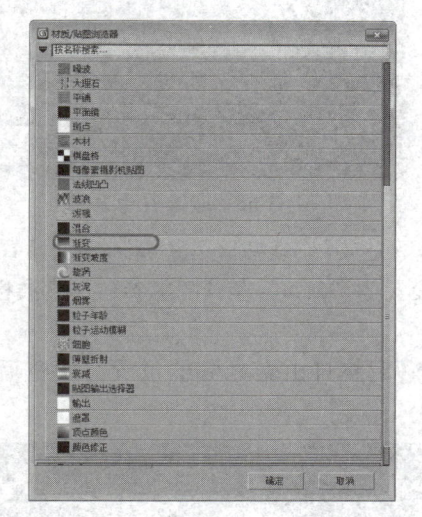

图11.63 选择"渐变"

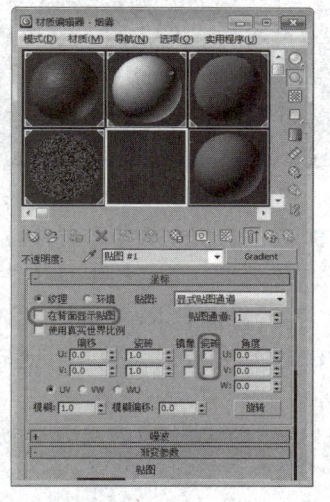

图11.64 "坐标"卷展栏参数设置

步骤15 在"渐变参数"卷展栏中选择"径向"单选按钮,如图11.65所示。

步骤16 设置完成后,单击"将材质指定给选定对象"按钮和"在视口中显示标准贴图"按钮。选择"创建"→"摄影机"→"标准"→"目标"命令,在视图区中创建一个摄影机,按C键将透视视图切换为摄影机视图,并在其他视图中调整摄影机的位置,调整后的效果如图11.66所示。

步骤17 选择"创建"→"灯光"→"标准"→"Free Spot"命令,在顶视图中创建一个自由聚光灯,如图11.67所示。

步骤18 切换至"修改"命令面板,在"常规参数"卷展栏中勾选"阴影"选项组中的"启用"复选框,将阴影类型设置为"阴影贴图";在"强度/颜色/衰减"卷展栏中将"倍增"设置为"1.27",按Enter键确认,如图11.68所示。

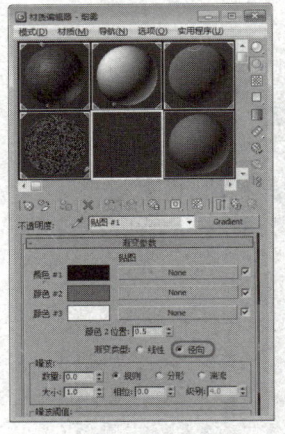

图 11.65 选择"径向"单选按钮 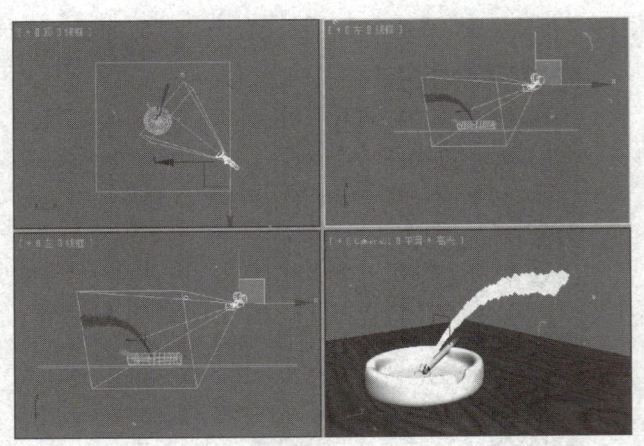　　　　　图 11.66 创建摄影机并调整其位置

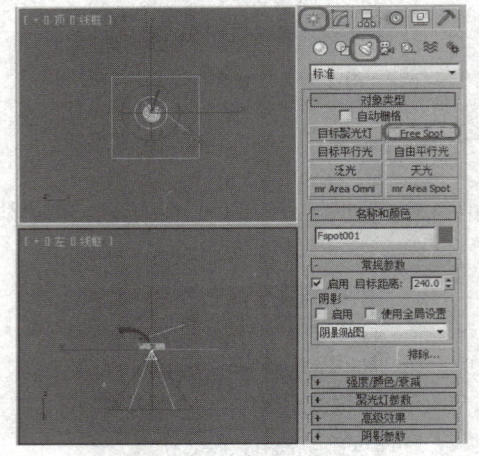

图 11.67 创建自由聚光灯 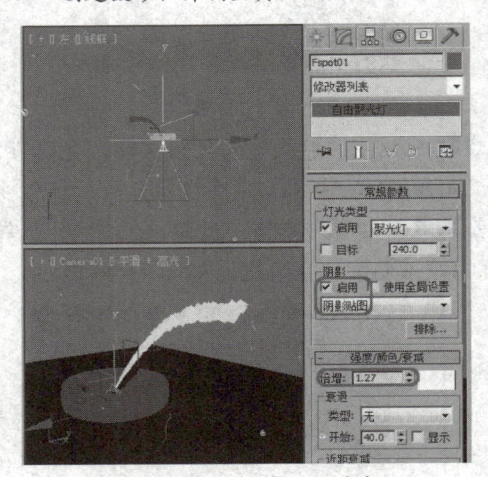　　　　　　　图 11.68 设置自由聚光灯

步骤 19 在"聚光灯参数"卷展栏中,将"聚光区/光束""衰减区/区域"分别设置为"40.0""65.4";在"高级效果"卷展栏中,将"柔化漫反射边"设置为"50.0";在"阴影参数"卷展栏中将"密度"设置为"0.3",按 Enter 键确认,如图 11.69 所示。

步骤 20 设置完成后,使用"选择并移动"工具调整自由聚光灯的位置,调整后的效果如图 11.70 所示。

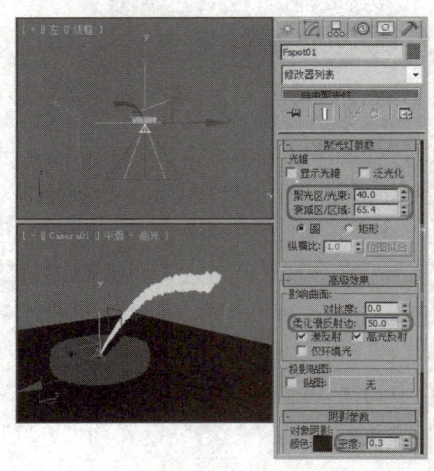

图 11.69 设置自由聚光灯的其他参数 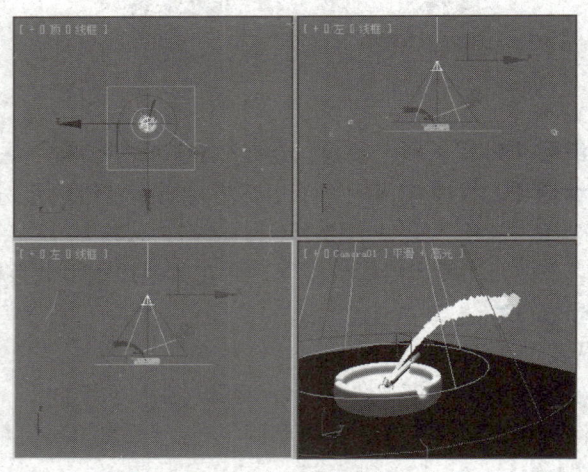　　　　图 11.70 调整自由聚光灯的位置

步骤 21 按 F10 键打开"渲染设置:默认扫描线渲染器"对话框,在该对话框中选择"公用"选项卡,在"公用参数"卷展栏中选择"时间输出"选项组中的"活动时间段"单选按钮,在"输出大小"选项组中,将输出类型设置为"35 mm 1.316:1 全光圈(电影)",然后单击"1536×1167"按钮,如图 11.71 所示。

步骤 22 在"渲染输出"选项组中单击"文件"按钮,在弹出的"渲染输出文件"对话框中指定输出文件的保存路径,并将保存类型设置为"AVI 文件 (*.avi)",单击"保存"按钮。接着在弹出的"AVI 文件压缩设置"对话框中使用其默认设置,如图 11.72 所示。

图 11.71　渲染输出相关设置　　　　　　　图 11.72　"AVI 文件压缩设置"对话框

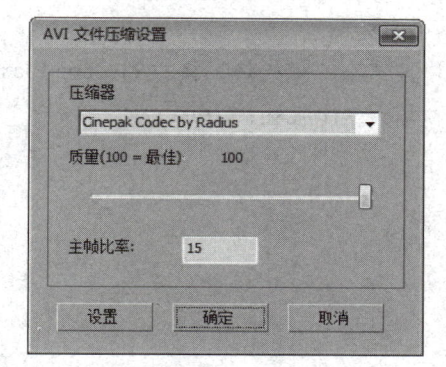

步骤 23 单击"确定"按钮,在"渲染设置:默认扫描线渲染器"对话框中单击"渲染"按钮进行渲染。渲染完成后,对场景进行保存。

11.5　思考与练习

1. "粒子流源"使用什么对话框来构建基于事件驱动模型的粒子系统?
2. 喷射粒子系统可以制作哪些效果?
3. 空间扭曲的主要作用是什么?

参考文献

[1] 王强，牟艳霞. 3ds Max 2014 动画制作案例课堂 [M]. 北京：清华大学出版社，2015.

[2] 唯美映像. 3ds Max 2014+VRay 效果图制作入门与实战经典 [M]. 北京：清华大学出版社，2014.

[3] 谭雪松，周曼，徐鲜. 3ds Max 2014 中文版基础培训教程 [M]. 北京：人民邮电出版社，2015.

[4] 达分奇工作室. 中文版 3ds Max 2014 从入门到精通：全彩版 [M]. 北京：清华大学出版社，2015.

[5] 张传记，陈松焕，杨立颂. 3ds Max 2014 效果图完美制作全程范例培训手册 [M]. 北京：清华大学出版社，2015.